中国创业投资发展报告2002

主编　王松奇　王国刚

中国财政经济出版社

图书在版编目（CIP）数据

中国创业投资发展报告. 2002/王松奇，王国刚主编.
北京：中国财政经济出版社，2002.6
ISBN 7-5005-5823-6

Ⅰ.中… Ⅱ.①王… ②王… Ⅲ.风险投资-研究
报告-中国-2002 Ⅳ.F832.48

中国版本图书馆CIP数据核字（2002）第037396号

中国财政经济出版社 出版
URL: http://www.cfeph.com
E-mail:cfeph@drc.gov.cn

社址：北京海淀区阜成路甲28号 邮政编码：100036
发行处电话：88190406 财经书店电话：64033436
联系电话:88190937
北京方嘉彩色印刷有限责任公司印刷 各地新华书店经销
850×1168毫米 16开 19印张 540 000字
2002年6月第1版 2002年6月北京第1次印刷
印数:1-3500 定价:298.00元
ISBN 7-5005-5823-6/F·5120
（图书出现印装问题，本社负责调换）

中国创业投资发展报告（2002）

工作指导委员会

编撰委员会

主　编

王松奇　中国社科院金融研究中心副主任
　　　　北京创业投资协会常务副理事长兼秘书长
王国刚　中国社科院金融研究中心副主任
　　　　北京创业投资协会首席学术顾问

副主编

沈仲祺　科技部条件财务司助理巡视员
　　　　北京创业投资协会监事长
李光荣　北京特华财经研究所所长
　　　　北京创业投资协会副理事长

常务编委

李爱民　科技部条件财务司处长
　　　　北京创业投资协会常务副秘书长
刘健钧　国家计委经济研究所创业投资研究中心顾问
　　　　北京创业投资协会副秘书长
宋　立　国家计委经济研究所创业投资研究中心主任
　　　　北京创业投资协会副秘书长
李　洪　北京市科委新技术处处长
　　　　北京创业投资协会常务理事
牛近明　北京技术交易促进中心主任
　　　　北京创业投资协会副理事长
徐义国　中科院管理学院工商管理系副主任
　　　　北京创业投资协会办公室主任

委　员

王松奇　王国刚　沈仲祺　任冉齐　李　洪
李爱民　刘健钧　宋　立　王守仁　王品高
牛近明　徐义国　宋　飞　魏晓燕　刘海英
王　力　邝　青　张陆洋　刘曼红　潘福祥
林汉克　房汉廷　Scott Thoreau

参与和支持单位

科学技术部
中国社科院金融研究中心
北京创业投资协会
上海市创业投资企业协会
深圳市创业投资同业公会
中国证券业协会
深圳证券交易所
北京市科学技术委员会
天津市科学技术委员会
山西省科技厅
上海市科学技术委员会
江苏省科技厅
浙江省科技厅
重庆市科学技术委员会
沈阳市科学技术委员会
广州市科技局
西安市科学技术委员会
江苏省创业投资协会
浙江省创业投资协会
湖北省创业投资协会
广州风险投资促进会
台湾创业投资商业同业公会
北京特华财经研究所
北京万策资本市场研究所
亚洲创业基金期刊集团（香港）

加强协调　通力合作
共同推进我国创业投资事业的发展[①]

（代　　序）

目前，我国创业投资的发展已经进入了关键时期，需要我们静下心来，从政策层面踏踏实实地解决几个实际问题。为了使我们的政策更加有的放矢，了解一下我国创业投资的发展脉络很有必要。

一、我国创业投资的政策演化

创业投资这一概念进入中国已经有了18年的历史。1984年，国家科委科技促进发展研究中心与英国专家合作，就中国高新技术产业的发展问题进行研究。英方建议中国要发展高科技产业，就必须发展创业投资。这是中国专家第一次接触到创业投资这一概念，并由此开始了初步的研究。

1985年出台的《中共中央、国务院关于科学技术体制改革的决定》中采用了专家们的研究成果。《决定》指出“对于变化迅速、风险较大的高技术开发工作，可以设立创业投资给以支持”。这是我国政府文件中首次提出创业投资的概念。

此后，在国务院出台的旨在促进我国高新技术发展和高新技术开发区建设的多个文件中，又反复强调了建立创业投资的必要性和紧迫性。

随着我国金融体制改革的不断深入、资本市场的迅速发展和法律环境的不断改善，科技部认为推进我国创业投资体系建设的时机已经基本成熟。因此，从1997年年初开始，科技部联合国家计委、财政部和人民银行等部委，组织专家就建立具有中国特色的创业投资机制问题进行研究，并于1998年下半年提出了初步方案。

1999年，按照国务院领导的指示，科技部牵头，会同国家计委、国家经贸委、财政部、人民银行、税务总局、中国证监会等部门，在上面提到的初步方案的基础上，出台了《关于建立风险投资机制的若干意见》，即通常所称的七部委文件。此后，科技部会同有关部门开始对相关的配套政策进行深入研究。2001年，外经贸部、科技部与国家工商总局联合出台了旨在吸引外资进行创业投资的相关规定，即外经贸部2001年第4号令。目前，科技部正与有关部门通力合作，对创业投资的激励政策进行研究。此外，一些省市和高新区也制定出台了相应的扶植政策，如最近北京市出台了《北京市进一步促进高新技术产业发展的若干规定》，对创业投资机构的发展给予专门扶植。

二、我国创业投资事业发展的基本现状及其作用

为了准确了解我国创业投资的基本状况，以便为制定政策提供相关依据，科技部从2001年4月起，组织北京、上海、深圳等地方创业投资协会，对全国创业投资机构进行

---

①此系邓楠副部长在“2002中国创业投资论坛”上的讲话。

了长达8个月的详细调查。目前，委托专家根据调查结果正在编纂《中国创业投资发展报告（2002）》，这将是第一部较为全面地分析和介绍我国创业投资发展状况的报告，将为我们的宏观决策提供必要依据。

调查显示，1999年以后，我国创业投资有了较快发展。目前我国各类创业投资机构的数量已达250家左右，管理的资金超过了400亿元。创业投资机构的组织形式日趋多样化，以前主要由国有企业或政府所属事业单位从事创业投资的情况，已经从根本上发生了变化。

目前，我国创业投资机构正如所期望的那样，在吸纳民间投资，促进高新技术产业化发展等方面发挥了重要作用，主要表现在：

1. 创业投资机制有效地拉动了民间投资

七部委文件下发后，科技成果产业化阶段的资金主要靠财政拨款独立支撑的状况得以明显改变，参与高新技术产业化的民间资金明显增加。创业资金来源呈现出多元化趋势，除财政拨款和国有独资企业资金外，股份有限公司和有限责任公司等企业资金、境外资金和个人资金已经大量进入创业资本市场，这部分资金已经超过了全部创业资本总额的50%。这表明，民间资金已开始成为我国创业资本的主要来源。

2. 创业投资对缓解科技型中小企业发展资金短缺问题发挥了积极作用

资金短缺始终是影响我国科技型中小企业健康发展的瓶颈问题，创业投资体系的建立正在发挥积极作用。调查显示，190余家主要创业投资机构已经累计投资110多亿元，共支持了1500多家企业。其中投资于企业创建、起步和成长等相对早期阶段的资金占全部已投资创业资本的70%左右，投资于高新技术企业的占全部投资的90%左右。这表明，创业投资已经逐步成为高新技术产业化不可或缺的重要资金来源。

当然调查也显示，新设立的创业投资机构数量和新增创业资本的金额，以及对高新技术企业投资的踊跃程度，在2001年下半年有明显下降。预示着我国的创业投资发展进入了较为微妙的调整阶段。这就需要我们尽快采取具体措施，在巩固已经取得的成绩的基础上，进一步推进创业投资事业的发展。

三、对加速推进我国创业投资体系建设的思考

由于政策不配套和人才相对匮乏等原因，我国创业投资的潜在效能远没有充分发挥出来。不仅与发达国家有明显差距，而且与周边国家和地区也差距不小。

最近，我看到一份关于印度创业投资发展的研究报告。印度从九十年代中后期开始，把扶植创业投资发展作为战略重点，先后采取了以下三项措施。第一，改变过去政出多门的情况，明确创业投资的归口管理部门；第二，降低发行上市条件，以利于创业投资的撤出和进一步融资；第三，制定包括税收政策在内的专门的法律法规，鼓励和扶植创业投资的发展。这些措施使得印度的创业投资，在短期内得以迅速发展，有效地吸引了大量境外创业资本。据了解，目前其境外资金已经占印度全部创业资本的50%以上。大家都知道，印度的信息产业近年来有了较快发展，究其原因，创业投资在其中起到了不可估量的作用。

加入WTO以后，我国高新技术产业面临着严峻挑战。为了应对这些挑战，一些专家提出了"用时间换空间"的理论。意思是，随着国外高新技术企业和产品的不断进入，我国高新技术企业的生存空间会受到一定程度的挤压，为此我们应当在尽可能短的时间内，出台一系列有利于高新技术发展，特别是有利于科技型中小企业发展的政策，使之能够率先占领一定的空间，为今后激烈的竞争奠定一定的基础。发展我国创业投资事业，也应当遵循这一指导思想。为此，需要我们在努力推进创业板早日出台的同时，抓紧时间从政策层面踏踏实实地解决几个实际问题。

1. 尽快对现行法律中不适应经济发展的内容进行修订

我国正处于巨大的变革时期，国际经济环境和国内经济运行规则等都在不断地发生着变化。与之相比，我们的一些法律、法规已经相对滞后，需要尽快调整修订。例如，《公司法》是九十年代初制定的，当时主要考虑的是加工贸易类企业，因此对企业的投资行为以及投资工具的使用等限制较多，制约了创业投资机构运作的灵活性。再如，公司法规定注册公司必须采取实缴资本制度，使得我国创业投资机构不能像国外机构那样采取分阶段的方式筹集资金。由于目前资金保值增值方式和可变现的渠道较为有限，面对机构成立初期大量的闲置资金，管理者只得将其投资于股市，这就可能为创业投资的发展埋下了隐患。

可以说，尽快对现行法律中不符合深化改革要求的内容进行修订，已经显得十分迫切。

2.努力创造有利于企业重组、兼并的环境

如何使中小型企业迅速成长是政府最为关注的问题之一，企业扩大规模主要靠以下两种方式，一个是企业靠自我积累，由小到大逐步发展，另一个是企业通过资本运作进行相互兼并与整合。毫无疑问，后一种方法更有助于企业在短期内实现规模迅速扩张。国外企业采用股权置换方式进行兼并和收购是十分流行的做法。而在我国，由于资本市场发育程度较低，证券市场在规范性和市场功能方面都存在较大差距，对活跃股权交易、促进企业兼并的作用远未发挥，使得股权置换运作十分困难。因此，目前国内企业间的兼并主要依靠现 金收购这种方式，这样做的结果是增加了兼并的成本和风险。为了改变这种状况，我们应当加快资本市场的改革力度，以便创造一种有利于企业重组兼并的市场环境，最终为创业投资实现接力棒式的投资和撤出创造条件。

3.研究制定促进创业投资发展的鼓励性政策

目前，我国创业投资已经发展到了相当规模，为了保障今后持续健康稳步地发展，迫切需要针对其特点，本着规范管理与鼓励扶植相结合的原则，尽快制定相关规则。研究表明，其他国家和地区在创业投资发展初期，普遍采用优惠的 税收政策，引导社会资金进入创业投资领域。就我国创业投资发展现状而言，尤其应当注意适当的鼓励与扶植，尽快制定相应的税收政策，十分必要。为此，科技部正积极配合税务部门抓紧进行相关政策的研究，希望通过大家的努力，促进其早日出台。

4.大力培育和发展中介机构

在创业投资运作的整个链条中，始终离不开中介机构的服务。在政府与创 业投资主体之间、创业资本家与创业投资家之间、创业投资家与创业者之间、创业投资主体与市场之间都需要中介机构发挥积极作用。但是目前我国中介机构的服务难以满足上述需要，在项目评价、市场分析、投融资中介等方面提供的服务与社会需要有很大差距。为此，下一阶段科技部准备下大力气，努力推进科技中 介服务机构的法律法规和政策环境建设，积极引进优秀人才、先进的管理经验和专业化运作模式，鼓励国外中介机构进入国内科技中介服务市场，以便能够更好地为项目市场与资本市场的沟通，提供良好的服务。

5.切实加强行业自律管理

国外的成功经验表明，行业协会在保证创业投资规范发展方面发挥了重要作用。目前，全国已经有地方性创业投资行业协会13家，它们在促进行业自律和业务交流方面做了大量工作。我们认为组建全国性创业投资行业协会的条件已经成熟，从去年开始，科技部火炬中心会同国家经贸委、财政部、人民银行、税务总局的下属单位，联合北京、上海、深圳等地方性协会和全国较有影响的创业投资机构单位着手共同发起成立全国性创业投资行业协会。同时我们还要联合更多的部门和机构，加强相互之间的合作，共同推进行业自律管理。

创业投资体系建设涉及到方方面面，需要大家共同努力加以推进。前一阶段创业投资政策之所以能够取得一定的突破，主要是因为1998年成立了七部委领导小组，这个小组在多个层面进行的协调和沟通，对于推动创业投资的体系建设，起到了重要作用。目前，创业投资的发展正处于关键时刻，这就更需要我们加强协调、通力合作，进一步发挥跨部委领导小组的作用，从而共同推进我国创业投资事业的发展。

几年来的实践证明，创业投资机制对于我国经济建设和社会发展十分重要。建立并完善这一新的机制，符合国家启动内需、扩大投资的发展方向，是实现资源优化配置的重要环节。如今，创业投资已经成为我国高新技术产业发展不可或缺的资金来源。这就更需要我们共同努力，进一步推动这一事业健康发展！

科技部副部长　邓　楠

编 写 说 明

本报告是中国第一部有关创业投资发展情况的权威性调查研究报告。

1、数据来源

本报告数据直接来源于中国大陆246家创业投资机构所填“创业投资机构调查表”的详细资料。该“调查表”由北京创业投资协会研究部参照海外创投业情况调查的通行指标样本设计。调查工作则由科技部条件财务司组织，委托中国社科院金融研究中心、北京创业投资协会、上海创业投资企业协会、深圳创业投资同业公会具体实施，各地的科委及创投机构都给予了很大的支持和协助。该项工作从2001年初启动，历时一年有余，共收到246份问卷，科技部条件财务司及北京创投协会研究部工作人员对调查表收集的信息进 行了逐一核实确认，最终保证了全部数据真实有效。通过对所有数据的分类、整理，形成本次报告的数据来源。

2、数据特点

本报告数据具有如下特点：（1）所提供数据均具真实性；（2）数据时间跨度相对较短，以1995年以后的数据为主，1994年以前只有个别数据；（3）由于公司自身原因而导致个别 调查数据缺失、不完整，但不影响整个报告统计体系。（4）在正式的创投机构管理法规尚未 出台的情况下，调查对象难以准确定义的现象在所难免，有些公司并不以创投为主营业务，但因积极参与了创业投资，因此也进入调查取样区间。

全部数据涉及全国25个省、自治区、直辖市，共246家创业投资机构，包括北京、上 海、广东、江苏、天津、浙江、陕西、湖北、山东、安徽、山西、福建、 内蒙古、湖南、甘肃、辽宁、贵州、河南、四川、重庆、云南、黑龙江、河北、吉林、江西。

3、统计方法

全部统计采用图表及文字说明来完成。由于时间跨度不够长，某些适于进行时间序列分析的项目，如投资金额与投资收益等，就只能做一般描述性分析。所以，最后决定全部统计均通过图表进行描述。这种方法也是国际上的通用做法，目前，美国、韩国及中国台湾等 国家和地区的创业投资报告都是使用该种方法。

4、统计软件

全部数据采用北京桑原技术开发中心的“桑原库表管理系统1.0版”进行数据处理。数据的汇总、分组均通过该系统自动生成，并且结合Excel进行图表的制作。

5、行业分类

采用1999年科技部做出的高新技术行业分类，将高新科技行业分为软件行业、计算机硬件行业、网络行业、通讯业、其他信息行业、半导体、医药保健、环保工程、生物科技、新材料工业、资源开发工业、光电子与光机电一体化、新能源与高效节能技术、核应用技术、其他重点科技、科技服务等16大类，再加上制造业、农业和其他传统型非科技行业3个非科技行业，一共19个行业。

6、体系设计及写作分工

本报告总共分六大部分，其内容和工作分工如下：

(1) 绪　　论 执笔人：王松奇 赵彦云

(2) 第 1 部分 执笔人：李爱民 刘海英 宋　立

(3) 第 2 部分 执笔人：宋　飞 魏晓燕

(4) 第 3 部分 执笔人：王国刚

(5) 第 4 部分 执笔人：刘健钧 沈仲祺

　第 4 部分附录 执笔人：苏启林

(6) 报告总附录 北京创业投资协会沈仲祺、李爱民、徐义国等整理提供

课题组织及撰写主持人：王松奇

第 1、2 部分初稿修改工作主要承担人：

　沈仲祺 刘健钧 李爱民

体系设计及报告修改讨论参加人：

　王松奇 王国刚 沈仲祺 李爱民 刘健钧

　宋　立 李　洪 牛近明 刘海英 徐义国

　宋　飞 魏晓燕 林汉克

7、主要说明

本报告主要论述我国内地的创业投资发展状况，文中的"中国"和"我国"等，均指除港、澳、台地区外的中国大陆地区；"台湾"指我国台湾地区，"香港"、"澳门"分别指中华人民共和国香港特别行政区和澳门特别行政区。

感谢清华大学丁厚德教授、中实集团冯学军同志、各地科委和创业投资协会对此次调查活动的支持。同时，感谢中国科学技术信息研究所吴雯娜同志和薛曙光同志在调查中给我们提供的帮助；Chinavest 的赵军先生曾为编委会的外商创业投资机构情况调查专门组织了座谈会；资深编辑高续增、房汉廷及樊景良、阎小娜、刘光谱等同志在清样校对中出力多多；中国财经出版社贾杰副社长、陆广德主任、陈瑶编辑对本报告的出版给予了大力支持和帮助，在此一并致谢。

目　录

专栏目录

正文附表

正文附图

总附录附表

总附录附图

绪　论

用创业投资打造高科技大国

一、中国经济发展面临的三大课题

20世纪世界经济发展的格局是在其最后二十年的国际经济竞争中确定的，在这最后的二十年中，最具影响力的趋势性历史性事件大体有三：一是制度改革潮流；二是新技术革命催生了所谓的“新经济”；三是频仍的金融危机。

制度改革起初表现为中央计划经济向市场经济转型，后来，在20世纪90年代出现一系列金融危机后，包括世界第二经济强国日本、亚洲新兴市场国家及南美洲的巴西、阿根廷等国在内的许多国家也相继提出了紧迫的结构性改革问题，甚至欧美一些发达国家也开始实施金融政策方面的调整。这些改革和调整无论是发生在原计划经济体制国家，还是发生在存在经济结构缺陷的市场经济国家，都反映了各个经济体为追求发展效率而被迫进行体制调整的客观趋势。而新技术革命催生的所谓“新经济”——虽然这种“新经济”人们只是在美国看到了它的基本轮廓——则从经济发展的实绩上证明了知识、信息和新技术作为经济成长的内生变量，对一个国家经济核心竞争力的提高已具有越来越重要的作用。金融危机，这是经济全球化、金融化背景下虚拟经济部门的相对独立运动对实体经济部门脆弱性或潜在风险检验及揭露的信息表达方式。金融危机一旦爆发便会产生国际性传染，但所有的金融危机都会成为爆发国家进行结构性改革或结构性调整的巨大助推力量。

上述三大趋势所形成的国际环境实质上也是中国参与21世纪世界经济竞争的外部初始条件。

认真审视中国经济现状，我们会发现：上述外部初始条件也大体规定了今后几十年中国经济发展所面临的三大课题，这就是：（1）按市场经济规律深化改革、扩大开放；（2）将鼓励科技创新、科技成果市场化、产业化当成调整经济结构提升经济核心竞争力的关键手段；（3）在降低金融风险的同时，提高金融体系运行质量，改善实体经济部门的资源配置效率。毫无疑问，中国无论从增长速度、社会稳定程度还是从总体实力、世界性影响等方面说，都处于历史上最好的时期，我们现在的当务之急就是抓住难得的历史发展机遇，通过深化改革将制度因素转化为巨大的生产力，运用金融财政税收等一系列政府可控制的政策工具，刺激科技创新与科技成果转化，将科学技术这一第一生产力切实变成提高国家经济核心竞争力的物质力量。

二、培育创业投资体系：完成“三大课题”的关键环节

各国经济发展的经验和教训证明：无论是经济制度的选择结果还是科技作用的发挥程度，都依赖

于各国政府在一定历史条件下所采取的经济政策，而各个经济体所选择的发展政策皆源于人们对国民福利水准不断提高的原始追求。从实践结果说，世界各国在经济发展方面，有的成功，有的不甚成功甚至失败，原因就在于它们在一定的国内发展初始条件及国际环境下存在着政策选择的差异，这种政策选择差异一旦形成了不同的竞争优势和劣势，就会对各个国家以后的发展带来深远的影响。

如果以20世纪末和21世纪初为时间起点分析中国经济的初始条件，我们会得出如下结论：（1）中国是一个已初步走上市场经济道路的国家；（2）中国的产业结构正面临着由传统的数量推动型向现代的以技术进步为发展动力的质量推动型经济转化的调整难题；（3）对于中国的决策层来说，目前应该以经济全球化、金融化和科技对经济发展愈益重要为背景找到一个能对体制改革、新技术应用及金融深化这三大课题的完成产生决定性影响的关键环节，并制定行之有效的组合政策付诸实施，以在现有的要素禀赋条件下的国际经济竞赛中赶超先进国家并力争取得竞争优势。

我们认为，这个“关键环节”就是创业投资体系建设。

为什么创业投资体系建设能成为中国经济发展的“关键环节”呢？

首先，创业投资以极具成长潜力的创新型中小企业为主要投资对象，在现代经济发展中，有许多高新技术的市场化、产业化推广是由那些创新型中小企业完成的。在制造业的各个领域，尽管有许多大型企业也十分重视研发资金的投入，但这些投入一般情况下都是为这些行业、企业已有产品的深度开发、技术升级及产品换代服务的，而在世界经济史上最近三十年中，有许多高新技术具有独创性或者说具有“横空出世”的特点，这类技术可能与传统产业的大多数产品间并不存在紧密的发展延续联系，因此，也很难得到传统行业中有实力企业的资金支持，只有那些肯承担技术风险和市场风险的中小企业才敢于吸纳这些技术。然而，在各国现有的金融体系中，除大企业资本外，无论是银行资本还是主板股票市场中的资本又主要服务于成熟企业或低风险企业，这就在客观上对创业资本——这种以权益投资、肯承担长期风险的资本运动方式提出了供给要求，创业投资的发展自然也成了那些尚无确定市场前景的高新技术应用转化的资本推动力量。从全世界创业资本所支持的高新技术项目看，这些高新技术项目很多都具有原创性，正是由于原创性才使得这些项目的市场化、产业化具有高风险性，而高风险性则产生两个后果，一是失败率较高，二是成功项目的高风险溢价又必然使创业投资活动成为新式投资银行业务领域中的高回报行业。这种高额投资回报不过是许多成功的原创性高新技术市场推广收益的再分配，因此，创业资本所支持的高新技术项目成功后的高收益会对一个经济体内的科技创新产生强烈的刺激作用，这就是我们所常看到的现象，一个国家或地区的创业投资体系越发达，它的科技创新就越活跃，技术对经济增长的贡献率就会越高，而技术进步对经济增长贡献率的大小则代表了一个经济体核心经济竞争力的强弱。

其次，一个经济体要建设一个完善的创业投资体系必须对传统的金融体系进行重新构造，其核心内容就是构建一个有效率的、多层次的资本市场，即不但要有为较成熟的大中型企业投融资服务的主板股票市场，还要有功能完备的为中小型企业服务的二板股票市场及地方性的场外交易市场，这后两类市场是创业投资体系不可或缺的组成部分。一个经济体无论是出于为创业投资体系配套建设还是出于为一般中小企业服务的动机营造二板市场，其本质都是一种资本制度的供给行为。在金融部门已成为现代经济体系资源配置主导机制的今天，发达完善的资本供给制度及相应出现的金融资源利用效率的提高，会不断刺激实体经济部门中的企业，使其产生强烈的创新竞争行为，从而产生良好的经济结构调整效果。因为，资本市场是一个面向公众的价值平台，它不仅提供企业的各类风险信息，而且还能提供企业成长潜力信息，在一个相对规范、透明、严格的监管框架下，资本向相对收益较高领域流动的特性会自动甄别投资对象，产生企业融资竞争中的优胜劣汰效果。这在客观上会形成一种高成长性企业和高收益项目受到市场追捧的局面，这种企业价值的公示效应会通过资本市场中的资产价格行情传达给广大投资者，一个经济体的资本市场的发展如果比较规范、信息量成分透明，资本市场上各类企业价值的变化、各类行业板块行情的变动就会对一个社会的储蓄——投资转化流程及资本支出方向产生重要影响。按照一般规律，一个经济体中资本市场在金融资源分配中所占的比例越大，它的现代化程度就越高。直接融资在全社会投融资比例中占50%或50%以上这是发达市场国家的基本经济特征之一，计划经济体制国家以市场压制为本质特点，而转型经济国家则以重点发展市场调节体系为改革的基本任务，在金融资源分配上转型经济国家在相当一段时期内要以间接融资为主要手段，但发展直接融资完善资本市场体系必然是这些国家制度建设的重要内容。从这一点说，创业投资体系建设无论从哪一个角度看都既是一种制度上的进步，又是资源配置效率的提高。这种制度改进效应和资源配置效率提升效应对任何体制背景的国家都有十分重要的意义。

再次，培育创业投资体系也有利于降低系统性金融风险。这一点，对现阶段中国的经济发展具有极为特殊的意义。我们都知道，世界上各个国家和地区，一旦出现金融动荡或金融危机，尽管发生这类事件的直接诱因可能是金融政策的失当，但最终根源都是经济发展基本面中的战略方针偏差及由此造成的结构性矛盾。例如，东南亚国家的1997年金融危机，表面上是这些国家资本流出入管制政策出现失误，实质原因是这些国家在实施赶超战略中只重视吸引外资和助长泡沫经济的短期资本投入而忽略了产业结构的技术升级和新技术应用，因此，一旦遭受外部金融冲击，经济和金融体系的脆弱性就会立即暴露，并形成对经济和社会安全的致命威胁。再以日本为例，日本作为世界第二经济强国，在20世纪80年代以前近30年的时间里一直保持了旺盛的经济发展势头和令世人瞩目的高生产率。但进入20世纪90年代之后，日本经济却一直徘徊在景气低迷和金融危机的泥沼中，直至今日，仍未见好转。仔细研究日本经济发展的教训，我们会发现，日本经济在20世纪60年代、70年代及80年代这三十年中所实现的高增长奇迹在很大程度上都得益于日本政府（大藏省）控制的金融体系特别是银行体系以“主办银行制”对大企业出口导向战略的强力支持。这种强力支持与基础性科研投入相对滞后对创新型中小企业重视不够形成了很强烈的反差。及至20世纪80年代后半期又出现全社会货币流通速度下降、大量货币资金流入股票和不动产投资领域等畸形现象。这些，实质上已埋下了日本金融危机和经济衰退的隐患。以上是两个反面的“教材”。我们再举两个正面的案例，一个是1997年金融危机中的中国台湾地区，另一个是战后第十次经济衰退中的美国。1997年7月自泰国开始的东南亚金融危机几乎对东南亚所有国家和地区的经济都造成了重创，但台湾经济只受到了轻微的损害，为什么？原因就在于台湾自20世纪80年代以来，以创业投资为轴心，在台湾工研院、新竹工业园和多层次资本市场的支撑下对其产业结构进行了彻底的调整，形成了一个以轻型化、高技术投资为特征的新技术连动体系，因此，具备了较强的抗外部冲击能力。我们再看美国，美国自2000年4月出现股市狂跌以来至2001年4月就宣称进入战后第十次经济衰退，但仅仅过了一年时间，到2002年4月，美国就在该月实现了经济增长率达5.6%、劳动生产率增长8.6%的经济业绩，这使人们——使那些对“新经济”抱怀疑态度的人不得不重新调整思维！人们都知道，追本溯源，美国经济快速复苏及高生产率的背后，起作用的仍然是强大的创业投资体系和金融市场支持的技术进步贡献率。前面两反两正例子说明，在全球化及经济与金融已紧密融合的现代经济条件下，尽管金融部门在衍生品等领域已显现独立运动特性，但一个国家或地区的金融安全基础还在经济的基本面，还在于产业结构的合理化和技术升级水平，一个经济体如果能通过创业投资体系的建设来推动新技术的发展和应用并由此强化工业基础，就能够有效地降低系统性金融风险。

三、中国科技竞争力：现状与问题

我们非常重视从制度改革角度分析在中国培育创业投资体系的特殊意义，原因在于，中国是一个转型经济国家，从由计划分配资源到由市场分配资源，这不是简单的分配方式演化，而是经济制度和游戏规则的彻底转变。市场分配资源的核心内容是让微观经济主体在竞争中自主地就选择投资对象、相对自由地参与各种投融资活动，从而使全社会的储蓄投资尽可能地提高流转或循环效率。20世纪80年代以前，所有采用中央计划经济模式国家体制性弊端的后果都可以概括为“资源配置效率低下”。这些国家尽管可以在一定时间内取得较高经济增长速度，但这种增长只是依赖增加要素投入所取得的低质量的数量型高增长。由于各种制度因素的限制不能激发企业不断采用新技术、提高劳动生产率的积极性，因此，在激烈的国际经济发展竞争中，当年的中央计划体制国家不仅同发达市场经济国家的差距越拉越大，而且也被东亚等新兴市场国家和地区远远地甩在了后边。从这一点可以认定，20世纪最后二十年出现的从计划到市场的经济转型实质是经济竞争规律在背后起作用。

20世纪末全球经济竞争的格局还告诉我们一个道理：即使是选择了市场经济制度，也未必会使一个经济体的竞争力自然得到提高，体制、制度只是资源配置提高的必要条件，而非充分条件。各个经济体能否在较长时期内在经济增长率、经济成长质量、持续发展水平及抗风险能力方面有上佳表现还取决于各个国家或地区所采取的发展战略和政策。

从近百年世界经济发展经验教训看，能否坚持科教兴国、技术立国的战略目标并实施配套的各项政策，对一个经济体的发展具有决定性意义。

长期以来，科技一直是我国国家实力增长中较为薄弱的环节。根据世界权威机构瑞士洛桑国际管理发展学院（IMD）的《世界竞争力年鉴（2001）》，中国科技国际竞争力从1996年至2001年总体上呈下降趋势，具体结果见表绪–1。

这种位次波动在两种情况下均可能发生：一是世界其他国家和地区科技竞争力提升相对较快，二是本国科技竞争力的停滞或下降。改革开放以来，中国政府和企业对于科技进步作用的认识逐步深入，科技投入也不断加大，科技创新也受到非常的重视。因此，1998年前我国科技竞争力提升较快。但是，随着我国科技市场潜力的释放，科技体制对科技进步与技术创新的制约作用也逐步显露出来。1985年开始的科技体制改革对于中国的科技竞争力绝对水平提升奠定了基础，同时也发挥了明显的作用，经济社会系统正在逐步适应新体制。然而，相对水平与世界的发展在1999年以后是下降了，这既与美国、欧洲一些国家和地区在信息技术基础设施和高新技术产业的较大发展有关，当然，也说明我们的科技战略和操作政策有待改进之处。

IMD在科技竞争力评价中，评价原则和指标设

表绪–1 中国科技国际竞争力世界排名位次

年份	1996	1997	1998	1999	2000	2001
位次	28	20(25)	13(23)	25	28	35

注：括号中是根据可比指标口径计算的结果。

专栏1
衡量科技国际竞争力发展的三大原则

瑞士洛桑国际管理发展学院（IMD）提出了衡量科技国际竞争力发展三大原则：

（1）一国科技国际竞争优势是否建立在对现有知识和技术资源的有效的、创造性的应用之上。

（2）对发达国家来讲，其科技国际竞争力水平更多的表现在它是否把提高其科技竞争力的侧重点放在加强基础研究和创新活动方面的投资，不断创造和积累新的知识和技术资源方面。

（3）企业在一国的科技竞争力中扮演了怎样的角色。企业是否在R&D上有积极主动的人力和财力投资。

计上有着内在的一致性。评价原则是纲领性的东西，具体指标则是对评价原则的贯彻、实现。该指标体系的具体构成状况我们可以通过图绪–1反映出来。

对26个指标进行科学的分类，IMD构造了5个子指标系统，它们分别是：研发财力资源、研发人力资源、技术管理状况、科学环境状况和知识产权保护状况。这5个子指标系统，完全包容了设计出来的26个具体指标；同时，它们又有机的结合成一体，形成一个较高层次的总指标系统，来综合反映一国科技国际竞争力状况。下面我们用可比分析法以IMD的5个子指标系统考察1997–2000年的中国科技国际竞争力，见表绪–2。

那么，我国在科技竞争力方面具有那些优势和劣势呢？对这一问题的清晰回答，有助于我们摸清我国科技竞争力的真实“家底”。通过表绪–3，我们可以清楚明了地看出我国的科技国际竞争力的优劣势。

从上面的列表分析中可以看出，中国在合格工

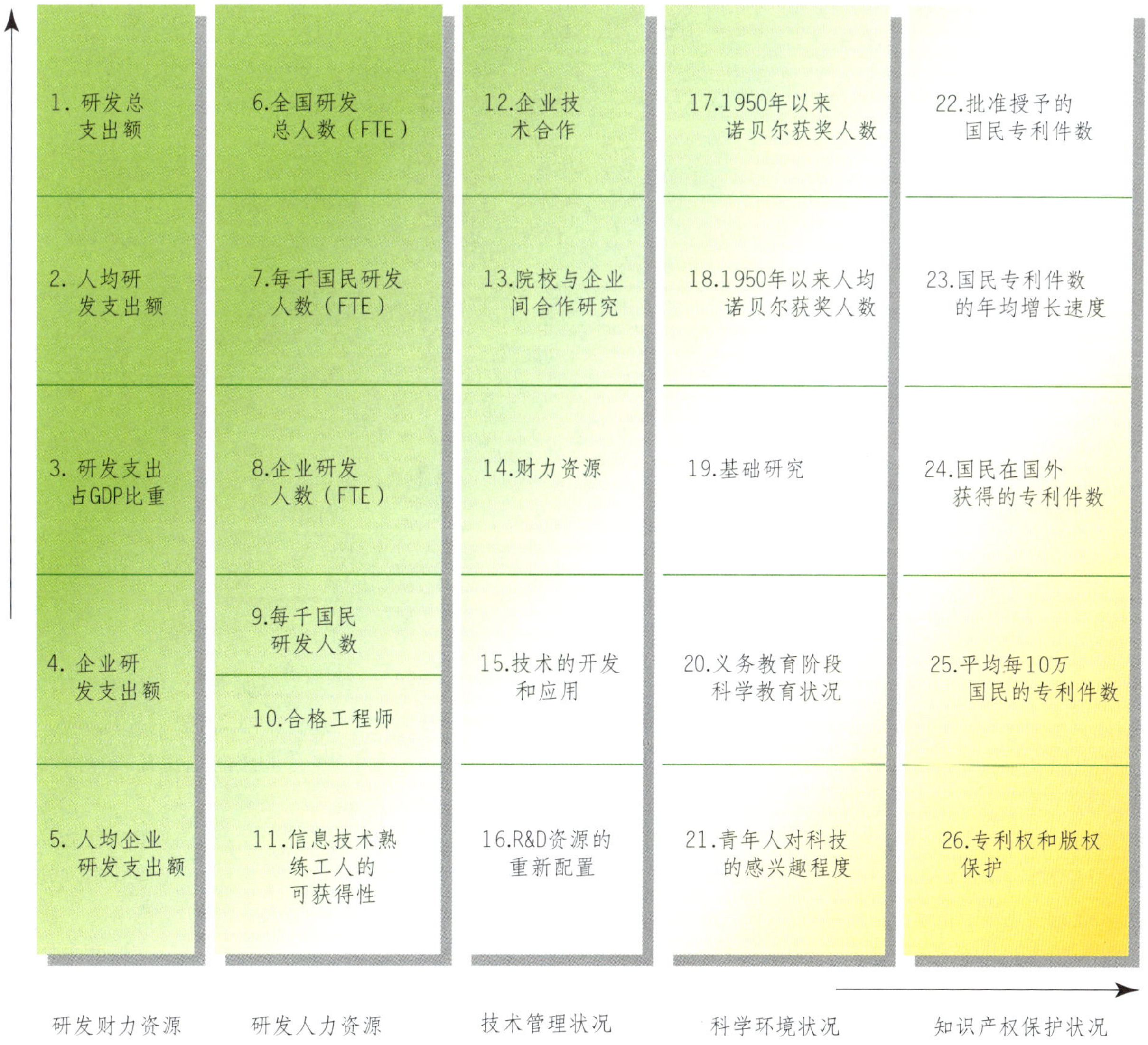

图绪–1　科技国际竞争力评价指标体系

表绪－2　1997—2000年中国科技国际竞争力可比排名

	1997年	1998年	1999年	2000年
科技国际竞争力综合排名	25	23	25	28
研发财力资源	34	37	31	31
研发人力资源	18	9	28	27
技术管理状况	24	18	24	25
科学环境状况	30	23	24	22
知识产权状况	32	38	30	36

表绪－3　中国科技国际竞争力方面的优势和劣势（以2000年数据为分析基础）

项目	优势排名	项目	劣势排名
全国研发总人数	4	合格工程师人数	47
企业研发总人数	4	IT行业熟练工人的可获得性	46
研发资源的重新配置	10	人均研发支出	40
基础研究	12	人均企业研发支出	39
年轻人对科技的感兴趣程度	12	每十万国民的专利件数	38
授予国民的专利件数	12		
研发总支出	13		

程师人数、IT行业可用熟练工人、全国人均研发总支出、企业人均研发支出及有效的专利件数指标方面在世界科技竞争力排名中均处于劣势地位。在处于劣势地位的上述五项指标中，前两项指标是人力资本指标，最后一项是标志科技成果转化的“有效专利件数”指标，中间两项则是人均研发总支出指标。根据一般规律，人力资本的供求状况取决于相对收入水平的结构性变动，只要某一行业的收入水平高到一定程度从而产生足够的激励诱因，且一个社会对某行业的人才供给弹性比较充分，上述的行业人力资本竞争劣势就会很快得到改观。那么，人均研发支出及有效专利件数的竞争劣势如何扭转呢？答案只有一个，就是加大金融及财税手段的运用力度，特别是加速培育创业投资体系，当一个经济体的金融资源能够自动流向高科技领域时，高新技术商品化、产业化产生的规模效应就会自动矫正科技人员相对收入偏低的状况，并在全社会形成科技创业的良好风气，最终对整个社会的微观经济基础进行良性改造，一个国家的科技竞争力也能得到自然提升。

四、用金融财税等政策全力打造“高科技大国”才能有经济建设的新思路、新突破、新局面

中国经济既充满活力又充斥着各种矛盾，一方面，中国有世界第一的年经济增长率、全球第二的国民储蓄率、潜力最大的市场及安定的社会政治环境；另一方面，中国又有着较高比例的金融不良资产、严重的产业结构矛盾、沉重的就业和国际经济竞争压力及各式各样的体制改革难题。在这样的历史条件下，中国经济建设只有探索新思路、寻求新突破，才能够创造出新局面。

自1979年实施改革开放政策以来，中国共产党领导中国各族人民以经济建设为中心，通过体制及政策的变动和调整，在短短的二十多年时间里取得了令全世界赞叹的经济发展实绩，这是无须赘述的。我们目前的紧迫任务则是在实事求是的原则指导下：（1）通过调查研究，看看我们的经济金融体系在运行中还存在哪些问题？（2）造成这些问题的原因是什么？（3）能否找到更好的办法来解决它？

我们承认，在中国的发展和改革全局上待解决的矛盾和问题可能非常多，但要开创经济建设的新局面就必须善于抓主要矛盾并以政策思路的突破为必要前提。

邓小平同志早就提出了“发展是硬道理”的英明论断，抓住机遇、千方百计谋求快速发展就是经济建设工作的总纲。那么，作为“硬道理”的“发展”它背后的道理有那些呢？

首先，“发展”所以是“硬道理”的第一原因是它在目的性上概括了任何经济体中的政府和人民对提高社会福利水准的不断追求。有了这种追求，人们就能在可供选择的价值取向中分出轻重缓急，围绕优先发展经济的目标确定自身的各项战略和政策。

其次，一个经济体即使确定了“发展优先”的原则也未必能够顺利地达于自身的战略目标。因为任何国家和地区的经济发展状况要受制于多种因素，这不仅包括国际环境和内部发展的初始条件，而且还取决于经济体制、经济政策、人力资源、科技发展水准等多种因素。在诸多因素中，制度和政策因素最为重要。一个国家或地区，如果将他们的发展战略目标看作是“彼岸”，制度和政策就是达于彼岸的“桥”或“船”。

第三，由于世界经济发展不平衡，发展中国家的政府往往以缩小同发达国家的差距为目的制定各种服务于赶超战略的各种政策。这些政策的组合内容、实施步骤等又会成为影响后进国家赶超速度的决定性因素。从这一点说，欠发达国家在重视制度和政策因素的基础上还必须从本国的特定条件出发在经济发展的不同时期识别阻碍发展的瓶颈因素并制定出有效政策，才能抓住发展这个“硬道理”背后的大道理。

第四，经济政策可看作是由政府提供的公共产品。经济政策作为一种公共产品，它的“特殊消费效用”也有一定的时效型，正由于这一点，政策的制定者就不能过于迟钝，决策就必须讲求效率，这样才能抓住历史所提供的种种发展机遇。

我们一直认为，中国经济、金融体系的结构性矛盾虽然缠绕于转型经济背景下的微观经济基础和错综复杂的集团利益格局之中，但却能够在“先立后破”的新思路下通过增量改革即培育创业投资体系、调整资本供给制度、重点支持高成长型中小企业、促使产业结构进行强制性技术升级等一整套政策来解决。中国如能在二十年时间内建成“高科技大国”，我们近些年来所忧心忡忡的一些存量性问题和矛盾都会在培育创业投资体系、打造科技强国的过程中得到自然的处理和消化。

在中国改革和发展的全局上，有些问题“似大实小”，有些问题“似小实大”，培育创业投资体系就属于后者。

本来，早在1985年，中国的决策层就将“创业投资”概念正式引入有关科技问题的历史性文件《中共中央、国务院关于科学技术体制改革的决定》中，但十七年时间过去了，看看中国的创投事业，目前仍徘徊于起步和幼稚阶段，可以认为，我们已经错过了一个推动高科技大国目标实现的黄金时代！现在，我们要做的工作就是亡羊补牢，就是奋力赶超，赶超的主要手段就是金融、财税政策，这早已为各个国家和地区的经验所证明。

《中国创业投资发展报告（2002）》作为中国第一部立足于扎扎实实调查研究基础之上集国内最优秀的专家所撰写的权威调查报告，力图勾勒这样的图景：

——中国创业投资体系的推动过程；

——中国创业投资事业的现状；

——中国创业投资体系建设中所存在的微观现象、特征及总体环境、政策性问题；

——加速推进中国创业投资体系建设的配套政策方案；

——中国香港、台湾地区的发展概况与国外相关信息。

第1部分　创业投资概述

1.1 创业投资机构与创业资本分析

从20世纪80年代中期到现在，我国创业投资的发展大致经历了概念引入、实践探索、逐步兴起和快速发展的几个阶段。其间，随着经济政策等宏观环境的变化和创业投资企业的逐步成长，我国的创业投资机构已从最初的少数几个地区的几家发展到现在的几十个地区的数百家。无论是创业资本的总量、构成和地区分布，还是单个创业投资机构的资本规模都相应地发生了很大变化。

根据调查结果统计，1994年以前我国的创业投资机构数量和创业资本数量都很少，历年的变动幅度也非常小，不便于分别进行比较和分析。同时，1994年是我国全面推进市场经济体制改革，经济政策等宏观环境发生变化较大的一年。为此，本部分将以1994年为起点，从以下几个方面对我国创业投资的发展状况进行分析。

1.1.1 创业投资机构数量与地区分布

（1）创业投资机构总量分析

表1.1展示了从1994年到2001年全国创业投资机构的总量、新设立数量（即增量）和总量的增长率。图1.1和图1.2则直观地表现了这一期间全国创业投资机构存量、增量的变化趋势。

从中可以看出，被调查的全国创业投资机构的总量已从1994年的17家增加到2001年的246家，7年内共新设立创业投资机构229家，并且每年都在以不同的增长速度持续增加。其间，呈现出以下几个波动阶段：

第一阶段：1996年以前的实践探索阶段

全国创业投资机构一直呈小幅增长，增长速度

表1.1　全国创业投资机构增量和总量的年度比较　单位：（家，%）

年份	1994年	1995年	1996年	1997年	1998年	1999年	2000年	2001年
创业投资总量	17	19	23	38	59	99	201	246
新设立创业投资机构	6	2	4	15	21	40	102	45
创业投资机构总量比上年增长率		11.76%	21.05%	65.22%	55.26%	67.80%	103.03%	22.39%

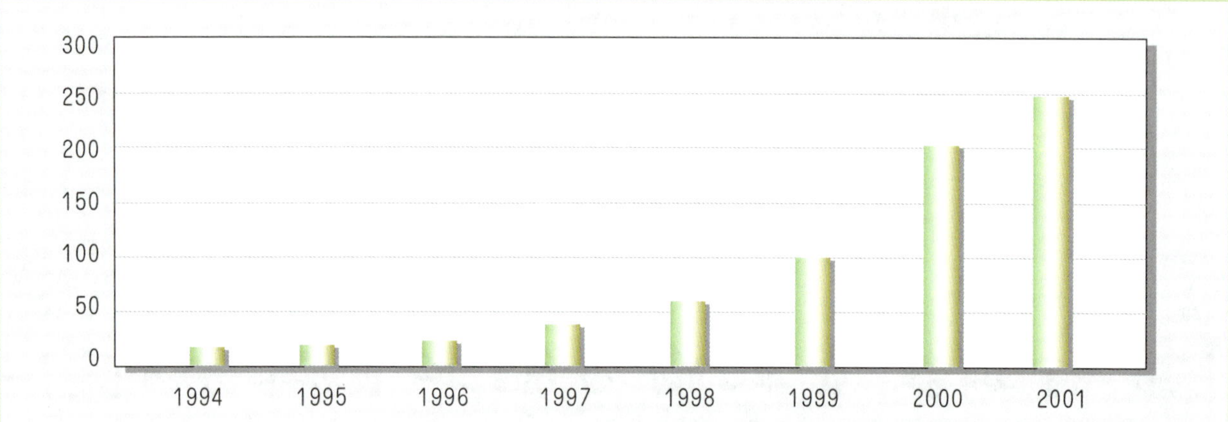

图 1.1　1994–2001 年全国创业投资机构总量比较　单位：（家）

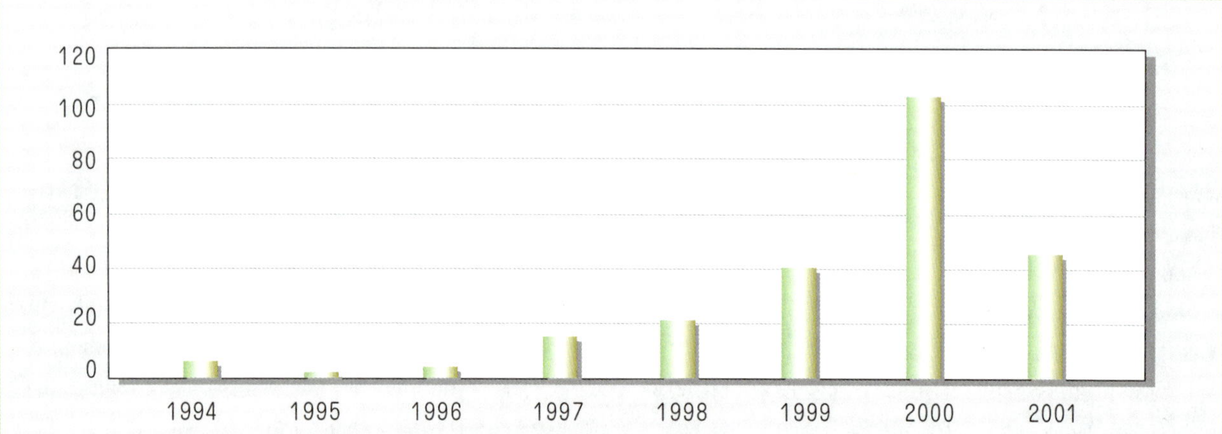

图 1.2　历年新设立创业投资机构的数量比较　单位：（家）

比较缓慢。根据调查统计的结果，这几年的创业投资机构总量一直停留在20家左右。截止到1996年底，全国共有创业投资机构23家，与1994年相比，共新增创业投资机构6家，增长幅度很小。

在这几年里，创业投资对科技发展的促进作用逐步得到了决策层的重视，所处的发展环境开始有所改善。1995年，《中共中央、国务院关于加速科学技术进步的决定》中强调要“发展科技风险投资事业，建立科技风险投资机制”；1996年，国务院在《关于“九五”期间深化科学技术体制改革的决定》中进一步指出要“积极探索发展科技风险投资机制，促进科技成果转化。”同年，我国首次将创业投资这一概念纳入了法律条款，人大常委会通过并批准实施了《促进科技成果转化法》，明确规定：“国家鼓励设立科技成果转化基金或者风险基金，其资金来源由国家、地方、企业、事业单位以及其他组织或者个人提供，用于支持高投入、高风险、高产出的科技成果的转化，加速重大科技成果的产业化。”这在一定程度上促进了创业投资的发展。

这一时期，一些地方政府相继出资成立了旨在从事创业投资业务的投资机构，如各地的科技创业投资公司，科技风险开发事业中心，科技基金发展总公司等。绝大部分国家级高新技术产业开发区都设立了创业中心，即孵化器，其中包括成都、武汉、西安、苏州等地在内的一些创业中心也或多或少地进行了创业投资的尝试。与此同时，一些国外的投资银行和创业投资机构，也把业务拓展到了中国。

第二阶段：1997—1998 年的逐步兴起阶段

随着社会各界对创业投资事业的进一步重视，全国的创业投资机构开始呈现出较快的增长速度。

这两年的增长率分别高达65.22%和55.26%。但实际上，新增创业投资机构的绝对数只有36家。截止到1998年底，创业投资机构总量为59家，与往年相比之所以表现出较高的增长率，与前期创业投资机构的基数相对较小有关。

其间，创业投资的发展进一步得到了社会各界的重视。从1997年起，科技部联合有关部门组织力量对创业投资机制问题进行了深入研究，并于1998年底向国务院领导报送了《关于建立我国科技创业投资机制的报告》。1998年3月在全国政协九届一次会议上，民建中央提出了“关于尽快发展我国风险投资事业的提案”(即“一号”提案)。这都为促进创业投资的发展营造了良好的氛围。

第三阶段：1999—2000年的快速增长阶段

创业投资机构的总量发生了明显变化，无论是绝对数还是增长幅度都出现了明显的大幅攀升，呈现出强劲的高速增长态势。1999年全国新增创业投资机构40家，创业投资机构总量接近100家，增长率高达67.80%；2000年这一增长势头仍继续增强，全国新增创业投资机构102家，创业投资机构总量猛增至201家，增长率高达103.03%，比1999年翻了一番还多。两年间，共新增创业投资机构142家，这是历年来创业投资机构增长数量最多、增长速度最高的一段时期。

这一时期的快速发展主要源于创业投资赖以发展的宏观环境有了很大的改善，社会各界的创业热情得到了极大的激发。如1999年全国技术创新大会召开，国务院作出《关于加强技术创新，发展高科技，实现产业化的决定》，提出“培育有利于高新技术产业发展的资本市场，逐步建立风险投资机制”。同年底国务院转发了科技部等七部门提出的《关于建立我国风险投资机制的若干意见》(即七部委文件)，这是我国第一个关于创业投资的纲领性文件，对创业投资事业的发展起到了积极的引导作用。2000年10月，深交所就创业板9项规则，向社会征求意见。这一时期，社会各界对创业投资的发展充满了信心，我国创业投资的发展开始呈现出前所未有的旺盛发展态势。

第四阶段：2001年以来的调整阶段

快速增长的格局发生了改变，全国创业投资机构的增长幅度急剧下降，增长速度出现了陡然下滑。该年共新增创业投资机构45家。虽然这一绝对数仍高于1999年及以前任何一年的增量，但远低于2000年。创业投资机构总量的增长率已降至22.39%，比2000年低80多个百分点。除了受其他宏观环境方面的不利因素影响外，创业板市场未能及时推出，创业投资缺乏有效的撤出渠道，使部分投资者的投资欲望受到了影响。

(2) 创业投资机构的地区分布

调查显示，246家创业投资机构主要分布在25个省、直辖市和自治区。表1.2和图1.3给出了2001年各地创业投资机构的数量，及在被调查246家中所占的比重。

表1.2　2001年各地的创业投资机构数量比较[①] 单位：(家)

地区	北京	深圳	上海	陕西	浙江	江苏	湖北	天津	安徽
家数	69	50	31	17	15	9	9	8	6

地区	山东	辽宁	广东(不含深圳)	福建	湖南	内蒙	山西	河南
家数	5	5	3	2	2	2	2	2

地区	甘肃	贵州	四川	重庆	云南	黑龙江	河北	江西	吉林
家数	1	1	1	1	1	1	1	1	1

① 按各地被调查的创业投资机构数量的多少排序

从中可以看出，被调查的246家创业投资机构的地区分布呈现出以下几个层次：

第一，创业投资机构分布最集中的地区依次是北京、深圳和上海。②

这三个城市作为全国经济科技较为发达的地区，共集中了150家创业投资机构，约占被调查总数的61%。

第二，创业投资机构分布比较集中的地区依次是陕西、浙江、江苏、湖北和天津。③

这5个地区共集中了58家创业投资机构，约占被调查总数的24%，平均每个地区拥有10家左右的创业投资机构，且绝大多数分布在各省会城市和直辖市。

第三，创业投资机构分布比较分散的地区是安徽、山东、辽宁等省市和自治区。

这17个地区共拥有38家创业投资机构，约占被调查总数的15%，平均每个地区拥有2家左右的创业投资机构。除青岛、大连、泰安等少数城市分别拥有1—2家外，其他创业投资机构依然主要分布在各省会城市。

从另一个层面来看，与中西部地区相比，我国东部地区的创业投资机构在数量上有绝对优势。246家被调查的创业投资机构中，中西部地区仅有48家，所占比重约20%，而东部地区则集中了80%以上的机

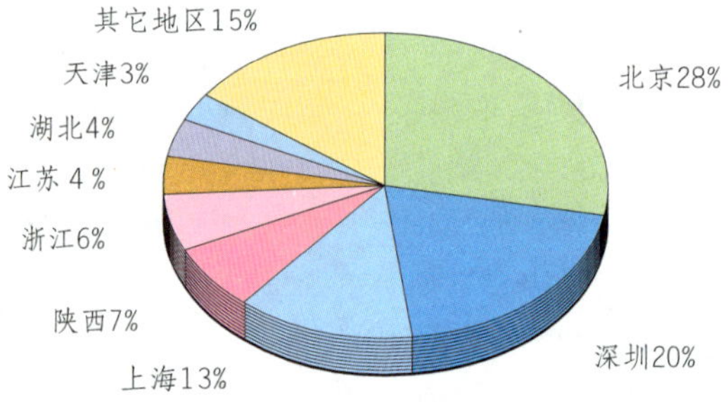

图1.3 2001年全国创业投资机构的地区分布

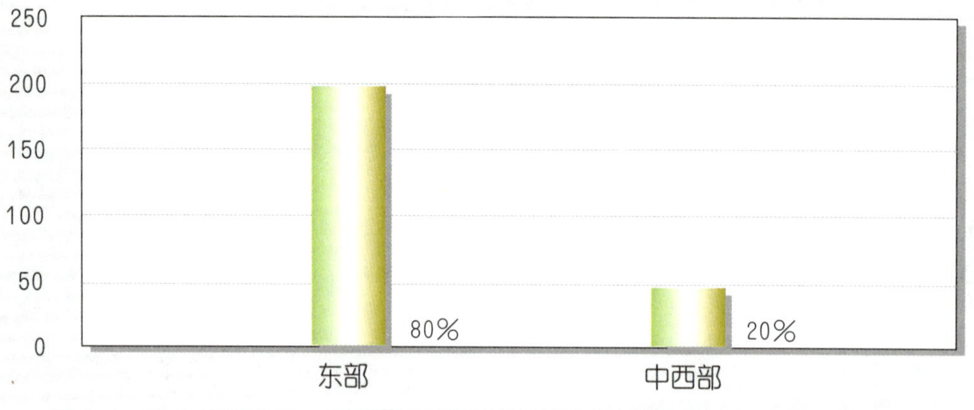

图1.4 2001年我国东、中西部地区的创业投资机构总量比较 单位：（家，%）

②调查数据中反映出上海创业投资机构的数量不多的原因有二：第一，部分上海创业投资机构没有就调查信息给予及时反馈第二，绝大多数外资创业投资机构往往在北京和上海两地均设立办事机构，为了避免重复，对于这样的外资创业投资机构，我们只能按一个机构来统计，由于北京的调查活动开展相对早一些，所以，采用北京办事机构填报数据的情况多一些，相关数据也统计在北京地区内。

③部分地区的创业投资机构数量相对比实际的少一些，原因是其部分创业投资机构没有就调查信息给予及时反馈。

构，数量为198家，是中西部地区的4倍多（见图1.4）。

通过上述比较可以发现，我国创业投资机构的地区分布呈现出这样一个十分明显的特征：即各地区所拥有的创业投资机构数量差异较大，分布十分不均衡。这与当地的经济与科技发达程度及政府对高新技术产业发展和创业投资事业的重视程度有着极为密切的关系。如北京、深圳、上海所拥有的创业投资机构无论在数量上还是在所占比重上都占有绝对的优势，这在很大程度上要归因于它们作为全国最发达的几个城市，在科技与经济实力、政策环境等方面有着其他城市所无法比拟的诸多优势，其创业投资企业可以更快地成长。加之在当地政府有关部门的大力支持下，各地都成立了相应的创业投资协会，如北京创业投资协会，上海创业投资企业协会、深圳创业投资同业公会，这些机构已具备了一定的实力和规模，对当地创业投资事业的发展都起到了积极的推动作用。再如西安，虽然位于我国并不发达的西部地区，但由于当地政府有关部门十分重视高新技术产业的发展，并注重通过加强高新技术产业开发区建设来不断地为创业投资机构提供良好的环境支持，因而在创业投资机构的分布上，比其他省会城市要集中得多。本报告还将在第二节对各地促进创业投资机构发展的方式进行详细介绍，在此不再赘述。

1.1.2 创业资本的总量及地区分布

（1）创业资本总量分析

根据被调查的246家创业投资机构已经反馈的信息，按管理资本进行统计，1994—2001年的创业资本总量、新增创业资本及其增长率如表1.3所示。图1.5、图1.6则展示了历年的创业资本总量、新增创业资本的变动趋势。

从中可以看出，1994年以来我国的创业资本总量一直呈持续增长态势，但增长幅度依当时的经济与政策环境而有不同的变化。总的来讲，我国创业资本的增长经历了以下几个阶段：

第一阶段：1996年以前的小幅增长阶段

这一阶段全国创业资本呈小幅增长态势，增长速度比较缓慢，年新增创业资本在10亿元以下。

第二阶段：1997—1998年的稳步增长阶段

这一阶段全国创业资本的增长幅度较前一阶段

表1.3 1994–2001年全国创业资本增量和总量的年度比较 （单位：万元人民币）

年度	1994	1995	1996	1997	1998	1999	2000	2001
创业资本总量	221800	301800	360800	761750	1040580	2063158	3730822	4052622
新增创业资本		80000	59000	400950	278830	1022578	1667664	321800
比上年增长率	0	36%	20%	111%	37%	98%	81%	9%

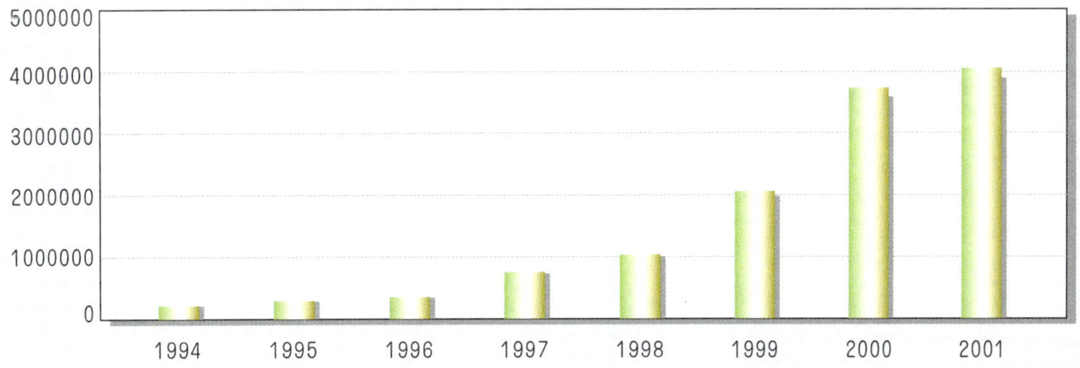

图1.5 全国创业资本总量年度比较 （单位：万元人民币）

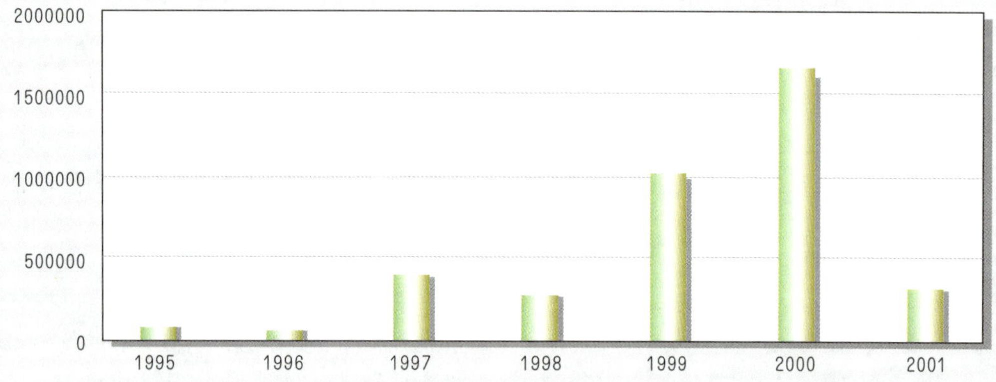

图1.6 全国新增创业资本数量年度比较 （单位：万元人民币）

有所提高，年新增创业资本在20亿元至40亿元之间。到1998年，创业资本的总量首次超过100亿元。

第三阶段：1999—2000年的快速增长阶段

这一阶段全国创业资本呈迅速增长的势头，年新增创业资本在100亿元以上。到2000年，创业资本总量达到了370亿元。

第四阶段：2001年以来的调整阶段

这一阶段快速增长的格局发生了改变，全国创业资本的增长幅度急剧下降，新增创业资本与1998年的规模基本相当。而且通过具体案例的调查，我们发现从2001年下半年开始，原来一部分已经聚集起来的资金，正在从创业投资领域撤出。创业资本的变化趋势与机构的变化趋势基本一致，其原因也完全相同，在此不再赘述。

（2）创业资本的地区分布

在被调查的405亿元创业资本总量中，其地区分布数量和比例分别如表1.4和图1.7所示。④

根据各地区创业资本数量的多少和在全国创业资本总量中所占的比重，我国创业资本的地区分布大致可分为以下几个层次：第一，创业资本分布最集中的地区分别是北京、深圳、上海。这三个地区共集中了资本总额近288亿元，约占被调查总量的70%。

第二，创业资本分布比较集中的地区依次有浙江、陕西、天津、湖北、山东、江苏、广东（不含深圳）等7个地区。这些地区的创业资本数量均在6～30亿元之间，各地区占被调查总量的比例介于1.5%～7%之间。

第三，创业资本分布比较分散的地区有辽宁、安徽、重庆等其他16个地区。这些地区的创业资本相对较少，一般在5亿元以下，每个地区的创业资本占被调查总量的比例平均不足1%。此外，从东西部比

表1.4 2001年各地区创业资本总量比较 （单位：万元人民币）

地区	北京	深圳	上海	浙江	陕西	天津	湖北	山东	江苏
金额	1636582	824000	417700	275450	165988	136800	114382	98000	68000

地区	广东(不含深圳)	辽宁	安徽	重庆	湖南	河南	内蒙古	贵州
金额	63000	39160	38860	26800	26000	21100	15200	15000

地区	山西	福建	甘肃	四川	云南	黑龙江	吉林	江西	河北
金额	13600	13100	10000	10000	8100	6500	5000	3000	1300

④上海等地数据偏小的原因，见注释②和注释③。

较这个层面来看，东部地区的创业资本数量远远高于西部。东部12个地区共集中了占被调查总量88%左右的创业资本，约为357亿元；而中西部13个地区的创业资本仅有48亿元，占被调查总量的比例仅为12%左右。通过以上比较可以看出，我国创业资本的地区分布十分不均衡：无论是各地区还是东西部的创业资本数量差异都较大，并且与各地科技、经济的发达程度、政府有关部门对高新技术产业发展和创业投资事业发展的重视程度有着十分密切的关系。这与全国创业投资机构的地区分布特点基本上是一致的，其原因也基本相似，在此不再重复论述。

1.1.3 创业资本的构成分析

(1)创业资本总量的构成

我国的创业资本的构成已经日趋多样化，原来主要靠政府出资进行创业投资的情况已经发生了根本的改变。调查发现，目前我国创业资本主要来自于：政府、国内企业、外资机构、金融机构等多个渠道⑤。1994年以来，创业资本总量构成的变化见表1.5。

通过综合分析以上数据可以得出，我国创业资本的总构成具有以下特点：

第一，多年来政府创业资本所占比重偏高的局

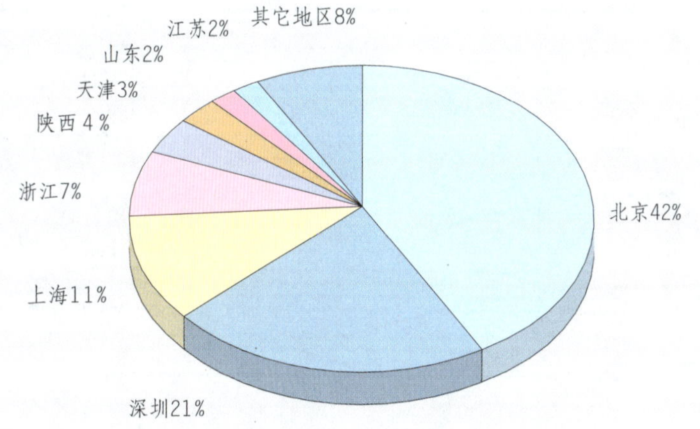

图1.7 2001年创业资本总量的地区分布

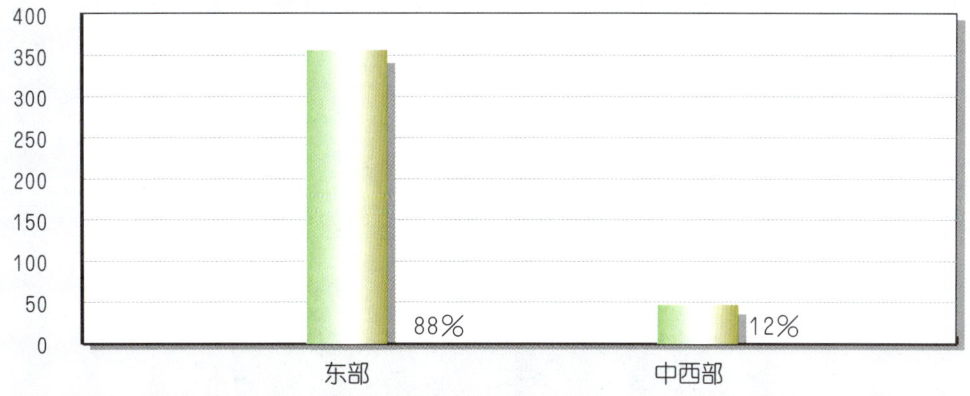

图1.8 2001年东、中西部地区创业资本总量比较 （单位：亿元人民币，%）

⑤关于各类创业资本的统计。政府创业资本包括：政府和国有独资企业提供的资金；国内企业创业资本包括：国内股份有限公司(含上市公司)和有限责任公司提供的资金；外资企业创业资本指外资机构提供的资金(含港澳台地区)；金融机构创业资本包括：证券机构和信托投资机构等提供的资金。考虑到相当一部分的国家持股类企业已经开始按照现代企业制度运作，而且股份有限公司特别是上市公司所提供的资金，基本是增资扩股或发行股票募集而来的，因此，在分类时我们将国家持股类企业提供的资金全部归入国内企业创业资本中。

面已得到了根本改观，国内企业创业资本正逐步成为我国创业资本总构成中的重要组成部分。

调查显示，政府创业资本的总量虽然逐年增加，但所占比重却呈明显的下降趋势，已经由1994年的59%左右，下降到了2001年的34%左右；而国内企业创业资本一直呈稳定的上升趋势，所占比重已经由1994年的不足5%上升到了2001年的37%，超过了政府创业资本，成为了我国创业资本构成中的重要

表1.5 各类创业资本总量所占比重的年度比较 （单位：%）

类型	1994	1995	1996	1997	1998	1999	2000	2001
政府创业资本	58.7	56.5	55.7	48.9	49.1	45.7	34.6	34.3
国内企业创业资本	4.7	8.2	9.4	8.9	16.2	24.1	35.6	37.0
外资机构创业资本	36.2	34.9	34.4	29.9	23.6	22.0	23.0	21.9
金融机构创业资本	0.4	0.4	0.5	11.7	10.2	6.4	4.3	4.1
其他类型创业资本	0	0	0	0.6	0.9	1.8	2.5	2.7
合计	100	100	100	100	100	100	100	100

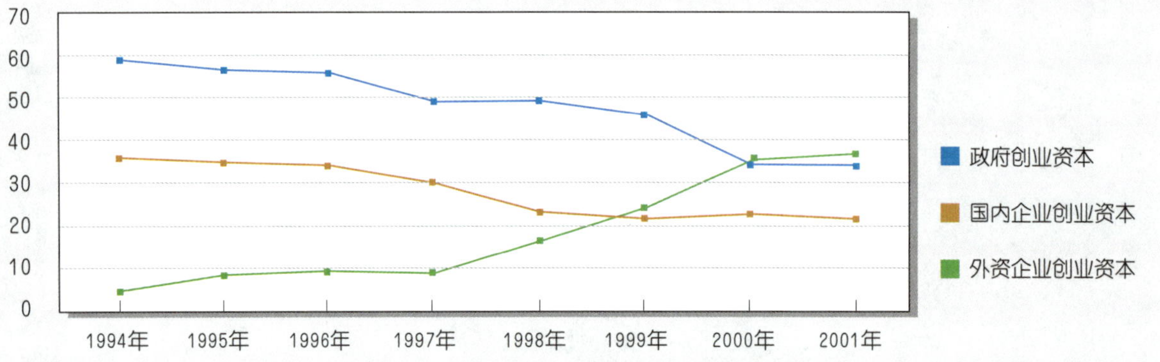

图1.9 政府、国内企业、外资创业资本总量所占比重的变化趋势（单位：%）

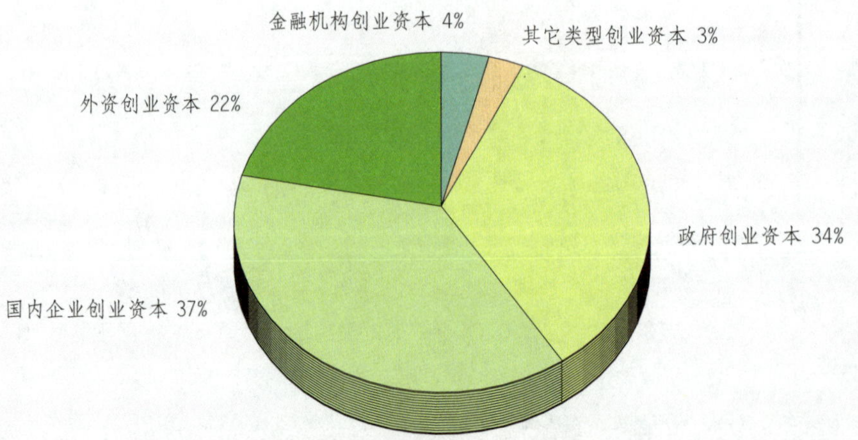

图1.10 2001年创业资本构成

组成部分。

这一格局的出现主要是因为随着市场经济体制的逐步建立和完善，各种所有制经济成份都得到了较大的发展空间，在促进创业投资事业发展的宏观政策环境得到了改善的情况下，尤其是七部委文件提出了“鼓励地方、企业、个人、外商等各类投资者积极推动和参与创业投资事业的发展”，更多的国内企业资本也逐步参与到创业投资事业中来。

第二，外资创业资本在创业资本的总构成中仍没有大的突破。

实际上早在九十年代初期，以美国和欧洲为背景的创业资本就已经进入我国。但由于我国还缺乏较完善的市场环境，与发达国家相比市场体系还不够健全，尤其是一直缺乏有效的创业投资退出机制，从而在很大程度上影响了境外创业资本在我国的发展。近年来，虽然外资创业资本的绝对值在不断增加，但由于其增长速度比国内创业资本增长缓慢，所以占总资本的比重呈逐年下降的趋势，由1994年的36%以上下降到了2001年的不足22%。

通过具体的案例调查发现，主要针对中国大陆设立的境外创业投资的数量应当比调查反馈的数字高。在中国大陆开展业务的外资创业投资机构，基本采取的是在境外注册，在境内设立办事处的方式。由于政策上存在诸多限制，这些机构并不都直接将资金投资在国内的企业或项目中，相当多的情况是先投资在境外设立的项目公司，再由后者以外商直接投资的方式，在国内设立外商独资企业或与国内企业合资。在这一循环中，有多少资金投资于大陆，

表1.6 主要地区创业资本构成的比较[⑥] （单位：%）

	北京	深圳	上海	浙江	陕西	天津	湖北	山东
政府企业创业资本所占比重	25.3	23.7	59.6	31.2	57.9	53.5	48.2	94.6
国内企业创业资本所占内资创业资本比重	60.1	68.7	39	52.8	34.5	32.9	31.4	5.4

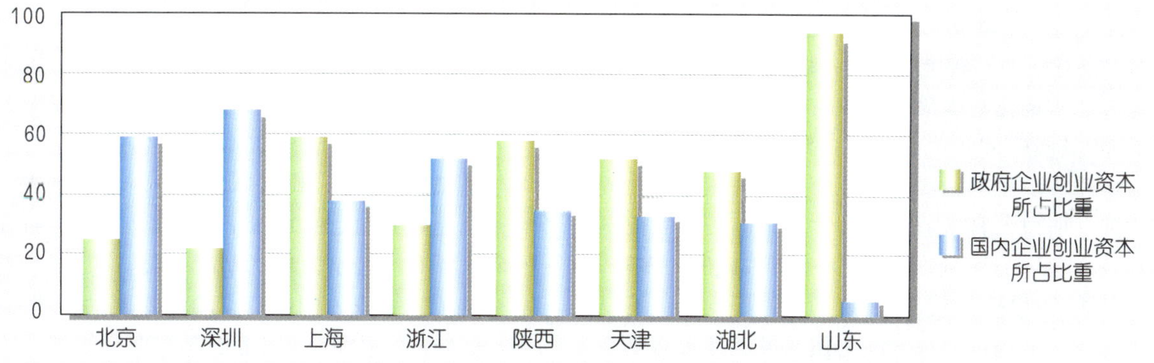

图1.11 主要地区创业资本构成的比较 （单位：%）

⑥这里“政府创业资本所占比重”指的是政府创业资本占“内资创业资本”(即在总资本中扣除外资部分)的比重。

很难划分清楚。另外，这部分资金的运作弹性比较大，对全球经济发展、行业变化和国内政策等环境的变化比较敏感，要想准确地反映投资于中国大陆的境外创业投资较为困难。

为了推动境外创业投资机构到国内注册设立机构，2001年8月外经贸部、科技部和国家工商总局颁布的《关于设立外商投资创业投资企业的暂行规定》，对外资进入我国创业投资领域的准入条件、审批程序和运行规则等做出了相关的规定，对外资创业资本在我国从事创业投资事业具有较积极的意义。但由于政策效应的时滞性，以及该规定还存在着一些需要改进的地方（如外资创业资本的进入门槛过高）等原因，在目前还难以显现出它对外资创业资本应有的吸引作用。

(2)主要地区创业资本的构成分析

不同地区由于其经济科技发展状况、市场化程度以及当地政府对经济建设参与程度的不同，其创业资本的构成存在明显差别。一般来讲，经济发达的东部地区，其政府创业资本占全部资本的比重相对较少，而中部和西部则相对较多，而且有的地区其创业资本基本来自于政府。

由于外资创业资本主要集中在北京、上海，加上注释②所陈述的原因，为了使统计分析更具有可比性，我们将从"内资创业资本"（即在总资本中扣除掉外资部分）的构成分析入手，对主要地区的创业资本进行比较研究。

由上面的分析可以看出，市场化程度和当地政府对经济建设参与程度对上述指标的影响十分明显。深圳市的市场化程度最高，政府对经济建设参与程度最弱，其政府创业资本占全部资本的比例最低；上海市场化程度虽然较高，但政府对经济建设参与程度较强，所以，其政府创业资本占全部资本的比例相对较高⑦。当然，政府创业资本所占比例的多寡，并不代表该地区创业投资发展的成熟程度，更不是评价其优劣的指标。以上海为例，虽然其政府创业资本相对较多，但是在政府资金的运用上，注重发挥其不可替代的调节作用，在吸纳民间资金和培育创业投资管理团队等方面，政府资金的作用尤为明显。

(3) 值得注意的几个问题

首先，政府创业资本的引导作用还有待进一步发挥。正如前面分析的那样，我国创业资本的构成发生了明显变化，其中政府创业资本占全部资本的比重在不断下降，这一趋势值得肯定。但是这并不是说，政府的资金应当越少越好。国外的经验表明，在创业投资事业的发展初期，政府创业资本的作用至关重要。然而，在实际调查中我们发现，一些地方政府在安排资金支持本地区创业投资事业发展时，尚缺乏明确的指导思想和制度保障，仅仅简单地将政府等同于一般的出资人，而没有充分考虑其引导作用，实现政府资金、民间资金和境外资金的良性互动。

第二，创业资本来源渠道应进一步拓宽，特别应当注意吸纳长线资金进入创业投资领域。虽然，纵向比较，我国创业资本的构成日趋多样化，但横向比较，我国创业资本来源与国外依然存在差距，需要进一步拓宽。以创业投资发展最为成功的美国为例，其创业资本主要来自于养老金、捐赠基金等机构投资者和富裕的个人，这类资金的一个明显特点是注重追求长期的投资收益，从而使创业投资机构进行长期投资成为可能。而在我国，国内企业提供的资金正逐步成为创业资本的主要来源，这表明企业资金参与创业投资的积极性大幅度增加，但另一方面这类资金存在着明显的短期行为倾向，使得创业投资机构进行长期投资时受到一定制约。近来，我国创业投资越来越偏重相对成熟的项目（见第2章），在一定程度上是来自于资本构成的压力。

基于以上分析，我们认为从一定意义上讲，理想的资金提供者和合格的创业投资管理人员同样重要。然而，就我国经济发展的状况而言，机构投资者和富裕的个人要成为创业资本的主要提供者还需要相当长的时间。为此，我们应当将用好政府创业资本和吸引境外合格的创业资本作为我们工作的重点。

---

⑦上海市相当部分民间创业投资机构没有及时反馈调查信息，是其国内企业创业资本所占比例偏低的主要原因。

1.1.4 创业投资机构的性质

七部委文件颁布以来，我国创业投资机构的发展日趋多样化。多年前，主要以国有独资企业或由政府所属事业单位从事创业投资的局面，已经从根本上发生变化。根据出资人的性质和出资比例，我国目前的创业投资机构的性质可主要分为：国有独资、国有参股（控股）、国内企业出资、外资和其他等几种类型，具体分布见图1.12。本节主要对前四类性质的机构进行分析。

（1）国有独资的创业投资机构

国有独资创业投资机构系指其资金基本上由财政直接提供或经由国有独资公司安排。1999年以前由政府出资成立的机构，基本采取这种模式。这类机构的性质可分为政府全资、国有独资公司全资以及二者共同出资三种。目前，这类机构主要呈现出以下变化趋势：

第一，这类机构在全部机构中所占比重已经日趋下降。

从总体上看，国有独资的创业投资机构占全国创业投资机构的比重呈明显的下降趋势，1994年这一比例曾高达50%，而2001年已经下降到19.08%，见图1.13。而且，其中直接由财政出资设立的机构相对更少，仅为这类机构总数的28%，具体情况见图1.14。

第二，这类机构在创业投资机构较发达的地区分布已很少。调查显示，在经济较为发达的北京、深圳、上海这三个城市，这类机构所占的比例已经明显减少，在这三个地区的平均比例仅为11%左右，明显低于全国20%的水平。

国有独资的创业投资机构在整个行业中的比例下降的主要原因有：一是民间资金发起设立的创业投资机构迅速增加；二是原来的国有独资公司，通过增资扩股转变为了国家参股的股份公司。一些成立时间相对较长，经营业绩较好的机构已经完成或

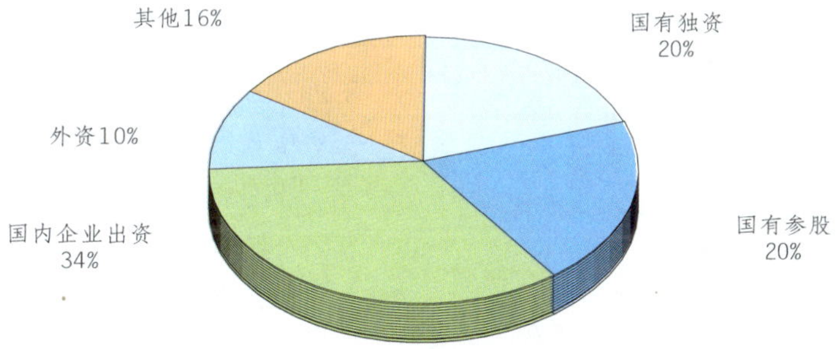

图1.12 2001年创业投资机构性质分布

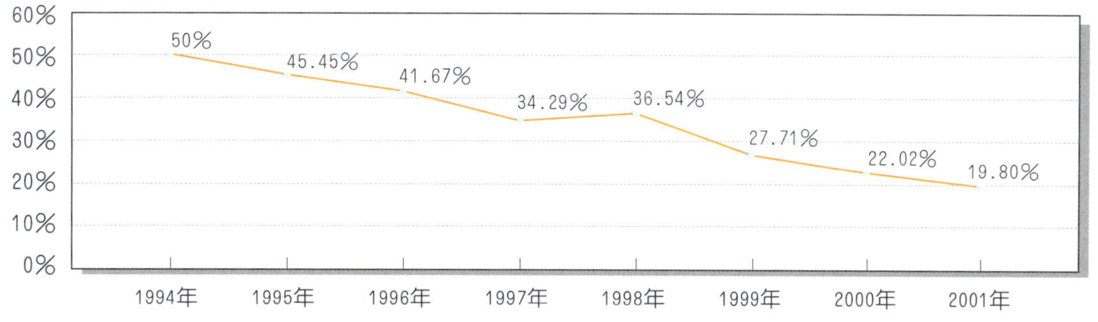

图1.13 国有独资创业投资机构占机构总量的比重变化趋势

正在着手进行增资扩股的工作。

(2) 国有参股(控股)的创业投资机构

这类机构的资金一部分由地方财政直接提供或经由国有独资公司安排，另一部分由其他机构或自然人提供。七部委文件为地方政府参与创业投资的发展提供了新的思路。地方政府开始注重发挥政府资金的杠杆作用，吸引社会资金共同组建创业投资机构。根据调查的情况，1999年以后成立的有政府背景的机构，绝大多数采取的是这种方式。

目前这类机构的发展呈现出以下趋势和特点：

第一，1997年以来的机构数量以及占机构总量的比重呈明显的上升趋势。国有参股（控股）创业投资机构占机构总量的比重，已经由1994年的5%增长到了2001年的20.3%，并已经超过了国有独资创业投资机构（见图1.15）。

第二，从这类创业投资机构的地区分布来看，呈现出与国有独资创业投资机构相类似的特点。在北京、深圳和上海等三个城市，这类机构所占比例平均仅为13%，明显低于全国20%的水平。

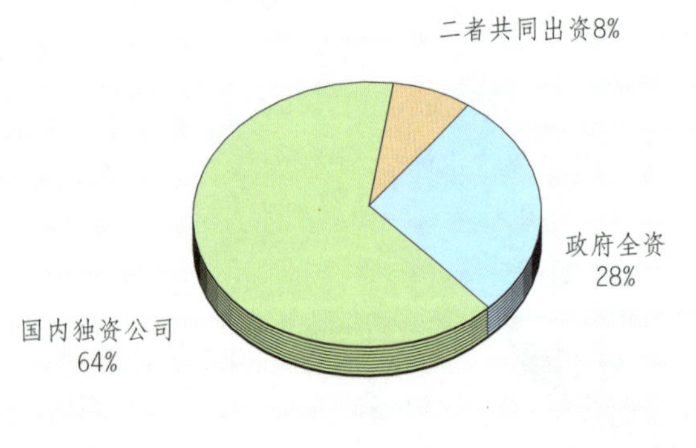

图1.14 国有独资创业投资机构的性质构成

第三，这类机构基本上是按照现代企业制度建立的，并按市场化的规则运作。如北京高新技术创业投资公司是北京市政府参股成立的两个创业投资公司中较早的一个，该公司由北京市综合投资公司、北京市国有资产经营公司和国家开发投资公司等机构联合其他公司共同发起。北京市政府根据科技与经济的发展规划，对其投资领域提出建议，但并不干预其具体投资决策。

(3) 国内企业设立的创业投资机构

这类机构的资金完全由国内的股份制企业和非股份制企业（包括民营和集体）提供，不含地方财政或国有独资公司以及外资企业提供的资金。1999年七部委文件颁布以后这类机构增长迅速，其发展主要呈现出以下几个特点：

第一，这类机构正逐步成为行业中的主流。调查显示，这类机构约占被调查机构总量的34%。

第二，这类创业投资机构主要集中在创业投资比较发达的地区。目前这类机构约2/3集中分布在北京、深圳和上海。这主要是因为在北京、上海和深圳，非政府创业资本比较活跃，创业投资机构发展的环境比其他地区要相对宽松和规范得多，从而更有利于国内企业涉足创业投资。如深圳于2000年10月颁布并实施了我国第一部地方性创业投资规章《深圳市创业资本投资高新技术产业暂行规定》；目前北京也在制定旨在促进和规范创业投资公司发展的有关管理办法。

(4) 外资创业投资机构

在2001年9月《关于设立外商投资创业投资企

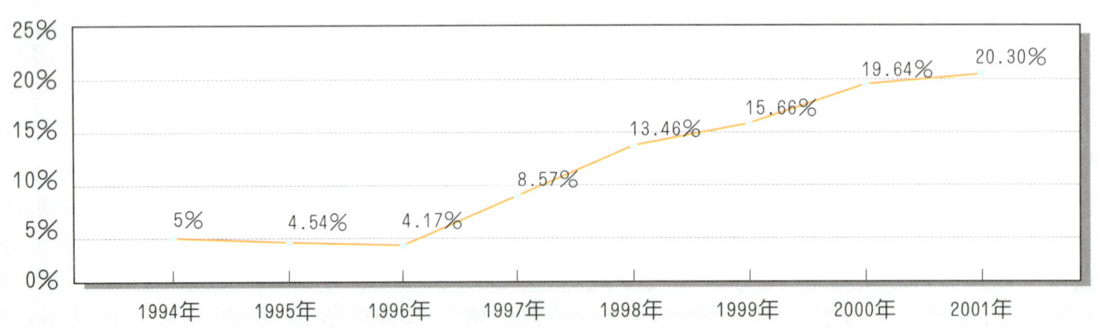

图1.15 国有参股创业投资机构占全部机构总量的比重变化趋势

业的暂行规定》颁布以前，由于没有相应的法律、法规，外资长期以来尚不能在国内直接设立创业投资机构。为此，他们采取了一些变通的方式。欧美公司通常采取在国内设立办事机构的方式，台湾公司通常采取与国内合作或成立合资的投资顾问公司的方式，日本和韩国的公司主要通过其集团公司在中国注册的分公司开展相关业务。

在此次调查中，外资创业投资机构约占被调查总量的10%。

以上分析说明，七部委文件提出的建立我国创业投资体系的基本原则，有效地调动了非国有企业参与创业投资的积极性，从而使得：**我国创业投资机构的性质日趋多样化，非国有机构正逐步成为创业投资机构的主流，国有独资机构在整个创业投资机构中的比重已经明显降低。**

1.1.5 创业投资机构的资金管理规模

(1)对全国创业投资机构资金管理规模的基本分析

我国大陆创业投资起步虽然较晚，但经历了不太长的发展阶段后，创业投资机构管理资金规模已经达到了相当的数量，平均每个创业投资机构管理的资金规模已经接近1.65亿元，其中内资创业投资机构平均管理的资金约为1.3亿元人民币。2001年我国创业投资机构资金管理规模的基本分布见图1.16。

从图中可以看出，各机构的资金管理规模基本呈平均分布，但相对来讲，管理规模超过1亿元人民币的机构所占比例相对更多一些[⑧]。

（2）主要地区创业投资机构管理的资金规模

一些主要地区创业投资机构管理资金的平均规模，见表1.7和图1.17。从对图表的分析中不难发现，多数地区创业投资机构管理资金的平均规模，接近上面提到的内资机构管理资金的平均规模。北京和浙江地区偏高的原因是其中有一定数量的外资创业投资机构；深圳创业投资机构管理的资金规模不高的原因是，该地区2001年成立的机构比其他地区多，而这些机构规模普遍较小，结果使平均水平有所下降；上海的数据与实际情况相比可能偏低，其原因已经在注释②中进行了解释。

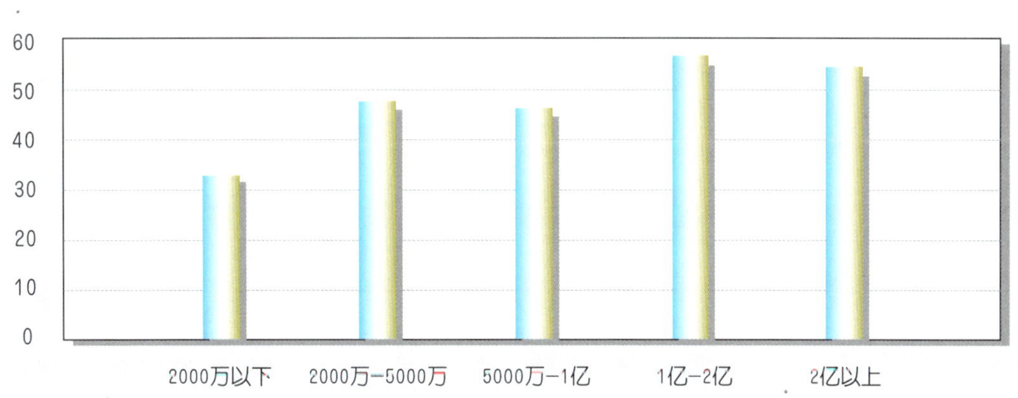

图1.16 2001年全国创业投资机构资金管理规模的基本分布 （单位：家）

表1.7 主要地区创业投资机构的平均资金管理规模 （单位：万元人民币）

	北京	深圳	上海	浙江	陕西	天津	湖北	山东
平均资金管理规模	23719	16480	13474	18363	9764	17100	12709	19600

⑧外资创业投资机构的资金管理规模基本在2亿人民币以上。

1.1.6 创业投资机构的人力资本结构

(1)我国创业投资机构通过一段时间的发展，人力资本结构已更趋合理，员工素质普遍较高。

此次调查显示，创业投资机构人力资本结构的知识背景，明显高于其他行业。从全国创业投资机构的平均水平来讲，有一半以上的员工是从事创业投资的专业人员，1/3以上的员工具有科技背景。在全部的员工中大学本科以上学历者占了80%以上，其中硕士占30%左右，博士占10%以上。北京、深

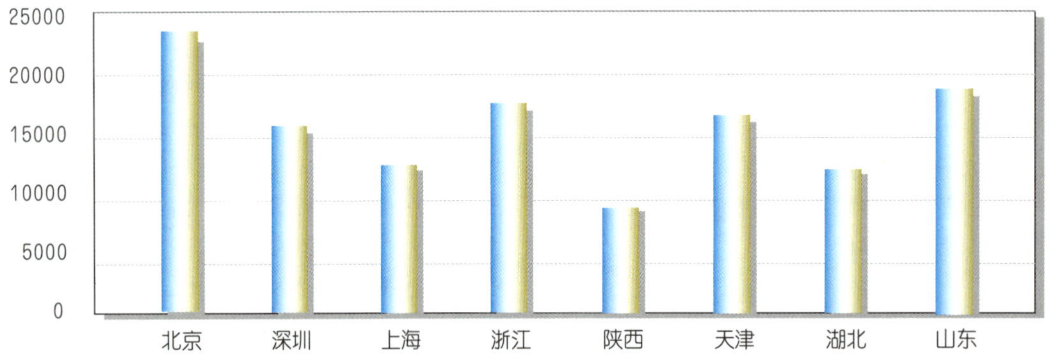

图1.17 主要地区创业投资机构的平均资金管理规模 （单位：万元人民币）

表1.8 北京、深圳、上海和全国创业投资机构的人力资本结构比较

地区	全国		北京		深圳		上海	
	平均人数	比重	平均人数	比重	平均人数	比重	平均人数	比重
公司正式员工数	17	100%	22	100%	21	100%	13	100%
从事创投的专业人数	9	52.94%	10	45.45%	9	42.86%	8	61.54%
具有科技背景人数	6	35.29%	7	31.82%	6	28.57%	7	53.85%
博士人数	2	11.76%	3	13.64%	2	9.52%	2	15.38%
硕士人数	5	29.41%	6	27.27%	6	28.57%	5	38.46%
本科人数	7	41.18%	9	40.91%	8	38.10%	4	30.77%

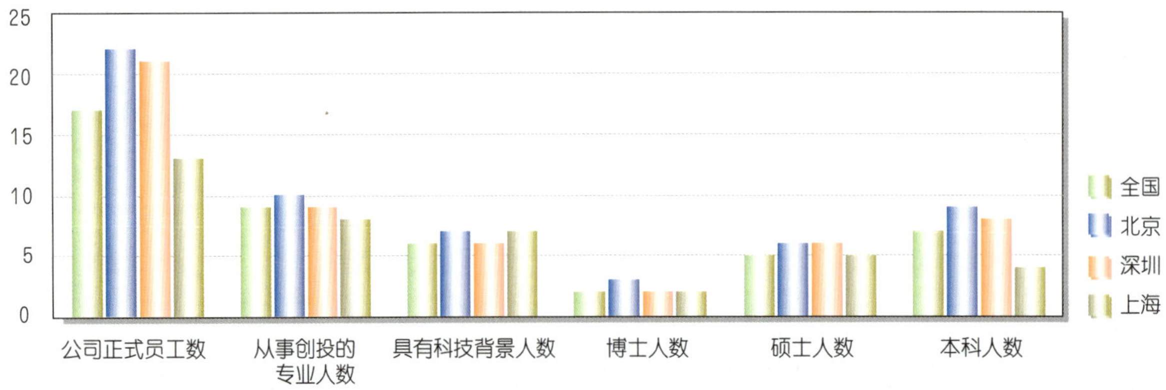

图1.18 各地创业投资机构的人力资本结构比较(单位：人数)

圳和上海的情况也大体相当，与全国的对比情况见表 1.8 和图 1.18。

（2）对创业投资从业人员所缺乏的专业知识的分析

国外对创业投资的从业人员普遍要求较高，包括既要有较为丰富的企业管理经验，又要有较扎实的专业知识；不仅要熟悉金融业务，还要有较强的悟性，从而为被投资企业提供全方位的增值服务。调查发现，目前我国创业投资从业人员的的学历等素质指标较高，但企业管理经验还相对缺乏。目前，我国创业投资从业人员主要来自于五个方面：第一，证券从业人员；第二，高新技术企业的工作人员；第三，刚刚从大学 MBA 毕业的学生；第四，归国留学人员；第五，行政事业单位工作人员。这些人一个共同的特点是企业管理经验明显不足。可以说，目前我国掌握与创业投资业务相关的各类专业知识的人才较为稀缺。

图 1.19 给出了被调查的创业投资机构对创业投资从业人员所缺乏的专业知识的一个基本评价。从中可以看出，业内人士认为创业投资从业人员最缺乏的三项专业知识依次为评估创业企业的价值、参与创业企业的管理、对当前科技前沿的理解。这种分析结果与国外同行的评价是基本一致的。这说明我国创业投资的从业人员对自身所应具备业务素质的理解和要求已经有了较深刻的认识。

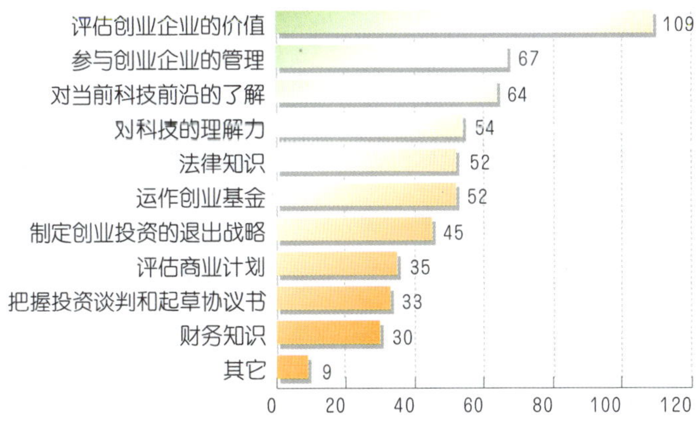

图1.19 全国创业投资机构对从业人员所缺乏各类专业知识选择的比较

1.1.7 总 结

通过对创业投资机构和创业资本总量的各发展阶段、地区分布及对比情况的汇总分析，可以发现这样几个有代表性的年份：1999 年是具有分水岭特征的一年，无论是创业投资机构还是创业资本总量在这一年都实现了很大的突破，标志着我国创业投资真正步入快速发展态势；2000 年是我国创业投资机构和创业资本实现快速增长的高峰年，不仅保持了 1999 年强劲的增长势头，其增量和总量又进一步实现了新的突破；2001 年是我国创业投资机构和创业资本的增长都出现明显下滑趋势的转折年，无论是总量、增长率还是增量都大幅降低。鉴于此，我们可把1999年作为我国创业投资走向快速发展的一个起点年，对近几年创业投资发展中出现的有关问题做进一步分析。

（1）1999年七部委文件的出台有力地推动了创业投资事业的发展。

从对我国创业投资机构和创业资本各个发展阶段的分析可以得知，其发展在很大程度上要靠宏观政策环境的改善和推动。从我国当时的经济、政策环境来看，1999 年和 2000 年旺盛发展局面的出现，是与 1999 年全国技术创新大会的召开和《关于建立我国风险投资机制的若干意见》的出台密不可分的。

尤其是七部委文件作为我国第一个关于创业投资的纲领性文件，提出了建立我国创业投资体系的基本原则，包括按照市场经济规律建立创业投资机制，要面向市场，拓展资本来源；国家按照“制定政策、创造环境、加强监管、控制风险”的原则，推进创业投资体系建设；鼓励地方、企业、个人、外商等各类投资者积极推动和参与创业投资事业的发展。并把培育合格的创业投资主体、建立创业投资撤出机制、完善中介服务体系列为日后的重点工作。这对各地的创业投资者给予了极大的鼓舞，激发了全社会的创业热情，对我国创业投资事业的发展起到了积极的推动作用，并标志着我国创业投资事业开始步入健康发展的正确轨道。

（2）创业板市场迟迟不能推出，创业投资缺乏有效的撤出渠道——2001年创业投资发展放缓的主要原因。

2001年我国创业投资的总体发展步伐放缓，除了受宏观经济政策环境的影响外，创业板市场迟迟不能推出，创业投资缺乏有效的撤出渠道是一个十分重要的原因。

社会经济发展的内在层次性客观上要求有一个具备较完整的内在层次结构的资本市场体系予以支撑，创业板市场是其中的一个重要组成部分。另一方面，高新技术企业各个发展阶段的特殊性，也决定了它不断地需要多种类型的资金支持，创业投资体系就是能够满足这些要求的一种非常有效的投融资安排，对高新技术产业的发展至关重要，但这又关键取决于能否建立一个灵活、畅通的撤出渠道。创业资本的撤出渠道主要有公开上市、被其他企业兼并或收购、股本赎回或私人收购、破产。一般情况下，企业多选择前三种，而这又必须以存在相应的创业板市场为前提。如在美国，1995-1999年，约有1000多家上市公司的创业投资通过NASDAQ成功退出；EASDAQ即欧洲股票市场设立后，对欧洲创业投资和高新技术产业的发展起到了明显的推动作用。

而我国正处于经济结构调整和体制转型期，能够满足不同层面资本需求的证券市场体系尚未形成。现有主板市场的主要服务对象是国有大中型企业，对国有股、法人股的流通问题还有很多限制，缺乏灵活的退出机制，难以成为创业投资撤出的渠道。加之受主板市场整顿等因素影响，创业板市场又迟迟不能推出，创业投资缺少有效的撤出渠道，使国内刚刚激发起来的创业投资热情，又有所降温。

另一方面，境外创业资本到大陆投资的积极性也有所下降。近两年，世界经济发展的速度普遍放缓，境外游资迅速增多。由于我国政治稳定，经济发展较快，越来越多的外资、特别是境外创业资本对我国的高新技术产业表现出浓厚兴趣。同时，很多台湾的创业投资机构也看好大陆高新技术产业的发展前景，开始寻找进入大陆市场的可能性，表现出强烈的投资愿望。但创业板市场的建立时间尚不明确，使其举棋不定，影响了它们到大陆创业投资的积极性。

总之，虽然目前我国的创业投资机构和创业资本在数量和规模上与高新技术产业发展的需求还有一定的差距，还存在着增长速度放缓、地区分布不够均衡等问题，但我国创业投资机构和创业资本总的发展态势是好的，其旺盛发展的格局已经基本形成，对各地科技、经济的发展起到了有力的推动作用，而且还有着很大的发展空间。尤其是创业资本的总构成已呈多元化格局，国内企业创业资本表现出良好的增长后劲，并开始与政府创业资本平分秋色，使多年来政府创业资本所占比例过高的局面得到了根本性的改变，体现出与创业投资的发展规律相一致的趋势。从长远来看，2001年以来的滞缓局面只是暂时的，随着促进创业投资事业发展的有关政策的出台和创业板市场的推出，我国创业投资机构和创业资本的发展将会步入新一轮的高速增长期。

1.2 全国主要城市或地区的创业投资发展概况

从全国创业投资的发展状况来看，除了北京、上海两个具有得天独厚优势的特大型中心城市之外，深圳、西安、天津、广州等中心城市以及浙江、江苏两省的创业投资产业发展速度比较快，具有一定的代表性。从长远趋势来看，深圳、西安、天津、广州等具有一定科技实力、高新技术产业发展比较快的中心城市的创业投资事业，将有可能发展成为典型意义上的创业投资，而浙江、江苏等中小企业发展比较快、民间资本比较充裕的东南沿海发达省份，创业投资的发展不仅将致力于高新技术型企业的创立与发展，也有可能在民间创业投资发展和民营中小企业的二次创业等广义创业投资方面进行必要的探索，从而形成不同的地域特征和发展路径。

1.2.1 北京创业投资发展概况⑨

在国家政策的大力倡导下，北京地区创业投资的发展情况对全国其他地区起到了模范带头作用。1986年，经国务院批准，国家科委、财政部共同出资在北京成立了“中国新技术创业投资公司”，该公司是我国第一个股份制的、以从事创业投资为目的的企业。1989年，经国务院、外经贸部批准，由香港招商局集团、国家科委和国防科工委联合发起成立“中国科招高技术有限公司”。该公司主要负责国家高技术计划（863、火炬等）成果的产业化投资，同时也是中国第一家中外合资的创业投资公司。1991年，国家科委、财政部和中国工商银行联合发起成立“科技风险开发事业中心”。随后的1992年，沈阳等地科技风险开发事业中心、山西科技基金发展总公司、广东科技创业投资公司、上海科技投资公司、浙江省科技创业投资公司等相继成立。

（1）北京地区创业投资机构的增长情况

被调查的北京地区创业投资机构总数从1995年的5家增长到2000年的64家。从1997年以后的各年增长率可以看到，1997年以来创业投资机构数的年增长率最高达100%；增长率最低的一年（1999年）都超过67%，创业投资机构的绝对增加数为14家；2000年的创业投资机构绝对增加数为28家，增长率为80%。可见，自1997年以来北京的创业投资机构发展呈现出在较高水平上的平稳式增长。

从被调查公司的注册资本逐年统计数可看到，全部创业投资机构累计注册资本额从1995年的11.86亿元人民币增长到了2000年的80.9465亿元，增长了近7倍。从注册资本的增长率来看，除了1997年的增长率（8%）与机构数增长率（100%）相差悬殊外（说明1997年成立的这6家公司的平均注册资本偏低），其他年份，如1998年为125%，1999年为46%，2000年为91%，都保持了注册资金增长率与机构增长率的“双高”增长状态，注册资本通过1998年的高速扩张以后稳定增长。

从平均值来看，1995年至2000年平均注册资本额依次为2.37亿元、2.03亿元、1.10亿元、1.41亿元、1.24亿元和1.30亿元，平均管理资本额依次为1.93亿元、1.61亿元、1.71亿元、1.12亿元、1.75亿元和2.04亿元，都表现为先下降后平稳上升的态势，其中平均管理资本上升速度快于平均注册资本，这是最近几年国外创业投资基金大量进驻北京以及国内创业投资机构接受托管资金渐增导致的结果。由此看出，北京创业投资机构的资本实力正在迅速提高。

（2）北京创业投资机构的组织形式

目前，创业投资机构的组建主要依据《公司法》和七部委文件，公司制是我国创业投资机构的主流，没有其他非公司制企业。有限责任公司形式的创业投资机构有50家，股份有限公司形式的创业投资机构有8家，其他形式的创业投资机构有6家，公司型机构合计占全部机构的90.6%。可以看出，创业投资机构主要采用公司型组织形式。2000年12月北京市政府颁布《中关村科技园区条例》和《有限合伙管理办法》后，全国首家有限合伙创业投资企业—北京天绿创业投资中心在2001年8月14日宣告成立。该中心由新疆天业股份有限公司、新疆石河子开发区经济建设发展总公司和北京新华信企业管理咨询有限公司分别出资4000万元、950万元和50万元共同组成，新华信董事长兼总裁赵民被指定为有限合伙企业的事务执行人。

（3）北京地区创业投资机构的股本结构

在北京地区被调查的64家创投机构中，有13家创业投资机构的发起人中包括国有独资企业，国有独资企业共向创业投资机构投资22亿元人民币，占总注册资本额的20.05%；有12家创业投资机构的发起人中包括国家控股或参股的股份制企业，共吸收投资17亿人民币，占总注册资本额的15.49%；民营企业向22家创业投资机构注入了资金，其中接受民

⑨本部分由北京创业投资协会提供。

营股份制企业资金的有16家创业投资机构，共获取资金22亿元人民币，占总注册资本额的20.23%，接受民营非股份制企业资金的有6家创业投资机构，共获取资金16.49亿元，占总注册资本额的1.5%；集体企业向12家创业投资机构提供总共将近7亿元人民币资金，占总注册资本额的6.28%；有2家创业投资机构的发起人是境外上市公司，共投资9.05亿元人民币，占总投资额的8.25%；有1家创业投资机构的发起人是境外非上市公司，共投资8.3亿元，占总注册资本的7.56%。

（4）北京地区创业投资业的投资状况

自设立至2000年年底，64家被调查创业投资机构共投资126.24亿元人民币（约15.21亿美元），其中国内投资案件数有283件，投资额为119亿元人民币，占总投资额的94.43%，平均每项投资4460万元人民币（约537万美元），国外投资案件数有9件，投资额为7亿元人民币，占总投资的5.57%，平均每项投资7820万元人民币（约942万美元），调查核实国外投资均由外资机构投资。这其中还有多家被调查公司由于在2000年刚成立，公司的业务刚刚开展，所以项目正处于考查阶段，未能填写投资成果部分的调查表，所以以上数字可以说是保守数字。在2000年当年，64家被调查公司共投资96亿元人民币，国内投资案件数为151件，投资额为95亿元人民币，平均每项投资6332万元人民币，国外投资案件数为1家，投资额达8700万元人民币。

比较创业投资机构2000年当年与历年的投资情况可以看出，从金额上说，2000年当年实现投资占全部历年投资总和的76.43%，其中实现国内投资占80.21%；从投资家数上说，2000年当年实现投资案占全部历年投资案件总和的52.05%，其中实现国内投资案占53.36%。由此可见，2000年是北京地区创业投资发展的重要一年，不仅表现在投资总额和总投资家数上，而且也表现在平均投资金额上，调查显示，2000年平均每项国内投资比历年平均值提高近42%。另外调查中还发现，北京地区创业投资机构单笔投资最低投资额主要集中在200万元人民币左右，单笔投资最高投资额主要集中在3000万元人民币左右。

1.2.2 上海创业投资发展概况⑩

（1）发展历史

上海从上个世纪90年代初开始探索发展创业投资事业。1992年，为了促进建立社会主义市场经济体制，将财政拨款行为变为市场投资行为，组建了十大投资公司，其中一家即是上海科技投资公司。当时设立上海科技投资公司的目的是为了探索发展创业投资，促进科技成果产业化。上海科技投资公司最初由政府出资1.5亿元人民币，运作一段时间后即在1992年当年又吸收宝钢、石化和东方明珠等企业参股，发起成立了上海科技股份有限公司，资本总规模约3.2亿元。成立上海科技股份有限公司后，原上海科技投资公司主要作为国有资产出资人负责监督上海科技股份有限公司的运作。但由于当时创业投资环境不好，对创业投资的认识也不足，上海科技股份有限公司偏离了创业投资方向，转向房地产等非创业投资领域。1997年党中央提出“科教兴国”战略后，上海市更加重视发展创业投资。1998年5月，正式出台《上海市促进高新技术成果转化的若干规定》（简称“18条”），并决定财政出资6亿元成立“上海创业投资有限公司”，按照“规范化、国际化、市场化”三原则，努力探索通过政府出资引导社会资本参与创业投资的新思路。

（2）发展现状⑪

目前上海市有各类创业投资机构90多家，其中1/3是创业投资公司，估计有100亿元的资本金；1/3是管理公司；其他1/3是专业性中介机构。其中资金实力最大、运作较规范的是上海创业投资有限公司（以下简称上海创投）。上海创投为了探索规范化的运作方式，将政府出资的6亿元的资本金，委托给了相关的专业投资管理机构来管理。两年多来，该

---

⑩本部分由上海市科委和上海创业投资协会企业协会提供。

⑪由于注释②的原因，本部分中的数据与其他章节采用的本次调查数据有一定出入。

公司已经委托18家投资管理公司进行创业投资的专业化投资管理工作。其投资对象主要是处于种子期、起步期和成长期的科技型创业企业。至今已投资100个项目，投资额为22亿元。其中，投资信息技术产业的占总投资数的47%，生物医药项目占23%，新材料和环保等占30%。

（3）上海市政府在推动创业投资发展过程中的作用

参与投资 从投资方式看，上海市政府参与创业投资的方式有以下两种：（1）直接投资，即政府将资金直接投入创业投资行业。这种方式既有政府独资的（如上海创业投资有限公司），也有合资的（如上海科技投资公司）。（2）间接投资，即政府通过其控股公司将资金投入创业投资行业。如由上海创业投资有限公司和复旦大学共同投资设立的上海复旦创业投资基金，由直接隶属于上海市政府的上海联和投资有限公司参股设立的上海联创投资有限公司等。实践表明，政府参与投资起到了较好的引导作用。仅上海创投到目前为止就已带动了37亿元社会资本参与创业投资。政府引导创业投资的具体方式主要有：（1）政府设立基金，要求管理公司提供资金匹配；（2）为管理公司建立信誉（如授予管理公司政府资金管理人的资格），管理公司吸引社会资金参与投资；（3）为降低投资风险，政府资金与其他资金共同投资。

制定政策法规 具体可分为以下几类：一是科技类。如1987年颁布的“上海市鼓励引进技术消化吸收暂行规定”和“上海市发展新兴技术和新兴工业暂行条例”，以及“上海市合理化建议和技术改进奖励实施办法”；1996年颁布的“上海市科学技术进步条例”；1998年颁布2000年修订的“上海市促进高新技术成果转化的若干规定”，2000年颁布的“上海市鼓励引进技术的吸收与创新规定”和“上海市科学技术奖励规定”等。二是投资类。如1990年颁布的“上海市鼓励外地投资浦东新区的暂行办法”；1991年颁布的“上海市鼓励外地投资浦东新区的若干规定”；2000年颁布2001年修订的“上海市促进张江高科技园区发展的若干规定”等。三是规范市场秩序类。如1995年颁布1997年修订的“上海市技术市场条例”；1998年颁布的“上海市产权交易管理办法”等，这些政策法规有效地为上海市的创业投资的发展提供了较好的市场环境。

1.2.3 深圳地区的创业投资概况

深圳是我国创业投资发展最为迅速的地区之一，其创业资本规模仅次于北京，居全国第二位。深圳也是我国创业投资发展起步比较早的地区，90年代初期成立于深圳南山区的“南山风险投资基金”就是我国较早的创业投资基金。90年代末期以来，深圳的创业投资事业进入加速期，在第二届“高交会”的带动下，2000年深圳市创业投资获得迅猛发展，无论创业资本、创业投资机构、创业投资队伍、创业投资业务还是行业自律等方面，均在全国为三分天下有其一，并在支持深圳市高新技术产业发展及对全国的辐射上起着积极的作用。但自2001年下半年以来，由于创业投资业法律、市场等外部环境未得到改善，尤其是税收等相关的鼓励和扶持政策得不到落实，加上国内外经济大环境的变化，致使创业投资发展速度放缓，项目投资减少，一些创业投资机构投资经营陷入困境。

（1）深圳创业投资发展的基本情况⑫

创业投资机构规模⑬ 截止2001年10月31日，经深圳市创业投资同业公会认定从业人员专业资格而申请设立的创业投资机构和相关中介机构共有136家，其中已正式注册设立的有126家。在已设立的创业投资机构中，创业投资公司66家，创业投资管理公司41家，相关中介机构19家；其中境外投资者在深圳设立的外资创业投资机构有25家。

创业资本规模 截止2001年10月31日，深圳专业性创业资本总额为114.8亿元，其中注册的创业资本额83.7亿元，受托管理的创业类资本31.1亿元。

⑫本部分由深圳市科技局和深圳创业投资同业公会提供。
⑬由于部分创业投资机构特别是外资机构没有及时反馈调查信息，本部分的数据与其他章节采用的本次调查数据存在一定的出入。

其中实地调研的具有代表性的50家创业投资机构，注册的创业资本总额为67.76亿元，受托管理的创业资本总额为26.2亿元。

创业投资资金来源结构 在实地调研的具有代表性的50家创业投资机构（其中创业投资公司36家，创业投资管理公司14家）中，国有控股的4家，大企业、上市公司及私人出资设立的民营机构37家，境外投资机构设立的有9家。在注册资本67.76亿元中，来自政府财政资金的只有12.1亿元，占17.8%，来自大企业、上市公司及私人出资的有51.74亿元，占76.3%；外资3.92亿元，占5.78%。

投资项目及投资金额 在实地调查的50家创业投资机构中，累计投资科技项目263项，其中早期项目15项，成长期项目40项，中后期项目208项；总投资额为16.41亿元，其中单项最小投资额为10万元，最大投资额为4800万元。

投资撤出情况 在50家创业投资机构累计投资项目中，全部或部分撤出变现的有17项，撤出原始出资额约1亿元，增值率在60%以上。其中创新投公司撤出项目14个，撤出原始出资额8000多万元，投资一年后的增值率达50%以上。

投资经营情况 截止2001年10月31日，在50家创业投资机构中，历年累计盈利的有15家，持平的有33家，亏损的有2家。在盈利的创业投资机构中，经营突出的是：创新投公司盈利2.1亿元，高新投3500万元，大鹏5490万元，舸仁创业投资2400万元，数码港1000万元，深投科技800万元。

从业人员情况 截止2001年10月31日，经同业公会认定专业资格的创业投资从业人员有763名，其中高管人员246名，专业人员517名；参加同业公会组织的创业投资从业人员专业资格培训并考试合格者595名，其中高管人员171名，专业人员424名。

（2）深圳市创业投资发展的基本特点

深圳创业投资业经过短短二、三年的投资经营运作，呈现如下特点：

坚持支持高新技术产业发展的经营方向。绝大多数创业投资机构从设立的初衷到实际的经营运作，始终坚持投资具有高成长的科技项目，大力支持高新技术产业发展。最典型的创业投资机构有：创新投资公司、国成创业投资公司、高新投公司等。二十一世纪，深港产学研、海外基金、中科融、亚洲控股、高特佳等在投资科技项目上亦均表现不凡。

坚持商业化运作，以出口为导向投资项目。所有创业投资机构在开展投资业务过程中，坚持商业化运作，以出口为导向严格筛选和评估项目，认真借鉴国外成功做法，但不生搬硬套，而是结合我国国情和本公司实际情况开展投资业务。创业投资机构负责人的投资观念逐渐理性化，开始挖掘内在潜力，利用自身所拥有的优势，调整投资策略，多方寻找退出变现出口，以保证资金良性循环和企业的生存发展。

投资决策趋于科学，投资后管理得到强化。在调查中，发现创业投资公司普遍制订一套项目选择标准，严格按投资决策程序办事，并设立投资委员会负责项目投资决策，设立专家委员会提供项目投资咨询，尤其重视对拟投资企业的全方位审慎调查，并聘请职业会计师和律师帮助把关，从而使投资决策的科学性、正确性及防范风险的能力有明显提高。同时，对项目投资后的管理和提供增值服务也得到加强，包括为被投资企业提供后续融资、财务管理、税务安排、员工招聘、产品销售等服务，甚至有的创业投资机构还从多方面关照被投资企业高层管理人员的个人生活问题，彼此加深友情，共同促使企业快速成长。

放大创业资本，增强投资实力。为了增强投资实力和抗风险能力，不少创业投资机构采取增资扩股和与境内外投资机构合资的方式扩大创业资本。例如创新投公司注册资本由7亿增资到16亿元，并与境内外多家机构合资设立13家创业投资（基金）公司和创业投资管理公司，使可运作的创业资本额达30亿元。

开展委托管理业务。一是先设立创业投资管理公司，后筹资设立创业投资公司，后者的资金委托前者管理，双方签署委托管理合约。二是与境内外投资机构合作，同时筹设创业投资（基金）公司和创业投资管理公司，前者委托后者管理。典型的模式为创新投公司与新加坡大华银行属下大华资产管理公司的合作方式：双方商定共同筹设5000万美元的创业投资基金，其中2500万美元由外方筹措，基金公司设在境外，中方在注册资本金中设立2500万美元等值的人民币专项基金，共同委托双方在深圳设立的中外合资创业投资管理公司负责管理，在中外双方一致同意的情况下，两个基金对项目进行匹配投资。该模式上海和新加坡也是如此，可能比深圳更好，还不一定需要，“中外双方一致同意”，上海创投匹配10%投资。

政府资金引导有方，民营资本已占主导。深圳市政府为发展创业投资，在市场失效和社会民众尚不知晓创业投资是何物的情况下，以财政资金发起设立创新投公司、海外基金和负责给中小科技企业提供贷款担保的高新投公司，并确定“政府引导，市场化运作，按经济规律办事，向国际惯例靠拢”的指导思想，从而为吸引社会民间资金和境外创业资金进入深圳的创业投资业开辟了广阔的道路。截止2001年11月底，在实地调查的50家创业投资机构中，民营性质的37家，占74%；在67.76亿元创业投资资本总额中，民间资金为51.74亿元，占76.3%。

外资机构由门外观望到举步入境，中外合资创业投资势头有增无减。2000年“高交会”以来，境外投资机构已由门外观望发展到举步入境，采取独资和合资的方式设立创业投资机构。据统计，深圳地区外商独资和合资创业投资机构有25家，创业资金13.2亿元人民币，尤其2001年“高交会”期间，仅创新投公司一家就与美、日、新加坡、香港等地投资机构签署合约筹设外资创业投资机构7家，共涉及境外创业资金30多亿元人民币。

自律管理初见成效，创业投资行业氛围良好。在鼓励创业投资业发展的同时，在市政府领导的正确指导下，深圳的创业投资业通过成立创业投资同业公会，加强了行业自律管理。同业公会先后制订同业公会“章程”、“行业公约”和“从业人员专业资格认定暂行办法”。在同业公会理事会的领导下，通过开展行业调研，专业资格认定，从业人员培训，开设动态网站，开展行业内信息交流，与境内外广泛开展交流与合作，举办各种大型论坛和“联谊会”及参展“高交会”等等，初步建立起行业自律机制，使创业投资行业自律管理初见成效，在行业内形成良好的氛围，并在全国同业中产生积极的示范作用。

（3）深圳创业投资发展中存在的问题[14]

目前，深圳的创业投资业虽已初具规模，并在投资高新技术产业发展方面起到了重要作用，但仍存在不少困难和问题，严重地妨碍着创业投资业的更大发展。政府要采取积极的措施，加强引导，加大扶持力度，防止创业投资业出现大的滑坡。

投资退出艰难，投资信心不足。创业板开设推迟，技术产权交易市场运作效率低下，利用境外资本市场遇到诸多政策障碍，协议转让机会甚少，致使投资退出十分艰难，大量创业投资资金沉淀在项目上。加上科技企业正处于创业或成长之中，资金严重匮乏，投资收益甚微，致使创业投资机构的资金难以良性循环，不少创业投资机构勉强维持生计，少数创业投资机构已出现亏损。为求生存之计，有些创业投资机构已决定放慢投资速度，有的干脆不再投资项目。

投资环境未改善，创业投资融资难度增大。因外部环境未见改善，创业投资机构效益下滑，出资者（包括上市公司、大企业及民营企业等）暂时看不到创业投资业发展的太大希望，原打算参与已设立创业投资机构增值扩股，现已放弃或减少出资额；有的原打算发起筹设创业投资机构也暂时作罢；还有的中外双方原定在设立合资创业投资管理公司的同时，分别在境内外设立创业投资（基金）公司，也因国际环境恶化和国内创业投资环境没有改善而使融资困难增大。

相关法规未出台，创业投资运作无章可循。国家关于创业投资的相关法规迟迟不出台，至于外商投资创业投资企业的国家三部委令虽已颁布，但未有实施细则，缺乏可操作性；2001年深圳颁布的有关地方法规虽对创业投资业发展起到重要推动作用，但随着形势变化，已远不能适应创业投资业发展的需要，尤其是关于创业投资组织形式和委托管理方式的创新已势在必行，但由于缺乏相关法规为依据而无法实施。新设立的一大批创业投资管理公司多数有名无实，没有可受托管理的创业投资类资本，只从事管理咨询业务，运作艰难。

⑭深圳创业投资发展中存在的问题，也是其他地区面临的共同问题。因此，其他地区的问题将不再一一赘述。

证券市场萎靡不振，闲置资金运作缩水。创业投资机构均为实收资本制，且项目投资几乎没有现实收益，为求生存之计，不少创业投资机构将暂时投不出的闲置资金谨慎地进行资本运作，包括新股申购、委托理财及少量资金参与二级市场操作等。但因A股市场不景气，且连续下跌，新股上市放慢，致使一些创业投资机构的部分闲置资金被套，缩水许多。

优惠政策不落实，鼓励效用微乎其微。2001年深圳市政府出台的《二十二条》，明确规定创业投资机构视同科技企业，其所得税可享受“免二减八”的优惠。但税务部门则规定唯有投资科技项目的收益才可享受此优惠。经调查，这一政策也并未得到落实，深圳地区的创业投资机构几乎都未获得这一优惠。这是因为中小科技企业大多没有收益，即使有的当年有些收益，也都转为积累用于企业发展而不分红。况且科技项目的投资一般失败率较高，风险很大，有的投资数年血本无归。目前我国的创业投资还处于初创阶段，创业板推迟开设，投资撤出变现渠道不畅通，大量创业投资资金沉淀在科技项目上而不能周转。所以，诸多创业投资机构对优惠政策不能落实抱有怨言，尤其外资机构颇感失望。

1.2.4 浙江省创业投资发展现状及特点⑮

浙江省的科技创业投资业在国内起步相对较早，1988年浙江省与原国家教委共同组建了杭嘉湖技术开发公司，进行科技创业投资的实践探索。1993年，又由地方财政和有偿科研回收经费中出资5000万元成立了浙江省科技风险投资公司。但由于受外部环境及各种因素的制约，创业投资发展一直十分缓慢，1998年全省仅有三家完全意义上的创业投资机构，创业资本1亿多元。1998年以后，随着宏观经济环境的逐步改善，特别是在中共中央、国务院《关于加强技术创新、发展高科技、实现产业化的决定》发布后，在各级政府的大力扶持和各创业投资机构、中介组织等积极努力下，创业投资业发展取得了很大的进步。本次调查情况表明，浙江省有创业投资机构15家，全国排名第5位；创业资本数量近12亿元，全国排名第6位。

（1）浙江省创业投资的基本发展状况

截止2001年底，全省已有各类创业投资机构31家，其中创业投资公司23家，创业投资管理公司或创业投资管理咨询公司8家，创业资本达23.1亿元。随着各项优惠政策的出台，创业投资机制的逐步完善，投资主体已呈现出多元化的趋势：有以财政出资为主的，也有企业集团、上市公司、民间资本、甚至外资单独出资或共同投资的。但国有资本仍居主体地位，其中政府财政出资约占12%，国有企业出资约占55%，民营企业出资约占22%，私人出资约占1%。

从目前已成立的23家创业投资公司的组织结构看，主体是有限责任公司，共21家，以股份有限公司注册的只有2家。这些机构中以政府出资为主建立的3家，占13.1%；以政府出资为引导、主要吸收企业法人参股的6家，占26.1%；以企业法人为主体，并联合多个法人参股的8家，占34.8%；以民间资金为主体组建的民营创业投资机构5家，占1.7%；引进海外资金组建的中外合资创业投资机构1家，占4.3%。

（2）政府在推动创业投资发展过程中的作用

第一，以政府资金为引导，广泛吸引民间资金参与创业投资。1999年1月省政府发布了《关于大力推进高新技术产业化的决定》，明确提出要“积极探索建立高新技术风险投资机制，以股份制形式组建高新技术风险投资公司，多渠道广泛筹措高新技术风险资金。”并决定从1999-2002年省财政拨出3.2亿元资金来支持高新技术产业的发展。主要通过向创业投资机构参股的方式来吸引民间资金。2000年省政府发布了《浙江省鼓励发展风险投资的若干意

⑮本部分由浙江省科技厅提供，由于部分机构没有及时反馈调查信息，本部分中的数据与其他章节的采用本次调查数据存在一定的出入。

见》，明确了发展创业投资的意义，强调发展创业投资要坚持以民间资本为主，政府引导、扶持和有限参与为基本原则，按照市场经济和高新技术产业成长的规律运作。鼓励企业、金融机构、个人、外商等各类投资者积极参与创业投资。目前，省政府有关部门与杭州、宁波、温州等市都建立了由政府资金为引导，以民间资金为主体的创业投资机构。另外，浙江省创业投资有限公司、杭州高新技术风险投资公司，浙江安平创业投资股份有限公司等都有政府财政资金的参与，政府为创业投资直接提供资金支持坚持参股而不控股的原则，这既发挥了政府资金在创业投资发展初期的积极引导作用，也避免了直接从事创业投资带来的种种弊端。

第二，制定优惠政策与措施，营造有利于创业投资发展的外部环境。浙江省委、省政府十分重视高新技术产业发展，特别是从1998年后，省委、省政府为加快浙江省高新技术产业的发展，制定了一系列的政策措施，要求各级政府和有关部门按照“制定政策、创造环境、加强监管、控制风险”的原则，对创业投资给予必要的政策扶持。要积极培育资本市场、技术市场，大力发展中介服务组织。加快引进和培养创业投资专业人才。制定和完善与创业投资有关的一系列法规和制度，建立相关的监管标准和监管系统。同时，省政府要求各地应参照省高新技术企业和产品的有关优惠政策，对创业投资机构给予更多的支持；有条件的也可安排一定的导向资金，参股组建创业投资机构。对创业投资机构投资的高新技术产业化项目，优先列入政府支持的高新技术产业化项目计划，并优先安排高新技术产业化扶持资金和贷款贴息。对符合条件的优先支持上市或发行企业债券。创业投资公司持有的软件企业股份在该软件企业上市交易的当日即可进入市场流通，但创业投资公司为该软件企业发起人的，按有关法律规定办理。

第三，加强对创业投资监管，规范创业投资行为。随着各项优惠政策的出台、创业投资的较快发展，为了逐步规范创业投资经营行为，促进浙江省创业投资业健康、有序的发展，省政府明确规定省科技行政管理部门为全省创业投资业的行业管理部门，省科技主管部门要会同体改、计划、经贸、财政、税务、工商、银行等有关部门和单位，研究制订具体的管理办法，建立定期考评制度，加强对创业投资活动的研究、指导和监督管理。考评不合格的创业投资机构，不得享受有关优惠政策。对严重违规操作的，要给予相应的处罚，确保创业投资健康发展。2001年月10月，在浙江省科技厅的支持下，浙江省创业风险投资协会（ZVCA）正式成立。协会通过章程和开展各类活动，加强行业自律管理，维护市场公平竞争，从而促进浙江省创业投资业规范健康发展。

1.2.5 江苏省创业投资发展概况⑯

早在1992年，江苏省成立了国内最早的省级创业投资公司之一的江苏省高新技术风险投资公司，拉开了江苏省发展创业投资事业的序幕。经过近十年的努力，江苏省在推进创业投资方面积极进行探索，按照市场经济的要求，以完善创业投资运行机制为重点，建立多元化创业资金渠道和市场化投资管理模式，形成了各级政府创业投资基金为引导、民营科技企业、金融投资机构、上市公司多渠道资金投入、委托投资、直接投资、投资担保等多种形式投资的良好格局。

（1）江苏省创业投资的基本状况⑰

第一，创业资金规模扩张速度加快，且呈现投资主体多元化的趋势。据不完全统计，1996年以前，江苏省用于创业投资的资金约1.7亿元，到2001年底，全省用于科技创业的资金达21亿元，是1996年的12倍，比上年增长了约40%。在省级基金的带动下，地方投资环境也开始改善，苏州、无锡、常州先后成立了地方政府主导型创业投资公司，张家港市、昆山市政府也在江苏省县级市中首先建立了国有的创业投资基金。以民间资金为主体的创业投资机构正

⑯本部分由江苏省科技厅提供。

⑰由于部分机构没有及时反馈调查信息，本部分中的数据与其他章节采用的本次调查数据存在一定的出入。

在崛起，在已有的创业投资机构中以民间资金为主导的约占10%，从而改变了政府主导型创业投资“一统天下”的格局，创业投资主体呈多元化发展趋势。

第二，创业投资在具体实施上取得了较为明显的成效。据不完全统计，1996年以前，江苏省仅有江苏省高新技术风险投资公司和江苏高科技产业投资有限公司两家创业投资机构，到2001年底，全省有创业投资公司和管理公司及其他从事创业投资的机构达37家，较上年增加了近2倍，一批专业化公司和管理团队不断发展壮大起来。特别是国内外一些高级管理公司参与了管理。

第三，对创业投资的资金运作模式，作了积极的探索。创业投资的运作模式和投资理念，在不同层面上得到了理解和实践。在创业资金的管理上，江苏省在不违背现有法律法规的前提下，采取政府出资建立基金的方式，通过创业投资公司来招募基金管理人或管理团队。这一做法，得到了社会各界的肯定。目前，已有上海中锐和创通两家管理公司经过严格的审核，受聘负责部分省级基金的投资。在资金合作形式上，采取股份合作制或模拟有限合伙制，取得了较好效果。江苏高新风险投资公司已按照模拟合伙制的方式运作，极大地调动了创业投资家的积极性；在项目选择上，经过多年摸索，逐步建立起既符合客观实际，又具有可操作性的项目选择标准和投资管理程序，并在投资经理人激励和约束机制等方面，进行了积极探索，初步形成了各具特色的内部管理制度和运作机制。有的公司在实践过程中制订了《外派董事管理制度》、《员工激励制度》，为创业投资的良好运作提供了保证。

（2）江苏省创业投资的运作特点

第一，按照新模式运作，发挥省级基金的示范引导作用。为规范省级创业投资基金的运作，积极探索建立符合市场经济和国际通行做法的管理机制，省政府批准实施了省创业基金管委会制定的《江苏省科技发展风险投资基金管理办法（试行）》。该管理办法规定，省创业基金属于引导型创业资本，通过与地方政府以及境内外商业资本合作，共同培育高科技企业。基金的具体运作方式为：一是契约制，即由高新公司根据有关规定选聘管理公司，高新公司与管理公司共同投资（高新公司投资90%，管理公司投资10%，同时管理公司负责对外融资100%，配套注入基金所投资的创业企业，从而使创业企业投资主体多元化，股权结构合理化，减少投资风险。）；二是高新公司与境外商业资本合作，共同发起设立创业投资公司，聘请专业管理公司管理创业投资公司资金，管理公司承诺投资20–30%。省级基金到目前为止，共参与了6个投资公司（基金），投入近20个项目，大体上实现1元资金引进4元的效应。投资项目主要集中在IT、生物医药、新材料、新型环保等高新技术领域，实施效果良好，起到了较好的示范作用。

第二，设立江苏省“三药”创制发展资金，探索专业性的创业投资运作机制。江苏省在建设和运作好江苏省高新技术创业资金的同时，积极探索建设专业性的创业投资资金。于1998年建立了江苏省“三药（医药、农药、兽药）”创制资金，一期总额为3000万元，前期重点投资的项目是新医药。目前已投资12个项目，其中三个项目已获取新药证书并向医药企业出售后获得资金退出，每年收益率为60%。通过“三药”创制资金的引导，有力地推进了江苏“三药”科技成果转化和企业发展。

第三，在高新园区内率先开展创业投资活动，高起点、国际化地建立创业投资体系。在高新园区迅速发展成各地经济增长点之后，高新园区的创业环境建设是今后的工作重点。自1998年起，江苏省就着力建立高新园区的创业投资体系，鼓励各高新园区、市科技部门以及金融部门共同在创业中心建立创业资金，重点支持创业中心增强资金服务功能。现已在南京、苏州、无锡、常州、扬州、昆山、武进等一批高新园区建立了总额约为4亿元的高新技术创业资金。其中苏州高新园区建立创业资金1亿元，无锡高新区建立创业资金8000万，常州高新区建立创业资金7000万元。

第四，引导民间资金进入创业投资，形成多元化投资格局。民营科技企业已成为江苏省高新技术产业化工作中的生力军。民营科技企业在自身科技实力迅速发展的同时，也在积极渗透到创业投资领域。江苏省现有斯威特、一德两家民营科技企业建立了科技创业园，设立了约5000万元的创业投资资金。民营高科技企业斯威特公司联合南京大学共同投资的江南大高科技风险投资公司成立一年来，已投资涉及通信、电力、电子及化工等领域的高科技项目10多个，有的项目已进行了二次融资，或进行了股权转让。一批外商投资企业也开始参与到江苏省的创业投资事业中来。目前，已有美国、香港等地的企业在江苏省投入创业投资资金。

1.2.6 西安地区创业投资发展概况[18]

陕西省尤其是其省会西安市是我国重要的科技教育中心，也是创业投资发展相对比较早的地方。从本次调查的情况来看，陕西省有17家创业投资机构，排全国第4位；创业资本总量近13亿元，排名第5位。与创业投资业务相关的机构大约有100余家，其中具有投资能力的公司约占40%。新加坡祥峰公司、香港软风公司等数十家国内外创业投资公司在高新区设立了办事机构。同时西安地区还建立了两家技术产权交易中心，探索形成产权、股权的进出渠道。

西安地区创业投资规模最大的公司是西安高新技术产业创业投资有限责任公司。该公司早在1997年就率先进行了创业投资的有益尝试，是我国开展创业投资业务较早、运作经验较为丰富的创业投资公司之一。其前身是西安高新技术产业开发区科技投资服务中心，成立于1996年5月，专门从事中小型高科技企业的贷款担保及相关投融资业务。经过1999年2月和2000年4月两次增资扩股，注册资金达1.5亿元。这家地处西部资金规模较小的公司，凭借对创业投资业较早的涉足和对国内外经验的不断学习探索，经过艰苦的实践，充分利用对西安高新区项目熟悉的优势，在探索建立中国特色的创业投资公司方面作出了相当的成绩，在西部的创业投资企业中起到了领头羊的作用。目前，该公司已成为西安高新开发区投融资体系建设的重要组成部分。共有管理资金2.5亿元，累计投资项目27家，累计投资额1.914亿元,并实现了5个项目的成功退出，取了良好的业绩。为西安高新区投融资事业做出了贡献。

陕西省创业投资公司、西安市科委下属的西安科技投资有限公司也是西安地区比较突出的创业投资机构。该公司以规范的作业程序、灵活的业务创新和以中小型高科技企业为服务对象的恰当定位在同业中脱颖而出，成为陕西地区的重点投融资机构，在同行业中具有一定的影响。通过创业投资，架起高科技企业与国内外资本市场、各类投融资机构以及投融资中介机构的桥梁，推动高科技产业多元化的融资方式和手段的发展，逐步健全和完善服务于高科技产业的投融资体系；使西安高新区一批技术成熟但资金、市场、管理等其它资源缺乏的项目迅速成长，促进科技成果产业化的进程并在国内高新技术产业领域占据一定的地位；同时探索符合中国国情的创业投资经验，为活跃区域创业投资业务起到示范作用。

1.2.7 天津市创业投资的基本状况与发展特点[19]

1993年，天津市科委等政府部门在全市首家设立天津科技风险投资有限公司。1997年，成立了天津科技发展投资总公司，投资项目取得了较好的投资效益。1999年，在国家政策鼓舞下，天津新纪元风险投资有限公司在天津新技术产业园区设立。2000年，天津泰达科技风险投资股份有限公司、天津环渤海创业投资管理公司、科技创业投资管理公司相继成立，并设立天津市风险投资促进会、天津市创业投资发展中心。天津市创业投资业已进入了新的发展阶段，不论在发展模式、理念上，还是行业规模、资本来源、运作方式上，都有了巨大的转变和飞跃的发展，在高技术产业化和传统产业高技术化方面有力地促进了本市的产业结构的调整和经济增长与发展。

（1）天津市创业投资的发展现状[20]

截至2001年底，天津市共有专门从事创业投资的机构27家，注册资本总额22亿元人民币，机构数量和创业资本比2000年分别增加1.7倍和1.4倍，已

⑱本部分由西安市科委提供。
⑲本部分由天津市科委提供。
⑳由于部分机构没有及时反馈调查信息，本部分中的数据与其他章节采用的本次调查数据存在一定的出入。

投项目近百个。其中，外资机构(含独资和合资)5家，所占比例从零上升到18.5%；外方资本6.6亿元人民币，所占比例从零上升到30%。机构类别与资本结构得到了优化，形成了5种类型的创业投资机构群体，即政府背景的创业投资公司、上市公司和集团公司背景的创业投资公司、内资合资背景的创业投资公司、外资合资背景的创业投资公司、纯民间资本背景的创业投资公司。各机构的人员数量从7到14人不等，其中创业投资专业人员占50%左右。

第一，政府背景的创业投资公司（机构数量占26%，资本总额占33.6%）。此类公司的投资决策比较慎重，既要根据政府的发展规划，起到引导作用，又要考虑盈利因素。在具体的投资对象选择上，又分为侧重投资机构建设和侧重项目投资两种。第一种机构的代表有天津创业投资有限公司，以政府设立的种子资金，扶植培育投资机构，以小引大，吸引民间及海外资本，迅速发展天津的创业投资业。第二种机构的代表有天津泰达科技风险投资股份有限公司，2001年跻身中国创业投资综合排名前20名，为天津地区创业投资的发展起到了带动作用。

第二，上市公司和集团公司背景的创业投资公司（机构数量占11.1%，资本总额占15.9%）。天津南开戈德集团出资成立的天津南开戈德创业投资有限公司、天津环球磁卡股份有限公司出资成立的环球高新技术投资有限公司等，背靠母公司在高科技领域及资本市场的优势，积极运作，为其集团的上市公司可持续发展不断寻找新的增长点，市场需求成为此类公司壮大的根本动力。

第三，内资合资背景的创业投资公司（机构数量占7.4%，资本总额占9.6%）。此类公司中具有代表性的是天津新纪元风险投资公司，经增资扩股引入私营资本，注册资金已达2亿元，改变了原有的资本结构，并按照市场化原则建立了规范的法人治理结构和现代企业制度。

第四，外资合资背景的创业投资公司（机构数量占18.5%，资本总额占30%）。以台湾诚信开发股份有限公司、德新创业投资公司为代表的海外创业投资机构纷纷登陆天津，一年内在津成立了5家外资创业投资机构，投资总额8000万美元。

第五，纯民间资本背景的创业投资公司（机构数量占37%，资本总额占10.9%）。从统计数字看，此类公司平均资金量最少，面临后续融资的压力。

（2）天津市创业投资的运作特点

天津市自觉将发达国家和地区发展创业投资的成功经验与本市实际相结合，将建立创业投资机制与科技、经济体制改革相结合，将政府的宏观调控作用与社会力量的主导作用相结合，比较成功地探索出了以民营化、市场化、国际化为主要特点的天津模式。

民营化 即以民间资本为主，政府的资金只起引导、扶持的“种子”作用，由专业机构建立“孵化”机制，出资参股不控股，“孵化”投资公司、投资管理公司及中介服务机构等，推动各类创业投资机构进入本地创业投资资本市场，从而改变国有资本“一股独大”的状况，以此引入民营机制，优化资本结构，提高机构竞争力。通过建立现代企业制度和完善的法人治理结构，最大限度地赋予管理人经营自主权，逐步探索与国际接轨的基金型公司、有限合伙和委托公司管理的模式。

市场化 即政府的主要职能是制定政策、创造环境和宏观调控，不参与具体的投资活动。在政府资金的使用上，确定了“只投机构,不投项目”的原则，重在培育环境，建设创业资本市场；在投资决策中，充分评估被投机构的投资能力和专业水平；在投资管理中，企业自主决策，投资范围可以突破地域限制。通过资本、技术、人才市场的互动式运作，以市场机制推动创业投资业快速发展。

国际化 即通过广泛开展国际合作，引入国际先进的创业投资管理模式，克服存在的投资选择趋同的倾向，资金、人才、项目资源来自国际大市场，以此努力推动创业投资业实现跨越式发展。

1.2.8 广州创业投资发展状况及政府的作用[21]

1992年8月广东省第一家创业投资公司--广东省科技创业投资公司成立，拉开了创业投资的序幕。

[21]本部分由广州市科委提供。由于部分机构没有及时反馈调查信息，本部分中的数据与其他章节采用的本次调查数据存在一定的出入。

1994年相关金融和投资机构与境外IDG技术创业投资基金联合设立了我国第一个中外合资创业投资公司——广州太平洋技术创业有限公司。1997年成立广东省科技风险投资有限公司，1999年12月广州市政府出资成立广州科技风险投资有限公司，2000年广东省人民政府又批准成立广东省粤科风险投资集团公司。目前，广州地区有6家规模较大的专业性创业投资公司，共有创业资本约20亿元人民币，其中4家为政府出资的创业投资公司；另外还有从事创业投资业务的各类机构近20家，且总体规模不大；民间和境外创业资本开始进入。

广州市政府在创业投资发展方面的工作是完善创业投资业的政策环境。2001年，市政府根据我市创业投资发展的实际情况，为建立创业投资机制，吸引境内外创业资金，进一步促进创业投资事业的发展，出台了《广州市促进创业投资业发展的若干规定》(以下简称《规定》)。该《规定》主要包括以下几方面：(1)建立创业投资体系框架，《规定》对创业投资公司、创业投资基金、创业投资管理公司，以及相关中介服务机构进行了界定，确立了本市创业投资体系的框架。(2)拓宽市场准入渠道，降低创业投资机构的设立门槛，鼓励民间和境外资金来穗设立创业投资机构。《规定》对创业投资机构的公司形式、业务范围、组织形式、注册资本金和设立条件都做出了具体规定。(3)允许创业投资公司分期注入资本金和允许创业投资公司的资本金全额投资是重要突破，对充分发挥创业投资机构的投资功能及吸引民间和境外资金投身到广州市创业投资事业具有重要作用。(4)明确创业投资机构可以享受高新技术企业的有关优惠政策，扶持创业投资公司发展。(5)规定了创业投资的撤出渠道，创业投资公司可以通过企业兼并，股权回购、技术产权交易、股票市场上市等方式撤出。(6)与国际创业投资市场接轨，按国际惯例办事，加强行业自律管理。《规定》第十八条规定“广州风险投资促进会，负责创业投资专业人员从业资格的认定工作，并协助市科技行政部门进行创业投资相关管理工作”。

与此同时，通过成立具有政府背景的创业投资机构，发挥政府创业资本的示范引导作用，吸引民间和境外资金参与创业投资，壮大创业投资规模。广州科技风险投资有限公司是有政府背景的创业投资机构，现已到位资金6亿元人民币，公司实行市场化运作，通过合资与合作，可调控和引导社会资金和境外资金达20多亿元。两年多来，完成了对高新技术领域的电子信息、软件、生物技术、新材料等行业23家企业的投资19202.65万元。为8家高新技术企业提供融资担保109941万元。同时与银行、证券公司等金融机构建立合作伙伴关系，与其它投资主体合作，吸引调动民间和境外资金参与广州市的创业投资事业，壮大创业投资的规模。参股并参与筹建了广州市技术产权交易所，为各类创新主体提供成果、技术产权、创业投资股权等的交易服务，为创业投资的撤资变现提供了一条渠道。并参股筹建广州国际科技创业园，主要服务于留学生回国创业。此外还牵头成立了广州风险投资促进会。

1.3 中外创业投资企业特点比较

由于社会制度、发展阶段、经济体制等不同，中国的创业投资企业与境外的创业投资企业在诸多方面存在不同之处，研究分析比较中外创业投资企业的不同，尤其是在资本构成、组织结构和管理运作等方面的不同，对中国的创业投资企业健康快速发展具有一定的理论和现实意义。

1.3.1 资本构成比较

从世界范围来看，创业投资的资本来源或构成基本上有以下几个方面：①富有个人，②大型企业，③银行等金融机构，④政府部门，⑤基金会或捐赠基金，⑥养老金，⑦保险公司，⑧其他投资者。一般来说，各种资金来源所占的比例，依创业投资制度自身发展演进阶段和某个国家经济体制和创业投资发展程度的不同，而呈现出不同的组合特征。由于不同的资本对于收益的预期和风险的承受能力不同，因此，不同发展阶段和国家的创业资本表现出了不同的行为特征。

一般而言，在创业投资制度形成的早期阶段，资金来源主要是富有个人和大型企业的创业资本。随着创业投资制度的发展和完善，资本来源才逐步趋于多元化，除了政府部门资金有意识地介入，以克服单纯私人资本所必然存在的市场失灵之外，养老金、保险公司、商业银行、投资银行等金融机构也日益成为创业资本的主要资金来源。

但在不同国家，创业资本构成又呈现出不同特征。在北美和欧洲等发达市场经济国家，富有个人、工商企业、金融机构、养老金和基金会等，是创业投资的主要资本来源；在新兴工业化、新兴市场和一些发展中国家和地区，工商企业、金融机构、养老金和基金会等是创业投资的主要资本来源（参见表1.9）；在一般发展中国家或转轨国家，由于富裕阶层缺乏，一般个人投资者缺乏适当的投资渠道。因此，政府部门和国有企业资本、大型工商企业资本、境外资本、民间资本和金融机构资本构成了创业资本的主要来源。在我国台湾地区，创业资本则主要来自岛内外企业法人（与别的地区的区别是其保险资金只占极小一部分）。

作为正处于体制转轨期的发展中国家，我国的创业投资起步比较晚，开始主要以财政性资金为主，目前正在朝多元化方向迈进。除了财政拨款和国有独资企业等政府性资金之外，企业资金、境外资金和少数富有个人资金等非政府资金开始进入创业资本市场。虽然在实际投入的资金中，政府资金的比例仍然比较高，但从创业投资机构管理的资本来看，政府资金所占比重已经逐步下降，非政府资金比例迅速上升。与发达国家相比，我国创业资本构成方面存在以下几个显著的特征，在一定意义上是限制性特征：一是由于富裕阶层缺乏，对创业投资健康发展至关重要的富有个人资本近年来虽然有所增加，但依然比较低；二是非政府资金尤其是民间资金比例虽然有所上升，但与国外相比，仍然比较低；三是由于创业投资制度缺乏创新，一般个人投资者没有介入到创业投资之中。需要注意的是，政府性资金的比例虽然比较高，但并非因为政府资金总量过多，而是因为民间资本数量过少所致。因此，下一步需要努力的不是减少和控制政府性资金参与创业投资，而是创造适宜的条件和环境，促进民间创业资本迅速发展壮大。

表1.9 各国创业投资主要资本来源比较（单位：%）

	美国	欧洲	英国	德国	亚洲	中国	全球
富有个人	13	8	6	5	3	–	12
公司企业	30	10	9	10	30	37	20
银行金融机构	–	27	18	59	20	5	20
政府部门	–	5	8	8	4	39	–
养老金	40	24	44	9	12	–	40
保险公司	9	9	6	6	19	–	–
其他投资者	7	17	–	2	12	19	8

资料来源：美国：1997年数据，Megginson（1999）；欧洲：欧洲创业投资协会（EVCA，1997）；英国：1998年数据，德国：欧洲创业投资协会（EVCA,1995）；亚洲、全球：2001 ChinaVCP.com

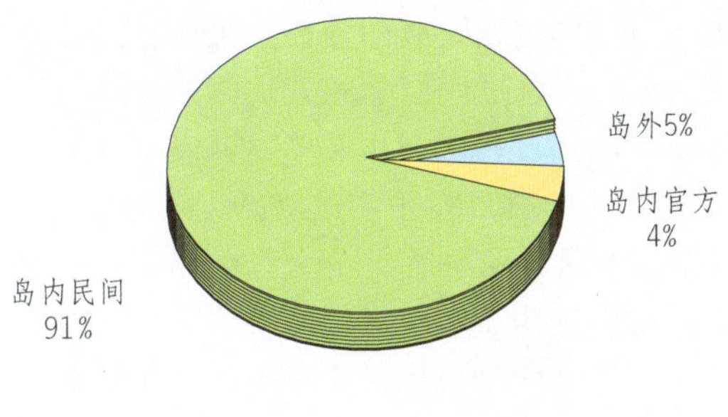

图1.20 中国台湾创业投资资金来源（2002）

1.3.2 组织结构

创业资本在发展初期，基本上是以分散的私人资本形式出现。1946年成立的美国研究与开发公司（AR&D）被认为是第一个组织化、专业化、制度化的创业投资机构，标志着现代创业投资制度的确立，并从此拉开了创业投资组织制度创新的序幕。

现代创业资本的主流组织形式是，独立的、采用公司制或准公司制企业制度设立的创业投资机构（通常人们又称它们为“公司型创业投资基金”）。所谓“独立的”是指，它不依附于大公司或跨国集团，在投资策略上并不服务于某个特定的大公司、跨国集团的战略需要。从运作管理看，创业投资公司一般采用委托管理方式，体现一种“委托—代理关系”，又可分为内部委托和外部委托。受各国法律制度和政策环境的影响，创业投资公司又可进一步分为，按公司制设立的创业投资公司和按有限合伙制设立的创业投资企业（有人又分别称它们为公司制“基金”和有限合伙制“基金”）。在创业投资发展初期，基本上采用投资公司形式，如第一个组织化、专业化、制度化的创业投资机构——美国研究与发展公司（AR&D）、以及后来发展起来的小企业投资公司的主体都属于这一类型。为了避免创业投资公司存在个人和公司税双重税收负担，以及突破法律和政策方面的其他限制，有限合伙制创业投资企业应运而生。由于法律的不同，有的将有限合伙制划入非公司制企业，有的在法律上把它界定为“两合公司”（如我国台湾），虽然称它为“公司”但是与一般称作公司的股份制公司完全不同的两类企业制度。

从我国的实际来看，由于富有个人比较少，天使资本没有形成，企业和民间投资者进入创业投资行业比较晚。因此，政府创办的国有独资创业投资机构曾经是主要组织形式。这是我国创业投资发展的一个重要特点，也是处于体制转轨期的发展中国家和地区发展创业投资过程中的一个普遍现象。近年来，随着创业投资事业的发展，大型企业附属的创业资本、民间创业投资公司逐渐发展起来，创业投资机构类型和组织形式正在从以前单纯的国有独资企业或政府所属事业单位两种形式逐渐向多元化迈进。根据此次调查资料，从出资者分类来看，目前我国的创业投资机构主要包括以下7个类型：①国有独资的创业投资机构，②政府参股的创业投资机构，③民间的独立创业投资机构，④外资设立的创业投资机构，⑤上市公司、大公司和专业性投资机构附属的创业投资机构，⑥高新技术产业开发区或创业园设立的创业投资机构，⑦证券机构的创业投资部门，其中独立创业投资公司是主要形式。据本次调查，目前创业投资机构中，64%属于创业投资公司。从组织形式来看，主要有有限责任公司和股份有限公司两种形式，其中有限责任公司又占有相当大的比例。从我国当前的社会信用状况、法律环境和创业投资家市场发育来看，发展有限合伙制创业投资机构的条件还不成熟，也有必要先以有限责任公司和股份有限公司形式起步，以便建立起有效的内部治理结构。

1.3.3 管理运作

创业资本的管理运作模式在一定程度上取决于其资金来源和组织形式，由于各国创业资本的资金来源和组织形式不同，因此，在创业资本的经营管理与投资运作方面形成了不同的特点。

（1）创业资本的募集方式

天使资本、公司附属创业资本和政府独资的创业投资公司，创办人即是出资人，不存在资本募集问题。而独立的创业投资机构，无论是创业投资公司、有限合伙创业投资企业，还是小企业投资公司、工会发起的创业投资基金，投资信托基金，以及“基金的基金”等，由于出资人较多，往往主要发起人不是主要出资者，因此，存在资本募集方式的选择问题。从其他国家和地区的实践看，募集方式无非是定向募集（即私募）和公开募集两种。虽然公募具有募集资金规模大的特点，但是对财务信息透明的要求又使创业投资难以适应，反而不利于投资者的监督。从创业投资的特点看，私募更适应其客观规律，因此，各国和地区的创业资本绝大多数采用私募方式，如美国的有限合伙创业投资企业、日本和我国台湾的创业投资公司均采用私募方式。然而，在发展中国家和地区，由于缺乏富裕的个人投资者和成熟的机构投资者，私募又在一定程度上限制了创业资本的发展。为了吸引一般个人投资者进入创业投资，扩大创业资本来源，一些国家特定的创业投资基金也有采取公募方式的，如加拿大的工会发起的创业投资基金、英国的创业投资信托基金以及美国早期的一些小企业投资公司等，但这些公募创业资本大部分运作的并不理想；美国的小企业投资公司，在联邦政府改为采取“参与证券计划”（即政府担保的长期债券融资）后，情况才有改观。我国目前由于公众投资者的风险承受能力和风险鉴别能力都比较差，社会信用和法律体制又极不健全，因此就更需采用私募方式设立。

（2）创业资本的管理方式

从国外经验来看，创业资本的管理方式因创业资本的性质不同而不同。具体而言，天使资本一般是自行管理。大型企业附属的公司创业资本主要采取三种模式，一是成立创业投资部门，二是成立独立的子公司即公司附属创业投资机构进行管理，三是与其他投资者共同组建独立的创业投资公司。前两种模式都是自行管理，而第三种模式则既可自我管理，也可委托管理。政府设立的创业投资公司，由于政府缺乏专业管理人员，大都委托专业的创业投资顾问机构运作（例如，由瑞士政府和中国政府设立的中瑞基金即是委托专业的中瑞创业基金管理公司运作）。但对商业性创业投资公司而言，其管理模式则有三种，一是创业投资公司直接聘请经理班子自我管理；二是创业投资公司委托其他创业投资公司管理；三是创业投资公司委托创业投资顾问公司管理。在创业投资业发展之初，主要是创业投资公司自我管理。随着专业管理团队的发展和逐步被认可，新设立的小型创业投资公司则多倾向于委托现存的创业投资公司或创业投资顾问公司管理，这样既可节省聘请经理班子管理的日常开支，又可享受专业化服务。有限合伙制逐步发展起来之后，自我管理型的比例又增高。因为从法律上讲，有限合伙制是典型的自我管理型，即由有限合伙制企业自己管理，或说的更准确些，是由有限合伙制企业内部的一般合伙人管理，而不再另行委托给一家与之独立的他人管理。

需要指出的是，上面所述的“自我管理”和“委托他人管理”的区分，仅是从创业投资机构整体与外部关系角度划分的。如果从创业资本的所有者和管理者关系的角度划分，则都属于“委托——代理

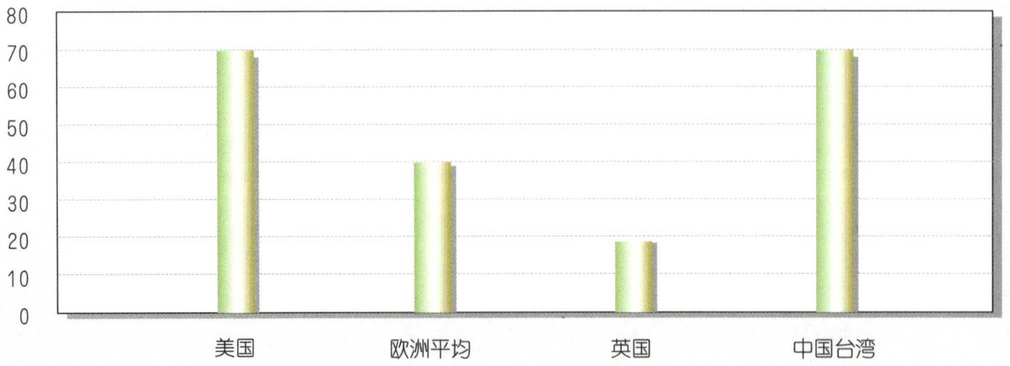

图1.21　各国创业投资高技术产业比重　　（单位：%）

关系"，"委托他人管理"属于外部委托——代理关系，"自我管理"属于内部委托——代理关系。如有限合伙制中的有限合伙人是有限合伙创业资本的主要所有者，拥有创业资本99%的所有权，他们将创业资本的经营管理权委托给由创业投资经营管理专家组成的一般合伙人。

在我国，主要由于缺乏有经验的创业投资管理顾问公司，加之投资者尤其是富有的个人投资者在现行信用体制下一般不愿意将资金委托给他人管理，所以创业投资机构一般采取自行管理。但从长远发展趋势来看，将来可能是几种方式并存的局面。

（3）创业资本的投资行业与阶段

创业投资是对具有一定增长潜力的新兴企业的投资，虽然创业资本一开始并非集中于高新技术产业领域，但随着一般产业市场的饱和，创业投资的重点越来越集中于高新技术产业领域的新兴创业企业。

由于各国经济发展阶段、经济体制尤其是企业组织结构的不同，加上法律制度和政策趋向的区别，各国创业投资的行业和阶段选择呈现不同的特征。在高新技术产业最为发达的北美地区，创业资本投资于高新技术产业的比重比较高，如美国创业资本投资于高新技术产业的比重高达70%。但在存在巨大结构调整压力的欧洲国家，创业资本投资于高新技术产业的比例则相对低一些，平均约40%左右。英国投资于高新技术产业的比例更低，1998年投资于高科技企业的金额占创业投资额的19%；而传统产业领域的工程和机械行业则是仅次于高新技术的另一大投资领域，1998年投资额占创业资本总投资金额的10%[22]。日本由于经济体制的原因，对于高科技企业投资比较谨慎保守，甚至敬而远之，投资对象多为低风险项目，且投资项目比较分散，对于新兴创业企业尤其是创新型高科技企业涉及不多，创业资本投资于真正的高新技术的比例也比较低。但在一些新兴工业化和转轨国家，由于政策趋向的作用，创业资本投资于高新技术产业的比例反而比较高，我国台湾则人为地规定，创业投资公司必须将投资额的70%投资于高新技术企业。处于赶超型经济的我国大陆，创业投资起步比较晚，但产生于知识经济方兴未艾的大背景下，所以，我国的创业资本具有强烈的高新技术行业投资偏好。调查表明，我国

专栏 1.1
美国创业投资简况

美国是创业投资的发祥地。1958年，国会通过了小企业法案，授权商业部小企业管理局（SBA）制订和实施小企业投资（SBIC）计划。目的在于通过政府扶持，引导和促进更多的民间资金进入创业资本市场，支持企业的早期发展并帮助创建新的企业。据统计，在整个20世纪60年代约有1000多家创业基金支持的企业股票公开上市。

20世纪70年代，为挽救因经济下滑和赋税增加而处于停滞状态的创业投资业，卡特政府和众多机构与市场人士进行了不懈的努力，力图创造更为有利的投资环境。80年代后，创业资本不断扩大，1987年达到创记录的高峰，共有700余家创业投资机构向1729家企业，提供了近39.4亿美元的资金。1993年以来经济的持续景气和企业股票上市的热潮又进一步带动了创业投资的发展。2000年由于网络业下滑和NASDAQ市场的持续低迷，创业资本的增长速度有所下降，但总额仍比1999年的602亿美元增长了446亿美元，达到了1048亿美元。

自这种新的投资方式问世以来，美国的创业投资机构在通信、半导体、计算机、软件、生物和医药卫生等高技术领域进行了大量投资，造就了一大批诸如数字设备、联邦快递、英特尔、微软和基因技术等世界知名的公司。几十年来，创业投资在促进美国高科技产业发展、创造就业机会、提高经济增长速度、加强国际竞争力方面发挥了重要作用。

从创业投资的地区分布看，主要集中在经济文化发达地区，如纽约、加利福尼亚、马萨诸塞三州，约占全美创业投资总额的52%。

---

[22] 参见刘健钧，2001，《英国创业投资产业的发展经验及其对我国的启示》，载武士国、宋立（主编），2001，《创业投资：国际经验与中国抉择》，中国计划出版社。

创业资本投资于高新技术行业的比重明显高于国际平均水平。

即使不考虑创业投资的行业分布特征，各国的创业资本也存在明显的投资阶段差别。北美国家的创业资本主要投资于创业企业的早期和中期阶段[23]。欧洲、英国、日本等国家的创业资本则更多地投资于创业企业的中后期阶段和成熟企业的购并重组活动[24]。英国的创业投资，近年来在投资于高科技企业的比重快速增长的同时，投资阶段也从以管理层并购为主逐步向扩张期和创业早期转变，被投资企业的84%处于起步期、创业早期和扩张期[25]。日本的创业资本长期以来侧重于投资成熟企业而不是创业企业。有研究表明，在过去相当长的时间内，日本创业投资公司对于初创期（0～3年）和发展期（4～5年）的投资都只占全部投资的7.3%，投资于创立6～10年创业企业的投资占全部投资的17.9%，投资于创立11～20年创业企业的占43.1%，投资于创立20年以上创业企业的占24.4%。可以说，日本2/3的创业资本投资于创立10年以上的相对成熟企业，而非新兴创业企业。北美和欧洲创业资本投资阶段上的这一差异，在一定程度上也反映了创业资本概念上的不同，因此形成了创业资本的广义与狭义概念之分。狭义创业资本是指对早期阶段（包括种子期和起步期）和扩张阶段的投资，而广义创业资本则不仅包括对早期阶段和扩张阶段的投资，还包括购并重组投资，即广义创业资本是狭义创业投资与购并投资之和，又称为私人股权投资。按照这一概念，可以说北美的创业投资主要是狭义创业投资，欧洲则更多的是广义创业投资。

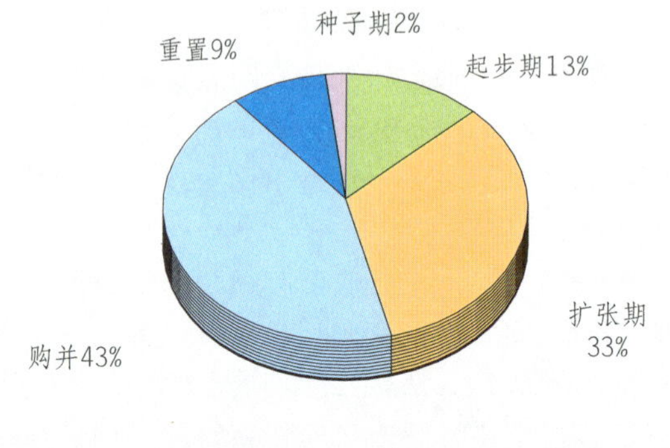

图1.22 欧洲创业资本投资阶段分布（2001年上半年）

资料来源：欧洲创业投资协会网站：http://www.evca.com

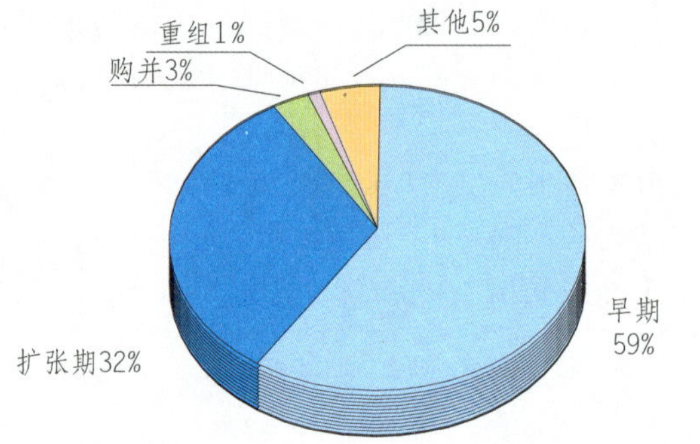

图1.23 加拿大创业资本投资阶段分布（2001）

资料来源：加拿大创业投资协会网站：CVCA, Prepared for the CVCA bu Macdonald &Associates Limited,http://www.cvca.ca

我国的创业投资受北美的影响比较大，因此，不仅在投资行业选择上更多集中于高新技术行业，在投资阶段上也更加侧重于创业企业的早期发展阶段。调查显示，我国创业投资机构60%的投资个案投资以上于起步和成长阶段，表明我国创业投资的阶段分布主要在起步阶段和成长阶段，与国外通常集中于成长阶段和扩张阶段相比，更倾向于前期。一方面，说明我国的创业投资刚刚起步，创业企业正处于雨后春笋一般突起的阶段，另一方面也表明我国的创业投资规模比较有限。但无论如何，侧重于高新技术行业和企业的早期发展阶段，意味着我国的创业投资事业从一开始就进入了一个健康的发展轨道。

[23] 资料来源；美国创业投资协会网站：http://www.nvca.org

[24] 由于不同国家、甚至不同的研究人员对创业投资发展阶段的划分标准有所不同，因此，各国创业资本投资阶段分布比较只是大致反映一种趋势差异，不具有完全的可能性。

[25] 参见刘健钧，2001，《英国创业投资产业的发展经验及其对我国的启示》，载武士国、宋立（主编），2001，《创业投资：国际经验与中国抉择》，中国计划出版社。

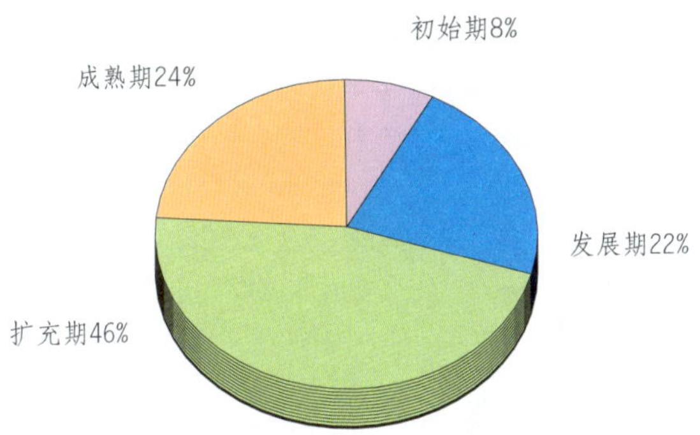

图 1.24　中国台湾创业资本投资阶段分布（2001 年）

资料来源 王伯元,《台湾创业投资现况及未来发展》,在“2002 中国风险投资论坛”上的演讲，2002 年 4 月 18 日，北京

1.3.4 境外流入中国的创业资本概况

近年来，在国内外有利形势的推动下，中国的创业投资事业得以迅速发展，形成了以北京、上海和深圳为中心的三个创业投资相对密集区。一方面各级政府或高新技术产业开发区等出资设立的创业投资机构继续发挥引导作用，另一方面大型企业等民间设立或合资设立的创业投资机构迅速发展起来，并逐步成为创业投资的主力。与此同时，境外（含中国港澳台地区）募集设立、由境外机构管理在中国投资的创业投资机构也有所增加。虽然相对于其他类型机构而言，近年来其增长速度并不十分显著，但在促进中国的创业投资事业发展的进程中其作用不容低估。

(1) 境外流入的创业资本的发展阶段

境外流入中国的创业资本始于中国创业投资初始探索的80年代中后期。1985年中国第一家创业投资机构–中国新技术创业投资公司成立，仅四年后的1989年，国际数据集团（IDG）即开始进入中国创业投资领域。邓小平南巡讲话发表以后，随着市场经济体制改革的深入，境外流入中国的创业资本逐渐多了起来，进入中国市场的方式也开始由独资向合资合作等方式发展。1993年中外合资的北京太平洋技术创业有限公司成立。

1997年以后，随着中国改革开放的加快，举国上下对创业投资的空前重视，境外流入中国的创业资本进入迅速增加，投资活动趋于活跃，在中国创业投资领域的影响也日益扩大，并在1999–2000年形成了一个境外创业资本进入中国的小高潮。1997年作为亚太地区最大的创业投资机构之一的华登国际向四通利方投资，创建中国著名的门户网站–新浪网。同年12月，专门投资于大中华地区的中国创业投资公司等联合向亚信公司提供了1800万美元的创业资本。

如果说，1997–1998年是境外流入中国的创业资本在机构数量方面的一个分水岭，那么从作用方面来看，2000–2001年则是一个显著的分界线。2000年之前，境外创业资本在中国的投资一定程度上只是针对具有外商投资或海外归来技术人员等“外”字背景的创业企业，具有“配套”投资的性质。从2001年起，随着中国本土创业活动的进一步发展和创业投资环境的改善，境外进入中国的创业资本则拉开了“本土化”的序幕，不仅投资于具有“外”字背景的现有企业和海归人员的创业活动，也开始寻求中国大陆本土的投资对象。

(2) 境外进入中国大陆的创业资本的基本特征

第一，境外进入中国大陆的创业资本的来源地。 境外进入中国大陆的创业资本，主要来源于中国香港、台湾以及亚太地区的美国、新加坡、日本、韩国等。此外，也有英国和欧洲大陆的一些国家直接或通过在香港设立的机构间接进入中国大陆。上述中国创业投资公司、华登国际、IDG及其所属的太平洋创业投资基金即来自美国，淡马锡、祥峰等来自新加坡，而普讯、宏基等则来自中国台湾。

第二，境外进入中国的创业资本的组织形式。 除个别案例外，前期进入中国的境外创业投资机构主要是以海外控股公司在中国设立代表处这种方式运作，近年来随着中国内地创业投资机构的发展，有些境外机构开始探索与中资创业投资机构（如深圳创新投资公司）开展合作。但由于文化背景、运作方式、从业经验等差异，目前双方之间的进一步合作仍然比较困难。

第三，境外进入中国的创业资本的地区分布。 境外进入中国的创业投资机构主要分布于北京、上海和深圳等发达城市，个别境外创业投资机构在一些内地城市（如西安）设立了办事处。从发展阶段来看，前期进入的创业投资机构一般将其办事机构设在北京，由于当时我国市场化程度有限，政府对经济的干预较强，将办事机构设在北京便于与各部委沟通。近期进入的则开始比较多地选择了上海和深圳，因为目前这两个城市的市场化程度相对更高，而且地方的政策更加灵活。过去一般采取管理人员驻在香港从事内地投资业务，现在越来越多的公司的人员长驻内地，但仍然有70%以上的公司的投资人员在香港，初步估计长驻内地的投资人员在80-100之间。

第四，境外进入中国的创业资本的投资企业特点。目前进入中国的境外创业投资机构，既有独立的专业性创业投资公司，也有大型企业附属的创业投资机构。因此，在投资运作方面，既投资于创业企业，也投资于非创业企业；既有近年来比较热门的高新技术产业，也有一般的传统产业。除个别投资机构外，一般对创业企业的投资也比较倾向于后期，对于创业前期的投资仍然比较谨慎。这一点，与偏重于投资创业前期的中资创业投资机构形成了明显反差。

第五，境外流入的创业资本在中国创业投资发展中的作用。境外进入的创业投资机构除了直接提供一定数量的创业资本之外，在中国创业投资发展中还可发挥两个方面的间接作用：一是对有意进入中国或对中国市场有兴趣的境外创业投资机构提供某种信号或指示；二是为中国境内尤其是中资创业投资机构的投资运作起到示范和榜样作用。但从目前情况来看，它们发挥的还主要是其直接作用，间接作用比较有限。尤其是前一种间接作用还仅仅只是开始，后一种间接作用则相当有限。

（3）境外进入中国的创业资本在发展中面临的主要困难与未来发展趋势

第一，境外进入中国的创业资本在发展中面临的主要困难。近年来，进入中国大陆的境外创业资本虽然有了一定的发展，但在发展中仍然面临诸多问题。它们有些是共性问题，有些则是境外创业资本特有的问题。归结起来，主要是三个方面：一是退出渠道不健全。中国目前缺乏柜台市场，筹备多年的创业板市场迟迟不能推出，在一定意义上出乎一些境外投资者当初之所料，极大地影响了其进一步的投资计划。二是缺乏有效的法律法规。这虽然对中资创业投资机构也有一定影响，但对境外创业投资机构的影响更大一些。尤其是对创业投资公司双

专栏 1.2
欧洲创业投资简况

继美国之后，创业投资在欧洲也得到了大力发展。欧洲创业投资事业始于20世纪80年代初，十多年来，欧洲长期创业投资已超过了500亿欧元。1994年的创业投资有价证券总量为230亿欧元，约有两万个私营未上市企业受惠，平均每年约5000至7000个投资项目。目前，欧洲拥有3000多个专业机构和500多家分布在20多个国家的创业投资企业。

在推动欧洲创业投资的发展方面，欧盟发挥了重要作用，采取了不少有力措施。八十年代欧盟建立了一个高技术创业投资行动计划和网络EUROECH CAPITAL，其主要目的是促进欧洲私人金融机构对泛欧中小企业高技术项目的创业投资。1983年，欧洲创业投资协会EVCA（European Venture Capital Association）成立，其宗旨主要是促进欧洲创业投资市场建设，完善创业投资机制，并通过提供中介服务增进投资者之间的合作，协助中小企业寻找资金等。为更好地解决小企业起步阶段的资金问题，欧盟于1989年建立了欧洲种子基金制度(European Seed Capital Scheme)。这个初期带有示范性的计划，目的是通过采取鼓励措施促进金融部门对新建中小企业投资。为协助创业投资机构有效地监督、分析和比较投资效益，欧盟委托EVCA于1992年着手起草欧洲创业投资效益评估标准（The EVCA Performance Measurement Principles），并于1994年开始推广实施。该标准为创业投资有关各方提供了一个共同遵守的准则，大大促进了欧洲创业投资事业健康发展。为协调欧洲金融市场，解决欧洲高速成长公司股权融资渠道匮乏的问题，EVCA在1994年初提议模仿美国NASDAQ，成立一个高度监管的泛欧洲股票市场EASDAQ，通过该市场，高速成长型公司能够比较容易地筹集到资金。

重征税，使得境外创业资本对进入中国大陆望而生畏。三是境外创业资本所面临的"外汇兑换和撤出"问题。投资收益不能便捷地汇出在一定程度上影响了境外创业投资机构进入中国大陆的投资预期。

第二，境外创业资本进入中国大陆的趋势展望。各界对中国创业投资发展的巨大潜力可以说是已经达成共识，因此，吸引境外创业资本进入中国，关键在于改善国内环境与条件。目前有关方面已经开始着手修改规范外商投资创业投资企业的管理办法，并已初步就有关优惠政策等条款达成一致意见；创业板的准备工作也已经就绪，推出创业板可以说指日可待；因此，可以期待将会有越来越多的境外创业投资机构进入中国，其在中国创业投资发展中的作用也将越来越大。

专栏 1.3 韩国创业投资简况

韩国的创业投资可以分为三个阶段。第一个阶段为1974年—1985年，为了促进新兴科技的商品化，创业投资在韩国发展起来，知名的Sambo电脑就是在这个阶段生产出来的。第二个阶段为1986年—1995年，大量的信息、通讯行业的新企业成立，为创业投资提供了良好的创业企业基础，出现了Medison, Handsoft等高新技术行业的大企业。为了给股权交易提供流通场所，开设了场外交易市场。第三个阶段为1996年至今，韩国工业化发展迅速，政府大力支持创业投资业的发展，成立了KOSDAQ市场。韩国政府甚至将创业投资定位为经济复苏的唯一出路，可见创业投资在韩国受到高度的重视。

据统计，到2000年7月为止，韩国的创业企业有7735家，其中创业投资支持的创业企业已经发展到了1248家，占16.1%。到2000年12月末，244家创业企业在KOSDAQ市场上市，占KOSDAQ市场上市企业总数的40.4%，约44.7%集中在汉城。

专栏 1.4 日本创业投资简况

日本是亚洲地区创业投资发展较快的地区，最初的创业投资机构成立于1972年。到1974年成立的野村证券主导的创业投资机构——"日本合同Finance (JAFCO)"等5家创业投资，使得日本的第一代创业投资机构一共达到8家。如今日本共有120家创业投资机构，到1995年3月，已向超过一万家企业进行了投资，投资余额超过8500亿日元。

1995年后，日本采取了一系列新措施促进创业投资的发展。实行天使投资税制，减轻个人投资风险；放宽企业年金、证券投资信托运营限制，大藏省1997年通知要求将运营对象扩大至创业企业股份；在2002年的通常国会上日本制定了《中小企业等投资事业有限责任契约法》，以促进向中小企业引进年金资金等，充实其资本。在此基础上促进场外市场的流通性。

第2部分　创业投资情况分析

2.1 概　述

创业投资的有效运行是在从融资 → 投资 → 回收 → 再投（融）资的循环过程中逐步得以体现的，其中，投资是创业投资运行机制的核心环节。一方面，投资实现了前期融资的目的，通过严格的决策程序做出的投资选择为创业资本寻找到了具有高预期收益和高成长可能性的项目，使得资金真正发挥了创业投资的作用；另一方面，投资所包含的整个运作流程的合理控制为项目的成功与项目的不断增值提供了最充分的保障，即使出现失败，也有能力做出迅速反应，以求改进投资组合，为最终的投资回收和新一轮投资奠定基础。合理的投资规划和良好的投资业绩能够为项目的退出渠道扩展空间，从而获取最有利的退出效果，也有利于吸引更多的创业资本来源，形成创业资本流动的良性循环。

本章主要从创业资本的投资地区、投资对象、投资成果和投资管理等四个方面对中国创业投资机构的投资情况进行分析。

投资地区

投资地区是指创业投资机构利用资金进行投资的项目所在地区，包括国内地区和国外地区。对地理位置的选择主要是从创业企业发展程度、创业投资的市场环境、投资机会与管理方便等角度出发。投资实施以后，创业投资家要和企业家保持经常接触。过去，创业投资家希望选择离自己较近的项目，一般倾向于选择位于主要城市附近的项目；随着通讯技术的发展，地理位置方面的考虑会趋于淡化。一般而言，经济发达的地区，投资机会也相对较多，管理也较为规范、市场环境也较为宽松，获得的投资就会较多。比如，美国、日本、欧盟地区以及中国的台湾等创业投资就比较发达，而且也多集中在硅谷、新竹等高科技产业突出地区。

投资对象

投资对象包括投资的行业和投资阶段。投资行业总体分为高科技行业和传统行业，创业投资主要投向于高新技术产业。以美国为例，1992年对电脑和软件的投资占27%；其次是医疗保健产业，占17%；再次是通信产业，占14%；生物科技产业占10%。创业投资从利润出发,对有竞争力和有潜力的行业进行投资,这是创业投资的原则。从美国创业投资的发展历程看，1980年20%的创业投资都集中于能源产业；90年代以来创业投资由遗传工程、计算机硬件等转向光盘驱动器、多媒体、电信业和计算机软件行业，而到了1997年，25%以上的创业投资集中于国际互联网领域。

创业投资的投资阶段源于高科技企业的生命周期特性。高科技企业的生命周期一般分为五个阶段，即种子阶段、起步阶段、成长阶段、扩张阶段和成熟阶段。各个阶段具有不同的企业特征、组织结构和资金来源，对资本需求也存在着不同的特点。处于种子阶段企业的主要任务是产品和技术的开发，需要确定所研究产品的市场潜力。这一阶段的投资需求较小，其资金来源一般是发起人、合伙者和天使投资者。起步阶段将开发出最初的产品，在这一阶段，企业对资本的需求显著增加，主要资金来源是发起人、合伙者，创业资本也开始进入企业。在成长阶段，企业已完成生产线的开发，产品已经定型，市场正在形成，需要大量外部资金支持。这个阶段可供利用的资金来源主要是创业投资。到了扩张阶段，企业的产品已为广大消费者接受，销售收入开始不断增长，企业的现金流可以满足企业的大部分需要，但支出仍大于收入，仍然可以吸引部分创业资本进入。进入成熟阶段，企业已经形成净利润流，部分成功的企业已可进入证券市场上市，在市场上筹集进一步发展所需的资金，成为公众公司，并通过股票市场上的资本运作扩大其规模，而创业资本将逐步退出企业，寻找新的投资对象。

高科技企业的生命周期决定了创业投资阶段性投资的特点，即创业资本对高科技企业的投资将对应以上五个阶段，由于不同阶段的产品特征、组织结构、管理制度以及资金支持不同，所以投资风险也各有区别。高新技术企业在成长过程中的高成长性和高风险性决定了它对创业资本市场的需求，也决定了创业资本在培育高新技术产业上独特的功能。创业资本的特性也决定了其将大部分资源分配于科技含量高、成长性强的企业，为处于不同发展阶段的企业提供相应的资金。投资于哪一个阶段或阶段组合取决于创业投资机构的资本结构、投资偏好、管理优势以及技术和信息优势等。

投资成果

投资成果包括投资规模和投资收益，前者主要考查总体投资项目数、投资金额、平均投资规模、单个项目的投资金额等，后者主要考查投资回报。投资回报的多少是衡量一家创业投资机构运作成功与否的重要标志，创业投资一般要获得远高于一般商业投资的利润，回报率可高达几倍甚至上百倍不等。创业投资机构力图使他们的投资回报与所承担的风险相适应，根据切实可行的投资计划对未来几年的投资价值进行分析，计算现金收益、做出收入估计。

因而要降低风险、提高收益就应该充分权衡投资规模和对特定项目的投资力度，往往需要创业投资机构通过投资于多个项目或联合多家机构共同对一个项目进行投资来分散投资风险。事实上，一个典型的创业投资机构会面对许多投资建议，往往要经过严格审查，最终挑出很少一部分进行投资，并通过系列的投资组合，分散投资风险，争取获得总体较高的平均回报。

投资管理

投资管理连接整个投资环节的各个运作程序，通过良好的管理，在遵循投资原则和实现投资目的的基础上，完成具体的投资计划，将创业资本投向具有高收益预期的项目，并继续参与被投资项目的管理，实现从投资审查到投资回收的全部过程。因此，投资管理不仅仅针对投资以后的项目营运监管，而是整个投资环节的运作管理，包括投资地区、金额、阶段和具体的投资企业的确定、投资评估以及投资以后的项目管理等。

本部分内容为发展报告的投资情况分析部分，主要介绍和阐述了中国创业投资发展状况及特点。包括全国性的整体分析和主要地区的地区性分析与比较，内容涉及投资地区分析、投资行业分析、投资阶段分析、投资规模与投资收益分析以及投资管理分析。

2.2 创业投资的投资地区分析

在本部分的分析中运用了“选择倾向”这个概念，汇总的对特定地区进行投资的创业投资机构家数反映了创业投资机构对该地区的投资偏好。被调查的创业投资机构在选择投资地区时，可以选择多个地区，因此在进行东部、中部和西部分析时，统计的投资机构家数会出现超过被调查机构总数的情况。比如，选择在东部地区投资的创业投资机构有424家，大于被调查机构总数246家。

2.2.1 中国创业投资机构在中国大陆的投资地区总体分布

被调查的246家创业投资机构的投资地区遍布31个省、自治区和直辖市以及部分计划单列市，从表2.1和图2.1可以看出，创业投资机构在中国大陆的投资地区分布大体上呈现出以下几个特点：

1. 东部地区是创业投资机构的投资重点地区，累计有424家创业投资机构在东部地区投资，而中部地区和西部地区两地的发展状况差距不大，分别有92家和87家创业投资机构投资，详细的投资情况见表2.1。东部地区包括了北京、上海、深圳、广东（不含深圳，下同）等创业投资发展有绝对优势的地区，使得东部的被投资家数是中部和西部被投资家数之和的两倍以上。西部地区在全国属于欠发达地区，但创业投资也得到了迅速的发展，有成为创业投资机构的投资新热点的趋势，这主要得益于在西部大开发的政策引导下，西部地区新成立了十几家创业投资机构，并且西部地区的大量优惠政策也吸引了其他地区创业投资机构的投资兴趣。总的来说，各地区的创业投资发展水平都与各地区经济发展水平的表现一致，同时也与不同地区高科技产业和创业投资事业发展的差距相关联。随着中西部地区经济发展步伐加快，三者的比例还会发生变化。

2. 各地区内部呈现中心地区向区域内扩散的态势。在东部地区，作为中国创业投资发展最快的四个地区，京、沪、深、广东四地分别得到了104家、74家、71家、42家创业投资机构的投资，分别占全部被调查的创业投资机构的42%、30%、29%、17%，占东部地区总被投资家数的68.63%，东部的浙江、江苏、天津、山东、辽宁、河北、广西、福建等地分别得到了35家、30家、22家、15家、10家、7家、6家和8家创业投资公司的投资，占东部地区总被投资家数的31.37%；有24家机构投资湖北，占中部总被投资家数的26%，中部的安徽、黑龙江、吉林、内蒙古、山西、湖南、江西、河南等地分别得到了15家、9家、7家、10家、8家、7家、6家和6家创业投资公司的投资；陕西省得到43家创业投资公司的投资，重庆和四川合计拿到27家机构的投资资金，以上四地共得到70家创业投资公司的投资，是西部地区被投资的绝对主体，占西部总被投资家数的80.46%，而贵州、西藏、云南、甘肃、新疆、宁夏、青海等西部的其余地区共得到17家创业投资公司的投资，占西部总被投资家数的19.54%。这些充分反映了区域内发展的差异性，中心地区的重要地位及其辐射作用。

3. 北京地区作为全国经济和文化的中心，有发展高科技、吸引创业投资的独特优势。目前北京的高新技术产业已经形成了一定的规模，并且仍然具有极其巨大的发展潜力。2001年北京高新技术产业总产值达到1221.5亿元，同比增长17.6%，实现利税109.4亿元，同比增长3.8%，大部分经济指标保持两位数的增长比率。科技创新成为首都经济稳步发展的最主要动力。在产业队伍方面，北京市已经形成了以北京市新技术产业开发试验区企业为代表的比较成熟的高新技术产业队伍。这些表明北京市高新技术产业已经具备了一定的规模。另一方面，北京市是全国重要的科学技术研究开发基地，其科技力量居全国之首。从行业发展的角度来看，北京市的科技力量还远远没有得到充分的发挥，在产业化方面仍然具有极其

表2.1 创业投资机构在中国大陆的投资地区分析　　（单位：家）

北京	深圳	上海	广东	浙江	江苏	湖北	天津	陕西	重庆	山东
104	74	71	42	35	30	24	22	43	15	15

安徽	四川	辽宁	内蒙古	黑龙江	山西	福建	吉林	河北	湖南
15	12	10	10	9	8	8	7	7	7

江西	河南	广西	贵州	西藏	云南	甘肃	新疆	宁夏	青海
6	6	6	5	3	3	2	2	1	1

巨大的发展潜力。

北京高新技术产业的四大先导领域已经基本形成。在“八五计划”期间,北京试验区的主导行业已初步形成，即计算机和相关配套产品为主的电子信息行业,光机电一体化行业,新材料和相关的节能与环保行业以及新药物、生命科学和医学工程行业。作为主导行业的部分产品,已经开始在国内市场中占有一定的份额。这些主导行业是在国家没有投入或极少投入的情况下发展起来的，因此这些行业的发展与北京市工业基础息息相关。北京发展高新技术行业，将以此四个行业为先导。中国国内市场的进一步开放,我国的高技术产业发展将直接面对来自国际市场的挑战。北京高新技术产业目前的实力,与国际比较仍然有很大的差距,但由于北京具有高技术人才资源丰裕的绝对优势,北京的高技术企业具有统帅全国高技术市场的相对优势，所以，北京市高新技术产业在国际竞争中处于可参与竞争的地位。

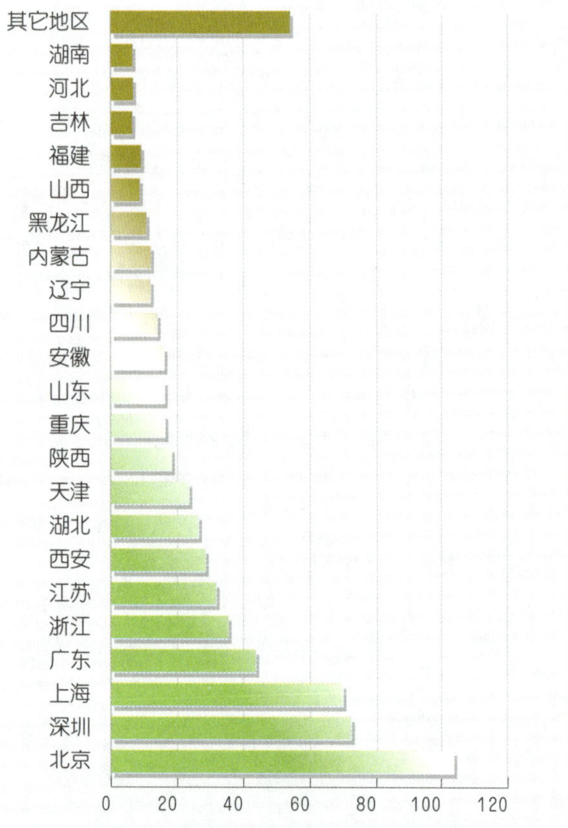

图 2.1 创业投资机构在中国大陆的投资地区分布（单位：家）

对于北京市来说,就是要把高科技产业的发展放到北京市面向二十一世纪的地区发展和带动全国高新技术产业发展的战略地位上。

北京市高新技术产业发展的战略目标之一是，到 2010 年使高新技术产业成为北京市的主导产业，力争到2010年使全市高新技术产业的总增加值(包括高新技术制造业的增加值、技术软件生产与服务领域增加值和高新技术流通领域增加值)占北京市GDP的 1/3 以上，使高新技术产业成为主导产业。

北京市高新技术产业发展的战略目标之二是，集中力量发展高新技术产业,力争到2010年将北京发展成为民族高新技术产业的孵化中心。中国民族工业的未来在于民族高新技术产业的发展,这是决定国家竞争力的关键。民族高新技术产业是指知识产权掌握在中国人自己手里的高新技术产业。真正核心的高新技术是无法引进的,必须立足于自己的技术创新,“创新是一个民族的灵魂”。在建立民族高新技术产业体系,“使一些高新技术产业逐步成为国民经济的支柱产业”方面，北京市拥有巨大的优势，理应走在全国的前面，把“成为民族高科技产业的孵化中心”作为北京市的战略目标。

2.2.2 各地区创业投资机构在中国大陆的投资地区分布

在全国31个省、自治区和直辖市以及部分计划单列市的创业投资机构总体投资情况来看,北京、深圳、上海、陕西、浙江、江苏、湖北和天津地区的机构投资情况属于最活跃的地区，因此，本报告专门对这 8 个地区做单独的地区分析。

北京创业投资机构的投资地区分布特点

(1)北京地区创业投资机构在全国所有 31 个省、自治区和直辖市以及部分计划单列市开展了创业投资活动，为包括西藏、青海等在内的各地创业企业提供了创业资本，说明北京地区的创业投资机构投资地域相当广泛，在信息灵敏、政策支持和决策机制高效的基础上，在全国范围内获取投资机会的能力逐步增强。从表 2.2 可以看出，在被调查的 69 家北京创业投资机构中，有 55 家机构投资于北京当地的创业企业，有22家机构投资于深圳的创业企业，有

20家机构投资于上海的创业企业，有14家机构投资于广东的创业企业。在其余地区的投资分布很均匀，每个地区都有几家机构投资。

(2)北京地区创业投资机构投资的地区分布规律与全国机构的投资地区分布规律极为相似。投资地区的被投资家数分布也呈现东部地区、中部地区和西部地区逐级递减的态势，其中，东部地区为145家，中部地区为42家，有38家机构向西部地区注资，中西部地区被投资家数之和只及东部地区的55.17%。这与各地区经济发展水平的表现一致，又与不同地区高科技产业和创业投资事业发展的差距相关联。

深圳创业投资机构的投资地区分布特点

（1）在24个省、自治区和直辖市以及部分计划单列市都有投资；有7个地区没有投资机构涉足。

（2）以当地的创业企业为主要投资地区，从表2.3可以看出，有41家机构投资于深圳当地的创业企业，占被调查的50家深圳创业投资机构的82%。

（3）北京、上海、广东、陕西等地仍是投资的重点地区。

在被调查的50家深圳创业投资机构中，有41家机构投资于深圳当地的创业企业，有21家机构投资于北京的创业企业，有16家机构投资于上海的创业企业，有21家机构投资于广东的创业企业。在其余有投资的地区的分布也很均匀，每个地区都有几家机构投资。同北京机构不同的是，深圳没有一家机构投资在吉林、陕西、河南、内蒙古、宁夏、青海和新疆等地。

上海创业投资机构的投资地区分布特点

（1）在13个省、自治区和直辖市以及部分计划单列市有投资，投资的地区范围比北京和深圳的机构要小；

（2）上海机构以本地为投资的重点地区，在被调查的31家上海创业投资机构中，有26家机构投资于上海当地的创业企业；

（3）北京仍然是这些机构投资的重点地区之一，有7家机构投资于北京的创业企业，但深圳仅得到3家上海机构的投资；

（4）投资地区的选择表现出了就近原则，其余的投资重点地区都是上海附近的省，如江苏省和浙江省。

陕西创业投资机构的投资地区分布特点

仅对陕西本地和临近的山西省有投资，并且仍以陕西为主，在被调查的17家陕西机构中，有15家

表2.2 北京创业投资机构在中国大陆的投资地区分析　（单位：家）

北京	深圳	上海	广东	陕西	湖北	重庆	江苏	天津	四川	
55	22	20	14	13	12	9	8	6	6	
安徽	吉林	黑龙江	山东	浙江	山西	湖南	福建	贵州	广西	
6	5	5	5	5	4	4	3	3	3	
内蒙古	辽宁	河北	河南	新疆	江西	云南	甘肃	宁夏	青海	广西
3	2	2	2	2	1	1	1	1	1	1

表2.3 深圳创业投资机构在中国大陆的投资地区分析　（单位：家）

深圳	北京	上海	广东	陕西	江苏	浙江	江西	重庆	安徽	
41	21	16	21	8	6	7	4	4	3	
湖北	四川	辽宁	福建	广西	黑龙江	山东	河北	西藏	天津	
3	3	3	33	5	2	2	2	2	1	
湖南	贵州	云南	甘肃	宁夏	青海	吉林	新疆	内蒙古	山西	河南
1	1	1	1	0	0	0	0	0	0	0

机构投资本地区的创业企业，仅有1家机构投资于山西的创业企业。

浙江创业投资机构的投资地区分布特点

（1）在9个省、自治区和直辖市以及部分计划单列市有投资，投资的地区范围比北京和深圳的机构要小，比陕西的机构要大；

（2）浙江机构以本地为投资的重点地区，被调查的15家浙江创业投资机构都投资了浙江当地的创业企业；

（3）北京、上海仍是投资的重点地区之一，有4家机构投资于北京的创业企业，有3家机构投资于上海的创业企业；

（4）其余的投资地区分布较广，东部、中部和西部地区都有。

江苏创业投资机构的投资地区分布特点

仅对江苏本地和天津有投资，并且仍以本地为主。在被调查的9家江苏机构中，有8家机构投资江苏本地区的创业企业，仅有1家机构投资于天津的创业企业。

湖北创业投资机构的投资地区分布特点

（1）6个省、自治区和直辖市以及部分计划单列市有投资，投资的地区范围比北京和深圳的机构要小；

（2）湖北机构以本地为投资的重点地区，在被调查的9家湖北创业投资机构中，有7家投资了湖北当地的创业企业；

（3）有2家机构投资于北京的创业企业，有2家机构投资于深圳的创业企业；

（4）其余的投资地区分布在东部和中部地区。

天津创业投资机构的投资地区分布特点

（1）在9个省、自治区和直辖市以及部分计划单列市有投资，投资的地区范围比北京和深圳的机构要小；

（2）以本地为投资的重点地区，被调查的8家天津创业投资机构，都投资了天津当地的创业企业；

（3）北京仍是投资的重点地区之一，有4家机构投资于北京的创业企业；

（4）其余的投资地区分布较广，东部、中部和西部地区都有。

从以上对各地区创业投资机构的投资地区特点分析中，可以总结出如下规律：

表2.4 上海创业投资机构在中国大陆的投资地区分析 （单位：家）

上海	北京	江苏	浙江	广东	陕西	深圳	内蒙古	山东	重庆
26	7	6	5	4	3	3	2	2	1

湖北	四川	天津	辽宁	河北	山西	河南	吉林	云南	黑龙江
1	1	1	0	0	0	0	0	0	0

安徽	福建	湖南	江西	贵州	甘肃	宁夏	青海	广西	新疆	西藏
0	0	0	0	0	0	0	0	0	0	0

表2.5 陕西创业投资机构在中国大陆的投资地区分析（单位：家）

陕西	山西	北京	天津	上海	重庆	深圳	辽宁	湖北	江苏
15	1	0	0	0	0	0	0	0	0

四川	广东	河北	河南	吉林	黑龙江	内蒙古	山东	安徽	浙江
0	0	0	0	0	0	0	0	0	0

福建	湖南	江西	贵州	云南	甘肃	吉林	宁夏	青海	新疆	西藏
0	0	0	0	0	0	0	0	0	0	0

表 2.6 浙江创业投资机构在中国大陆的投资地区分析（单位：家）

浙江	北京	上海	陕西	江苏	四川	深圳	辽宁	内蒙古	天津
15	4	3	2	1	1	1	1	1	0

湖北	重庆	广东	河北	山西	河南	吉林	黑龙江	山东	安徽
0	0	0	0	0	0	0	0	0	0

福建	湖南	江西	贵州	云南	甘肃	宁夏	青海	广西	新疆	西藏
0	0	0	0	0	0	0	0	0	0	0

表 2.7 江苏创业投资机构在中国大陆的投资地区分析（单位：家）

江苏	天津	北京	上海	重庆	深圳	辽宁	广东	湖北	四川
8	1	0	0	0	0	0	0	0	0

陕西	河北	山西	河南	吉林	黑龙江	内蒙古	山东	安徽	浙江
0	0	0	0	0	0	0	0	0	0

福建	湖南	江西	贵州	云南	甘肃	宁夏	青海	广西	新疆	西藏
0	0	0	0	0	0	0	0	0	0	0

表 2.8 湖北创业投资机构在中国大陆的投资地区分析（单位：家）

湖北	北京	深圳	广东	河南	湖南	天津	上海	重庆	辽宁
7	2	2	1	1	0	0	0	0	0

四川	陕西	河北	山西	吉林	黑龙江	内蒙古	江苏	山东	安徽
0	0	0	0	0	0	0	0	0	0

浙江	福建	江西	贵州	云南	甘肃	宁夏	青海	广西	新疆	西藏
0	0	0	0	0	0	0	0	0	0	0

表 2.9 天津创业投资机构在中国大陆的投资地区分析 （单位：家）

天津	北京	河北	上海	深圳	山西	河南	山东	内蒙古	辽宁
8	4	2	1	1	1	1	1	1	0

重庆	江苏	湖北	四川	陕西	广东	吉林	黑龙江	安徽	浙江
0	0	0	0	0	0	0	0	0	0

福建	湖南	江西	贵州	云南	甘肃	宁夏	青海	广西	新疆	西藏
0	0	0	0	0	0	0	0	0	0	0

（1）各地的创业投资机构都首先以本地区的创业企业为最主要的投资对象，并且在当地的投资案件数占其全部投资案例的绝对多数。

（2）就近原则。除了本地区外，机构对投资地区的选择大都遵循就近原则。除北京等几个创业投资发展活跃的地区以外，大部分地区创业投资机构的区域投资选择以本地及周边小区域为主。

（3）北京和上海地区是许多地区创业投资机构投资的重点地区。

（4）西部地区的投资主要集中在陕西、重庆和四川三地，其中陕西得到了全国43家创业投资机构的投资，占全部被调查机构的17.48%，占整个西部地区的49.43%。而三地汇总占全部被调查机构的28.46%，占整个西部地区的80.46%，相对于西部其他的地区来说属于热点集中地区。这充分说明了中国创业投资发展主要集中于经济相对发达、投资机会相对较多的地区，并且呈现出以点带面，向周边地区逐步辐射、扩散的特点。

2.2.3 中国创业投资机构在中国大陆以外的投资地区分布

表2.10统计了大陆以外的投资情况，从表中的数据可以看出，投资主要集中于周边地区、北美及欧洲，港澳台地区是被调查创业投资公司的投资热点地区，共有18家创业投资机构选择了向港澳台地区投资，而美国、东南亚和韩国、欧洲、加拿大等地分别有12家、9家、3家和3家创业投资机构选择向其投资。

图2.2显示，向港澳台地区投资的创业投资机构家数占到全部向国外投资的创业投资机构家数的40%，其余集中在北美、东亚和欧洲地区。上述地区高科技产业及创业投资都处于世界领先水平。

表2.10 创业投资机构在中国大陆以外的投资地区的分布情况 （单位：家）

美国	欧洲	港、澳、台地区	东南亚及韩国	加拿大
12	3	18	9	3

与创业投资在国内的投资分布相比较，在国外的投资分布是小比例的，这表明中国的创业投资机构向国外投资还处于起步阶段。统计发现，在国外有投资的创投机构主要集中在北京、上海、深圳等几个地区，并且都系外资创投机构在上述地区的分支机构或代表处所为。

北京地区创业投资机构在国外的投资地区主要分布在美国、港澳台地区、东南亚及韩国等地，北京创业投资机构投资国外相对较多，其主要原因是，有部分北京被调查的创业投资机构是国外创业投资机构在北京的分支机构或代表处，这些机构是跨国公司，其业务覆盖全世界的多个地区。深圳的创业投资机构在国外投资主要集中在港、澳、台地区，共有8家机构在港、澳、台地区投资，在美国和东南亚及韩国分别有2家机构投资，加拿大得到了1家机构的投资。其主要原因在于，深圳离港、澳、台地区近，有地理优势，方便深圳的创业投资机构到这些地区做投资调查，同时也方便港、澳、台地区的创业企业到深圳来寻求投资。

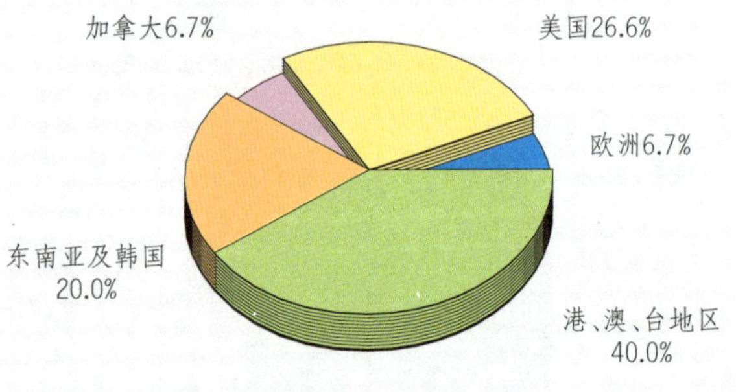

图2.2 创业投资在中国大陆以外投资地区分布

2.3 创业投资行业分析

2.3.1 中国创业投资的投资行业总体分析

创业投资机构在选择投资对象时，通常会考虑其高成长性、创新性、市场前景广阔等特点。因此，那些在高技术领域具有领先技术优势的公司，比如软件、药品、通信技术公司等，由于存在很高的利润而倍受创业投资者的青睐。大多数创业投资机构更偏爱小公司，因为小公司技术创新效率高，更能适应市场的变化，小公司规模小，发展的余地也更大，因而同样的投资可以获得更多的收益。

表 2.11 至 2001 年底全国投资案件数

	种子阶段	起步阶段	成长阶段	扩张阶段	成熟阶段	小计	比例(%)
软件行业	15	34	53	17	7	126	15.69
计算机硬件行业	3	5	13	5	3	29	3.61
网络行业	7	28	26	9	5	75	9.34
通讯	5	17	18	14	6	60	7.47
其他信息行业	2	9	12	8	5	36	4.48
半导体	2	0	2	3	0	7	0.87
医药保健	10	23	25	10	4	72	8.97
环保工程	2	4	11	2	3	22	2.74
生物科技	14	24	18	9	3	68	8.47
新材料工业	7	20	20	14	6	67	8.34
资源开发工业	0	3	4	0	1	8	1.00
光电子与光机电一体化	1	21	18	6	5	51	6.35
科技服务	5	17	6	3	1	32	3.99
新能源、高效节能技术	5	6	9	4	3	27	3.36
核应用技术	0	0	0	0	0	0	0.00
其他重点科技	3	8	3	8	0	22	2.74
制造业	6	13	15	8	9	51	6.35
农业	5	8	6	5	1	25	3.11
传统型非科技企业	1	5	9	6	4	25	3.11
合计	93	245	268	131	66	803	100
阶段比列(%)	11.58	30.51	33.37	16.31	8.22	100	

从所获得的资料发现，很少有创业投资机构只对一个特定行业或只在一个阶段进行投资。但从投资案件在各行业的集中度来看，软件行业、网络行业、医药保健行业、生物科技、新材料工业、光电子与光机电一体化行业是投资的重点行业，而半导体、资源开发工业、核应用技术行业尚未成为投资的重点行业。表2.11按照行业和阶段别对803个有详细资料的投资案进行了分类分析。结果显示，从行业分布上看，软件行业有126个投资案，网络行业有75个投资案，医药保健行业有72个投资案，生物科技有68个投资案，新材料工业有67个投资案，光电子与光机电一体化行业有51个投资案，通讯和其他信息行业各有60个和36个投资案，这几个行业的被投资案件数居于所有行业的前列，占全部投资案件的60.77%，占科技行业投资的76.4%。半导体、资源开发工业分别仅得到了7家和8家机构投资，核应用技术行业没有一家机构投资，从而可以看出，这三个行业尚不能作为创业投资的热点行业。与此相反，台湾地区创业投资最多集中在半导体，因此，可以认为，国内半导体领域吸引创业投资较少主要是缺乏自主知识产权的技术，在国际竞争中绝对处于劣势，并且投资强度非常高。

软件行业、网络行业、医药保健行业、生物科技、新材料工业、光电子与光机电一体化行业之所以成为投资的重点行业，主要原因之一在于这些行业是国家重点发展和扶植的行业，在九届人大五次会议朱总理所做的政府工作报告中，明确提出要以发展信息行业、生物行业、新材料行业作为发展高新技术行业的龙头。在北京，计算机和相关配套产品为主的电子信息行业、光机电一体化行业、新材料和相关的节能与环保行业以及新药物、生命科学和医学工程行业已经发展成为高新技术的支柱行业。

从图2.3可以直观地看到，软件行业、网络行业、医药保健、生物科技、新材料工业、通讯、光电子与光机电一体化、制造业、其他信息行业依次为投资案件数较多的几个行业，在所有高科技行业里属于热点行业。

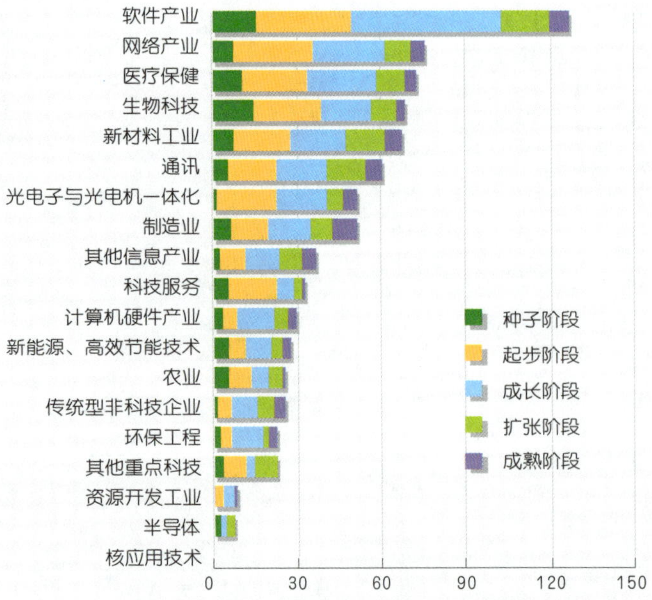

图2.3　投资阶段和投资行业合并分析
（单位：案件数）

2.3.2　创业投资对科技行业与非科技行业的投资比较

知识经济竞争的焦点，是高科技及其行业的竞争。高科技产业的形成有赖于高新技术企业的迅速发展。从高新技术开发到成果产业化，需要大量的资金投入，一般投资者常常会望而却步。一批发展潜力大但风险高的技术先导型中小企业面临筹资渠道狭窄的困难。创业投资适应了新兴企业和高科技产业成长的特征，弥补了这个“投资缺口”，肩负起推动高科技产业化的使命，成为连接科技成果和市场的纽带。

创业投资被誉为高科技产业的“孵化器”，经济增长的“引擎”。它的功能主要表现为：

1. 缩短科技成果产业化周期；
2. 促进技术创新；
3. 加速新兴行业的创立和发展，培植新的经济增长点；
4. 创造就业机会，缓解就业压力。

从表2.12和图2.4中可以看出，在803个投资案中，共有702个投资案属

专栏 2.1 NASDAQ股指泡沫破灭以后美国创业投资对象的调整

1. 创业投资机构和投资地域更趋集中化

纳指巨挫之后，创业投资机构为了规避市场风险，已朝着集中化、规模化方向发展。投资者认识到，"硅谷"的生存与发展与所处地区的企业家精神、人文传统和法律法规等具有很大相关性。加利福利亚、新英格兰和纽约三个地区吸收了更多的创业资本。同时，与之前相比，创业投资在美国东南部的投资也有明显增加，增加幅度高达213%。从上述统计数据中不难看出，美国创业投资在投资地区方面呈现出集中化和规模化趋势。

2. 在创业资本投资的行业方面，范围出现均衡化

在2001年，创业资本投向计算机硬件和系统方面的比例为12.4%，比投向软件及服务的24.8%要少得多，而与投向电话和通信资本比例12.4%相同。另外，医疗保健相关企业投资占11.2%，消费品相关企业投资占9.9%，生物技术投资占8.2%。而在80年代，投向计算机、通信、电子的比例要占60%以上。

3. 被看好的投资行业

NASDAQ和网络股全面下跌以后，对网络概念的投资大幅收缩。与网络及其相关行业相反，创业投资在生物工程、医药保健、计算机硬件和通讯行业上的投资额度均有大幅度的增长，分别较下跌前增长了140.64%、69.79%、51.21%和25.7%。以上数据说明，在经历NASDAQ暴跌之后，创业投资家们开始重新评估未来几年内能在市场中产生巨大影响的行业，并着手调整其投资战略。

4. 投资对象的行业分布有所调整

美国的创业投资机构所侧重的领域已经开始明显的转变，可以说他们现在更加注重的是互联网或者通讯的基础设施，以及软件和能充分发挥网络和互联网效益的技术。如果把整个网络经济比作一个有着很多构成的大的机器，现在创业投资更看重组成机器的螺钉和螺母，而不是机器表面的油漆，更不是机器建好以后，给它围上的漂亮的花环。其他几大热门领域还包括语音识别技术、无线互联和软件行业等。 资料来源：www.chinanasdaq.com

表 2.12 科技行业与非科技行业投资案例比较

	科技行业	非科技行业	合计
投资案件数	702	101	803

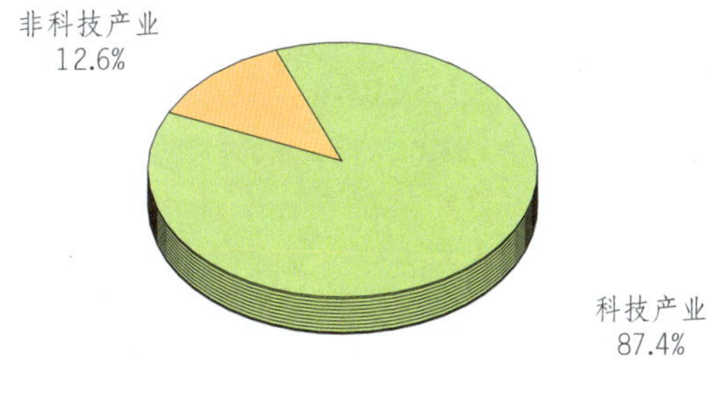

图 2.4 投资科技行业与非科技行业案例数比较

于科技行业，占全部投资案的87.42%，只有101个投资案属于传统型非科技行业，占全部投资案的12.58%。创业投资在传统型非科技行业和科技行业的分布有明显差距，但在传统型非科技行业的投资案件数达到101家，也正反映了创业投资的本质，并非只投资于科技行业，同样也对具有一定创新性的、高成长性的非科技型传统行业感兴趣。

2.3.3 主要的创业投资行业分布

软件行业

中国软件行业的发展与创业投资

软件行业是智力与知识高度密集的行业，是知识经济最典型的代表行业。它作为信息行业的核心，已广泛渗透到第一、二、三产业，成为改造传统产业，推动经济结构调整和产品结构更新的重要基础

和支撑，发展软件行业已成为我国国民经济发展战略的一个重要组成部分。

我国软件行业已具备良好的发展基础。在“九五”期间，我国软件行业得到迅速发展，主要表现为：（1）软件行业规模不断壮大，从1996年到2000年年均增长25.7%，是同期GDP发展速度的3倍。国产软件在基础软件、支撑软件、应用软件等领域取得了突破。我国现有软件企业(加兼营软件的企业)共5000家，已形成了一批大型软件企业集团，已具备一定的市场竞争能力。（2）软件行业基地建设已初具规模。据2000年的统计，全国软件园实现软件销售收入191.9亿元，同比增长75%；其中自主版权软件销售收入138.5亿元，同比增长58%。（3）软件技术推动了整个社会的信息化进程。“九五”期间，原电子部和信息产业部会同有关部门积极组织实施“金”系列信息化工程，开发了一系列推动社会信息化进程的软件系统，国民经济和社会信息化进程加快。（4）软件成为产品升级换代和提高市场竞争力的关键技术。软件已广泛渗透到国民经济的各行各业，并为这些行业的发展带来了革命性的变化。

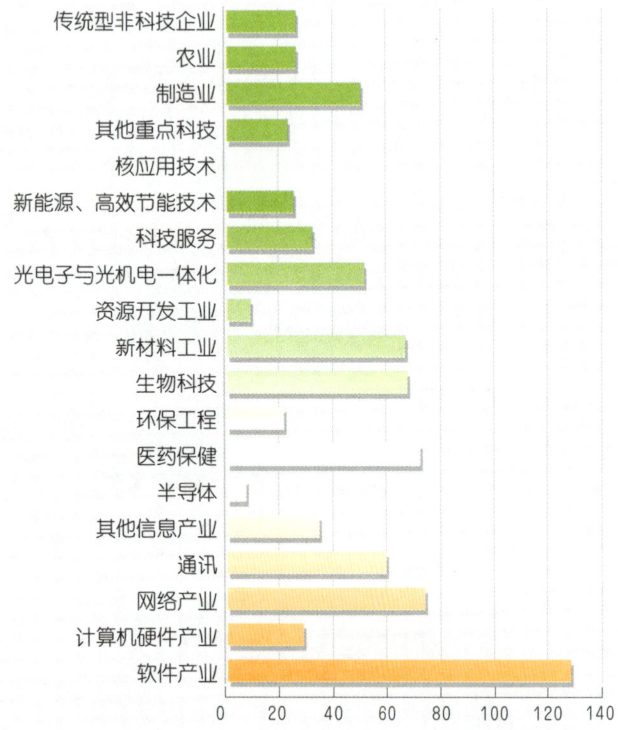

图2.5 投资行业分析：全国 （单位：家数）

未来我国软件行业面临着良好的政策环境，国家也已颁布实施了《鼓励软件产业和集成电路行业发展若干政策》，把软件行业作为战略性优先发展的行业。同时，“十五”规划纲要中已明确提出进一步加快我国社会经济的信息化进程。这为中国软件业提供了空前的发展舞台。世界范围内迅猛发展的信息化浪潮为软件行业提供了巨大的市场，我国软件行业面临着难得的国际机遇。未来信息行业的市场空间将很大。预计到2005年，世界软件及其相关服务市场为9600亿美元。而“十五”期间我国软件和信息服务市场将保持30%以上的年均增长率，到2005年我国软件市场约为2500亿元，约占世界市场的3%。

我国软件行业的特点符合创业投资对投资行业的选择标准。从行业角度看，能够吸引创业投资的行业需要具备这样几个特征：成长预期好、具有巨大的市场发展空间且有足够的人才支撑。我国的软件行业不仅具有上述特征，更重要的是，它一直是国家大力支持的行业，政府有关部门已经颁布了多项扶持软件行业发展的强有力政策措施。

从企业规模来看，软件行业中居于主体地位的中小企业具有创业投资机构看好的企业规模。我国软件行业虽然形成了一批大型企业，但仍以中小企业为主。据2001年上半年信息产业部与国家统计局联合开展的一项全国软件行业调查数据表明，在接受调查的2392家软件企业中，200人以下的软件企业有2100多家，占全行业企业数量的92%左右。

国内创业投资机构投资软件行业的特点

1.国内创业投资大多集中在应用软件领域。软件具有很强的渗透性，几乎可以与所有的传统行业结合。因此，软件行业市场前景十分广阔。从2001年以后的5年内，国内各个行业的信息化发展将为软件行业提供每年数千亿元的市场。而各方面的软件创新将成为推动软件行业发展的原动力，并为创业投资提供丰富的项目资源，这也说明在各类创业投资中，软件领域特别是应用软件领域内的投资风险较低，而总体回报较高。

2.软件行业与创业投资行业的发展形成了良性的互动。与互联网领域内创业投资急剧萎缩相比，国内软件行业内的创业投资数量有所增加。软件企业上市募集大量资金后，主要将资金用于原有业务发展及相关方面的创业投资，例如用友和金碟上市后，分别融资8.8亿元和1亿元，尽管融资金额相差悬殊，但是在招股说明和相关公告中都宣布将积极进行软件行业内的收购兼并和创业投资。在2001年公布的上市公司中报中，有兰太实业、天鸿宝业、浙江天然、南开戈德等数十家上市公司继续关注创业投资，明确在目标投入领域方面定位于软件和通信等领域。

3.在所有投资中，面向成长期的投资较多，面向种子期的投资较少。2001年以来，面向成长阶段的投资案件较多，投资主要分布在成长阶段和起步阶段，其次是扩张阶段和种子阶段，成熟阶段的投资案最少。从表2.11可以看出，共有53个投资案属于成长阶段，34个投资案属于起步阶段，17个投资案属于扩张阶段，15个投资案属于种子阶段，7个投资案属于成熟阶段。这种投资阶段两头少、中间多的特点反映了国内创业投资机构对软件行业投资的基本取向，即对处于种子期的软件项目进行投资将面临较大的风险，而成熟期的项目投资预期收益会受到限制，对中间阶段进行投资可以缓解这些不足。同时，国内软件创业企业在技术创新、管理能力和人员素质等方面都有待进一步提高，未来的发展需要与创业投资机构进行更多的合作。

生物科技与医药保健

生物行业与创业投资

生物科技作为未来全社会最为重要并有可能改变未来工业和经济格局的技术，已被提升到了支柱产业的最高位置。中国将大力提高生物技术对国民经济的贡献率，争取用5到10年时间使生物技术进入世界先进行列，成为国民经济的支柱产业之一，某些方面形成我国特色和优势，并处于世界领先地位。我国计划投入巨资大力发展生物技术，以使其成为支撑我国国民经济发展的关键技术之一。

在美国，生物技术行业已成为高技术产业发展的核心动力之一。到2001年初，美国已有1400家生物技术公司。美国生物技术的飞速发展与政府和社会的支持密切相关。美国国家卫生研究院的科研经费一直占政府科研预算的大头，2001财政年度获得的拨款达203亿美元；美国各州也制定了各自的生物技术行业发展计划，全美50个州中有41个州已实施了至少一项生物技术行业发展计划；民间资本对美国生物技术行业的发展也举足轻重，美国的生物技术公司中有300多家公开上市，其市场资本总额在2000年达到3308亿美元。

国内创业投资机构投资于生物科技与医药保健行业的特点

1.从表2.11可以看出，医药保健与生物科技行业在创业投资的行业选择中占据第三和第四的位置，是主要的投资领域。在全国803个投资案件分析中，分别有72个和68个投资案件属于生物科技与医药保健行业，占总投资案件的8.47%和8.97%，合并占17.44%，如果从生物科技与医药保健的行业紧密度这个角度出发，将生物科技与医药保健合并为生物医药这一大行业口径，那么，生物医药将有140个投资案，比排名第一的软件行业还多14个投资案，比网络行业更多出65个投资案。

2.在所有投资中，面向成熟阶段和扩张阶段的投资较少，面向起步阶段和成长阶段的投资比较集中，而种子阶段获得的创业资本也相对较多。

2001年以来，面向起步阶段和成长阶段的投资案件较多，主要分布在起步阶段和成长阶段，其次是种子阶段，扩张阶段和成熟阶段的投资案最少。从表2.11可以看出，医药保健行业共有25个投资案属于成长阶段，23个投资案属于起步阶段，10个投资案分别属于种子阶段和扩张阶段，只有4个投资案属于成熟阶段。生物科技行业共有24个投资案属于起步阶段，18个投资案属于成长阶段，14个投资案属于种子阶段，分别只有9个和4个投资案属于扩张阶段和成熟阶段。总的来说，创业投资机构对生物科技与医药保健行业的投资主要集中在企业发展的中、早期。

网络行业

网络行业与创业投资

在美国新经济发展的示范效应下，网络业成为创业投资青睐的投资行业。在NASDAQ狂涨时，各大创业投资机构纷纷涌入网络公司。随着股指的下跌和网络神话的破灭，创业投资对网络行业的投资持续下降。但是，网络的应用正在日益普及，未来中国的互联网及其相关服务仍有很大的发展空间。

国内创业投资机构投资于网络行业的特点

1.从表2.11可以看出，网络行业在创业投资的行业选择中占据第二的位置，是国内创业投资机构主要的投资领域。在全国803个投资案件中，有75个投资案件属于网络行业，占总投资案件的9.34%，仅次于软件业投资。这说明网络行业仍然是国内创业投资机构的主选对象。但是，随着全球网络经济进入困境，与网络相关的互联网及其他服务行业的投资也有所下降，这方面，国内创业投资机构的投资意向变得更加谨慎。

2.在全部投资中，面向起步阶段和成长阶段的投资比较集中，其他阶段的投资比较少。调查显示，大部分投资是在1999年和2000年完成的，2001年以来对网络行业的投资有所减少。在已有的投资案件中，面向起步阶段和成长阶段的投资案件较多。从表2.12可以看出，这两个阶段分别有28个和26个投资案，占全部网络行业投资案件总数的72%；其次是扩张阶段，有9个投资案件；分别只有7个和5个投资案属于种子阶段和成熟阶段。总的来说，创业投资机构对网络行业的投资主要集中在企业发展的中早期，但是从很多机构对网络行业新一阶段的投资战略调整来看，投资对象将逐渐向经营时间较长、具有一定利润保证的成熟企业靠拢，相应的投资阶段将向中后期集中。

北京、深圳、上海、陕西、浙江、江苏、湖北和天津等8个省、市是全国创业投资相对活跃的代表性地区，在表2.21中，报告对这8个地区的创业投资行业作了详细比较，得出以下结论：

北京地区共有被投资案131个，主要集中在软件行业、网络行业和通讯行业，被投资案件数分别为30个、20个和13个，分别占北京地区被投资案件总数的23%、15%和10%；在半导体、资源开发、核应用技术和农业这四个行业没有投资，在其余各行业的投资较分散，各行业的被投资案件数都少于10个。与其他7个地区相比，北京地区的投资案件总数最多，在软件行业和网络行业的投资案件数最多。

以中关村科技园区为龙头，北京已成为全国的软件行业中心。截至2001年底，北京市认定软件企业1340家，占全国的40%；累计登记软件产品1178

表2.13　至2001年底投资案件数：北京

	种子阶段	起步阶段	成长阶段	扩张阶段	成熟阶段	小计	比例(%)
软件行业	1	9	15	4	1	30	22.90
计算机硬件行业	0	3	2	0	0	5	3.82
网络行业	2	12	3	2	1	20	15.27
通讯	0	7	3	3	0	13	9.92
其他信息行业	0	4	2	2	1	9	6.87
半导体	0	0	0	0	0	0	–
医药保健	1	4	2	1	1	9	6.87
环保工程	0	2	3	0	1	6	4.58
生物科技	2	3	1	1	0	7	5.34
新材料工业	1	4	3	0	0	8	6.11
资源开发工业	0	0	0	0	0	0	–
光电子与光机电一体化	0	2	2	0	1	5	3.82
科技服务	0	0	1	1	0	2	1.53
新能源、高效节能技术	0	1	3	1	1	6	4.58
核应用技术	0	0	0	0	0	0	–
其他重点科技	0	1	0	0	0	1	0.76
制造业	0	2	1	1	2	6	4.58
农业	0	0	0	0	0	0	–
传统型非科技企业	0	0	4	0	0	4	3.05
合计	7	54	45	16	9	131	100
阶段比列(%)	5.34	41.22	34.35	12.21	6.87	100	

表2.14 至2001年底投资案件数：深圳

	种子阶段	起步阶段	成长阶段	扩张阶段	成熟阶段	小计	比例(%)
软件行业	1	4	7	4	1	17	13.39
计算机硬件行业	1	0	4	2	1	8	6.30
网络行业	0	3	10	2	1	16	12.60
通讯	0	1	10	6	4	21	16.54
其他信息行业	0	1	3	3	0	7	5.51
半导体	0	0	0	2	0	2	1.57
医药保健	1	0	3	0	1	5	3.94
环保工程	0	0	1	1	0	2	1.57
生物科技	0	1	6	1	1	9	7.09
新材料工业	0	3	1	4	0	8	6.30
资源开发工业	0	0	0	0	0	0	–
光电子与光机电一体化	0	3	8	2	1	14	11.02
科技服务	2	3	0	0	0	5	3.94
新能源、高效节能技术	1	1	0	1	0	3	2.36
核应用技术	0	0	0	0	0	0	–
其他重点科技	0	1	0	1	0	2	1.57
制造业	0	1	0	2	4	7	5.51
农业	0	0	0	0	0	0	–
传统型非科技企业	0	1	0	0	0	1	0.79
合计	6	23	53	31	14	127	100
阶段比列(%)	4.72	18.11	41.73	24.41	11.02	100	

表2.15 至2001年底投资案件数：上海

	种子阶段	起步阶段	成长阶段	扩张阶段	成熟阶段	小计	比例(%)
软件行业	4	7	8	2	2	23	21.70
计算机硬件行业	0	0	2	0	0	2	1.89
网络行业	2	6	4	0	0	12	11.32
通讯	2	3	0	2	0	7	6.60
其他信息行业	1	1	3	1	0	6	5.66
半导体	0	0	1	0	0	1	0.94
医药保健	3	2	4	1	0	10	9.43
环保工程	1	1	3	0	1	6	5.66
生物科技	3	3	2	1	0	9	8.49
新材料工业	0	2	3	1	0	6	5.66
资源开发工业	0	0	0	0	0	0	–
光电子与光机电一体化	0	6	1	0	0	7	6.60
科技服务	0	4	2	0	1	7	6.60
新能源、高效节能技术	0	0	0	0	1	1	0.94
核应用技术	0	0	0	0	0	0	–
其他重点科技	0	2	0	3	0	5	4.72
制造业	0	0	0	1	1	2	1.89
农业	0	0	0	0	0	0	–
传统型非科技企业	0	1	0	0	1	2	1.89
合计	16	38	33	12	7	106	100
阶段比列(%)	15.09	35.85	31.13	11.32	6.60	100	

表2.16 至2001年底投资案件数：陕西

	种子阶段	起步阶段	成长阶段	扩张阶段	成熟阶段	小计	比例(%)
软件行业	1	2	8	4	1	16	18.39
计算机硬件行业	2	1	3	1	0	7	8.05
网络行业	8	3	4	2	0	17	19.54
通讯	4	0	2	0	1	7	8.05
其他信息行业	1	1	1	0	2	5	5.75
半导体	0	0	1	1	0	2	2.30
医药保健	0	0	4	1	0	5	5.75
环保工程	0	0	3	1	0	4	4.60
生物科技	0	2	1	2	0	5	5.75
新材料工业	0	1	1	1	0	3	3.45
资源开发工业	0	0	0	0	0	0	–
光电子与光机电一体化	0	2	2	1	0	5	5.75
科技服务	0	1	0	0	0	1	1.15
新能源、高效节能技术	0	0	3	1	0	4	4.60
核应用技术	0	0	0	0	0	0	–
其他重点科技	0	0	1	1	0	2	2.30
制造业	0	0	0	0	0	0	–
农业	0	0	1	2	1	4	4.60
传统型非科技企业	0	0	0	0	0	0	–
合计	16	13	35	18	5	87	100
阶段比列(%)	18.39	14.94	40.23	20.69	5.75	100	

表2.17 至2001年底投资案件数：浙江

	种子阶段	起步阶段	成长阶段	扩张阶段	成熟阶段	小计	比例(%)
软件行业	1	4	6	1	1	13	28.26
计算机硬件行业	1	0	0	0	2	3	6.52
网络行业	1	1	0	0	1	3	6.52
通讯	0	2	2	2	0	6	13.04
其他信息行业	0	0	0	0	0	0	–
半导体	0	0	0	0	0	0	–
医药保健	0	1	0	0	0	1	2.17
环保工程	0	1	0	0	0	1	2.17
生物科技	0	0	1	1	0	2	4.35
新材料工业	0	2	1	2	0	5	10.87
资源开发工业	0	0	0	0	0	0	–
光电子与光机电一体化	0	0	0	0	0	0	–
科技服务	0	3	0	0	0	3	6.52
新能源、高效节能技术	0	0	0	0	1	1	2.17
核应用技术	0	0	0	0	0	0	–
其他重点科技	0	0	1	0	0	1	2.17
制造业	0	0	1	1	1	3	6.52
农业	0	0	1	0	0	1	2.17
传统型非科技企业	0	0	0	3	0	3	6.52
合计	3	14	13	10	6	46	100
阶段比列(%)	6.52	30.43	28.26	21.74	13.04	100	

表 2.18 至 2001 年底投资案件数：江苏

	种子阶段	起步阶段	成长阶段	扩张阶段	成熟阶段	小计	比例(%)
软件行业	1	2	2	0	0	5	15.63
计算机硬件行业	0	1	0	0	0	1	3.13
网络行业	0	0	0	0	1	1	3.13
通讯	2	2	0	1	0	5	15.63
其他信息行业	0	0	0	0	0	0	–
半导体	0	0	0	0	0	0	–
医药保健	0	4	0	1	0	5	15.63
环保工程	0	0	0	0	1	1	3.13
生物科技	0	1	0	0	0	1	3.13
新材料工业	0	0	0	0	0	0	–
资源开发工业	0	0	0	0	0	0	–
光电子与光机电一体化	0	1	1	0	1	3	9.38
科技服务	0	0	0	0	0	0	–
新能源、高效节能技术	1	2	0	0	0	3	9.38
核应用技术	0	0	0	0	0	0	–
其他重点科技	0	1	0	0	0	1	3.13
制造业	1	1	1	0	0	3	9.38
农业	0	0	0	0	0	0	–
传统型非科技企业	0	1	0	0	2	3	9.38
合计	5	16	4	2	5	32	100
阶段比列(%)	15.63	50.00	12.50	6.25	15.63	100	

表 2.19 至 2001 年底投资案件数：湖北

	种子阶段	起步阶段	成长阶段	扩张阶段	成熟阶段	小计	比例(%)
软件行业	2	1	1	0	0	4	23.53
计算机硬件行业	0	0	0	0	0	0	–
网络行业	0	0	0	0	0	0	–
通讯	0	0	0	1	0	1	5.88
其他信息行业	0	0	1	0	0	1	5.88
半导体	0	0	0	0	0	0	–
医药保健	0	0	0	1	0	1	5.88
环保工程	0	0	1	0	0	1	5.88
生物科技	0	0	1	0	0	1	5.88
新材料工业	1	1	2	0	0	4	23.53
资源开发工业	0	0	0	0	0	0	–
光电子与光机电一体化	0	2	0	0	1	3	17.65
科技服务	0	0	0	0	0	0	–
新能源、高效节能技术	0	0	0	0	0	0	–
核应用技术	0	0	0	0	0	0	–
其他重点科技	0	0	1	0	0	1	5.88
制造业	0	0	0	0	0	0	–
农业	0	0	0	0	0	0	–
传统型非科技企业	0	0	0	0	0	0	–
合计	3	4	7	2	1	17	100
阶段比列(%)	17.65	23.53	41.18	11.76	5.88	100	

表2.20 至2001年底投资案件数：天津

	种子阶段	起步阶段	成长阶段	扩张阶段	成熟阶段	小计	比例(%)
软件行业	0	2	0	0	0	2	12.50
计算机硬件行业	0	0	0	1	0	1	6.25
网络行业	0	1	0	0	0	1	6.25
通讯	0	1	0	0	0	1	6.25
其他信息行业	0	1	0	0	1	2	12.50
半导体	0	0	0	0	0	0	–
医药保健	1	1	0	0	0	2	12.50
环保工程	0	0	0	0	0	0	–
生物科技	2	3	0	0	0	5	31.25
新材料工业	0	0	0	1	0	1	6.25
资源开发工业	0	0	0	0	0	0	–
光电子与光机电一体化	0	0	0	0	0	0	–
科技服务	0	0	0	1	0	1	6.25
新能源、高效节能技术	0	0	0	0	0	0	–
核应用技术	0	0	0	0	0	0	–
其他重点科技	0	0	0	0	0	0	–
制造业	0	0	0	0	0	0	–
农业	0	0	0	0	0	0	–
传统型非科技企业	0	0	0	0	0	0	–
合计	3	9	0	3	1	16	100
阶段比列(%)	18.75	56.25	–	18.75	6.25	100	

表2.21 主要地区创业投资行业比较 （案件数）

	北京		深圳		上海		陕西		浙江		江苏		湖北		天津	
软件行业	30	23%	17	14%	23	22%	16	18%	13	28%	5	16%	4	24%	2	13%
计算机硬件行业	5	4%	8	6%	2	2%	7	8%	3	7%	1	3%	0	0%	1	6%
网络行业	20	15%	16	13%	12	11%	17	20%	3	7%	1	3%	0	0%	1	6%
通讯	13	10%	21	17%	7	7%	7	8%	6	13%	5	16%	1	6%	1	6%
其他信息行业	9	7%	7	6%	6	6%	5	6%	0	–	0	–	1	6%	2	13%
半导体	0	–	2	2%	1	1%	2	2%	0	–	0	–	0	–	0	–
医药保健	9	7%	5	4%	10	9%	5	6%	1	2%	5	16%	1	6%	2	13%
环保工程	6	5%	2	2%	6	6%	4	5%	1	2%	1	3%	1	6%	0	–
生物科技	7	5%	9	7%	9	8%	5	6%	2	4%	1	3%	1	6%	5	31%
新材料工业	8	6%	8	6%	6	6%	3	3%	5	11%	0	–	4	24%	1	6%
资源开发工业	0	–	0	–	0	–	0	–	0	–	0	–	0	–	0	–
光机电一体化	5	4%	14	11%	7	7%	5	6%	0	–	3	9%	3	18%	0	–
科技服务	2	2%	5	4%	7	7%	1	1%	3	7%	0	–	0	–	1	6%
新能源与节能技术	6	5%	3	2%	1	1%	4	5%	1	2%	3	9%	0	–	0	–
核应用技术	0	–	0	–	0	–	0	–	0	–	0	–	0	–	0	–
其他重点科技	1	1%	2	2%	5	5%	2	2%	1	2%	1	3%	1	6%	0	–
制造业	6	5%	7	6%	2	2%	0	–	3	7%	3	9%	0	–	0	–
农业	0	–	0	–	0	–	4	5%	1	2%	0	–	0	–	0	–
其他传统行业	4	3%	1	1%	2	2%	0	–	3	7%	3	9%	0	–	0	–
合计	131		127		106		87		46		32		17		16	

个，占全国登记软件产品的63%，2001年全年软件产品增值税退税10亿元。一批知名软件骨干企业迅速涌现，2001年销售收入超过1000万元的企业有107家，比2000年增加了53家，其中年销售收入超过1亿元的有11家，比2000年增加了5家。

软件行业的投资也更加活跃，国际十大软件公司中，微软、IBM、CA、SUN等四家跨国巨头已经在京建立了研发和生产机构，国内大型软件企业东软、亿阳、浪潮等也来京建立了研发中心和商务基地。

深圳地区共有被投资案127个，主要集中在通讯行业、软件行业、网络行业和光机电一体化行业，被投资案件数分别为21个、17个、16个和14个，分别占深圳地区总被投资案件数的17%、14%、13%和11%；其中光机电一体化行业的被投资案件数在全国是最多的；在资源开发、核应用技术和农业这三个行业没有投资，在半导体行业有投资，但数量较少，仅有2家，占深圳地区总被投资家数的2%。与其他地区相比，深圳创业投资机构的行业投资分布较宽，行业选择面较多。

上海地区共有被投资案106个，主要集中在软件行业、网络行业和医药保健行业，被投资案件数分别为23个、12个和10个，分别占上海地区总被投资案件数的22%、11%和9%；其中医药保健行业的被投资案件数在全国是最多的，与北京和深圳地区相同，在资源开发、核应用技术和农业这三个行业没有投资，在半导体行业有投资，但数量较少，仅有1家，占上海地区被投资家总数的1%。

陕西是中国西部地区科研密集度最高的省份，因此发展高科技产业优势明显，速度也相对较快，这是陕西创业投资事业在西部乃至全国开局良好的一个重要原因。表2.16显示，陕西省内创业投资机构共有87个投资案，主要集中在软件行业、网络行业和计算机硬件产业，被投案件数分别为16个、17个和7个，分别占陕西地区总被投案件数的18%、20%和8%，在资源开发、核应用技术、制造业和传统产业这4个行业没有投资。在农业领域的投资数量虽少，仅有4家，占陕西地区总被投资家数的5%，但是在主要的8个地区以及在全国却是相对较多的，这与陕西地区重视农业发展以及实施科技兴农战略有很大的关系。

浙江地区共有被投资案46个，主要集中在软件行业、通讯行业和新材料行业，被投资案件数分别为13个、6个和5个，分别占浙江地区被投资案件总数的28%、13%和11%，在其他信息行业、半导体、资源开发、光电子与光机电一体化和核应用技术这五个行业没有投资，在制造业、农业和其他传统行业都有投资，但数量较少，共有7家，共占浙江地区被投资家总数的16%。

江苏地区共有被投资案32个，主要集中在软件行业、通讯行业和医药保健行业，被投资案件数都为5个，都占江苏地区总被投资案件数的16%，在其他信息行业、半导体、新材料开发、资源开发、科技服务、核应用技术和农业这7个行业没有投资，在制造业、农业和其他传统行业都有投资，但数量较少，共有7家，共占江苏地区总被投资家数的16%。

湖北地区共有被投资案17个，主要集中在软件行业、新材料行业和光机电一体化行业，被投资案件数分别为4个、4个和3个，分别占湖北地区总被投资案件数的24%、24%和18%，在计算机硬件、网络、半导体、资源开发、新能源与节能技术、科技服务、核应用技术、制造业、农业和传统行业这10个行业没有投资。

天津地区共有被投资案16个，主要集中在生物科技、软件行业和其他通讯行业，被投资案件数分别为5个、2个和2个，分别占天津地区被投资案件总数的31%、13%和13%，在半导体、环保行业、资源开发、光电子与光机电一体化、新能源与节能技术、核应用技术、其他重点科技、制造业、农业和传统行业这10个行业没有投资。

对8个地区的分析表明，创业投资机构的投资行业偏好主要集中在信息行业，8个地区对信息行业的投资占全部投资的比例平均达到50%以上，其中，软件、网络及通讯业就已得到全部投资的40%。其他比较突出的投资方向为生物医药行业、新材料行业和光电子及光机电一体化行业。其中，天津和江苏对生物医药领域的投资比例最多，分别达到44%和19%；湖北和浙江对新材料行业的投资分别占全部被投资案件总数的24%和11%；而湖北对光电子及光机电一体化行业的投资占比也是最大的，达到18%，显然，这与武汉力求发展成为中国"光谷"的战略选择是相适应的。

分析说明，不同地区的行业投资重点均与该地区科技产业发展导向有关。应特别强调一点，不少创业投资发展相对落后的地区在发展本地区创业投资事业时，已经存在这样一种趋势，即充分实现创业投资与本地区资源禀赋相结合，以科技带动地区资源综合开发，形成区域发展优势，如青岛注重创业投资在海洋资源相关行业的发展中发挥重要的作用，而贵州则强调通过创业投资发展本地生物医药行业。

专栏2.2
北京市软件行业现状与发展

一、北京软件行业基地初具规模

经过近几年的飞速发展，目前北京软件行业基地拥有软件企业1340多家，认定和登记的软件产品1178个，认定企业实现销售收入约160亿元。初步形成了以联想集团、清华同方、北大青鸟、摩托罗拉中国公司等为代表的骨干企业群，并推出一批软件知名品牌。

北京地区具有发展软件行业的潜力和优势，在行业发展规模、持续发展能力、行业促进工作等三方面均领先于全国。从业人员6万多人，占全国的35%。去年中关村科技园区创造了900亿元产值，包括软件业在内的信息行业贡献率达到60%以上。

在孵化器建设方面，北京市启动了863软件产业孵化器和集成电路设计专业孵化器两个重点项目。其中，北京863软件产业孵化器由科技部、北京市科委和863智能机专家组倡议发起，中软总公司、北大青鸟集团等知名软件企业和创业投资公司共同投资4250万元，一期建筑面积3400平方米，现已入驻企业20余家，创造了政府投资引导、软件企业参与、创业投资为主的投资模式，和集技术支持、创业投资、孵化服务于一体的经营模式。

二、2002年北京软件行业六项工作重点

1. 以中关村国家级软件园为核心，构造多层次软件园，推动软件园建设取得阶段性进展。2002年要全面推进中关村、北工大、昌平中软等3个软件园的建设，年内使软件园建设有明显的阶段性进展，在国内外形成影响，初步解决发展空间不足的问题。中关村软件园要争取批准成为国家级软件园。

2. 推进863软件孵化基地建设，形成良好的创业孵化环境。目前北京市正在编制863软件孵化器二期建设规划，拟以目前的863软件孵化器为核心，按照“国内最大、国际一流”的原则建成北京863软件孵化基地，形成863成果研发孵化区、国际企业孵化区、国内企业孵化区等三个功能性区域，形成国内最佳的孵化环境。

3. 组建软件工程师学院，初步形成软件人才教育培训体系。2002年将完成北京软件工程学院和北工大软件工程师学院的的组建，实现对外招生，重点开展软件工程、信息安全、电子商务等专业的工程硕士和跨专业双学士的教育，并有针对性地开展认证培训和国际化培训。此外，2001年北京将选择1-2所学校开始软件技术工人培训试点，以培养大批软件企业急需的低成本程序员。

4. 加强服务和政策落实工作，营造优先发展软件行业的氛围。2002年北京将陆续出台与《北京市贯彻国务院18号文件的实施意见》配套的各项实施细则和办法。在改善服务方面，将建设北京软件行业基地的窗口网站——“北京软件”，开通政府热线电子邮箱，继续利用各种渠道，加强政府与企业的双向交流。创造条件支持几家有规模的软件企业年内上市。

5. 加快国际化实质性步伐，拓宽软件出口渠道。2002年北京将重点实施骨干企业CMM认证计划，建立政府之间、机构之间和企业之间三个层次的软件国际合作渠道。

6. 实施体现行业导向的政府采购政策，支持形成软件行业链。北京2002年将重点围绕首都"市民卡"工程和校园网建设，带动一批相关软件企业的发展。这就要求软件企业的产品开发，同全市的信息化建设和经济结构调整相结合，发展有市场需求、前瞻性强的技术和软件产品。

资料来源：www.bjcvc.com.cn

专栏 2.3
上海生物技术的行业优势

上海一直是国内生命科学和生物技术的主要研究与发展基地之一，具有较强的综合科研优势。但是，从1989年至1999年10年间，传统生物技术行业的产值才翻了一番，年均增长率仅7%，现代生物技术医药行业发展也较缓慢。为了进一步加快上海生物技术科研优势向行业优势转化，政府、企业、高校、研究所和金融界借鉴国外成功经验，结合国情市情，提出了一系列发展策略和措施。

一、以调整发展战略为契机，把上海生物技术重点发展领域同国家的发展重点有机融合，搞好协调、配套和衔接，积极支持在沪国家级和地方级生物技术科研机构承接国家重点项目，使上海生物技术创新体系纳入国家生物技术创新体系，通过利用中央投资来提高上海生物技术水平，加快发展上海生物技术行业。

二、以功能基因组研究为突破口，搞好规划，抓紧部署，按市场规律组织、协调和支持高校、研究所和企业深入进行研究、中试和产业化开发，不断为生物技术行业提供技术储备，增强发展后劲。

三、以深化改革为动力，进一步创造宽松环境，鼓励和促进科研人员下海，兴办一批研究开发型生物技术企业。同时通过资产重组和各种生产要素的优化组合，促进一批以科研成果转化为主的生产型企业形成规模效应，加快上海生物技术领域科技资源向生物技术企业及其与科研机构组成的技术开发联合体倾斜，以加强上海生物技术企业研究开发力量。

四、以重点发展项目为突破口，产学研上中下游接力合作，各自发挥特长，优势组合，进一步形成和完善研究与发展链，加快上海生物技术重点发展项目的研究和产业化步伐。

五、以创业投资为主渠道，筹措上海生物技术中试和产业化发展所需的资金，打破长期阻碍生物技术科技优势转化为行业优势的资金严重短缺的“瓶颈”。

六、以市场机制为指导，调整研究与发展方向，开发新型生物加工技术革新产品，以先进的生物加工技术服务于全国。

七、以国际合作发展为舞台，跨国进行科研，共同建厂生产，建立发展联盟，使上海生物技术走向世界。

八、以授予个人拥有专利权为期权，进一步吸引国内外人才和调动科技人员的积极性，加快上海生物技术创新研究步伐。

资料来源：www.bjcvc.com.cn

专栏2.4
西安鼓励创业资本投资高新技术

2001年11月14日，经西安市政府批准，西安市科委出台了《西安科技风险投资类高新技术企业认定暂行办法》。以出台该办法为标志，西安市对创业投资实行积极的鼓励政策，保护创业投资机构合法权益，促进高新技术产业的快速发展。

科技综合实力居全国前列的西安市，近年来高新技术产业蓬勃发展，企业对资金的需求越来越大，仅靠传统融资渠道显然难以满足需要；另一方面，境内外许多创业投资商看好西安不少成长性好却缺乏资金的高新技术项目。在此背景下，市政府、市科委不久前出台了《西安科技风险投资类高新技术企业认定暂行办法》等有关鼓励创业投资政策规定。这些政策明确规定：凡境内外投资商在西安设立科技创业投资类企业，均可用其全部注册资金进行创业投资；其创业投资额的70%投资于高新技术产业领域的，经市科委审核后，颁发高新技术企业（科技创业投资类）证书，享受高新技术企业的待遇，其创业投资所得按国家及地方有关高新技术企业的优惠政策享受税收优惠。

高新技术企业集中的西安高新区也明确提出，民间资本可根据《公司法》规定，在不超过50个股东的情况下，出资50万元以上，即可创办创业投资公司或投资管理公司；创业投资公司收入的50%以上源于区内高新技术产业的投资收益，从取得第一笔收入起，两年内免征企业所得税，第三年按15%征收；允许创业投资企业按不超过其投资额的3%提取风险准备金，降低创业投资运行风险；创业投资公司可以用全部资产投资，不受注册资本限制。

资料来源：2001年11月21日《证券时报》

2.4 创业投资阶段分析

2.4.1 创业投资阶段分类

创业投资机构针对创业者（创业企业）所处的事业发展阶段，规划不同的投资策略。创业投资机构一般将所投资企业区分为种子阶段、起步阶段、成长阶段、扩张阶段，以及成熟阶段等五个发展阶段，通常越属于早期阶段，投资的风险越大，但投资报酬也越高。因此，创业投资机构会基于投资策略与分散风险的观点，投资不同数量资金比例于各事业阶段，形成最佳报酬及投资组合。

种子阶段（Seed）

这一阶段基本上处于R&D的技术、产品开发阶段，即试验与发展（R&D）的中后期，产生的是实验室成果、样品和专利，而不是产品。企业可能刚刚组建或正在筹建，基本上没有管理队伍。

这一阶段的投资成功率最低，但单项资金要求最少，成功后的获利最高。由于投资风险太高，创业投资机构基本不涉足这一阶段。

起步阶段（Start-up）

这一阶段，企业已经有了一个处于初级阶段的产品，而且拥有了一份很粗的经营计划（Business Plan），一个不完整的管理队伍。没有任何收入，开销也极低。至该阶段末期，企业已有经营计划，管理队伍也已组建完毕。

就项目而言，我国划分的小试阶段前期大致属于这一阶段，技术风险与种子阶段相比，有较大幅度下降，但投资成功率依然较低。虽然单项资金要求较种子阶段要高出不少，但成功后的获利依然很高。一般来说，创业投资从这一阶段才真正介入。

成长阶段（Development）

就项目而言，我国划分的小试阶段后期和中试前期大致属于这一阶段，技术风险大幅度下降，产品或服务进入开发阶段，并有数量有限的顾客试用，费用在增加，但仍没有销售收入。至该阶段末期，企业完成产品定型，着手实施其市场开拓计划。这一阶段，资金需求量迅速上升，由于创业企业很难靠自我积累和债权融资等方式解决这一阶段的资金需求，所以创业投资依然是其主要投入形式。

扩张阶段（Shipping）

我国划分的中试阶段后期和工业化阶段大致属于这一阶段，企业开始出售产品和服务，但支出仍大于收入。在最初的试销阶段获得成功后，企业需要投资以提高生产和销售能力。在这一阶段，企业的生产、销售、服务已具备成功的把握，企业可能希望组建自己的销售队伍，扩大生产线，增强其研究发展的后劲，进一步开拓市场，或拓展其生产能力或服务能力。这一阶段，企业逐步形成经济规模，开始达到市场占有率目标，此时成功率已接近70%，企业开始考虑上市计划。

这一阶段融资活动又称作Mezzanine，在英文里的意思是“一楼与二楼之间的夹层楼面”。可以把它理解为“承上启下”的资金。是拓展资金或是公开上市前的拓展资金，对这一阶段企业的投资介于创业投资和股票市场投资之间。投资于这一阶段的创业投资通常有两个目的：

（1）基于以前的业绩，风险性大大降低。企业的管理与运作基本到位。业已具有成功业绩，使风险显著降低。

（2）一两年以后便可迅速成长壮大走向成熟。这个阶段之所以对创业投资家有一定的吸引力，是因为企业能够很快成熟，并接近于达到公开上市的水平。如果企业有这种意向，在这一阶段介入的创业投资，将会帮助其完成进入公开上市的飞跃。公开上市后创业投资家便完成了自己的使命从而撤出企业。因此，“承上启下”阶段的投资对创业投资家来讲可以“快进、快出”，流动性较强。

这一阶段资金需求量更大。比较保守或规模较大的创业投资机构往往希望在这一阶段提供创业资本。在股本金增加的同时，企业还可争取各种形式的资金，包括：私募资金，有担保的负债，无担保的可转换债以及优先股等。

成熟阶段（Profitable）

在这一阶段，企业的销售收入高于支出，产生净收入，创业投资家开始考虑撤出。对于企业来讲，在这一阶段筹集资金的最佳方法之一是通过发行股票上市。成功上市得到的资金一方面为企业发展增添了后劲，拓宽了运作的范围和规模，另一方面也为创业资本家的撤出创造了条件。创业投资家一般通过公开上市而撤出，但有时也通过并购等方式撤出。

从行业发展的历程来看，创业投资一般不会投资于行业的初期阶段，因为此时产业尚未成长起来，技术及市场需求都未确定，风险过大；也不会投资于产业成熟之后的衰退期，因此当行业发展到后期时，创业投资便开始撤出。

例如，软盘制造业在1983年高速发展时，美国大约120家软盘制造企业中的40家是创业资本资助的。而到了产业成长的后期，随着产业利润由54亿下降到14亿后，创业投资纷纷撤出，到了1993年就只有5家创业投资仍投资于这个行业。

2.4.2 不同阶段的投资评估

由于不同发展阶段的投资计划在特性、目标、所面对的风险方面均不相同，同时在市场营销、内部管理、产品技术开发、财务计划等经营方面的问题也有极大差异，因此创业投资公司在进行投资评估分析时，评估重点也会随之调整。

种子阶段、起步阶段的投资计划

由于这类创业企业未成立或成立不久，创业投资公司很难从经营计划书的资料来评估其企业性质与营运绩效。再加上所面对的市场风险与技术风险远比其他阶段高，因此创业投资公司通常是采取全方位的评估与分析。首先，在筛选方案时，创业投资公司会要求所投资行业与其擅长的投资领域密切相关，同时地点也必须较为邻近，目的是希望通过积极的经营辅导降低投资风险。在评估方案阶段，较偏重创业家的经历、背景、人格特质、经营机构的专长与管理能力、技术能力与来源、市场潜力等方面的分析，经营计划书有无竞争优势与投资机会也评估是重点。而在财务方面，因各项数字多属预测性，仅能从规划的合理程度来判断。但许多创业投资公司认为创业企业的股东结构将是很重要的考虑因素，原因是早期投资计划是否成功与主要股东间的合作与共识密切相关。一般而言，早期投资计划的评估工作较为困难，许多决策都基于经验判断，因此创业投资公司必须对产业技术市场发展具有深入的认识。

成长、扩张阶段的投资计划

处在成长期与扩张期的企业，由于产品已被市场接受，且市场需求也比较明确，企业组织又渐具规模，此时筹资的主要目的是在既有基础上，继续开发新产品并扩大生产规模。由于这类投资计划风险较低且获利稳定，因此是创业投资公司主要的投资对象。一般来说，创业投资公司会通过行业调查与市场分析，主动找寻投资对象，并收集充分的信息后，再做出最有利的投资决策。

创业投资公司主要针对投资对象的企业性质以及未来继续成长的机会来考虑这类投资计划。因此评估的重点将放在创业企业过去与现在的财务状况、经营机构的经营理念与管理能力、市场目前的竞争态势、市场增长的潜力、以及产品技术开发能力与优势等方面。另外有关资金回收年限、方式、以及可能的风险，尤其是未来是否具备上市的机会，是影响投资决策的重要评估与衡量项目。一般而言，成长期、扩充期的投资计划较依赖理性决策，充分的信息收集与完善的评估过程，通常能降低投资风险。

成熟阶段的投资计划

成熟期的投资计划无论在市场或技术上的风险比较低，经营组织上的管理能力也可从过去的经营成就与财务资料中发掘，因此，创业投资机构评估重点主要放在财务状况、市场竞争优势，以及资金回收年限、退出方式等方面。目的是为衡量股票上市的时机和市场价值。另外，创业企业的经营理念是否能与创业投资机构相合，也是评估的一项重要因素。一般而言，成熟阶段投资计划回收年限较短，回收风险较低，评估工作并不复杂，反而是将较多时间投注于双方的协议谈判。

2.4.3 中国创业投资的阶段分布情况

起步阶段、成长阶段和扩张阶段是投资的重点阶段。通过计算全国创业投资中各投资阶段的投资案件数，以及相应所占投资案件总数的比重，得出表2.22和图2.6，从中可以看出，31%的投资案件处于起步阶段，33%的投资案件处于成长阶段，16%的

表2.22 全国创业投资阶段分布：投资案件数

阶段别	种子阶段	起步阶段	成长阶段	扩张阶段	成熟阶段	合计
案件数	93	245	268	131	66	803

专栏 2.5
几种特殊的创业投资方式

在我国，创业投资公司除了采用“直接股权投资”外，还采用了贷款贴息、贷款担保、创业租赁、创业投资辛迪加和创业投资支持的杠杆收购与创业投资支持的兼并等投资形式。

一、贷款贴息和贷款担保

贷款贴息，是指被投资企业向银行或其他金融机构申请贷款，由投资机构承担部分贷款利息，以此作为投资的形式。作为回报，投资机构在一定期限后将获得稍高于其所承担贴息部分的收入。在实践中，也有被投资企业向投资机构转让部分股权的情况，但总的来说，贷款贴息属于债权投资。

贷款担保，是指由于被投资企业处于发展初期，无法提供合适的抵押和质押品，因而向银行或其他金融机构申请贷款存在困难，在这种情况下，创业投资机构为该企业申请贷款提供担保。一般情况下，担保机构收取一定的担保费用，实践中也有折算为股权的做法。

二、创业租赁（venture leasing）

这是以新兴的具有巨大竞争潜力的企业为对象的融资租赁行为。创业租赁是一种特殊形式的融资租赁，旨在解决新兴企业对资产的长期需要。新型企业缺乏资金，暂时无力购买所有的设备，创业租赁则为解决企业这一难题提供了捷径。在创业租赁合同下，承租人可以在资产使用寿命期间获得资产的使用权。而出租人却可以租赁期间的租金收回设备成本，并获取一定的投资报酬。创业租赁与一般的融资租赁的区别在于：

1. 创业租赁的资金来源是创业投资资本；
2. 出租方大都是创业投资公司；
3. 承租方往往是高科技新兴企业；
4. 由于风险高，创业租赁的租金也高于一般融资租赁。

三、创业投资辛迪加(venture syndication)

随着经济的发展，投资环境也会变得越来越复杂，创业投资规模也越来越大。在很多情况下，一家创业投资公司很难独立完成一个创业投资项目，需要其他创业投资公司介入。由几家创业投资公司联合进行投资的形式被称为创业投资辛迪加(venture syndication)。

四、创业投资支持的杠杆收购(venture-backed leveraged buyout, LBO)与创业投资支持的兼并(venture-backed mergers and acquisitions)

杠杆购并是通过公司的财务杠杆去完成购并活动，或者说，通过借债来获得另一个公司的产权。杠杆购并使得购买方只付出了较少的资本代价，却取得了较大的产权，有时，购买方以少量的投资便可购得一家颇具规模的企业。成功的杠杆购并可以取得较高的投资回报率。创业投资支持的杠杆收购不是用创业资本收购已经上市的公司，而是具有返回私人公司的性质。它是一种已上市公司向非上市公司转化的金融工具。

创业投资支持的兼并是创业投资所资助的兼并活动。创业投资支持的兼并从20世纪90年代起迅速发展。1996年末，创业投资支持的兼并总额已达到80.5亿美元，创业投资支持的兼并平均值为8563万美元。创业投资支持的杠杆收购和创业投资支持的兼并标志着某些创业投资公司转向对企业的中晚期投资。比起传统的创业投资来，这种中晚期投资风险小，相对投资回报率也较低。但是，创业投资支持的杠杆收购和创业投资支持的兼并的参与扩大了创业投资机构业务范围，给予了创业投资更广阔的活动天地。

资料来源：www.i-power.com.cn/ipower/finance/

投资案件处于扩张阶段。从总体上看，这种投资阶段分布是合理的，它符合创业投资机构对各投资阶段的风险收益偏好。因为，处于种子阶段的企业尚未成长起来，技术及市场需求都未确定,风险过大，投资成功率最低（平均不到10%），相对于其他各投资阶段的投资风险高，所以一般的创业投资机构基本不涉足。当企业进入成熟阶段，资本增值潜力即逐步下降，创业投资开始撤出，所占投资比例也较小。

通过计算全国创业投资机构各投资阶段的投资额，以及相应的占总投资额的比重，得出表2.23和图2.7，在各阶段的投资额比例分布与根据投资案件数统计的各投资阶段比例分布基本一致，起步阶段、成长阶段和扩张阶段仍是投资的重点阶段。起步阶段的创业投资额占总投资额的28.5%，成长阶段的投资额占总投资额的25.3%，扩张阶段的投资额占总投资额的23.5%。

创业投资在各投资阶段的分布趋于平均化。通过计算1994年—2001年的当年投资总额和当年各投资阶段的投资额，从而计算出各投资阶段的投资比例，得到表2.24和图2.8。从中可以看出，在1994—1998年（除了1997年以外），起步阶段一直是投资的重点阶段，占当年投资总额的比例均高于40%，1998年以后所占比例缓慢下降；对种子阶段的投资曾经在1995年有过一次大比例的提升，而在其他年份总体上呈平稳上升趋势；扩张阶段和成熟阶段的投资比例随时间有所增长，尤其是在2000年和2001年两年间增长幅度十分明显，到2001年，扩张期一跃成为投资比例最大的阶段，而且各阶段比例呈均匀之势。总的发展趋势表明，各阶段投资比例正在走向平均，同时，中期投资比例过大的倾向有所改观，中后期投资比例有所上升，投资阶段选择趋于平均化，并且越来越注重投资的安全性。

2.4.4 主要地区创业投资阶段别比较

报告对8个主要地区的创业投资阶段别作了详细比较。通过计算八个地区的投资案件总数及在各投资阶段的比例分布得出表2.25，从中可以看到：在这八个主要地区，起步阶段、成长阶段和扩张阶段是投资案件数较多的阶段，种子阶段和成熟阶段是投资案件数相对较少的阶段。在北京、上海、浙江、江苏和天津五地，起步阶段是投资案件数最多的阶段，该阶段的投资案件占当地总投资案件数的30%以上，尤其在天津地区，该阶段的投资案件比例高达56%。在深圳、陕西和湖北三地，成长阶段是投资案件数最多的阶段，所占比例均高于40%。在北

表2.23 全国创业投资阶段总体分布：各阶段投资金额的比例分布

种子阶段	起步阶段	成长阶段	扩张阶段	成熟阶段
14.52%	28.53%	25.26%	23.45%	8.42%

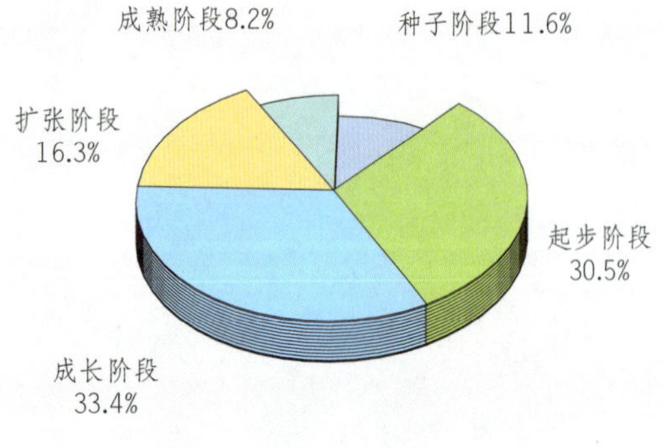

图2.6 全国创业投资阶段分布：各阶段投资案件数比例分布

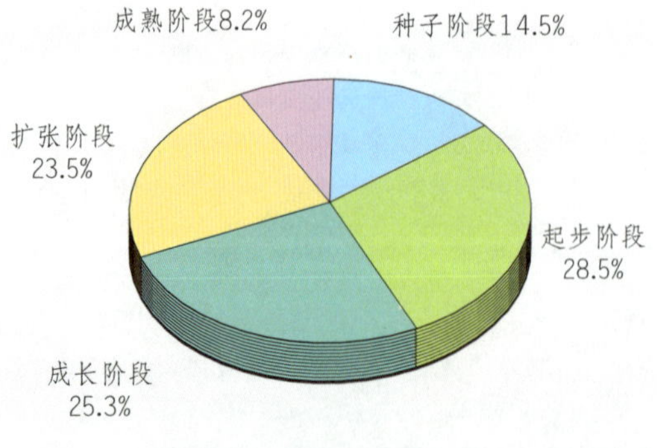

图2.7 全国创业投资阶段总体分布：各阶段投资金额的比例分布

表2.24 全国创业投资阶段逐年分布趋势：各阶段投资金额的比例分布

年份	种子阶段	起步阶段	成长阶段	扩张阶段	成熟阶段	合计
1994年以前	5.76%	60.18%	28.31%	5.76%	–	100%
1995年	40.14%	47.97%	11.90%	–	–	100%
1996年	17.09%	80.75%	2.15%	–	–	100%
1997年	7.79%	13.06%	79.15%	–	–	100%
1998年	14.23%	66.92%	14.06%	4.79%	–	100%
1999年	12.89%	41.26%	37.99%	2.63%	5.22%	100%
2000年	12.56%	28.29%	26.37%	27.88%	4.89%	100%
2001年	17.76%	21.38%	21.97%	23.49%	15.40%	100%
合计	14.52%	28.53%	25.26%	23.45%	8.24%	100%

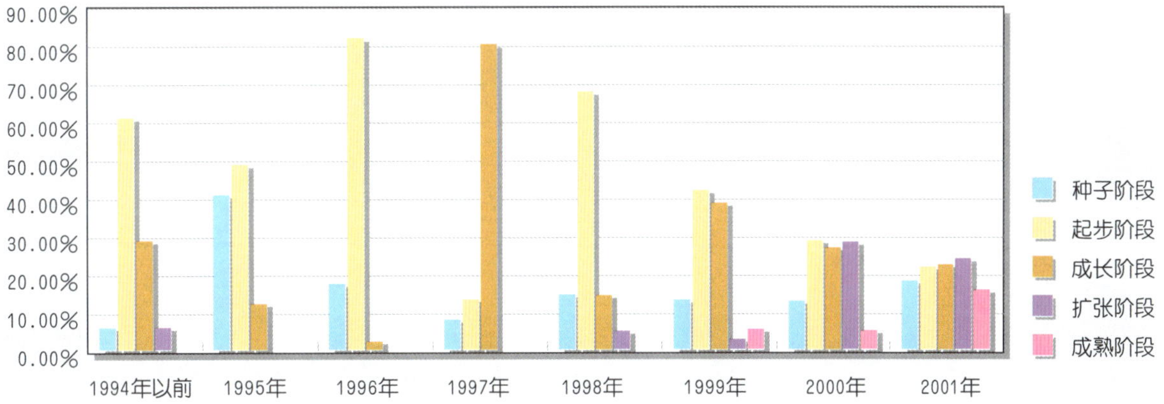

图2.8 全国创业投资阶段逐年分布趋势：各阶段投资金额的比例分布

京和深圳两地，种子阶段的投资案件数所占比例非常低，仅占6%到7%，而在其他八个地区，该阶段的投资比例相对提高了许多。在后面的表2.26“创业投资阶段分布：投资金额比例”的分析部分将结合这两个表，综合起来对各阶段的投资分布做原因分析。

北京地区共有被投资案131个，主要集中在起步阶段和成长阶段，被投案件数分别为54个和45个，分别占北京地区被投资案件总数的41%和34%，都高于全国相应指标的平均水平，即30.5%和33.4%；扩张阶段、成熟阶段和种子阶段的被投资比例较小，分别有16个、9个和7个被投资案件，分别占北京地区被投资案件总数的12%、7%和5%，均低于全国的平均水平——16.3%、8.2%和11.58%。

深圳地区共有被投资案127个，主要集中在成长阶段和扩张阶段，被投资案件数分别为53个和31个，分别占深圳地区被投资案件总数的42%和24%；在起步阶段、成熟阶段和种子阶段的被投资比例较小，分别有23个、14个和6个被投资案件，分别占深圳地区被投资案件总数的18%、11%和5%。

上海地区共有被投资案106个，主要集中在起步阶段和成长阶段，被投资案件数分别为38个和33个，分别占上海地区被投资案件总数的36%和31%；在种子阶段、扩张阶段和成熟阶段的被投资比例较小，分别有16个、12个和7个被投资案件，分别占上海地区被投资案件总数的15%、11%和7%。

陕西地区共有被投资案87个，主要集中在成长阶段，被投资案件数为35个，占陕西地区被投案件总数的40%；在扩张阶段、种子阶段和起步阶段的被投资比例较小，分别有18个、16个和13个被投资案件，分别占陕西地区被投资案件总数的21%、18%和15%。

浙江地区共有被投资案46个，各投资阶段的分布比较均匀，在起步阶段、成长阶段和扩张阶段的分布相对集中，被投案件数分别为14个、13个和10个，分别占浙江地区被投案件总数的30%、28%和22%；在成熟阶段和种子阶段的被投资比例较小，分别有6个和3个被投资案件，分别占浙江地区被投资案件总数的13%和7%。

江苏地区共有被投资案32个，主要集中在起步阶段，被投资案件数分别为16个，占江苏地区被投资案件总数的50%；在种子阶段、成长阶段和成熟阶段的被投资比例较小，分别有5个、4个和5个被投资案件，分别占江苏地区被投资案件总数的16%、13%和16%。

湖北地区共有被投资案17个，主要集中在起步阶段和成长阶段，被投资案件数分别为4个和7个，分别占湖北地区被投案件总数的24%和41%；在种子阶段、扩张阶段和成熟阶段的被投资比例较小，分别有3个、2个和1个被投资案件，分别占湖北地区总被投资案件数的18%、12%和6%。湖北地区的投资案件总数较少；在成熟阶段的投资案件比例仅为6%，其他各阶段的比例分布与其他地区的基本一致。

表2.25 八个地区的创业投资阶段分布：投资案件数及比例

	种子阶段		起步阶段		成长阶段		扩张阶段		成熟阶段		小计
北京	7	5%	54	41%	45	34%	16	12%	9	7%	131
深圳	6	5%	23	18%	53	42%	31	24%	14	11%	127
上海	16	15%	38	36%	33	31%	12	11%	7	7%	106
陕西	16	18%	13	15%	35	40%	18	21%	5	6%	87
浙江	3	7%	14	30%	13	28%	10	22%	6	13%	46
江苏	5	16%	16	50%	4	13%	2	6%	5	16%	32
湖北	3	18%	4	24%	7	41%	2	12%	1	6%	17
天津	3	19%	9	56%	0	0%	3	19%	1	6%	16

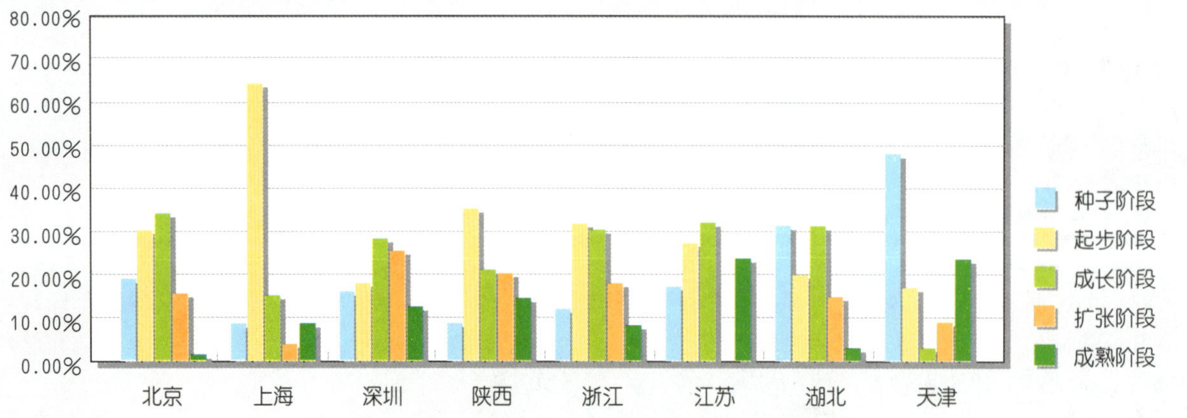

图2.9 八个地区的创业投资阶段分布：投资案件数比例

天津地区共有被投资案16个，主要集中在起步阶段、种子阶段和扩张阶段，被投案件数分别为9个、3个和3个，分别占天津地区被投资案件总数的56%、19%和19%；在成熟阶段有6个被投资案，成长阶段没有投资。

根据计算八个主要地区的投资总额及各投资阶段所占比例，得出表2.26和图2.10。从中可以看出，起步阶段、成长阶段和扩张阶段仍是八个主要地区的重点投资阶段，但是投资阶段的比例特点与根据投资案例数分析的投资阶段分布也有所变化。起步阶段和成长阶段的投资额所占比例与之相比有所下降，相应地，扩张阶段和成熟阶段的投资额所占比例有所提高。尤其在种子阶段，八个地区的投资总额在该阶段的比例分布比投资案件数在该阶段的比例分布有较大幅度的提高，在上海、湖北和天津等地比例变化最大。结合表2.25“八个地区的创业投资阶段分布：投资案件数及比例”分析可以得出，上海和陕西地区的种子阶段投资总额少，但投资案件数相对多，因此可知这两地的种子阶段单个项目投资规模较小。在北京和深圳两地的种子阶段投资总额多，但投资案例相对少，因此可知其种子阶段单个项目投资规模偏大。在种子阶段的投资比例较高的原因之一在于，创业投资机构相当一部分资金来源于当地政府的财政性资金，因此需要利用这部分资金扶持当地中小企业发展的作用，提高对种子阶段的发挥项目或创业企业的投资重视程度。

表2.26 八个地区的创业投资阶段分布：投资金额比例

地区	种子阶段	起步阶段	成长阶段	扩张阶段	成熟阶段	小计
北京	18.84%	30.25%	34.04%	15.53%	1.34%	100.00%
上海	8.46%	64.09%	15.05%	3.86%	8.55%	100.00%
深圳	15.89%	18.02%	28.25%	25.43%	12.41%	100.00%
陕西	8.57%	35.17%	21.60%	20.27%	14.40%	100.00%
浙江	11.87%	31.74%	30.31%	17.96%	8.13%	100.00%
江苏	17.13%	27.27%	31.94%	0.00%	23.66%	100.00%
湖北	31.20%	19.93%	31.14%	14.79%	2.94%	100.00%
天津	47.76%	16.90%	2.94%	8.89%	23.51%	100.00%

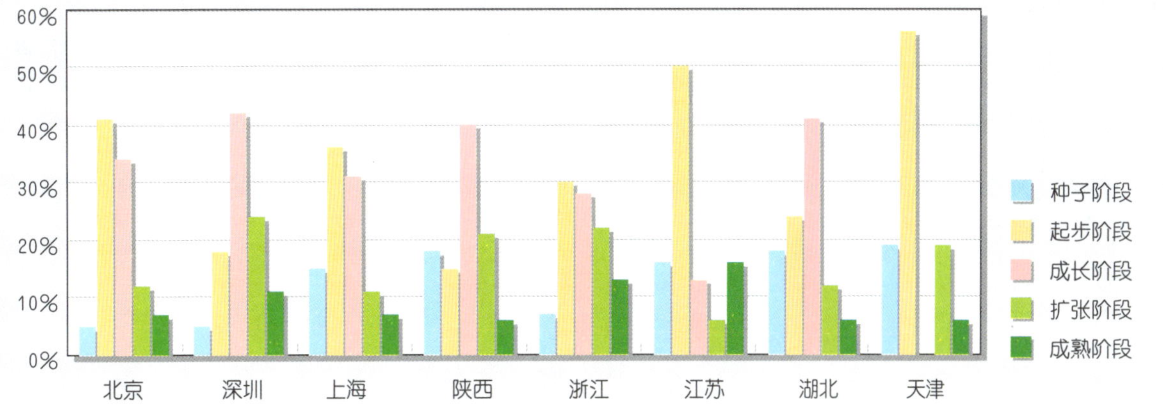

图2.10 八个地区的创业投资阶段分布：投资金额比例

专栏2.6
麦则恩投资

一、麦则恩投资的来源

麦则恩投资(Mezzanine Financing)又叫半楼层投资，是一种中期创业投资。投资目标一般已经进入发展的扩张阶段，它们需要资金来增加人员，扩展生产，此时，可能还没有盈利。这种创业投资的风险介于传统银行贷款与纯创业投资之间。

麦则恩投资来源于私人股本资本市场(private equity market)的发展，是传统创业投资的演进和扩展。20世纪80年代以来，麦则恩投资越发受到投资者的重视和青睐。

二、麦则恩投资的适用条件

(一)从投资者角度看，投资对象应具备：
1. 能胜任的、有经验的管理层；
2. 强大而又持续稳定的现金流；
3. 低技术风险；
4. 优越的市场地位；
5. 低资本需求。

(二)从筹资者的角度来看，麦则恩投资通常用于以下情况：

1. 银行不愿贷给企业更多的款项；

2. 依据IPO市场现状、公司业绩、营业前景，公开上市融资至少暂时无法实现；

3. 创业资本市场并不把该企业视作迅速成长的公司，因而不可能获取传统的创业投资；

4. 该企业坚信自己公司资产将在未来几年内迅速增值。在这种条件下，企业可选用麦则恩投资方式进行融资，借此完成过渡与转换，直到实现和证明自己的市场价值。这样，你可在将来以更高的价格出售自己的股票，而不是在现在以低估的价值出售自己的资产。

三、麦则恩投资的好处

(一)灵活性。麦则恩投资可依据投资对象的财务状况和特殊要求进行灵活自如的剪裁与调整。它能很好地平衡资金供求双方的利益关系。双方可以灵活协商的问题包括：1. 分期还款时间安排；2. 资本稀释比例；3. 利息率；4. 公司未来价值等。如：某公司要筹集一笔价值150万美元的资金，同时，不想因此带来资本稀释。办法之一就是麦则恩投资。考虑到公司良好的未来收入前景，投资者同意以该公司在贷款期内收入的5%作为投资回报，交易由此达成。

(二)低成本。对筹资者而言，麦则恩投资比传统的资本投资筹资成本低。其主要的耗费在于资本稀释，但稀释程度通常不到传统资本投资稀释程度的一半。

另外，与上市融资相比，其交易费用较低。上市融资的交易费用通常超过所筹资金的10%，而麦则恩融资则没有如此昂贵。此外，麦则恩融资是一种债务融资，要支付的是利息而非红利，从而可达到抵税的作用。

四、麦则恩投资的收益安排

典型的麦则恩投资对筹资者而言是一种无担保的长期债务，这种债务附有投资者对筹资者的权益认购权或转向普通股的转换权。这笔债务要在5—7年中分期偿还，利息率为13%～15%。5—7年底，投资人收回全部款项(本金和利息)。一般说来，麦则恩投资利率越低，越可以有权认购越多的股份。投资的目标回报率平均是20%～30%。

资料来源：www.i-power.com.cn/ipower/finance/

2.5 创业投资成果分析

创业投资成果是指创业投资机构已实现的投资行为的结果，分为数量和质量两个方面的指标。数量指标是指创业投资机构在特定时间内实现的投资规模，包括投资金额、投资企业数、平均投资规模以及单个项目投资规模等；质量指标是指创业投资机构在特定时间通过特定方式完成投资回收而实现的投资收益状况。

2.5.1 投资金额与投资案件数分析

全球性的科技创新浪潮正在不断加快，如何有效地为创新型高科技项目融资已成为世界各国关注的问题。近年来，中国正在努力构造适于科技创新发展的金融支持体系，创业投资正是这一全新金融体系的一个重要组成部分。通过创业投资的大量注入，可以使得高科技产业发展急需的资金环境得到极大的改善。

从市场经济的发展目标来说，企业应是创新的主体。以研究和开发(R & D)为例，美日德等发达国家R & D的主体都是企业，占全部R & D活动的70%左右，企业界的活动主要由自己筹集资金，其次才是政府提供的资金。相比而言，我国企业R & D经费支出依然相对较低。截至1998年底，我国从事研究与发展的主体仍然不是企业，关键的问题就是缺乏有效的多元化的金融支持体系。其中，民间资本进入高科技产业太少，创业投资规模有待进一步扩大。随着国家针对创业投资发展的一系列鼓励性政策措施的出台，1999年以来，中国创业投资事业得到了快速发展。但是，仍然存在许多因素制约了创业投资规模的扩大，对我国高科技产业的发展带来不利影响。

从宏观上说，投资规模过小将导致高科技产业的发展得不到足够的资金支持，大量资金游离于创业投资市场之外。在美国，平均一家创业企业从初创到成熟大约需要5000万美元的创投资金，如果资金规模过小，平均分摊到每个高科技项目上的创业资本难以应付巨额的资金需要，资金投入不足，科技成果转化率就会低。据统计，我国每年产生大约2万项科技成果，然而转化率尚不足20%，远远低于发达国家60%至80%的水平，一个重要原因是资金投入不足。这样将直接限制高科技产业的发展，对创业投资事业的开展也会产生不利的影响。

从微观上说，创业投资规模偏小，就无法通过投资组合来分散风险，抗风险能力就会降低。受资金实力的限制，创业投资机构在盈利动机的驱使下，只能支持投资少、风险低的“短平快”式的高科技项目，而难以肩负为科技型创业企业提供所需创业资本的重任，更谈不上进行投资组合来分散风险并进而形成自我发展的运行机制，从而与其创业投资的初衷相背离。这种规模上的局限性将大大制约创业投资的发展。

投资规模除了与融资规模有关以外，也与被投资创业企业的规模、行业特点等相联系。但无论如何，随着国内高科技产业的发展，对资金需求的不断增加，创业投资规模必然相应提高，更多的资金投入意味着有更多的创业企业能够得到资金，创业投资机构能够在更多的项目上进行投资以分散投资风险，提高平均投资回报，实现高科技产业和创业投资行业的协同发展。

（1）投资金额与案件数分析

表2.27汇总了被调查机构的投资情况[34]，从表中获知，截至2001年年底，这些被调查创业投资机构共投资118.95亿元人民币资金。其中，国内投资案件数有1544件，投资额为112.24亿元人民币，平均对每家被投资企业投资近727万元人民币；国外投资案件数有23件，投资额为6.71亿元人民币，平均对每家国外被投资企业投资2916万元人民币。调查证实，国外投资大多由东部地区的外资创业投资机构所为。

调查显示，被调查机构的累计投资已经占其管理资本的36%左右。由于目前我国创业投资机构以公司型为主，主要以自有资金进行投资。由于当前创业投资变现困难，为保证机构的正常营运和对已投资项目进行必要的追加投资，创业投资通常需要留出30%左右的资金规模。同时再考虑到相当数量的创业投资机构是1999年和2000年两年间成立的，接近40%的平均投资比例，已经相当不低了。

表2.27同时记录了2000及2001年两年的投资情况。这188家被调查创业投资机构共投资44.35亿元人民币，国内投资案件数为677件，投资额为41.31亿元人民币，平均对每家被投资企业投资610多万元人民币；国外投资案件数为9家，投资额达3.04亿元人民币，平均对每家国外被投资企业投资3378万元人民币，这部分投资都是由外资机构提供的。图2.11对比了全国汇总的创业投资规模的累计数与2000及2001年两年数。我们发现，这两年投资总额占全部累计金额的37.3%，其中，国内投资总额占全部累计国内投资金额的36.8%，国外投资总额占全部累计国外投资金额的45.3%。两年投资案件数占全

表2.27 创业投资机构投资规模统计：全国（单位：万元人民币）

至2001年底累计投资总金额		1189452	2000及2001年投资总金额		443497
国内投资	案件数	1544	国内投资	案件数	677
	金额	1122374		金额	413094
国外投资	案件数	23	国外投资	案件数	9
	金额	67078		金额	30403

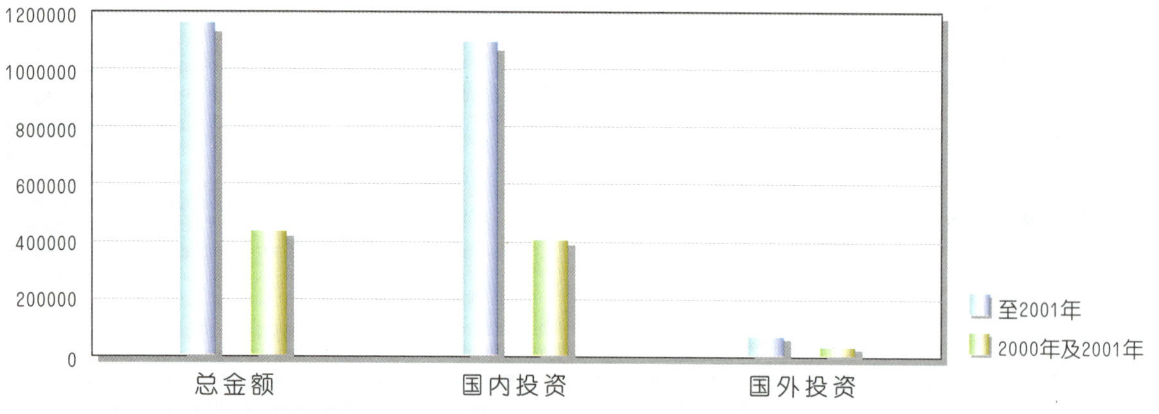

图2.11 创业投资机构投资规模统计：全国 （单位：万元人民币）

---

[34] 由于一些投资机构成立不久，并没有进行投资，也有一些机构没有填写投资信息，所以这里的机构数量比总的调查机构数量少，提供资料的被调查机构共188家，管理的创业资本约为330亿元左右。

部累计投资案件数的43.8%，其中，国内投资案件数占全部累计国内投资案件数的43.8%，国外投资案件数占全部累计国外投资案件数的39.1%。

就2000与2001这两年的情况来看，2000年的投资金额占2/3，达29.27亿元人民币，2001年的投资金额占1/3，下降至15.08亿元人民币，减少了14.6%。2000年的投资案例数占3/5，2001年的投资案例数占2/5，这说明2001年比2000年在投资金额和投资案件数上都有一定降幅，2001年平均投资规模比2000年平均投资规模减少了160万元人民币，下降了22.5%。

表2.28汇总了北京地区创业投资机构的投资情况。从表中获知，截至2001年年底，69家被调查创业投资机构共投资48.55亿元人民币资金，其中，国内投资案件数有349件，投资额为42.72亿元人民币，平均对每家被投资企业投资1224万元人民币；国外投资案件数有15件，投资额为5.84亿元人民币，平均对每家国外被投资企业投资近3891万元人民币。调查证实，国外投资大多集中于类似IDG、康塞可等外资创业投资机构。显然，无论是国外投资还是国内投资，北京地区创业投资机构平均投资规模都高于全国平均水平。

表2.28记录了北京地区创业投资机构2000和2001年两年的投资情况，北京被调查创业投资机构共投资11.71亿元人民币，国内投资案件数为142件，投资额为11.04亿元人民币，平均对每家被投资企业投资超过777万元人民币；国外投资案件数为4家，投资额达6700万元人民币，平均对每家国外被投资企业投资1675万元人民币，这部分投资也都是由外资机构提供的。

图2.12对比了北京地区创业投资规模的累计数与2000和2001年两年数。2000和2001年两年北京地区投资总额占全部累计金额的24.1%，其中，这两年国内投资总额占全部累计国内投资金额的25.9%，国外投资总额占全部累计国外投资金额的11.5%，投资案件数占全部累计投资案件数的40.1%，其中，2000和2001年两年国内投资案件数占全部累计国内投资案件数的40.7%。

表2.28 创业投资机构投资成果统计：北京（单位：万元人民币）

至2001年底累计投资总金额		485542	2000及2001年投资总金额		117127
国内投资	案件数	349	国内投资	案件数	142
	金额	427178		金额	110427
国外投资	案件数	15	国外投资	案件数	4
	金额	58364		金额	6700

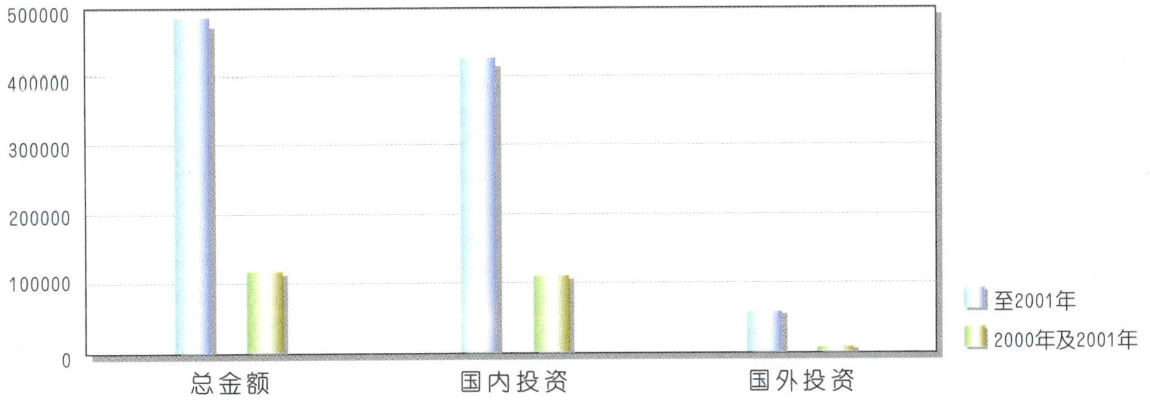

图2.12 创业投资机构投资成果统计：北京 （单位：万元人民币）

就2000与2001这两年的情况来看，2000年的投资金额占69%，达8.08亿元人民币，2001年的投资金额占31%，下降至3.63亿元人民币，减少了55.1%。2000年的投资案例数占70%，2001年的投资案例数占30%，这说明2001年比2000年在投资金额和投资案例数上都有一定降幅，且投资案件数降幅大于投资金额降幅，使得2001年平均投资规模比2000年平均投资规模增加了33万元人民币，微升了4.1%。显然北京地区2001年创业投资规模下降比较大，缩短了与其他地区的差距。规模下降比较大说明在创业板政策不明朗时期，投资比过去更趋于谨慎。

表2.29汇总了深圳地区创业投资机构的投资情况，从表中获知，截至2001年年底，被调查创业投资机构共投资22.95亿元人民币资金，其中，国内投资案件数有206件，投资额为22.45亿元人民币，平均对每家被投资企业投资近1090万元人民币；国外投资案件数有4件，投资额为4968万元人民币，平均对每家国外被投资企业投资1242万元人民币。显然，深圳地区的投资主要集中在国内，国内投资占全部投资的97.8%。

表2.29记录了深圳地区创业投资机构2000和2001年两年的投资情况，这两年深圳被调查创业投资机构共投资8.98亿元人民币，国内投资案件数为95件，投资额近8.69亿元人民币，平均对每家被投资企业投资超过914万元人民币；国外投资案件数为1件，投资额达2968万元人民币，该项投资是由外资机构提供。以上数据可见，深圳地区创业投资机构投资规模相对也是较大的。其中，累计投资总金额占全国累计投资总金额的将近20%，2000和2001年两年投资总金额占全国投资总金额的20.9%，累计投资案件数和当年投资案件数分别占全国的13.4%和13.9%，显示深圳创业投资在全国发展较好。

图2.13对比了深圳地区创业投资规模的累计数与2000和2001年两年数。2000和2001年两年深圳地区投资总额占全部累计金额的40.4%，国内投资总额占全部累计国内投资金额的40%，国外投资总额占全部累计国外投资金额的59.7%。投资案件数占全部累计投资案件数的45.7%，其中，国内投资案件数占全部累计国内投资案件数的46.1%。

就2000与2001这两年的情况来看，2000年的投

表2.29 创业投资机构投资成果统计：深圳　（单位:万元人民币）

至2001年底累计投资总金额		229468	2000及2001年投资总金额		89833
国内投资	案件数	206	国内投资	案件数	95
	金额	224500		金额	86865
国外投资	案件数	4	国外投资	案件数	1
	金额	4968		金额	2968

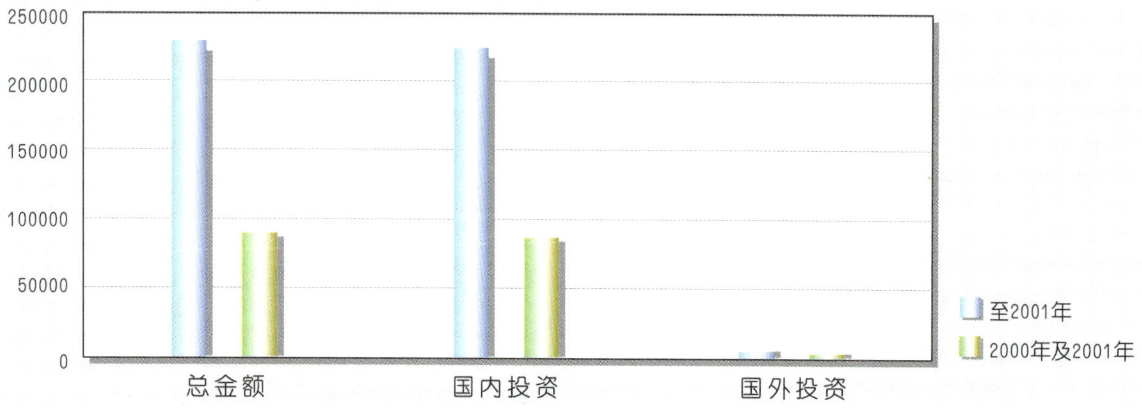

图2.13 创业投资机构投资成果统计：深圳　（单位：万元人民币）

资金额占49%，达4.41亿元人民币，2001年的投资金额占51%，为4.57亿元人民币，小幅增加了3.5%。2000年的投资案例数占72%，2001年的投资案件数占28%，这说明2001年比2000年在投资案件数大幅下降的同时，投资金额却有一定增长。统计发现，2001年平均投资规模达到169万元人民币，比2000年平均投资规模增加了105万元人民币，增长了近1.65倍。显然，深圳地区创业投资机构2001年投资规模的变化呈现出缩小投资范围、加大投资强度的特点，这也是投资趋于谨慎的一种表现。

表2.30汇总了上海地区创业投资机构的投资情况，从表中获知，截至2001年年底，被调查创业投资机构共投资13.22亿元人民币资金，其中，国内投资案件数有245件，投资额为12.85亿元人民币，平均对每家被投资企业投资有超524万元人民币；国外投资案件数有4件，投资额为3735万元人民币，平均对每家国外被投资企业投资934万元人民币。

表2.30显示了2000和2001年两年的上海地区创业投资机构投资情况，上海地区被调查创业投资机构共投资7.96亿元人民币，国内投资案件数为148件，投资额为7.59亿元人民币，平均对每家被投资企业投资近513万元人民币；国外投资案件数为4家，投资额达3735万元人民币，四例投资案件都是2001年完成的。以上数据可见，上海地区创业投资机构投资规模相对也是较大的。其中，累计投资总金额占全国累计投资总金额的超过11%，2000和2001年两年投资总金额占全国投资总金额超过17.9%，累计投资案件数和当年投资案件数分别占全国的15.9%和22.2%，显示上海地区创业投资2001年的良好发展态势。

图2.14对比了上海地区创业投资规模的累计数与2000和2001年两年数。2000和2001年两年上海地区投资总额占全部累计金额的60.2%，国内投资总额占全部累计国内投资金额的59.1%，投资案件数占全部累计投资案件数的61%，其中，国内投资案件数占全部累计国内投资案件数的60.4%。

就2000与2001这两年的情况来看，2000年的投资金额占69%，达5.49亿元人民币，2001年的投资金额占31%，为2.47亿元人民币，减少了55%。2000年的投资案件数占70%，2001年的投资案件数占

表2.30 创业投资机构投资成果统计：上海 （单位：万元人民币）

至2001年底累计投资总金额		132192	2000及2001年投资总金额		79601
国内投资	案件数	245	国内投资	案件数	148
	金额	128457		金额	75866
国外投资	案件数	4	国外投资	案件数	4
	金额	3735		金额	3735

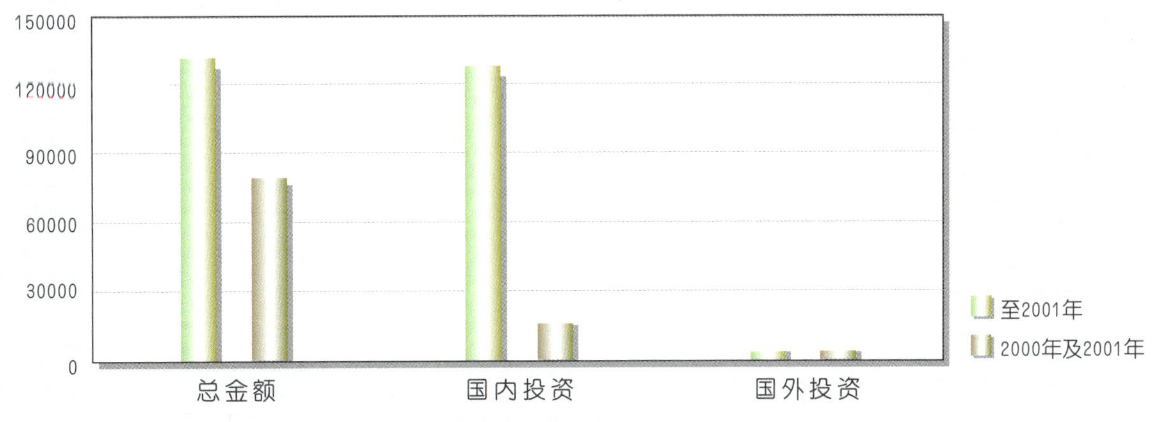

图2.14 创业投资机构投资成果统计：上海 （单位：万元人民币）

30%，这说明2001年比2000年在投资金额和案件数上都大幅下降。统计表明，2001年平均投资规模达到537万元人民币，比2000年平均投资规模增加了19万元人民币，微增了3.7%。显然，上海地区创业投资机构2001年投资规模的变化与北京地区极为相似，投资规模都普遍缩小，反映了对创业板设立的渴望和担心，影响了2001年的投资热情。

表2.31汇总了陕西地区创业投资机构的投资情况，从表中获知，截至2001年年底，陕西地区被调查创业投资机构共投资4.32亿元人民币资金，全部为国内投资，投资案件总数有78件，平均对每家被投资企业投资554万元人民币。显然，陕西作为西部地区科技实力最强、创业投资密度最高的地区，仍然与上述地区有一定的差距，比如，平均投资规模要比全国水平低。

表2.31显示了2000与2001两年陕西地区创业投资机构投资情况，陕西地区被调查创业投资机构共投资2.36亿元人民币，投资案件总数有48件，平均对每家被投资企业投资近492万元人民币。

图2.15对比了陕西地区创业投资规模的累计数与2000与2001两年数。2000与2001两年陕西地区投资总额占全部累计金额的54.6%，2000与2001两年投资案件数占全部累计投资案件数的61.5%。另外，2000与2001两年投资平均投资规模与累计平均投资规模基本持平。显然，陕西地区2000与2001两年创业投资在平均规模基本没有下降的情况下，投资金额和投资案件数开始有了大幅明显的增长。通过数据我们认为，陕西地区2000和2001两年创业投资增长进步明显，这两年投资总额和投资案件数占累计投资规模的比重都超过了二分之一。陕西创业投资的整体规模相对较弱，但增长前景很好。

就2000与2001这两年的情况来看，2000年的投资金额占65%，达1.53亿元人民币，2001年的投资金额占35%，为0.83亿元人民币，减少了45.8%。2000年的投资案件数占69%，2001年的投资案件数占31%，这说明2001年比2000年在投资金额和案件数上都大幅下降。统计表明，2001年平均投资规模达到553万元人民币，比2000年平均投资规模增加了90万元人民币，增加了19.3%。显然，陕西地区创业投资机构2001年投资规模普遍缩小，但平均投资强

表2.31 创业投资机构投资成果统计：陕西 （单位：万元人民币）

至2001年底累计投资总金额		43237	2000及2001年投资总金额		23608
国内投资	案件数	78	国内投资	案件数	48
	金额	43237		金额	23608
国外投资	案件数	0	国外投资	案件数	0
	金额	0		金额	0

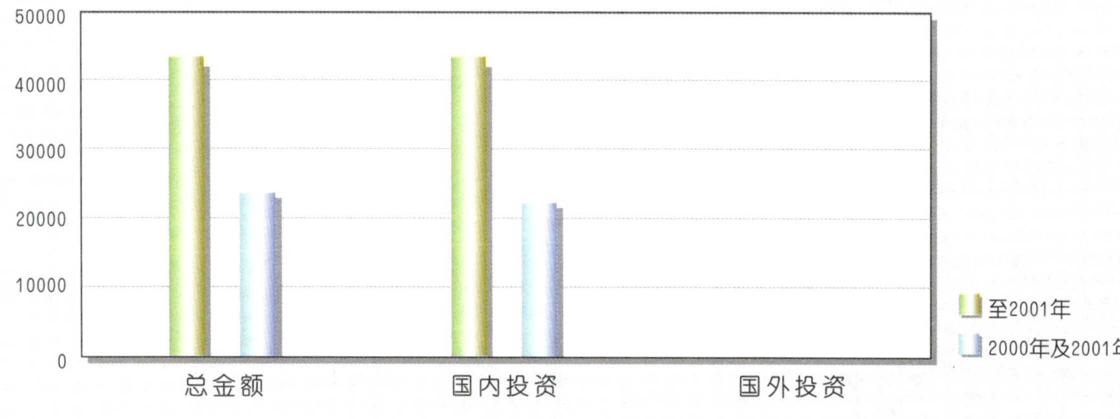

图2.15 创业投资机构投资成果统计：陕西 （单位：万元人民币）

度有所提高，说明国内创业投资市场环境的变化对陕西的创业投资整体发展也带来了一定影响。

表2.32汇总了浙江地区创业投资机构的投资情况。从表中获知，截至2001年年底，浙江地区被调查创业投资机构共投资6.65亿元人民币，投资案件总数有106件，平均对每家被投资企业投资628万元人民币。可见，浙江的创业投资起步虽然比北京、深圳等地区要晚，但发展还是很快，平均投资规模要比西部地区创业投资发展最好的陕西高。

表2.32显示了2000与2001两年浙江地区创业投资机构的投资情况，浙江地区被调查创业投资机构共投资4.32亿元人民币，投资案件总数有55件，平均对每家被投资企业投资超过785万元人民币。

图2.16对比了浙江地区创业投资规模的累计数与2000与2001两年数。2000与2001两年浙江地区投资总额占全部累计金额的64.9%，投资案件数占全部累计投资案件数的51.9%。另外，2000及2001年两年投资平均投资规模比累计平均投资规模增加了157万元人民币，增加了25%。显然，浙江地区2001年创业投资总体规模发展很快，在平均投资规模提高25%的条件下，投资金额和投资案件数也有大幅明显的增长。

从2000与2001这两年的情况来看，2000年的投资金额占35%，达1.51亿元人民币，2001年的投资金额占65%，为2.81亿元人民币，增加了86.1%。2000年的投资案件数占42%，2001年的投资案件数占58%，这说明浙江地区创业投资机构2001年投资规模情况与上述地区均有不同，2001年比2000年在投资金额和案件数上都大幅上升。统计表明，2001年平均投资规模达到878万元人民币，比2000年平均投资规模增加了221万元人民币，增加了33.8%。显然，浙江地区创业投资机构2001年投资规模及平均投资强度都大幅增加。

数据显示，浙江地区创业投资发展基数小，但从2000年以后发展速度逐年加快，整体规模正在迅速扩大。浙江与上述其他地区的发展态势不同，一方面表明浙江地区创业投资呈后发之势，另一方面也与该地区科技型中小企业发展迅速有关。

表2.33汇总了江苏地区创业投资机构的投资情况。从表中获知，截至2001年年底，江苏地区被调

表2.32 创业投资机构投资成果统计：浙江 （单位：万元人民币）

至2001年底累计投资总金额		66538	2000及2001年投资总金额		43185
国内投资	案件数	106	国内投资	案件数	55
	金额	66538		金额	43185
国外投资	案件数	0	国外投资	案件数	0
	金额	0		金额	0

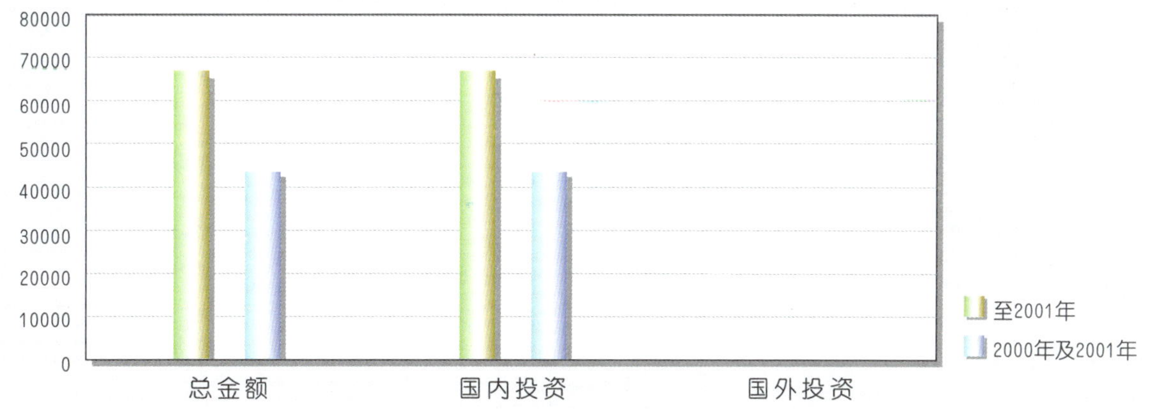

图2.16 创业投资机构投资成果统计：浙江 （单位：万元人民币）

查创业投资机构共投资1.71亿元人民币，全部为国内投资，投资案件总数有31件，平均对每家被投资企业投资近552万元人民币。2000与2001两年江苏地区创业投资机构投资总金额为1.13亿元人民币，投资案件总数有19件，平均对每家被投资企业投资近593万元人民币。

图2.17对比了江苏地区创业投资规模的累计数与2000与2001两年数。2000与2001两年江苏地区投资总额占全部累计金额的65.8%，2000与2001两年投资案件数占全部累计投资案件数的61.3%。显然，江苏地区2001年创业投资总体规模发展较快，以江苏自身的综合优势而言，发展创业投资应该具有较大的潜力。

从2000与2001这两年的情况来看，2000年的投资金额占46%，达5181万元人民币，2001年的投资金额占54%，为6083万元人民币，增加了17.4%。2000年的投资案件数占53%，2001年的投资案件数占47%，这说明江苏地区创业投资机构2001年投资规模情况与浙江地区有相似之处，2001年比2000年投资金额有较大增加。统计表明，2001年平均投资规模达到676万元人民币，比2000年平均投资规模增加158万元人民币，增加了30.4%。显然，江苏地区创业投资机构2001年投资规模及平均投资强度也有所提高，发展潜力正在逐步展现。

表2.34汇总了湖北地区创业投资机构的投资情况。从表中获知，截至2001年年底，湖北地区被调查创业投资机构共投资2.57亿元人民币，全部为国内投资，投资案件总数有38件，平均对每家被投资企业投资近675万元人民币。2000及2001年湖北地区创业投资机构投资总金额为1.77亿元人民币，投资案件总数有30件，平均对每家被投资企业投资589万元人民币。

图2.18对比了湖北地区创业投资规模的累计数与2000及2001年两年数。2000及2001年两年湖北地区投资总额占全部累计金额的68.8%，2000及2001年两年投资案件数占全部累计投资案件数的78.9%。另外，2000及2001年两年平均投资规模比累计平均投资规模减少87万元人民币，减少了12.8%。数据表明，湖北地区创业投资发展相对较晚，进入2000年以后创业投资发展才真正步入正轨，2000及2001

表2.33 创业投资机构投资成果统计：江苏　　（单位：万元人民币）

至2001年底累计投资总金额		17120	2000及2001年投资总金额		11264
国内投资	案件数	31	国内投资	案件数	19
	金额	17120		金额	11264
国外投资	案件数	0	国外投资	案件数	0
	金额	0		金额	0

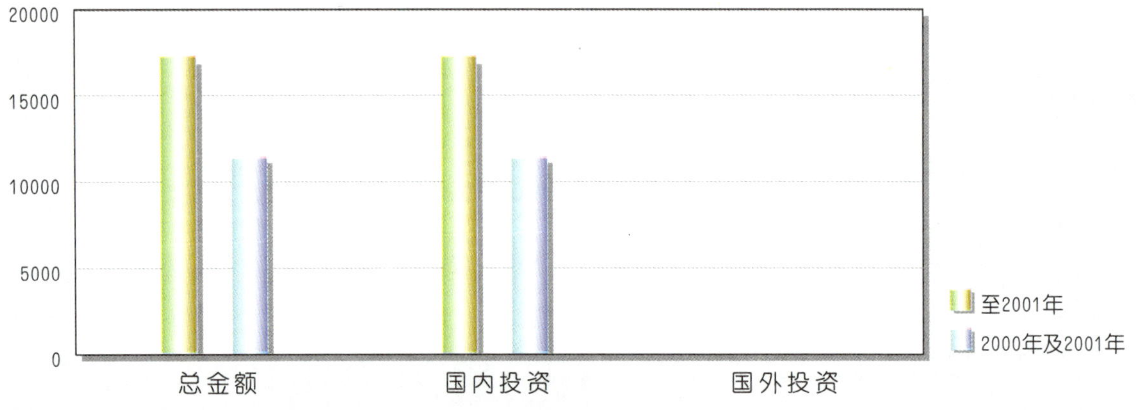

图2.17 创业投资机构投资成果统计：江苏　（单位：万元人民币）

表2.34 创业投资机构投资成果统计：湖北（单位：万元人民币）

至2001年底累计投资总金额		25665	2000及2001年投资总金额		17664
国内投资	案件数	38	国内投资	案件数	30
	金额	25665		金额	17664
国外投资	案件数	0	国外投资	案件数	0
	金额	0		金额	0

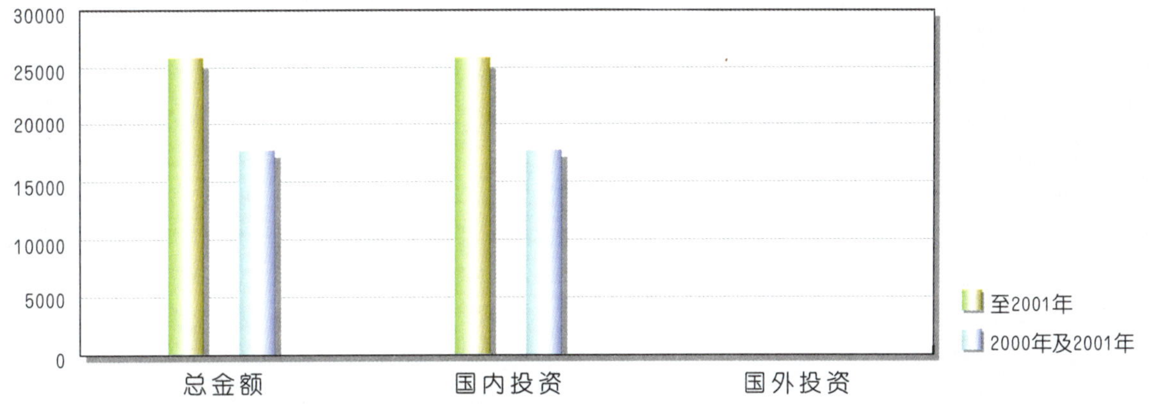

图2.18 创业投资机构投资成果统计：湖北 （单位：万元人民币）

年两年创业投资总体规模在较低基数的条件下快速发展。

从2000年与2001年这两年的情况来看，2000年的投资金额占55%，达9715万元人民币，2001年的投资金额占45%，为7949万元人民币，下降了18%。2000年的投资案件数占46%，2001年的投资案件数占54%，这说明湖北地区创业投资机构2001年投资金额有所下降，而投资案件数有所上升。统计表明，2001年平均投资规模达到497万元人民币，比2000年平均投资规模减少了197万元人民币，下降了28.4%。湖北地区创业投资机构2001年投资规模及平均投资强度在2000年大幅提高的情况下发展趋缓。

作为中部地区科技实力较强、经济发展较快的省份，湖北地区在起步较晚的情况下，2000年以后创业投资发展有了很大改观，在投资金额、投资案件数上都增长较快，平均投资规模也比较高，显示湖北在利用创业投资发展经济及高科技事业方面有较好的表现。

表2.35汇总了天津地区创业投资机构的投资情况。从表中获知，截至2001年年底，天津地区被调查创业投资机构共投资2.47亿元人民币，全部为国内投资，投资案件总数有36件，平均对每家被投资企业投资近686万元人民币。2000及2001年两年天

表2.35 创业投资机构投资成果统计：天津 （单位：万元人民币）

至2001年底累计投资总金额		24694	2000及2001年投资总金额		9597
国内投资	案件数	36	国内投资	案件数	24
	金额	24694		金额	9597
国外投资	案件数	0	国外投资	案件数	0
	金额	0		金额	0

津地区创业投资机构投资总金额为9597万元人民币，投资案件总数有24件，平均对每家被投资企业投资近400万元人民币。

图2.19对比了天津地区创业投资规模的累计数与2000及2001年两年数。2000及2001年两年天津地区投资总额占全部累计金额的38.9%，2000及2001年两年投资案件数占全部累计投资案件数的66.7%。另外，2000及2001年两年平均投资规模比累计平均投资规模减少了286万元人民币，减少了41.7%。

从2000与2001这两年的情况来看，2000年的投资金额占63%，达6046万元人民币，2001年的投资金额占39%，为3551万元人民币，下降了41.3%。2000年的投资案件数占40%，2001年的投资案件数占60%，这说明天津地区创业投资机构2001年投资金额有所下降，而投资案件数有所上升。统计表明，2001年平均投资规模达到254万元人民币，比2000年平均投资规模减少了351万元人民币，下降了58%。天津地区创业投资机构2001年投资规模及平均投资强度降幅较大。

显然，相比浙江、江苏、湖北等地区，天津地区2001年创业投资总体规模发展比较平稳，这与天津接邻北京有一定的关系。由于北京2001年创业投资发展出现减缓迹象，对天津的影响比较直接，这导致天津2001年创业投资平均投资规模下降较大。未来随着创业投资宏观环境的改善，天津的创业投资发展将再上台阶。

（2）投资金额的动态分析

由于部分外资创业投资机构没有填写详细的投资信息，所以，本部分主要以内资创业投资机构为对象进行时间趋势分析。表2.36给出了1998年到2001年部分内资创业投资机构年度投资额和项目数。

数据显示，2000年和2001年是中国创业投资发展最强劲的年份。由于存在对国内创业板开设的强烈预期，2000年的创业投资规模爆发性扩张，随着创业板设立时间的推迟、国内外创业投资发展环境的变化，2001年的创业投资规模与2000年相比，出现了较明显的下滑。而且，通过细致的调查我们发现，2001年的投资多数发生在上半年，下半年以后实际发生的投资很少。导致这一现象的主要原因有三：第一，美国股票价格下跌后，全球创业投资的发展出现明显衰退；第二，从2001年6月份开始我国股票市场出现波动；第三，创业板设立时间一再推迟。通过对投资人的细致调查，我们发现第三个因素的影响力相对更大。不过我们已经注意到，政府已把建立和完善为中小型高新技术企业提供金融服

表2.36 1998年－2001年部分内资创业投资机构年度投资额和项目数 单位：（万元人民币）

年份	总投资金额	项目数
1998	32452	70
1999	54822	116
2000	215618	395
2001	146664	257

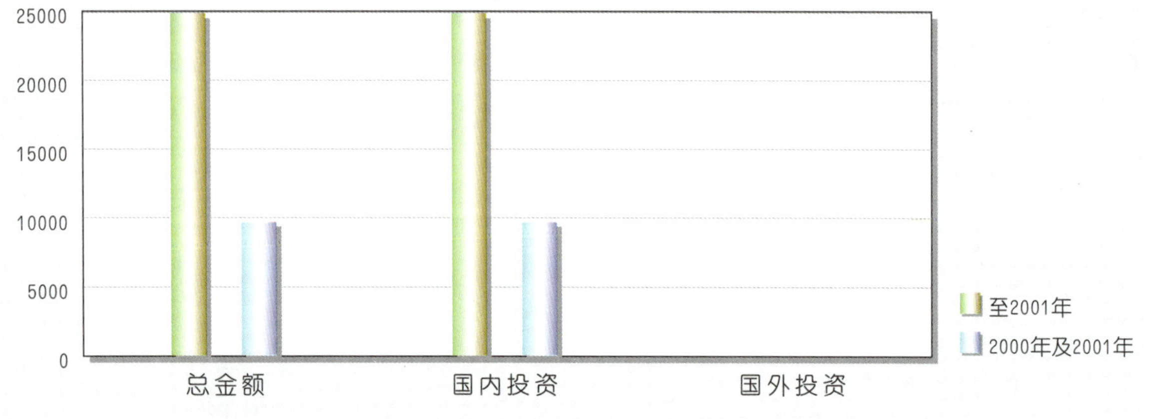

图2.19 创业投资机构投资成果统计：天津 （单位：万元人民币）

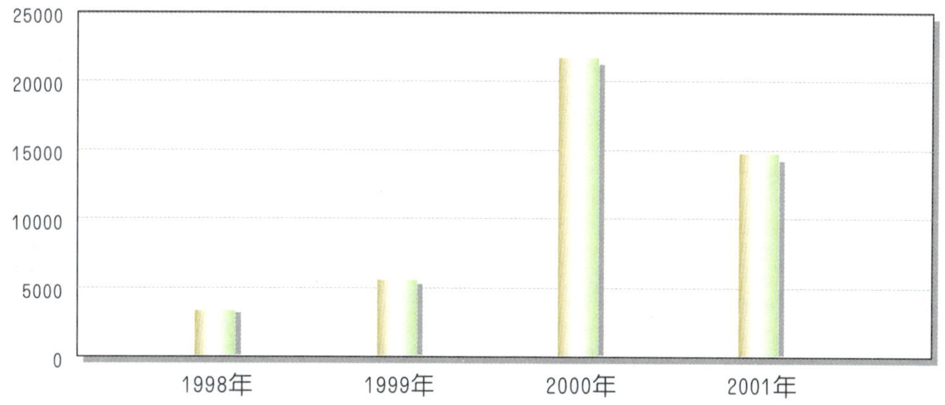

图2.20（A） 1998年—2001年部分内资创业投资机构年度投资额 单位：（万元人民币）

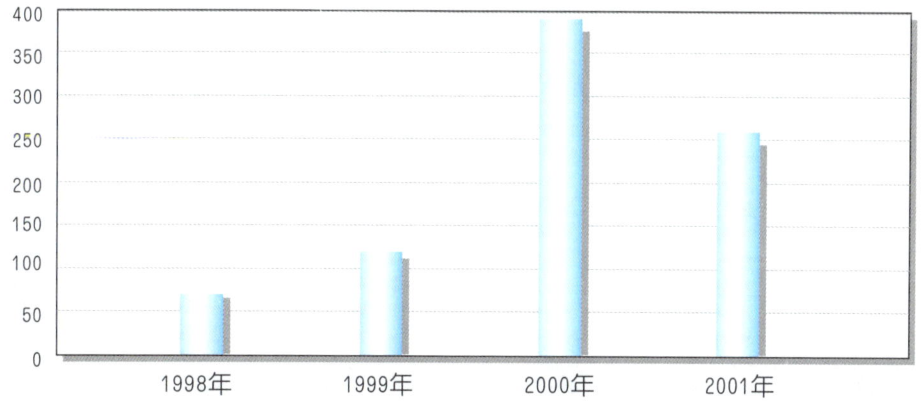

图2.20（B） 1998年—2001年部分内资创业投资机构年度投资项目 （单位：家数）

务的金融支持体系作为中国金融改革的重要组成部分，从这个意义讲，设立创业板是推动创业投资事业发展的必然选择，同时也是提高中国科技创新实力和国民经济整体升级的内在要求。为此，我们有理由相信，暂时性的变化不会影响创业投资发展的进程，随着宏观环境的改善，中国的创业投资发展规模一定会持续提高。

（3）平均投资规模分析

创业投资机构对被投资项目投资金额大小取决于被投资项目对资金的需求、项目发展的阶段以及创业投资机构自身的资金实力和投资偏好。前文已经分别从投资行业、投资阶段、总投资金额等几个角度进行了分析，以下将对单项投资金额进行分析。统计表明，就全国各类创业投资机构的平均水平而言，单项投资金额——即平均投资强度为727万元。而对于内资创业投资机构而言，平均投资强度为536万元。表2.37和图2.21是内资创业投资机构已投资项目的投资金额分布。图2.21显示，100万元人民币至500万元人民币的项目吸引了最多的创业资本投资，100万元人民币以下及1000万元人民币至2000万元人民币也可以得到较多的投资，超过2000万元人民币的项目，对投资者的吸引力较小。

从总的情况看，100万元人民币至500万元人民币的投资项目占全部已投资项目的近50%，而2000万元人民币以上的投资项目占已实现投资项目的6.6%。

表 2.37 内资创业投资机构的单项投资金额分布 （单位：%）

100万以下	100万~300万	300万~500万	500万~1000万	1000万~2000万	2000万以上
17.7%	28.0%	20.5%	17.0%	10.2%	6.6%

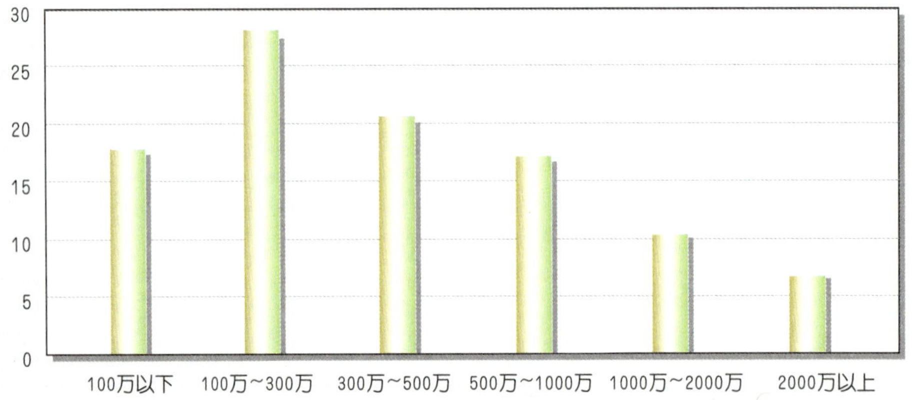

图 2.21 内资创业投资机构的单项投资金额分布 （单位：家数）

这表明，中国创业投资机构投资项目的金额选择以中小投资项目为主，因资金有限，对大型项目的承接能力不足。调查发现，较大金额的投资项目也主要是外资创投机构和国内少数几个资金实力较强、业务开展较早的机构完成的。但是，从动态的角度看，投资强度随着时间的推移，平均在逐步增加。具体情况见表 2.38 和图 2.22。造成这一现象的原因是

表 2.38 内资创业投资机构单项投资规模的变化分析 单位：（万元人民币）

年份	平均规模
1998	463.6
1999	472.6
2000	545.9
2001	570.7
平均	536.5

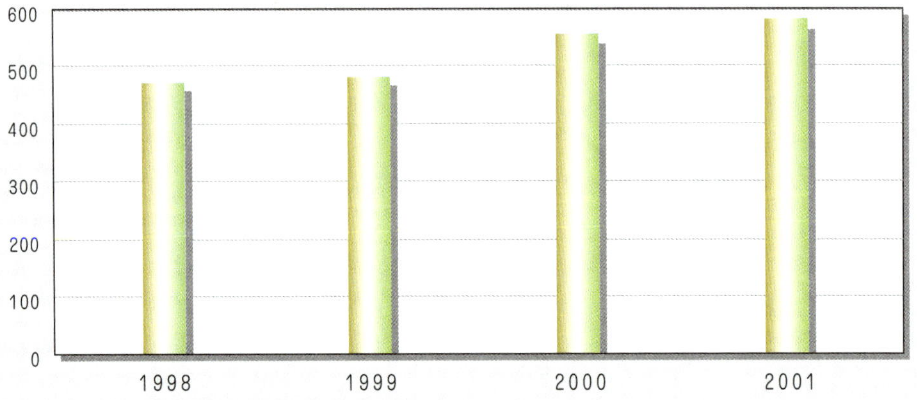

图 2.22 内资创业投资机构单项投资规模的变化分析 （单位：万元人民币）

多方面的，其中就投资机构自身的因素而言有以下两个方面：第一，投资机构管理资金的规模越来越大，单项投资规模偏小，不利于管理；第二，基于短期获利的压力，创业投资机构逐渐对相对成熟的项目更加青睐。其他各章节的分析，也印证了这两点。

不同地区创业投资机构对投资项目的平均投资强度与全国的情况基本一致。表2.39和图2.23分列了8个地区创业投资机构已投资项目的金额分布比例。和总体状况一样，100万元人民币至500万元人民币的投资项目在8个地区的创业投资机构中也是吸引了最多的创业资本投资，北京、深圳、湖北和天津4个地区的创业投资机构对100万元人民币至2000万元人民币的投资最多，8个地区对超过2000万元人民币的项目的投资都比较少，上海和浙江对100万元人民币以下的投资相对较多。

表2.40和图2.24显示了8个地区1998年到2001年4个年度平均投资规模变化趋势。图表显示，这8个地区的平均投资规模和变化趋势与全国情况基本相似。深圳的平均投资规模比其他地区高的原因有二：第一，深圳的创业投资机构更偏重相对成熟的项目（具体见投资阶段分析）；第二，深圳市“物价水平”相对较高。上海的平均投资规模相对较低并不意味着上海的创业投资力度不足，经实地考察我们发现，上海数家创业投资机构进行联合投资（co-invest）的情况较多，这样分摊到一个机构的投资规模，就相对变小了。

表2.39 被投资项目投资金额分布：八个地区

年份	100万元以下	100万~300万元	300万~500万元	500万~1000万元	1000万~2000万元	2000万元以上
北京	7%	18%	23%	24%	17%	11%
上海	23%	34%	19%	11%	8%	5%
深圳	7%	24%	24%	21%	16%	7%
陕西	13%	40%	17%	17%	8%	5%
浙江	16%	33%	24%	18%	8%	8%
江苏	8%	54%	27%	6%	4%	-
湖北	12%	24%	18%	15%	18%	12%
天津	-	21%	21%	29%	21%	7%

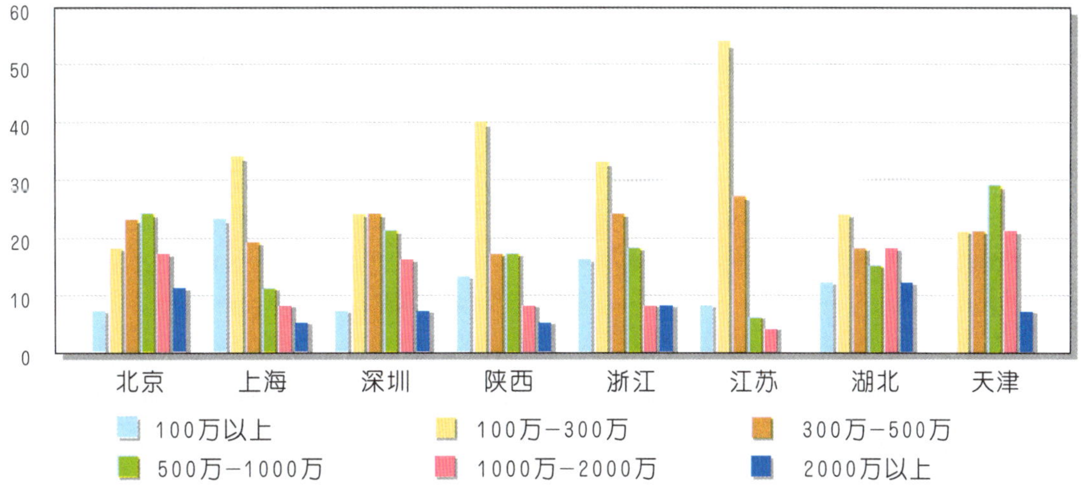

图2.23 被投资项目投资金额分布：八个地区（单位：%）

表2.40 平均投资规模分析：八个地区　（单位：万元人民币）

年份	北京	上海	深圳	陕西	浙江	江苏	湖北	天津
1998	218.3	111.8	–	134	449	–	–	–
1999	276	264.9	1006.4	266.8	938.8	225	–	–
2000	689.2	444.3	468.1	467.6	405	520.8	751.9	1075
2001	724.2	456	1201.9	545.1	561.8	672.9	526.3	417.5

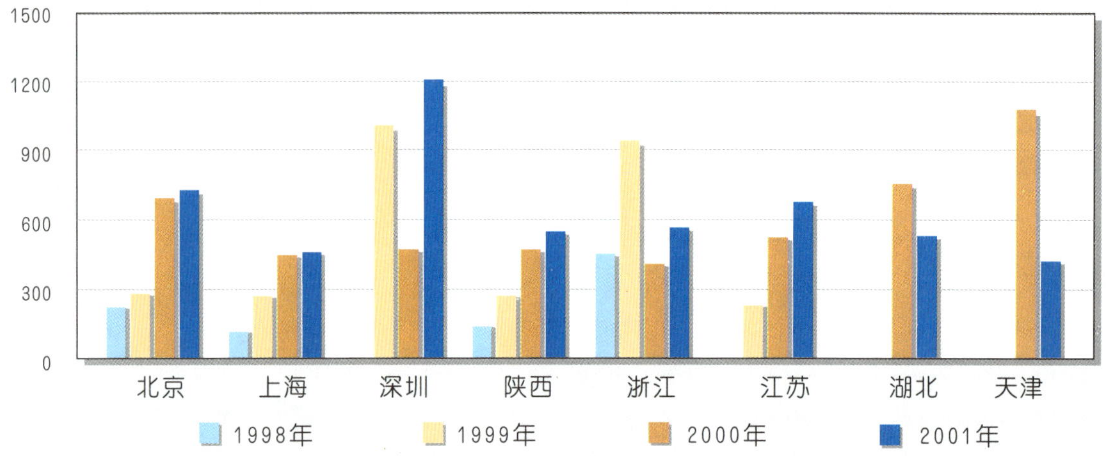

图2.24 平均投资规模分析：八个地区　（单位：万元人民币）

（4）被投资企业的规模分析

企业规模特别是企业的收入是投资人在投资评估时较为关注的要素。从被投资企业收入规模角度，分析创业投资机构的投资偏好，对分析投资活动很有帮助。调查显示，内资创业投资机构投资的企业，其平均总收入为2317万元人民币，其中以500万元到2000万元人民币这一区间的最多，具体情况见表2.41和图2.25。

统计表明，被投资创业企业的总收入在5000万元人民币以下最受创业投资机构的青睐。5000万元人民币以上大多已经形成产品规模，技术和市场已趋于成熟，创业资本的进入成本相对较高，因此对创业投资机构的吸引力不是很大。在调查中我们发现，随着时间的推移，创业投资机构对被投资项目销售收入的要求越来越高，结合前面提到的创业资本正逐渐向相对成熟的项目倾斜和投资规模逐步增加等现象分析，我们认为今后销售收入较小的企业获得创业投资的可能性会更加困难。为改变这一状况，还需要政府制定专门的鼓励性政策，以吸引创业投资机构加大对小企业的投资。

表2.41 被投资企业总收入分布　（单位：万元人民币）

100以下	100～500	500～2000	2000～5000	5000～10000	10000以上
15.7%	24.9%	29.5%	21.3%	6.5%	2.1%

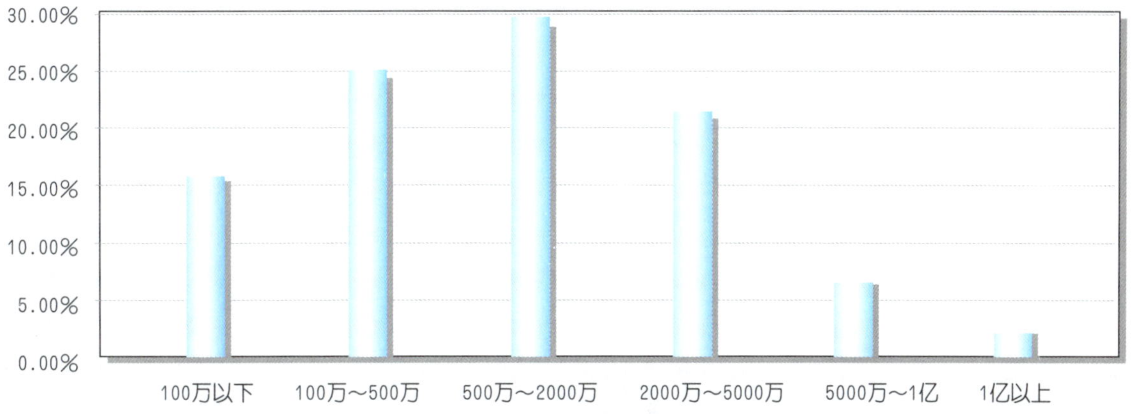

图 2.25 被投资企业总收入分布

2.5.2 单个项目投资限额分析

创业投资机构在进行投资决策时往往会考虑以下三个因素，一是地理因素，二是技术因素，三是个案投资金额最高、最低限额因素。这些显示了创业投资机构的管理准则。创业投资机构在进行单个项目投资时要考虑对项目投资金额的限制，包括最高投资额限制和最低投资额限制。前者是指对特定项目的投资，不管是一次性投入，还是在未来时间段内分批投入，一般要事先确定一个总的投资预算约束，不会超过预算数额，后者则是对特定项目的投资不少于某一数额；对特定项目的投资如果太大，将直接影响创业投资机构对其他可投资项目的投资，从而不利于分散投资风险，反之，对特定项目的投资数额太小，又会导致潜在的收益损失，并且不利于创业投资机构对被投资创业企业的管理。

因此，最高投资额与最低投资额限制在创业投资机构的投资运作过程中始终能够得以遵守。一般来说，单项投资金额限制主要取决于项目对资金需求的大小、项目未来的盈利预期、创业投资机构的管理特色以及资金规模等等。

当然，我们调查的机构中也有极少数不做限制，而且都是国内的创业投资机构，也许这类情况只是一种早期性的管理欠规范的过渡现象，今后会逐步得到解决。

表 2.42 及图 2.26 描述了全国汇总的创业投资机构单个项目投资最低投资额分布状况。统计表明，全国创业投资机构单个项目投资最低投资额主要集中在 100 万至 500 万元人民币和 100 万元人民币以下两个区域，最小值为 3 万元人民币。

表 2.43 及图 2.27 描述了全国汇总的创业投资机构单个项目投资最高投资额分布状况。统计表明，全

表 2.42 创业投资机构最低投资额分布：全国 （单位：万元人民币）

最低投资额	100以下	100～500	5000～1000	1000以上
百分比	33.2%	49.7%	11.8%	5.3%

国创业投资机构单个项目投资最高投资额主要集中在1000万至5000万元人民币和5000万元人民币以上两个区域，最大值为5亿元人民币。

表2.44和图2.28是主要的8个地区创业投资机构单个项目投资最低投资额分布比较。其中，上海和江苏两个地区没有超过1000万元人民币以上的单项最低投资数额，而陕西、天津和湖北三个地区的最低投资额没有超过500万元人民币。100万元人民币以下和100万元至500万元人民币两个区域仍是主要选择。在100万元人民币以下区域内湖北和陕西地区的比例最高，100万元至500万元人民币区域内则是深圳、天津、和上海的比例最高，最低投资额超过500万元人民币的主要集中于北京和深圳。

统计说明，创业投资比较发达的地区，其最低投

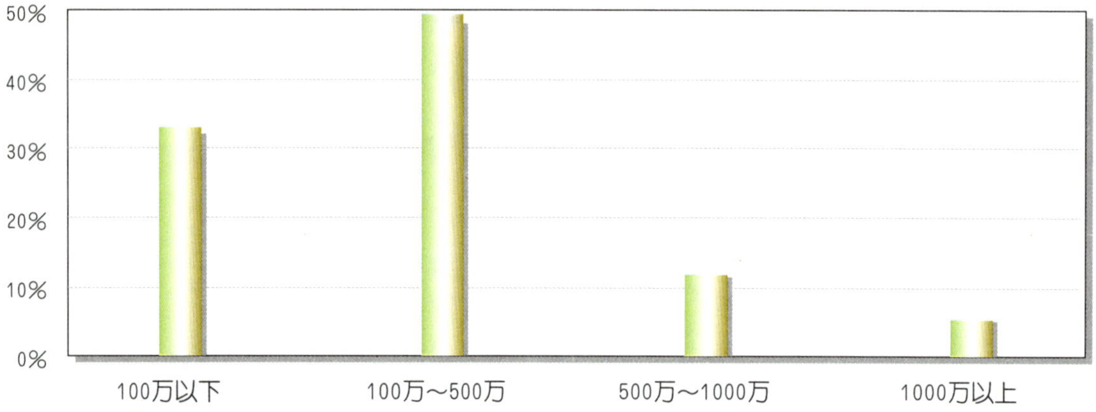

图2.26 单个项目最低投资额分布：全国 （单位：元人民币）

表2.43 创业投资机构最高投资额分布：全国 （单位：万元人民币）

最低投资额	500以下	500～1000	1000～5000	5000以上
百分比	9.1	17.2	54.3	19.4

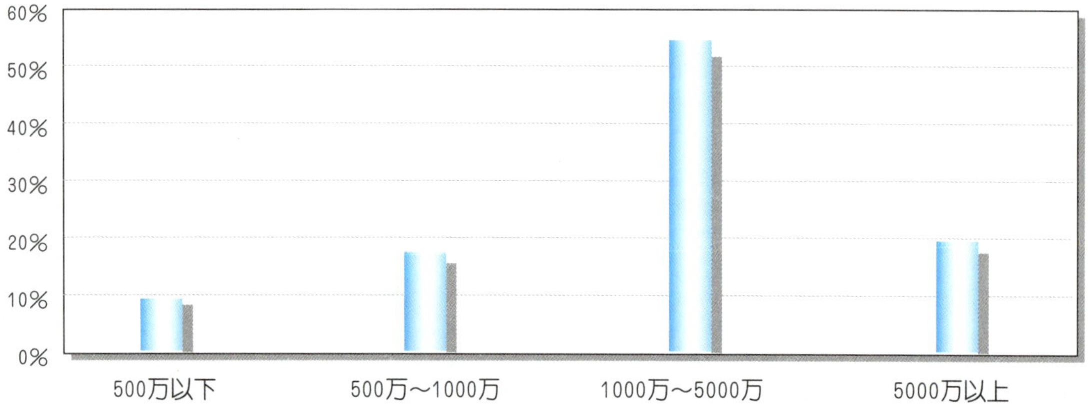

图2.27 单个项目最高投资额分布：全国 （单位：元人民币）

表 2.44 创业投资机构单个项目最低投资额分布：八个主要地区 （单位：万元人民币）

地区	100以下	100~500	500~1000	1000以上
北京	20.3%	50.9%	18.6%	10.2%
深圳	13.5%	64.9%	13.5%	8.1%
上海	35.3%	58.8%	5.9%	–
陕西	66.7%	33.3%	–	–
浙江	42.9%	42.9%	7.1%	7.1%
江苏	37.5%	50.0%	12.5%	–
湖北	71.4%	28.6%	–	–
天津	40.0%	60.0%	–	–

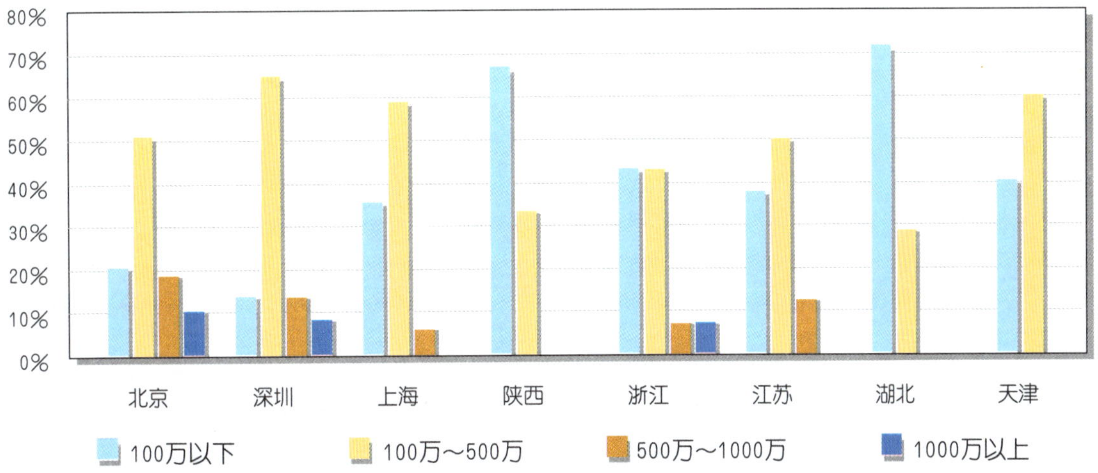

图2.28 单个项目最低投资额分布：八个主要地区 （单位：元人民币）

资额限制也相对更高，而陕西、湖北、天津等地区，由于创业投资整体规模不大，最低投资额限制就相应更低一些。

表2.45和图2.29是主要的8个地区创业投资机构单个项目投资最高投资额分布比较。其中，上海和天津两个地区没有超过5000万元人民币以上的单项投资，而江苏和湖北两个地区的最高投资额没有超过5000万元人民币同时也没有低于500万元人民币以下。1000万元至5000万元人民币区域仍是主要的投资选择。除此区域之外的其他投资区域，比例比较平均的有陕西和浙江两个地区，北京和深圳主要集中在1000万元人民币以上区域，上海和陕西在500万元人民币以下区域内的投资比例最大，湖北和江苏两个地区的最高投资额选择全部落入500万元至5000万元人民币区域内，并且比例也最高，而天津在5000万元人民币以上区域的投资选择比例最高，达到60%。

从最高投资额分布的地区特点上我们看不出创业投资发达地区与其他地区的明显差异。但是至少可以总结一点，创业投资发达地区，如北京、深圳等，在最高投资额选择方面不会限制很低，而1000万元至5000万元人民币是主要的最高投资额选择，当超过5000万元人民币时，创业投资发展程度这个因素不再起作用，各地区差异很明显。

表2.45 创业投资机构最高投资额分布：八个主要地区 （单位：万元人民币）

地区	500以下	500~1000	1000~5000	5000以上
北京	5.2%	11.7%	52.6%	30.5%
深圳	2.9%	11.4%	57.1%	28.6%
上海	27.9%	11.1%	61.1%	-
陕西	22.2%	22.2%	44.5%	11.1%
浙江	13.3%	33.3%	40.1%	13.3%
江苏	-	25.0%	75.0%	-
湖北	-	16.7%	83.3%	-
天津	-	20.0%	20.0%	60.0%

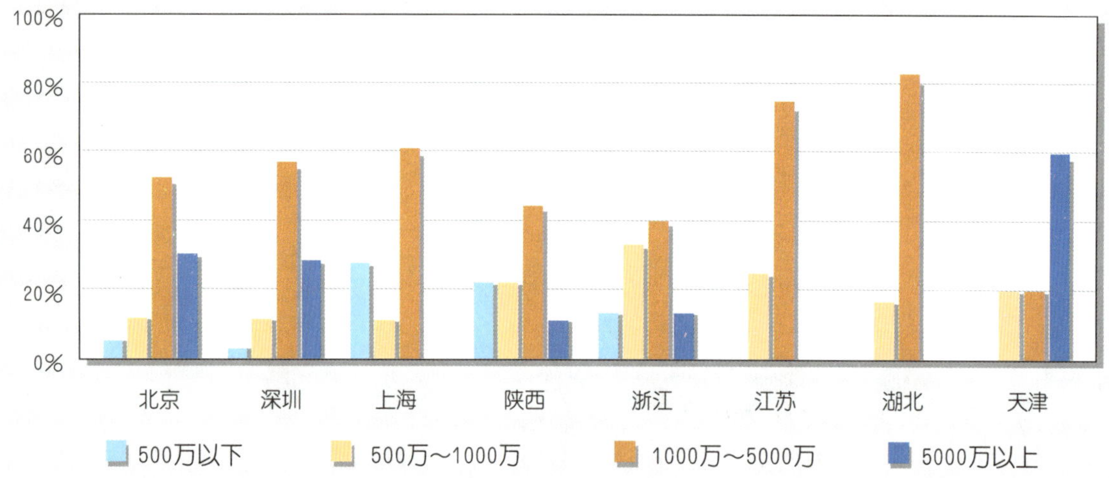

图2.29 单个项目最高投资额分布：八个主要地区 （单位：元人民币）

专栏2.7
IDG在中国的投资回报

美国国际数据(IDG)集团是最早将西方创业投资实践引入中国的公司之一，1989年在北京进行了第一次试验性投资。在此项投资成功基础上，IDG于1993年开始大规模进入中国市场，到目前已经在中国投资了1.6亿美元，近90个项目。目前，已有9个投资项目成功退出，除了2家通过上市完成退出外，其余都通过股权转让的方式完成退出，年均回报率为60%，仅次于美国市场，比欧美和东南亚等其它地区的投资回报高，是该公司在日本市场收益的2倍。

据悉，IDG集团在中国内地的技术创业基金正不断扩大，到目前已经累积到8.5亿美元。未来12个月IDG会在内地继续投资20至24个项目，涉及资金约5000万美元。据介绍，2001年还有3个项目可以完成退出，预计其余的70多个项目中有65%的项目将可以获得较好回报，10%的项目可能将以失败告终，剩下的25%将有微小收益。

资料来源：www.bjcvc.com.cn

2.5.3 投资回报分析

投资回报是衡量一家创业投资机构运作成功与否的重要标志。为了提高投资收益，创业投资机构往往需要通过各种有效方式提高投资收益率。但从长期来看，创业投资的收益率一般在20%~30%左右，要高于一般商业投资利润。例如，美国在1965~1985年创业投资的平均回报率达到19%，是股票投资的2倍，是长期债务的5倍。正是由于高科技领域的这种高收益、高成长性的特点，吸引了众多创业资本的参与。

创业投资回报是指创业投资机构的资金投入与回收的对比情况，即投资净收入与投资金额的比较。创业投资回报水平取决于所投资的行业盈利能力、投资管理水平、退出方式以及投资地区等。由于我国创业投资开展起步较晚，绝大部分已投资项目尚不到退出时机，加上创业投资退出机制没有真正建立起来，因而截至2001年底，全国创业投资机构已经实现投资退出的还很少。被调查的246家创业投资机构已经完成退出的项目一共只有36个。

中国创业投资市场启动比较晚，退出渠道不畅，因而，目前已成功退出的项目比较少，统计难以反映全面情况，但仍然具有分析价值。表2.46和图2.30汇总了全国创业投资机构已成功实现退出的36个项目，总投资回报率为31.16%，平均每个项目实现投资回报率为40.02%。我们可以对比一下发达国家的情况：据“创业投资经济”的研究报告，2000年欧洲私人管理基金的内部投资收益率是15.6%，美国创业投资基金在2000年第一季度的收益率为23.1%，之后在第二季度下降到了7.6%，第三季度为6.4%，但这主要是由纳斯达克下跌引起的。或许可以认为中国创业投资整体回报率还是比较高的。

由于8个地区在创业投资回报方面没有提供完成统计分析的足够资料，有关地区分析比较难以进行。比如，北京地区只有一个项目退出的资料，深圳和上海的情况就所提供的资料计算得出投资回报率分别为5.4%和115.6%，通过这些数据不能获得有效的信息，所以在此不再进行地区分析。

表2.46 创业投资项目投资回报分析：全国
（单位：万元人民币）

	投资额	净收入	投资回报率
总额	43150	13446	31.16%
平均额	1487.9	595.4	40.02%

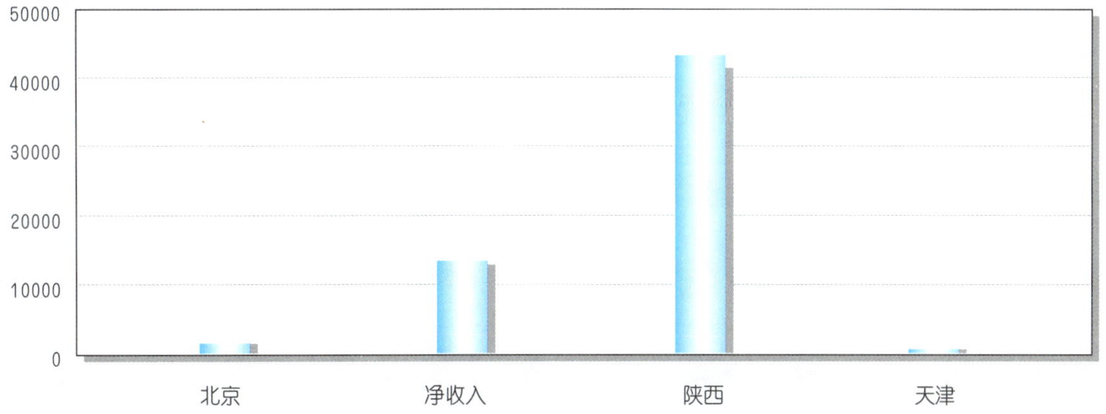

图2.30 投资回报分析：全国 （单位：万元人民币）

2.5.4 中国与发达国家和地区创业投资机构的投资情况比较

1999年，美国创业资本的投资达到480多亿美元，增长了150%，被投资的公司数量增长了23%，达到了3638家，平均每家被投资公司接受的投资额由1998年的650万美元上升到1999年的1320万美元。1999年，网络相关行业是创业投资的主要投资领域，共得到投资273亿美元，超过以前所有年份在该行业的投资总额，是1998年的4倍。在网络相关行业的投资中，有超过一半的资金投资在扩张期，占所有网络相关行业融资的54%，有78亿美元投资于早期（相当于种子期、起步期和成长期）企业，占所有网络相关行业融资的25%，这个比例比其他投资领域的比例都高，由此可以看出该行业仍处于新兴行业。

下表显示，排名第二的通讯业共融资83亿美元，较过去增长151%，平均投资额为2140万美元，比全行业的平均投资额高出62%，居榜首。

美国的创业投资多集中在扩张期，即企业开始出售产品和服务，但仍需大量资金以提高生产和销售能力的阶段，该阶段所占投资比例高达55%；早期阶段的投资居第二，为22%；后期（后期和收购期相当于成熟期）阶段的投资比例为18%，排第三；被投资比例最低的是收购阶段，仅有5%。

从1996年至2000年台湾的半导体行业投资稳定增长，2000年达到高峰，2000年投资已达312家，占当年投资件数16.9%，投资金额达新台币63.99亿元，占20.8%，居行业别投资之冠。事实上，台湾的半导体行业已形成一个完整供应链，成为台湾科技产业发展的命脉。

从1996~2000年台湾创业投资行业分析中可以看出，通讯行业仅次于半导体行业，伴随宽带和无线通讯科技的迅速发展，通讯行业势必成为台湾创业投资业未来几年的主要提供重点。

台湾的创业投资多集中在扩充期，该阶段被投资额为129.72亿元新台币，所占比例为42.11%；创建期的投资比例居第二，被投资额为101.1亿元新台币，所占比例为32.82%；成熟期的被投资额为50.42亿元新台币，所占比例为16.37%，排第三；种子期的被投资额为24.06亿元新台币，所占比例为7.81%，排第四；被投资比例最低的是重整期，被投资额为2.73亿元新台币，所占比例仅有0.89%。

近来，韩国国内创业投资业正在逐步改变以往投资于网络和信息通讯行业的做法。据创投业内反映，由于发现新的网络或信息通讯创业企业存在困难，并且在日益激烈的竞争下网络或信息通讯行业的利润率降低，所以创业投资家们将他们的投资领域扩展到了环境、生物、机械、金属材料和化学原料等领域。

与美国、台湾等创业投资发达国家及地区相比，中国创业投资机构的投资情况有以下几个特点。

中国创业投资规模增长强劲，同时，也必须对投资形成过程中可能的欠规范行为和情绪化问题予以重视。

第一，比较中国、美国、韩国及台湾地区创业投资的行业分布，可以看出各自的分布状况均与各自地区的科技、行业发展状况密切相关。美国等三个地区的投资都主要集中在涉及网络、通讯和软件等

表2.47 美国创业投资的主要行业分布（1999年） （单位：百万美元）

行业	生物科技	半导体	医药保健	计算机软件及服务	计算机硬件	网络	通讯
金额	1182	1740	2457	7501	1304	18513	8335
比例	2%	4%	5%	16%	3%	39%	17%

资料来源：2000 National Venture Capital Association Yearbook

方面的项目，网络技术受到一致青睐，而其他各有侧重。随着2000年以来网络股价格大跌，致使人们对该行业的预期盈利能力降低，所以创投资金的投入也有所下降。正如韩国近期的动向所预示，环境、生物科学等领域将吸收更多的资金。

第二，从投资阶段上看，美国、台湾地区的创业投资都大部分集中在扩充期，其次是成长期和起步期，而在种子期和成熟期的投资不是很大。相比较，中国的创业投资在种子阶段和起步阶段的投资比例更高一些，因而平均风险也就更大，尤其考虑到创业板滞后问题，应引起足够注意。

附：中国创业投资机构2000及2001年国内投资规模十强

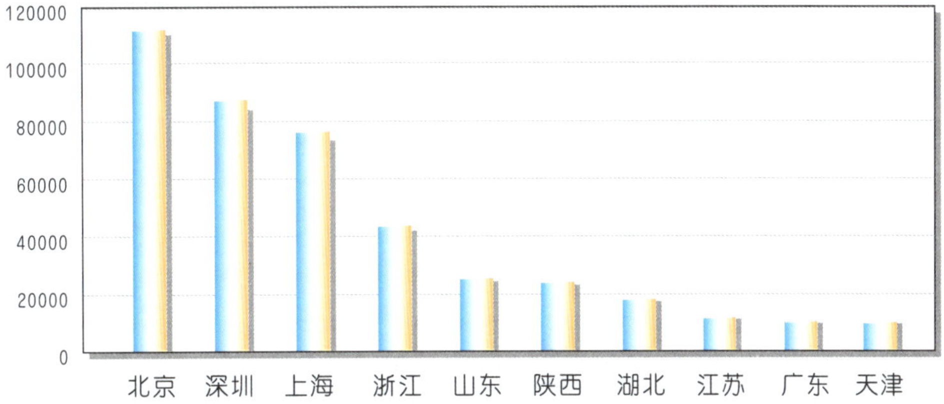

图2.31 投资金额前十名　（单位：万元人民币）

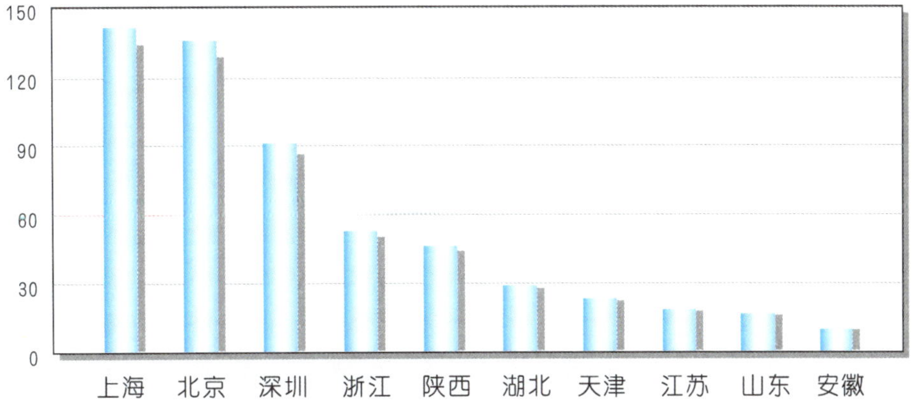

图2.32 投资案件数前十名　（单位：件）

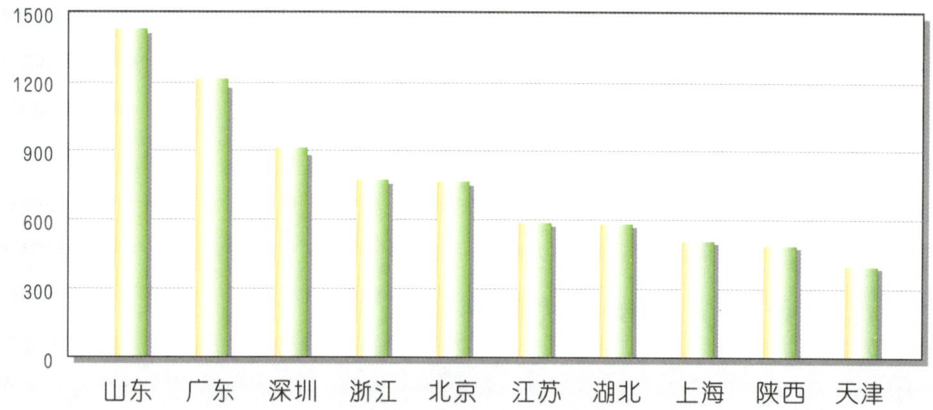

图2.33 平均投资规模前十名 （单位：万元人民币）

2.6 创业投资管理分析

投资管理是创业投资运行机制的重要组成部分，通过良好的管理，实现从投资审查到投资回收的全部过程。在这个过程中，创业投资机构的管理水平直接影响到创业投资的运作效力。因此，投资管理不仅仅针对投资以后的项目营运监管，而是整个投资环节的运作管理，包括投资地区、金额、阶段和具体的投资企业的确定、投资评估以及投资以后的项目管理等。投资管理分析考查创业投资机构在项目信息来源、项目决策、项目定价及投资后项目管理等创业投资运作管理过程中的关注要素。每一个调查项目列举了多项影响因素，考查各因素受关注的程度，从而了解到创业投资机构在投资运作过程中管理体制的概况。

2.6.1 创业投资项目信息源分析

创业投资机构对目标项目进行投资有赖于信息渠道的建立和掌握，不同机构的信息源存在不同的特点。例如，实践中已经发现，外资机构和政府扶持设立的机构在信息获取方面就有一定的差别。这些将直接影响创业投资机构的投资决策以及投资效果。

建立多种项目信息渠道、寻找足够的项目对创业投资机构来说是非常重要的。这是因为项目的淘

表 2.48 创业投资项目信息源：全国

信息源	项目业主主动联系	政府主管部门推荐	项目中介机构	朋友介绍	服务股东
案件数	154	146	118	109	97
比例	62.6	59.3	48.0	44.3	39.4
信息源	网上信息	公司网站的项目数据库	媒体宣传	银行介绍	其他
案件数	60	58	28	19	37
比例	24.4	23.6	11.4	7.7	15.0

注：项目信息源是多项选择，全国共有 246 家创投机构参加了该项调查。家数代表选择了该种项目信息源的创投机构数，比例＝家数 / 总机构数（246），从表 2.48 至 2.76 均采用相同的统计方法。

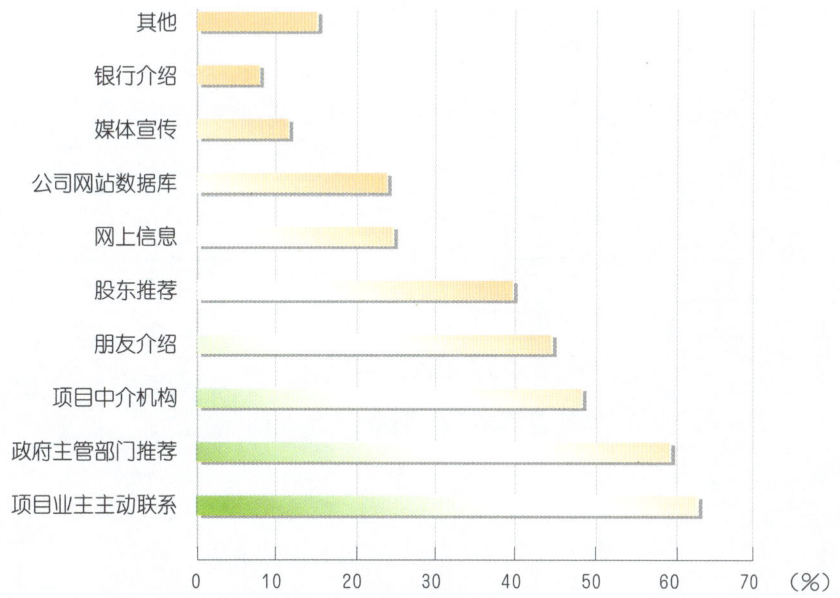

图 2.34 项目信息源分析：全国

汰比例非常高，创业投资家往往是先从100个投资项目中粗略地筛出20个左右的项目，对其进行较深入的投资调查，然后仅对这20个项目中最成熟的一到两个项目做全面的尽职调查并投资。通过调查发现，创业投资机构共有9种常用的信息来源：政府主管部门推荐，项目中介机构，朋友介绍，项目业主主动联系，媒体宣传，股东推荐，公司网站的项目数据库，网上信息，银行介绍。

从表 2.48 可以看到，在全国被调查的 246 家创业投资机构中，有154家机构通过项目主主动与创业投资机构联系获取项目信息，占机构总数的62.6%；有 146 家机构通过政府主管部门的推荐获取项目信息，占机构总数的59.3%；有 118 家机构通过项目中介机构获取项目信息，占机构总数的48%；有 109 家机构通过朋友的介绍获取项目信息，占机构总数的44.3%；有 97 家机构通过本公司股东的推荐获取项目信息，占机构总数的 39.4%；有 60 家机构通过互联网上众多的相关网页获取项目信息，占机构总数

表2.49 创业投资项目信息源：北京

信息源	项目业主主动联系	项目中介机构	政府主管部门推荐	朋友介绍	股东推荐
家数	42	41	36	34	21
比例(%)	60.7	59.4	52.2	49.3	8.5
信息源	公司网站的项目数据库	网上信息	媒体宣传	银行介绍	其他
家数	20	15	8	3	7
比例(%)	29.0	21.7	11.6	4.3	10.1

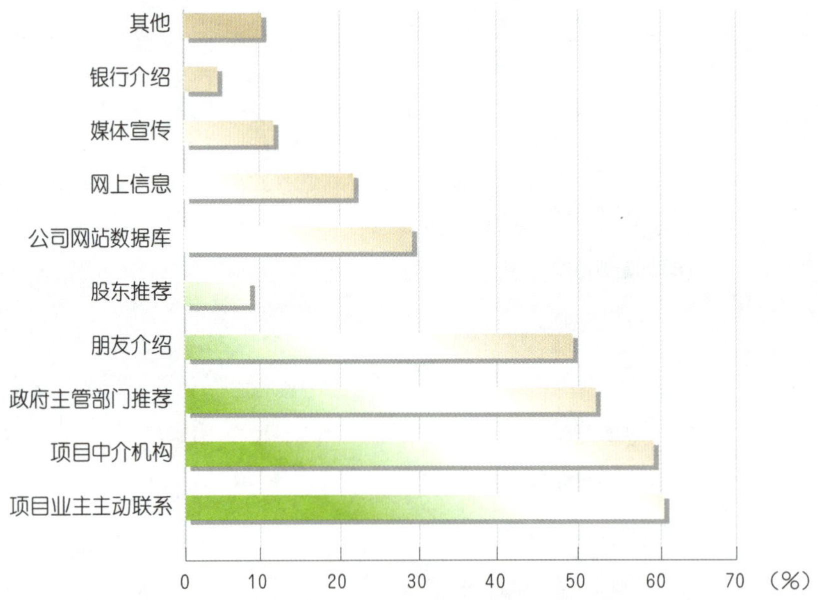

图2.35 项目信息源分析：北京

的24.4%；有58家机构通过机构自己建立的网站上的项目数据库收集项目信息，占机构总数的23.6%；有28家机构通过媒体（如电视、报纸、杂志）宣传获取投资项目信息，占机构总数的11.4%；有19家机构通过银行介绍获取项目信息，占机构总数的7.7%。

从表2.49可以看到，在北京地区创业投资机构中，有42家机构通过项目主主动与机构联系获取项目信息，占机构总数的60.7%，低于62.6%的全国平均水平；有41家机构通过项目中介机构获取投资项目信息，占机构总数的59.4%,高于48%的全国平均水平；有36家机构通过政府主管部门的推荐获取投资项目信息，占机构总数的52.2%，低于59.3%的全国平均水平；有34家机构通过朋友的介绍获取投资项目信息，占机构总数的49.3%，高于44.3%的全国平均水平；有21家机构通过本公司股东的推荐获取项目信息，占机构总数的8.5%，低于39.4%的全国平均水平；有20家机构通过通过机构自己建立的网站上的项目数据库收集投资项目信息，占机构总数的29%，高于23.6%的全国平均水平；有15家机构通过互联网上众多的相关网页获取投资项目信息，

表 2.50 创业投资项目信息源：深圳

信息源	股东推荐	项目业主主动联系	政府主管部门推荐	项目中介机构	朋友介绍
家数	33	28	28	27	27
比例(%)	66.0	56.0	56.0	54.0	54.0

信息源	网上信息	公司网站的项目数据库	媒体宣传	银行介绍	其他
家数	17	12	8	8	9
比例(%)	34.0	24.0	16.0	16.0	18.0

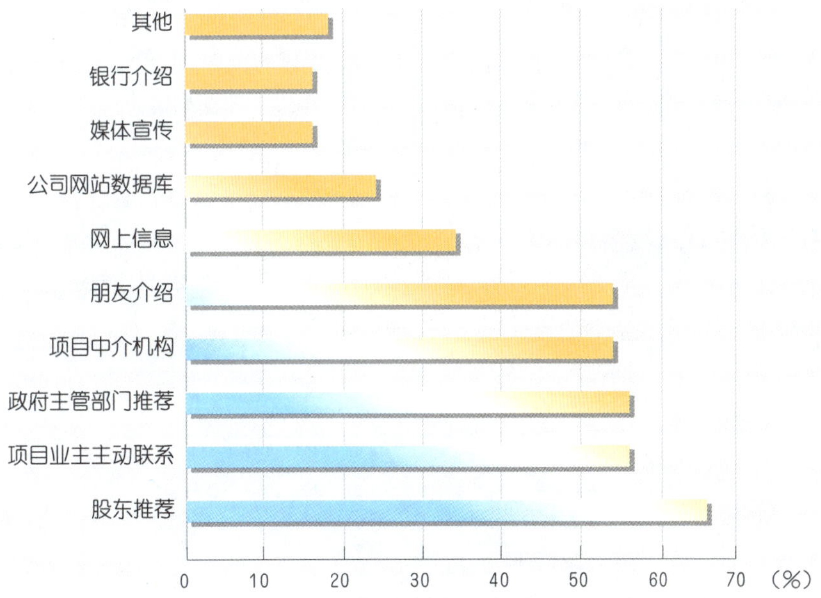

图 2.36 项目信息源分析：深圳

占机构总数的21.7%，高于24.4%的全国平均水平；有8家机构通过媒体（如电视、报纸、杂志）宣传获取投资项目信息，占机构总数的11.6%，与11.4%的全国平均水平相近；有3家机构通过银行介绍获取项目信息，占机构总数的4.3%。

除了政府主管部门和项目中介机构这两项的排列顺序有所变化外，北京创业投资机构的项目信息源排列顺序基本与全国的相同。

对于深圳的创业投资机构，股东推荐项目这种信息渠道是最常用的。

从表2.50可以看到，在深圳被调查的创业投资机构中，有33家机构通过本公司股东的推荐获取项目信息，占机构总数的66%，远高于39.4%的全国平均水平；在全国被调查的创业投资机构中，有28家机构通过项目主主动与机构联系获取项目信息，占机构总数的56%，比62.6%的全国平均水平低；有28家机构通过政府主管部门的推荐获取投资项目信息，占机构总数的56%，与59.3%的全国平均水平相近；有27家机构通过项目中介机构获取投资项目信息，占机构总数的54%，比48%的全国平均水平高；有27家机构通过朋友的介绍获取投资项目信息，占机构总数的54%，比44.3%的全国平均水平高；有17家机构通过互联网上众多的相关网页获取投资项目信息，占机构总数的34%，比24.4%的全国平均水平高；有12家机构通过通过机构自己建立的网站上的项目数据库收集投资项目信息，占机构总数的24%，与23.6%的全国平均水平相近；有8家机构通过媒体（如电视、报纸、杂志）宣传获取投资项目信息，占机构总数的16%，比11.4%的全国平均水平高；有8家机构通过银行介绍获取项目信息，占机构总数的16%，比7.7%的全国平均水平高。

对于上海的创业投资机构，创业投资机构的项目信息源排列顺序基本与全国的相同，此外，媒体宣传方式所起的作用更小。

从表2.51可以看到，在上海被调查的创业投资机构中，有22家机构通过项目主主动与机构联系获取项目信息，占机构总数的71%，比62.6%的全国平均水平高；有16家机构通过政府主管部门的推荐获取投资项目信息，占机构总数的51.6%，比59.3%的全国平均水平低；有14家机构通过项目中介机构

表2.51 创业投资项目信息源：上海

信息源	项目业主主动联系	政府主管部门推荐	项目中介机构	朋友介绍	股东推荐
家数	22	16	14	12	7
比例(%)	71.0	51.6	45.2	38.7	22.6

信息源	公司网站的项目数据库	网上信息	银行介绍	媒体宣传	其他
家数	4	4	4	1	8
比例(%)	12.9	12.9	12.9	3.2	25.8

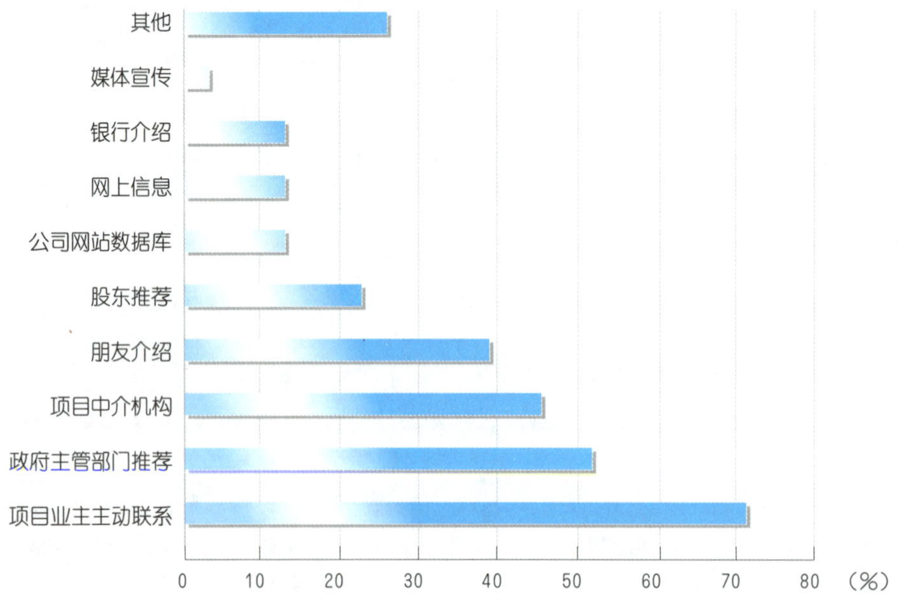

图2.37 项目信息源分析：上海

表 2.52 创业投资项目信息源：陕西

信息源	政府主管部门推荐	项目中介机构	项目业主主动联系	朋友介绍	股东推荐
家数	11	9	7	5	4
比例(%)	64.7	52.9	41.2	29.4	23.5

信息源	网上信息	媒体宣传	银行介绍	公司网站的项目数据库	其他
家数	4	1	1	0	1
比例(%)	23.5	5.9	5.9	0.0	5.9

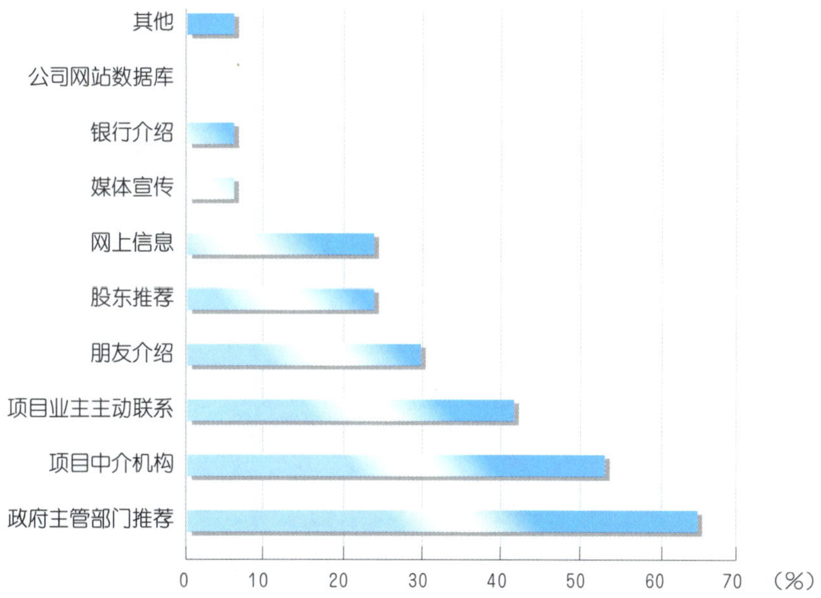

图 2.38 项目信息源分析：陕西

获取投资项目信息，占机构总数的45.2%，比48%的全国平均水平低；有12家机构通过朋友的介绍获取投资项目信息，占机构总数的38.7%，比44.3%的全国平均水平低；有7家机构通过本公司股东的推荐获取项目信息，占机构总数的22.6%，比39.4%全国平均水平低；有4家机构通过互联网上众多的相关网页获取投资项目信息，占机构总数的12.9%，比24.4%的全国平均水平低；有4家机构通过通过机构自己建立的网站上的项目数据库收集投资项目信息，占机构总数的12.9%，比23.6%的全国平均水平低；有4家机构通过银行介绍获取项目信息，占机构总数的12.9%，比7.7%的全国平均水平高，有1家机构通过媒体（如电视、报纸、杂志）宣传获取投资项目信息，占机构总数的3.2%，比11.4%的全国平均水平低。

在被调查的陕西创业投资机构中，主要是通过政府主管部门的推荐、项目中介机构和项目业主主动联系获取项目信息，没有一家机构在自己公司的网站建立项目数据库。

从表2.52可以看到，在陕西被调查的创业投资机构中，有11家机构通过政府主管部门的推荐获取投资项目信息，占机构总数的64.7%，比59.3%的全国平均水平高；有9家机构通过项目中介机构获取投

表2.53 创业投资项目信息源：浙江

信息源	项目业主主动联系	政府主管部门推荐	朋友介绍	项目中介机构	公司网站的项目数据库
家数	8	8	7	6	6
比例(%)	53.3	53.3	46.7	40.0	40.0
信息源	股东推荐	网上信息	媒体宣传	银行介绍	其他
家数	4	4	2	1	4
比例(%)	26.7	26.7	13.3	6.7	26.7

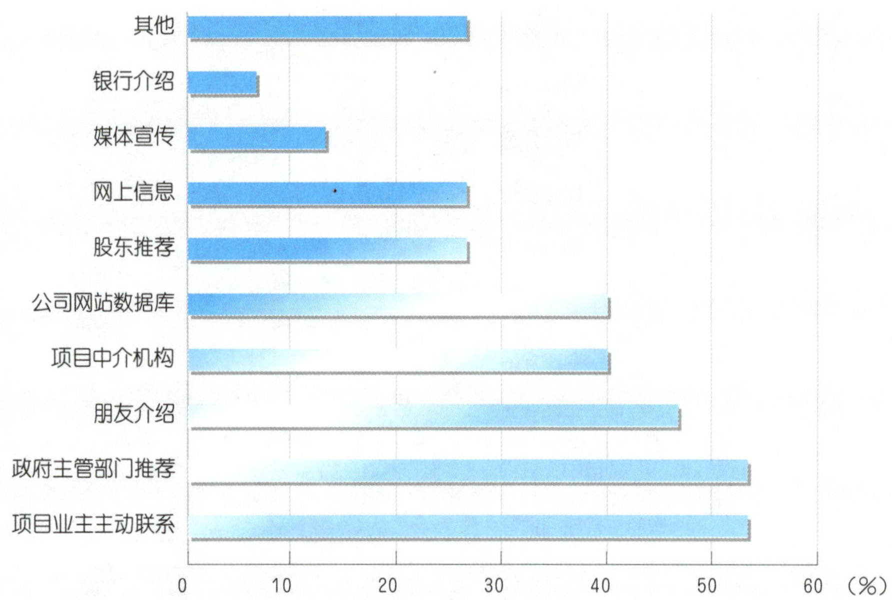

图2.39 项目信息源分析：浙江

资项目信息，占机构总数的52.9%，远高于12.48%的全国平均水平；有7家机构通过项目主主动与机构联系获取项目信息，占机构总数的41.2%，比62.6%的全国平均水平低；有5家机构通过朋友的介绍获取投资项目信息，占机构总数的29.4%，比44.3%的全国平均水平高；有4家机构通过本公司股东的推荐获取项目信息，占机构总数的23.5%，比39.4%的全国平均水平低；有60家机构通过互联网上众多的相关网页获取投资项目信息，占机构总数的24.4%；有4家机构通过在机构自己建立的网站上的项目数据库收集投资项目信息，占机构总数的23.5%，与23.6%的全国平均水平相近；有1家机构通过媒体(如电视、报纸、杂志)宣传获取投资项目信息，占机构总数的5.9%，比11.4%的全国平均水平低；有1家机构通过银行介绍获取项目信息，占机构总数的5.9%，比7.7%的全国平均水平低。

浙江创业投资机构比较注重通过在自己公司的网站建立项目数据库来搜集信息，所占比例远高于全国平均水平。

从表2.53可以看到，在浙江被调查的创业投资机构中，有8家机构通过项目主主动与机构联系获取项目信息，占机构总数的53.3%，比62.6%的全国平

表 2.54 创业投资项目信息源：江苏

信息源	政府主管部门推荐	项目业主主动联系	朋友介绍	项目中介机构	股东推荐
家数	7	7	5	2	4
比例(%)	77.8	77.8	55.6	22.2	44.4

信息源	公司网站的项目数据库	网上信息	媒体宣传	银行介绍	其他
家数	1	1	0	0	0
比例(%)	11.1	11.1	0.0	0.0	0.0

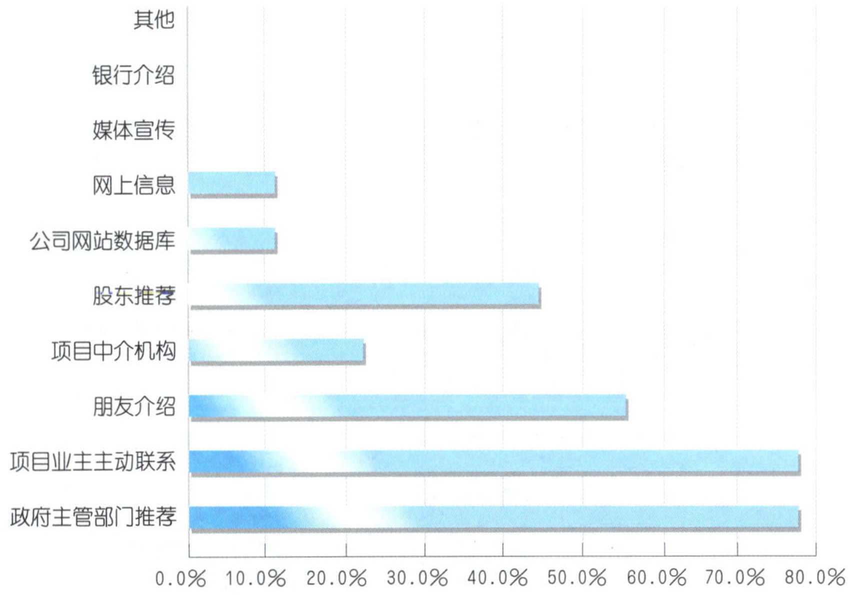

图 2.40 项目信息源分析：江苏

均水平低；有8家机构通过政府主管部门的推荐获取投资项目信息，占机构总数的53.3%，比59.3%的全国平均水平低；；有7家机构通过朋友的介绍获取投资项目信息，占机构总数的46.7%，比44.3%的全国平均水平高；有6家机构通过项目中介机构获取投资项目信息，占机构总数的40%，比48%的全国平均水平低；有6家机构通过自己建立的网站上的项目数据库收集投资项目信息，占机构总数的40%，远高于23.6%的全国平均水平；有4家机构通过本公司股东的推荐获取项目信息，占机构总数的26.7%，比39.4%的全国平均水平低；有4家机构通过互联网上众多的相关网页获取投资项目信息，占机构总数的26.7%，与24.4%的全国平均水平相近；有2家机构通过媒体（如电视、报纸、杂志）宣传获取投资项目信息，占机构总数的13.3%，与11.4%的全国平均水平相近；只有1家机构通过银行介绍获取项目信息，占机构总数的6.7%，与7.7%的全国平均水平相近。

在江苏的被调查机构中，主要通过政府主管部门的推荐和项目主主动与机构联系这两种渠道获取项目信息，没有一家机构通过银行介绍和媒体（如电视、报纸、杂志）宣传获取投资项目信息。

从表2.54可以看到，在江苏被调查的创业投资

表2.55 创业投资项目信息源：湖北

信息源	朋友介绍	政府主管部门推荐	项目业主主动联系	股东推荐	项目中介机构
家数	6	5	5	4	2
比例(%)	66.7	55.6	55.6	44.4	22.2

信息源	公司网站的项目数据库	媒体宣传	网上信息	银行介绍	其他
家数	1	1	1	0	3
比例(%)	11.1	11.1	11.1	0.0	33.3

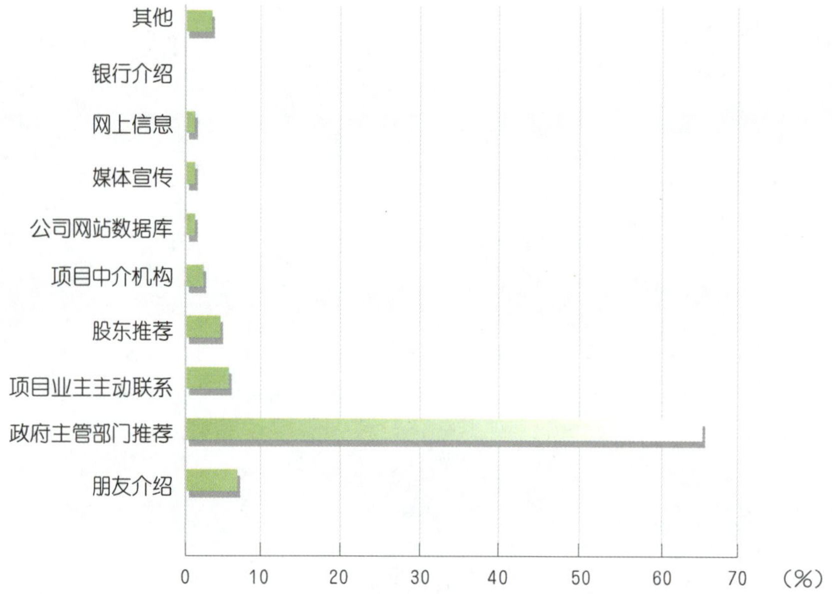

图2.41 项目信息源分析：湖北

机构中，有7家机构通过政府主管部门的推荐获取投资项目信息，占机构总数的77.8%，比59.3%的全国平均水平高；有7家机构通过项目主主动与机构联系获取项目信息，占机构总数的77.8%，比62.6%全国平均水平高；有5家机构通过朋友的介绍获取投资项目信息，占机构总数的55.6%，比44.3%的全国平均水平高；有2家机构通过项目中介机构获取投资项目信息，占机构总数的22.2%，比48%的全国平均水平低；有4家机构通过本公司股东的推荐获取项目信息，占机构总数的44.4%，比39.4%的全国平均水平高；有1家机构通过自己建立的网站上的项目数据库收集投资项目信息，占机构总数的11.1%，比23.6%的全国平均水平低；有1家机构通过互联网上众多的相关网页获取投资项目信息，占机构总数的11.1%，比24.4%的全国平均水平低；没有一家机构通过银行介绍和媒体（如电视、报纸、杂志）宣传获取投资项目信息。

湖北的被调查机构主要通过朋友的介绍、项目主主动与机构联系和政府主管部门的推荐等渠道获取项目信息，没有一家机构通过银行介绍获取项目信息。

从表2.55可以看到，在湖北被调查的创业投资机构中，有6家机构通过朋友的介绍获取投资项目信息，占机构总数的66.7%，高于44.3%的全国平均水平；有5家机构通过项目主主动与机构联系获取项目信息，占机构总数的55.6%，比62.6%的全国平均水平低；有5家机构通过政府主管部门的推荐获取投资项目信息，占机构总数的55.6%，比59.3%的全国平均水平低；有4家机构通过本公司股东的推荐获取项目信息，占机构总数的44.4%，比全国平均水平39.4%高；有2家机构通过项目中介机构获取投资项目信息，占机构总数的22.2%，远低于48%的全国平均水平；有1家机构通过互联网上众多的相关网页获取投资项目信息，占机构总数的11.1%，比24.4%全国平均水平低；有1家机构通过通过机构自己建立的网站上的项目数据库收集投资项目信息，占机构总数的11.1%，比23.6%的全国平均水平低；有1家机构通过媒体（如电视、报纸、杂志）宣传获取投资项目信息，占机构总数的11.1%，与11.4%的全国平均水平相近；没有1家机构通过银行介绍获取项目信息。

天津的被调查机构没有一家机构通过项目主主动与机构联系、政府主管部门的推荐和网上信息等渠道获取项目信息，其中利用网上信息的比例远高

表2.56 创业投资项目信息源：天津

信息源	项目业主主动联系	政府主管部门推荐	股东推荐	网上信息	项目中介机构
家数	8	6	5	5	4
比例(%)	100	75.0	62.5	65.5	50.0

信息源	朋友介绍	公司网站的项目数据库	媒体宣传	银行介绍	其他
家数	4	2	0	0	0
比例(%)	50.0	25.0	0.0	0.0	0.0

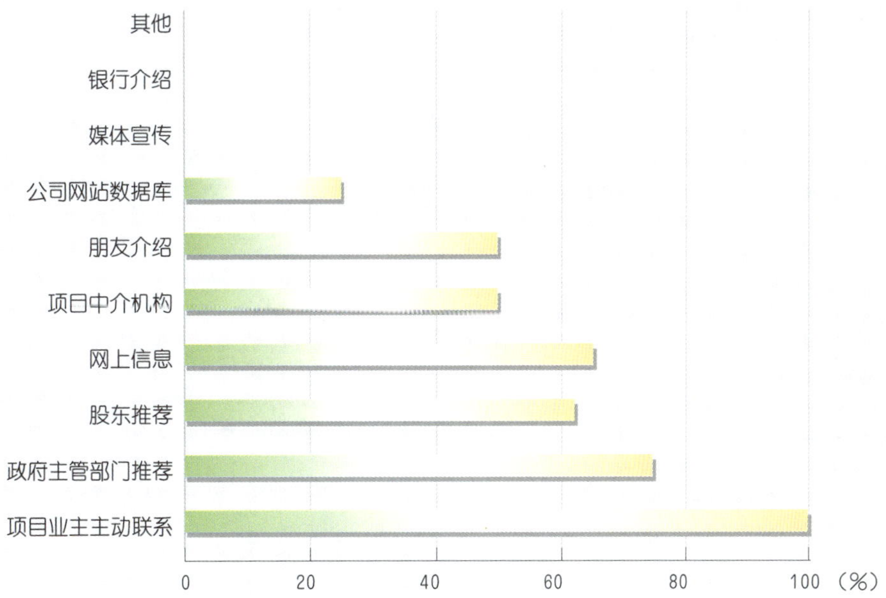

图2.42 项目信息源分析：天津

于全国平均水平，同时，没有一家机构通过媒体（如电视、报纸、杂志）宣传和银行介绍等渠道获取投资项目信息。

从表2.56可以看到，在天津被调查的创业投资机构中，全部机构都通过项目主主动与机构联系获取项目信息；有6家机构通过政府主管部门的推荐获取投资项目信息，占机构总数的75%，比59.3%的全国平均水平高；有5家机构通过本公司股东的推荐获取项目信息，占机构总数的62.5%，比39.4%的全国平均水平高；有5家机构通过互联网上众多的相关网页获取投资项目信息，占机构总数的65.5%，比24.4%全国平均水平高；有4家机构通过项目中介机构获取投资项目信息，占机构总数的50%，与48%的全国平均水平相近；有4家机构通过朋友的介绍获取投资项目信息，占机构总数的50%，比44.3%的全国平均水平高；有2家机构通过自己建立的网站上的项目数据库收集投资项目信息，占机构总数的25%，与23.6%的全国平均水平相近；没有一家机构通过媒体（如电视、报纸、杂志）宣传和银行介绍等渠道获取投资项目信息。

表2.57 创业投资项目投资决策要素：全国

决策要素	市场前景	管理团队	主要项目的技术先进性	未来现金流量	技术成熟程度
家数	208	199	131	97	89
比例(%)	84.6	80.9	53.2	39.4	36.2

信息源	公司股权结构	技术人员的可合作程度	技术竞争者	投资竞争者	中介服务质量
家数	74	52	48	20	5
比例(%)	30.0	21.1	19.5	8.1	2.0

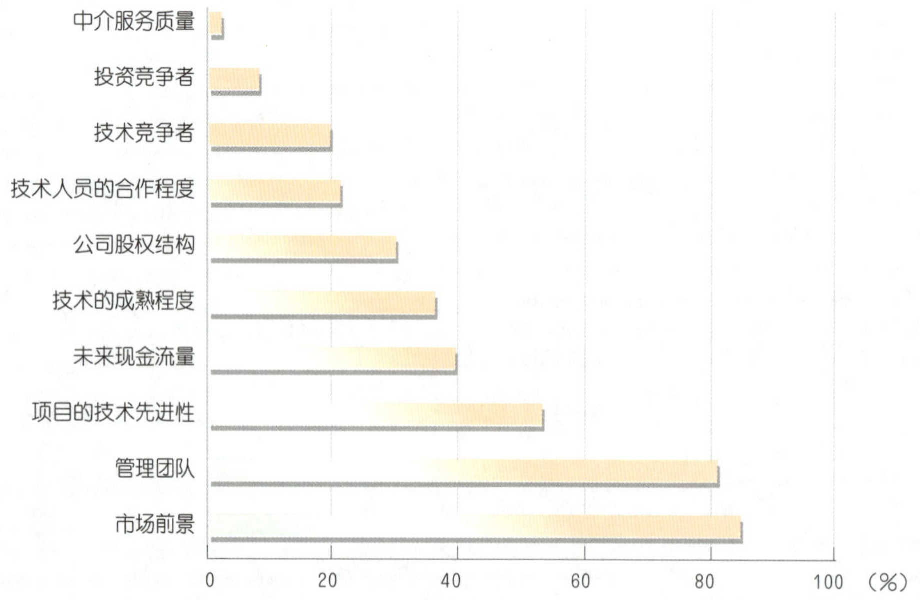

图2.43 项目投资决策要素分析：全国

2.6.2 创业投资项目投资决策要素分析

创业投资机构在做出投资决策前必须对被投资企业和项目进行全面的评估，这是科学决策的重要表现。表2.57的投资决策因素分析中，按照各因素的影响力高低依次排序为：市场前景，管理团队，主要投资项目的技术先进性，未来现金流量，技术成熟程度，公司股权结构，技术竞争者，技术人员的可合作程度，投资竞争者（投资伙伴），中介服务的质量。并且具有以下特点：

1. 投资项目的市场前景、管理团队的整体素质、投资项目的技术先进性和项目的未来现金流量是机构进行投资决策时最主要考虑的四大因素。

2. 只有2%的机构认为中介服务质量是做投资决策时需要考虑的因素之一。这里所说的中介机构是指律师事务所、会计师事务所和投资咨询公司。

从表2.57可以看到，在246家全国被调查机构中，有208家机构认为投资项目的市场前景是需要考虑的投资决策因素，占机构总数的84.6%；有199家机构认为创业企业的管理团队是做投资决策时需

2.58 创业投资项目投资决策要素：北京

决策要素	市场前景	管理团队	主要项目的技术先进性	未来现金流量	技术成熟程度
家数	57	50	40	28	28
比例(%)	82.6	72.5	58.0	40.6	40.6

信息源	公司股权结构	技术竞争者	技术人员的可合作程度	投资竞争者	中介服务质量
家数	22	16	15	9	1
比例(%)	31.9	23.2	21.7	13.0	1.4

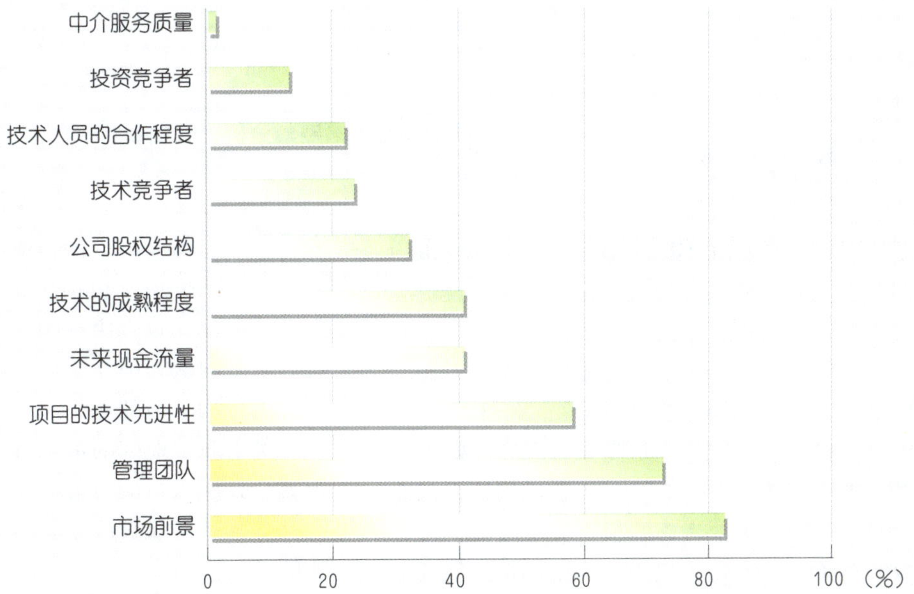

图2.44 项目投资决策要素分析：北京

2.59 创业投资项目投资决策要素：深圳

决策要素	市场前景	管理团队	未来现金流量	主要项目的技术先进性	技术成熟程度
家数	44	42	29	25	20
比例(%)	88.0	84.0	58.0	50.0	40.0
信息源	公司股权结构	技术竞争者	技术人员的可合作程度	投资竞争者	中介服务质量
家数	15	12	11	2	1
比例(%)	30.0	24.0	22.0	4.0	2.0

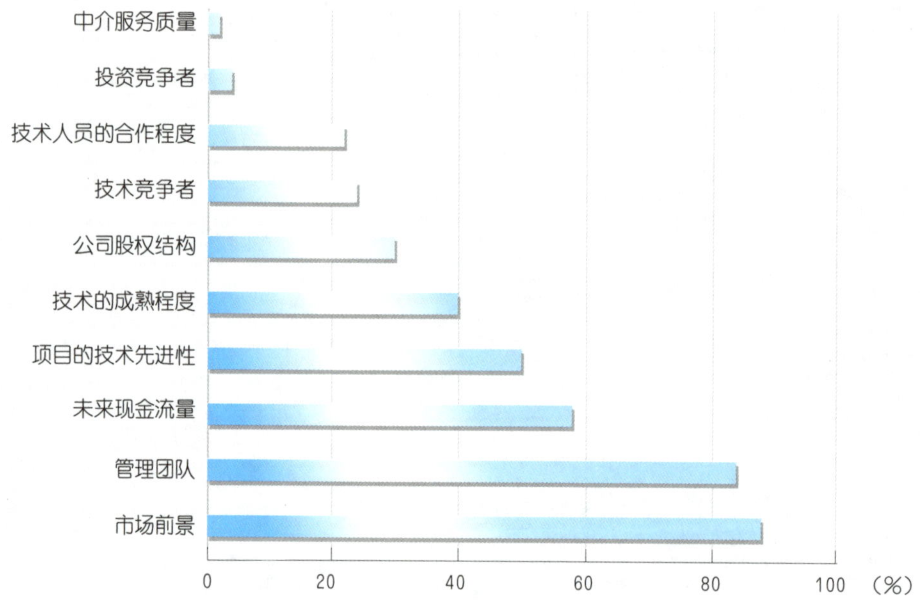

图2.45 项目投资决策要素分析：深圳

要考虑的因素，占机构总数的80.9%；有131家机构认为创业企业的主要项目的技术先进性是做投资决策时需要考虑的因素，占机构总数的53.2%；有97家机构认为投资项目的未来现金流量是需要考虑的投资决策因素，占机构总数的39.4%；有89家机构认为投资项目的技术成熟度是需要考虑的投资决策因素，占机构总数的36.2%；有74家机构认为创业企业的股权结构是需要考虑的投资决策因素，占机构总数的30.0%；有52家机构认为创业企业的技术人员的可合作程度是需要考虑的投资决策因素，占机构总数的21.1%；有48家机构认为投资项目的技术竞争者是需要考虑的投资决策因素，占机构总数的19.5%；有20家机构认为投资项目的投资竞争者是需要考虑的投资决策因素，占机构总数的8.1%；有5家机构认为中介服务是需要考虑的投资决策因素，占机构总数的2%。

对于北京地区的被调查机构来说，除了技术竞争者和技术人员的可合作程度这两项的排序稍有不同外，其余各投资决策要素的排序与全国机构是一致的。

从表2.58可以看到，在北京的被调查机构中，有57家机构认为投资项目的市场前景是需要考虑的投资决策因素，占机构总数的82.6%，低于84.6%的全国平均水平；有50家机构认为创业企业的管理团队是做投资决策时需要考虑的因素，占机构总数的72.5%，低于80.9%的全国平均水平；有40家机构认为创业企业的主要项目的技术先进性是做投资决策时需要考虑的因素，占机构总数的58%，高于53.2%的全国平均水平；有28家机构认为投资项目的未来现金流量是需要考虑的投资决策因素，占机构总数的40.6%，高于39.4%的全国平均水平；有28家机构认为投资项目的技术成熟度是需要考虑的投资决策因素，占机构总数的40.6%，高于36.2%的全国平均水平；有22家机构认为创业企业的股权结构是需要考虑的投资决策因素，占机构总数的31.9%，高于30.0%的全国平均水平；有16家机构认为投资项目的技术竞争者是需要考虑的投资决策因素，占机构总数的23.2%，低于19.5%的全国平均水平；有15家机构认为创业企业的技术人员的可合作程度是需要考虑的投资决策因素，占机构总数的21.7%，与21.1%的全国平均水平相近；有9家机构认为投资项目的投资竞争者是需要考虑的投资决策因素，占机构总数的13%，高于8.1%的全国平均水平；有1家机构认为中介服务是需要考虑的投资决策因素，占机构总数的1.4%，低于2%的全国平均水平。

与全国机构总体分析不同的是，深圳机构认为主要投资项目的技术先进性比投资项目的未来现金流量更重要一些。

从表2.59可以看到，在50家全国被调查机构中，有44家机构认为投资项目的市场前景是需要考虑的投资决策因素，占机构总数的88%，高于84.6%的全国平均水平；有42家机构认为创业企业的管理团队是做投资决策时需要考虑的因素，占机构总数的84%，高于80.9%的全国平均水平；有29家机构认为投资项目的未来现金流量是需要考虑的投资决策因素，占机构总数的58%，高于39.4%的全国平均水平；有25家机构认为创业企业的主要项目的技术先进性是做投资决策时需要考虑的因素，占机构总数的50%，低于53.2%的全国平均水平；有20家机构认为投资项目的技术成熟度是需要考虑的投资决策因素，占机构总数的40%，高于36.2%的全国平均水平；有15家机构认为创业企业的股权结构是需要考虑的投资决策因素，占机构总数的30.0%，与全国平均水平一致；有12家机构认为投资项目的技术竞争者是需要考虑的投资决策因素，占机构总数的24%，高于19.5%的全国平均水平；有11家机构认为创业企业的技术人员的可合作程度是需要考虑的投资决策因素，占机构总数的22%，与21.1%的全国平均水平相近；有2家机构认为投资项目的投资竞争者是需要考虑的投资决策因素，占机构总数的4%，低于8.1%的全国平均水平；有1家机构认为中介服务是需要考虑的投资决策因素，占机构总数的2%，与全国平均水平一致。

与全国机构总体分析不同的是，上海的创业投资机构认为创业企业的管理团队比投资项目的市场前景更重要一些，创业企业的主要项目的技术先进性比投资项目的未来现金流量更重要一些。

从表2.60可以看到，在上海地区的被调查机构中，有25家机构认为创业企业的管理团队是做投资决策时需要考虑的因素，占机构总数的80.7%，与80.9%的全国平均水平相近；有22家机构认为投资项目的市场前景是需要考虑的投资决策因素，占机构总数的71%，低于84.6%的全国平均水平；有18家机构认为创业企业的主要项目的技术先进性是做

2.60 创业投资项目投资决策要素：上海

决策要素	管理团队	市场前景	主要项目的技术先进性	未来现金流量	技术成熟程度
家数	25	22	18	8	8
比例(%)	80.7	71.0	58.1	25.8	25.8

决策要素	技术人员的可合作程度	公司股权结构	投资竞争者	技术竞争者	中介服务质量
家数	8	6	4	3	0
比例(%)	25.8	19.4	13.0	9.7	0.0

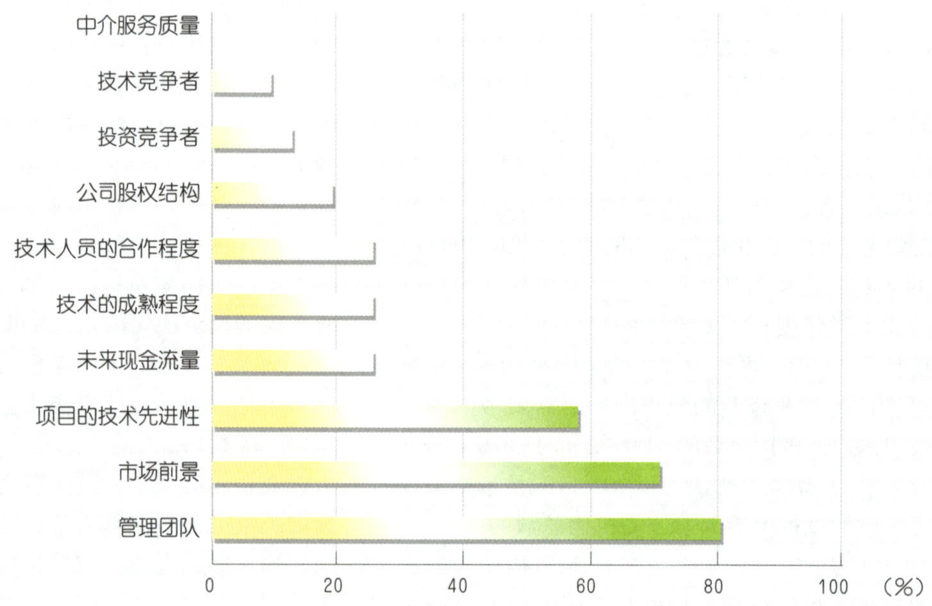

图2.46 项目投资决策要素分析：上海

2.61 创业投资项目投资决策要素：陕西

决策要素	市场前景	管理团队	公司股权结构	主要项目的技术先进性	技术成熟程度
家数	14	14	6	6	5
比例(%)	82.4	82.4	35.3	35.3	29.4

决策要素	未来现金流量	技术人员的可合作程度	技术竞争者	投资竞争者	中介服务质量
家数	3	3	2	1	1
比例(%)	17.6	17.6	11.8	5.9	5.9

投资决策时需要考虑的因素，占机构总数的58.1%，高于53.2%的全国平均水平；有8家机构认为投资项目的未来现金流量是需要考虑的投资决策因素，占机构总数的25.8%，低于39.4%的全国平均水平；有8家机构认为投资项目的技术成熟度是需要考虑的投资决策因素，占机构总数的25.8%，低于36.2%的全国平均水平；有6家机构认为创业企业的股权结构是需要考虑的投资决策因素，占机构总数的19.4%，低于30.0%的全国平均水平；有8家机构认为创业企业的技术人员的可合作程度是需要考虑的投资决策因素，占机构总数的25.8%，高于21.1%的全国平均水平；有4家机构认为投资项目的技术竞争者是需要考虑的投资决策因素，占机构总数的13%，低于19.5%的全国平均水平；有3家机构认为投资项目的投资竞争者是需要考虑的投资决策因素，占机构总数的9.7%，高于8.1%的全国平均水平；没有1家机构认为中介服务是需要考虑的投资决策因素，低于2%的全国平均水平。

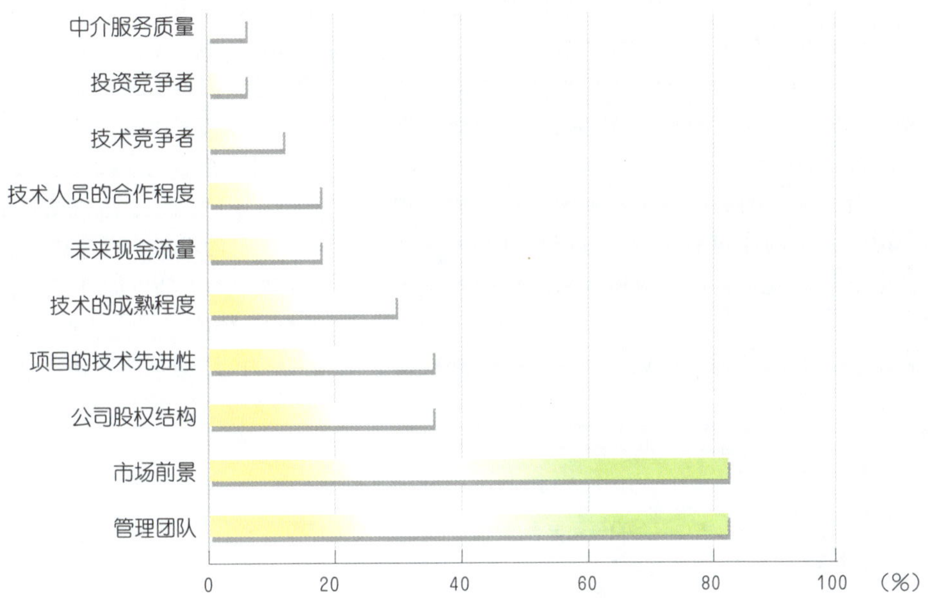

图 2.47 项目投资决策要素分析：陕西

表 2.62 创业投资项目投资决策要素：浙江

决策要素	市场前景	管理团队	主要项目的技术先进性	技术成熟程度	公司股权结构
家数	14	12	10	7	4
比例(%)	93.3	80.0	66.7	46.7	26.7

决策要素	未来现金流量	技术竞争者	技术人员的可合作程度	中介服务质量	投资竞争者
家数	3	3	1	1	0
比例(%)	20.0	20.0	6.7	6.7	0.0

陕西地区的被调查机构在做投资决策时，比较重视创业企业的股权结构，而投资项目的未来现金流量排在了相对靠后的位置。

从表 2.61 可以看到，在陕西地区的被调查机构中，有 14 家机构认为投资项目的市场前景是需要考虑的投资决策因素，占机构总数的82.4%，低于84.6%的全国平均水平；有 14家机构认为创业企业的管理团队是做投资决策时需要考虑的因素，占机构总数的 82.4%，高于 80.9% 的全国平均水平；有 6 家机构认为创业企业的主要项目的技术先进性是做投资决策时需要考虑的因素，占机构总数的35.3%，低于53.2%的全国平均水平；有 6 家机构认为创业企业的股权结构是需要考虑的投资决策因素，占机构总数的35.3%，高于30.0%的全国平均水平；有 5 家机构认为投资项目的技术成熟度是需要考虑的投资决策因素，占机构总数的 29.4%，低于 36.2% 的全国平均水平；有 3 家机构认为投资项目的未来现金流量是需要考虑的投资决策因素，占机构总数的 17.6%，低于 39.4% 的全国平均水平；有 15 家机构认为创业企业的技术人员的可合作程度是需要考虑的投资决策因素，占机构总数的 21.7%，与 21.1% 的全国平均水平相近；有 2家机构认为投资项目的技术竞争者是需要考虑的投资决策因素，占机构总数的11.8%，低于19.5%的全国平均水平；有1家机构认为投资项目的投资竞争者是需要考虑的投资决策因素，占机构总数的5.9%，低于8.1%的全国平均水平；有1家机构认为中介服务是需要考虑的投资决策因素，占机构总数的5.9%，高于2%的全国平均水平。

对于浙江地区的被调查机构来说，技术成熟程度和公司股权结构这两个要素比投资项目的未来现金流量更重要，其余各投资决策要素的排序与全国机构是一致的。

从表2.62可以看到，在浙江地区的被调查机构中，有14家机构认为投资项目的市场前景是需要考虑的投资决策因素，占机构总数的93.3%，高于84.6%的全国平均水平；有12家机构认为创业企业的管理团队是做投资决策时需要考虑的因素，占机构总数的80%，低于80.9%的全国平均水平；有10家机构认为创业企业的主要项目技术先进性是投资决策时需要考虑的因素，占机构总数的66.7%，高于53.2%的全国平均水平；有7家机构认为投资项目的技术成熟度是需要考虑的投资决策因素，占机构总数的46.7%，高于36.2%的全国平均水平；有4家机构认为创业企业的股权结构是需要考虑的投资决策因素，占机构

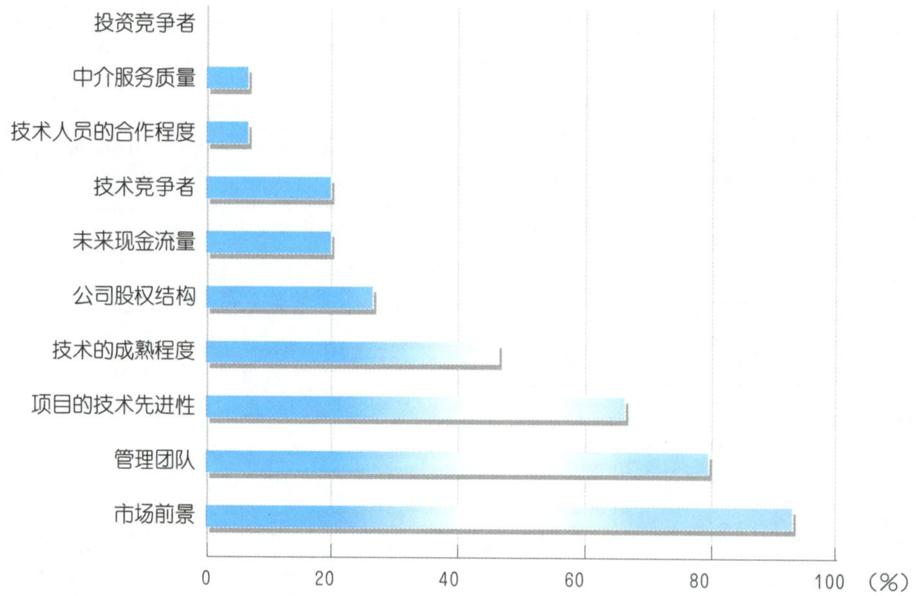

图2.48 项目投资决策要素分析：浙江

表2.63 创业投资项目投资决策要素：江苏

决策要素	市场前景	管理团队	未来现金流量	技术成熟程度	主要项目的技术先进性
家数	9	6	6	4	3
比例(%)	100	66.7	66.7	44.4	33.3

决策要素	技术人员的可合作程度	公司股权结构	技术竞争者	投资竞争者	中介服务质量
家数	2	2	2	1	0
比例(%)	22.2	22.2	22.2	11.1	0.0

总数的26.7%，低于30.0%的全国平均水平；有3家机构认为投资项目的未来现金流量是需要考虑的投资决策因素，占机构总数的20%，低于39.4%的全国平均水平；有3家机构认为投资项目的技术竞争者是需要考虑的投资决策因素，占机构总数的20%，高于19.5%的全国平均水平；有1家机构认为创业企业的技术人员的可合作程度是需要考虑的投资决策因素，占机构总数的6.7%，低于21.1%的全国平均水平；有1家机构认为中介服务是需要考虑的投资决策因素，占机构总数的6.7%，高于2%的全国平均水平；没有1家机构认为投资项目的投资竞争者是需要考虑的投资决策因素，低于8.1%的全国平均水平。

对于江苏地区的被调查机构来说，各投资决策要素的排序与全国机构的排序是一致的。

从表2.63可以看到，在江苏的被调查机构中，有9家机构认为投资项目的市场前景是需要考虑的投资决策因素，占机构总数的100%，高于84.6%的全国平均水平；有6家机构认为创业企业的管理团队是进行投资决策时需要考虑的因素，占机构总数的66.7%，低于80.9%的全国平均水平；有6家机构认为投资项目的未来现金流量是需要考虑的投资决策因素，占机构总数的66.7%，高于39.4%的全国平均

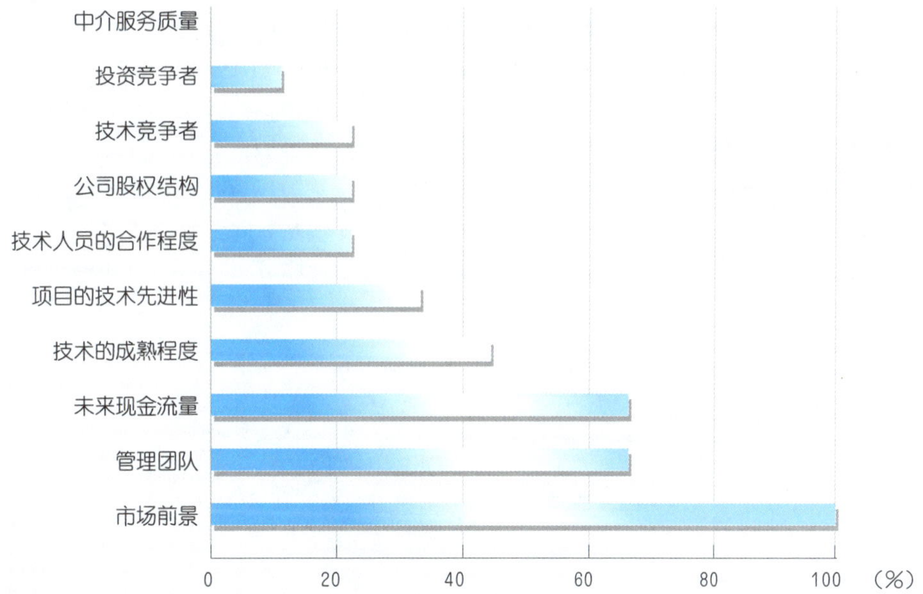

图2.49 项目投资决策要素分析：江苏

表2.64 创业投资项目投资决策要素：湖北

决策要素	管理团队	市场前景	主要项目的技术先进性	技术人员的可合作程度
家数	8	7	5	2
比例(%)	88.9	77.8	55.6	22.2

决策要素	公司股权结构	未来现金流量	技术成熟程度	技术竞争者	投资竞争者	中介服务质量
家数	2	1	1	0	0	0
比例(%)	22.2	11.1	11.1	0.0	0.0	0.0

水平；有4家机构认为投资项目的技术成熟度是需要考虑的投资决策因素，占机构总数的44.4%，高于36.2%的全国平均水平；有3家机构认为创业企业的主要项目的技术先进性是做投资决策时需要考虑的因素，占机构总数的33.3%，低于53.2%的全国平均水平；有2家机构认为创业企业的股权结构是需要考虑的投资决策因素，占机构总数的22.2%，低于30.0%的全国平均水平；有2家机构认为投资项目的技术竞争者是需要考虑的投资决策因素，占机构总数的22.2%，高于19.5%的全国平均水平；有2家机构认为创业企业的技术人员的可合作程度是需要考虑的投资决策因素，占机构总数的22.2%，与21.1%的全国平均水平相近；有1家机构认为投资项目的投资竞争者是需要考虑的投资决策因素，占机构总数的11.1%，高于8.1%的全国平均水平；没有机构认为中介服务是需要考虑的投资决策因素，低于2%的全国平均水平。

对于湖北地区的被调查机构来说，技术人员的可合作程度比公司股权结构和投资项目的未来现金流量更重要，其余各投资决策要素的排序与全国一致。

从表2.64可以看到，在湖北的被调查机构中，有8家机构认为创业企业的管理团队是做投资决策时需要考虑的因素，占机构总数的88.9%，高于80.9%的全国平均水平；有7家机构认为投资项目的市场前景是需要考虑的投资决策因素，占机构总数的77.8%，低于84.6%的全国平均水平；有5家机构认为创业企业的主要项目的技术先进性是做投资决策时需要考虑的因素，占机构总数的55.6%，高于53.2%的全国平均水平；有2家机构认为创业企业的技术人员可合作程度是需要考虑的投资决策因素，占机构总数的22.2%，与21.1%的全国平均水平相近；有2家机构认为创业企业的股权结构是需要考虑的投资决策因素，占机构总数的22.2%，低于30.0%的全国平均水平；有1家机构认为投资项目的未来现金流量是需要考虑的投资决策因素，占机构总数的11.1%，低于39.4%的全国平均水平；有1家机构认为投资项目的技术成熟度是需要考虑的投资决策因素，占机构总数的11.1%，低于36.2%的全国平均水平；没有1家机构认为投资项目的技术竞争者是需要考虑的投资决策因素，低于19.5%的全国平均水平；没有机构认为投资项目的投资竞争者是需要考虑的投资决策因素，低于8.1%的全国平均水平；没有机构认为中介服务是需要考虑的投资决策因素，低于2%的全国

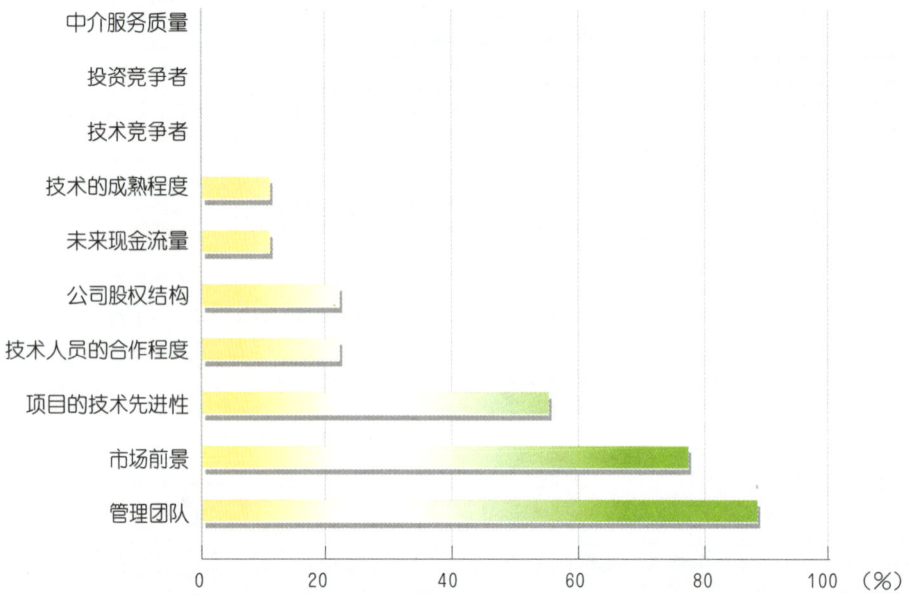

图2.50 项目投资决策要素分析：湖北

平均水平。

对于天津地区的被调查机构来说，除了未来现金流量和主要投资项目的技术先进性这两个因素的排序不同外，其余各投资决策要素的排序与全国机构是一致的。

从表2.65可以看到，在天津的被调查机构中，有8家机构认为投资项目的市场前景是需要考虑的投资决策因素，占机构总数的100%，高于84.6%的全国平均水平；有8家机构认为创业企业的管理团队是做投资决策时需要考虑的因素，占机构总数的100%，高于80.9%的全国平均水平；有7家机构认为投资项目的未来现金流量是需要考虑的投资决策因素，占机构总数的87.5%，高于39.4%的全国平均水平；有4家机构认为创业企业的主要项目的技术先进性是做投资决策时需要考虑的因素，占机构总数的50%，低于53.2%的全国平均水平；有2家机构认为投资项目的技术成熟度是需要考虑的投资决策因素，占机构总数的25%，低于36.2%的全国平均水平；有

表2.65 创业投资项目投资决策要素：天津

决策要素	市场前景	管理团队	未来现金流量	主要项目的技术先进性	技术成熟程度
家数	8	8	7	4	2
比例(%)	100	100	87.5	50.0	25.0

决策要素	技术人员的可合作程度	公司股权结构	技术竞争者	投资竞争者	中介服务质量
家数	1	1	1	1	0
比例(%)	12.5	12.5	12.5	12.5	0.0

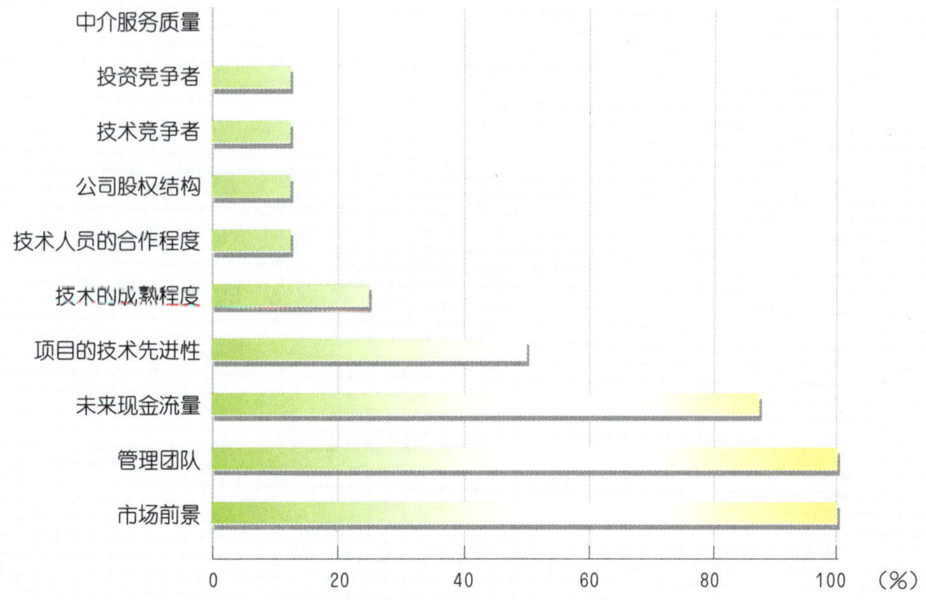

图2.51 项目投资决策要素分析：天津

1家机构认为创业企业的股权结构是需要考虑的投资决策因素，占机构总数的12.5%，低于30.0%的全国平均水平；有1家机构认为投资项目的技术竞争者是需要考虑的投资决策因素，占机构总数的12.5%，低于19.5%的全国平均水平；有1家机构认为创业企业的技术人员的可合作程度是需要考虑的投资决策因素，占机构总数的12.5%，低于21.1%的全国平均水平；有1家机构认为投资项目的投资竞争者是需要考虑的投资决策因素，占机构总数的12.5%，高于8.1%的全国平均水平；没有1家机构认为中介服务是需要考虑的投资决策因素，低于2%的全国平均水平。

2.6.3 创业投资项目定价分析

定价是指创业企业家为获得创业投资机构的创业资本所提供的股权，也是创业投资机构进行一项投资时所要求的股权份额。它实际上是创业投资机构对约定投资期限内投资回报的期望。对于创业投资公司来说，投资定价与其所承担的风险成正比，早期投资者的期望收益率较后期投资者的收益率高，因而他们通常要求较高的股权份额。合理评估投资项目的价格是创业投资机构与被投资企业达成投资意愿之后的一项重要工作步骤。项目定价涉及到各方的权利执行与实现，以及收益保证，创业投资机

表2.66 创业投资项目定价分析：全国

定价因素	项目的市场价格	项目的未来现金流量	潜在市场竞争	项目的开展成本	一般由双方商定	宏观经济环境	其他
家数	121	121	119	82	67	51	9
比例(%)	49.2%	49.2%	48.4%	33.3%	27.2%	20.7%	3.7%

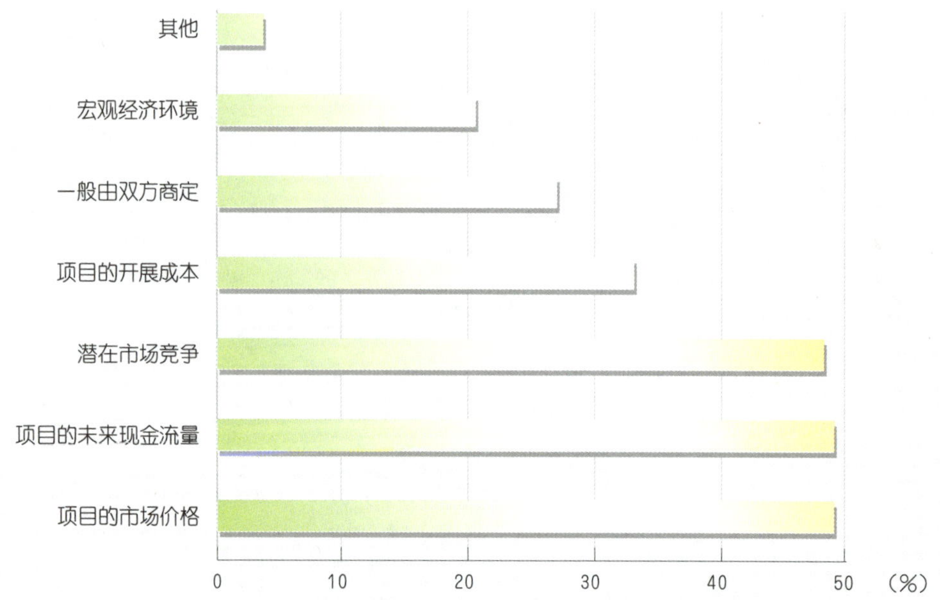

图2.52 项目定价分析：全国

构一贯对此注重。

表2.66列举了影响投资项目价值评估的六个主要因素，即项目的开展成本、项目的市场价格、潜在的市场竞争、项目的未来现金流量、一般由双方商定和宏观经济环境。在全国被调查的246家创业投资机构中，有121家机构把项目的市场价格作为定价的考虑因素，占机构总数的49.2%；有121家机构把项目的未来现金流量作为项目的定价因素，占机构总数的49.2%；有119家机构认为项目的潜在市场竞争力是在项目定价时需要考虑的因素，占机构总数的48.4%；有82家机构把项目的开展成本作为项目定价的考虑因素，占机构总数的33.3%；有67家机构在项目定价时定价因素由双方商定，占机构总数的27.2%；有51家机构在项目定价时考虑宏观经济环境，占机构总数的20.7%。

北京地区创业投资机构在项目定价时考虑因素的重要性排序是：项目的未来现金流量，潜在市场竞争，项目的市场价格，项目的开展成本，宏观经济环境，一般由双方商定。

在北京被调查的创业投资机构中，有34家机构把项目的未来现金流量作为项目的定价因素，占机构总数的49.3%，与49.2%的全国平均水平相近；有32家机构认为项目的潜在市场竞争力是在项目定价时需要考虑的因素，占机构总数的46.4%，低于48.4%的全国平均水平；有31家机构把项目的市场价格作为定价的考虑因素，占机构总数的44.9%，低于49.2%的全国平均水平；有23家机构把项目的开展成本作为项目定价的考虑因素，占机构总数的33.3%，与33.3%

表2.67 创业投资项目定价：北京

定价因素	项目的未来现金流量	潜在市场竞争	项目的市场价格	项目的开展成本	宏观经济环境	一般由双方商定	其他
家数	34	32	31	23	17	16	1
比例(%)	49.3	46.4	44.9	33.3	24.6	23.2	1.4

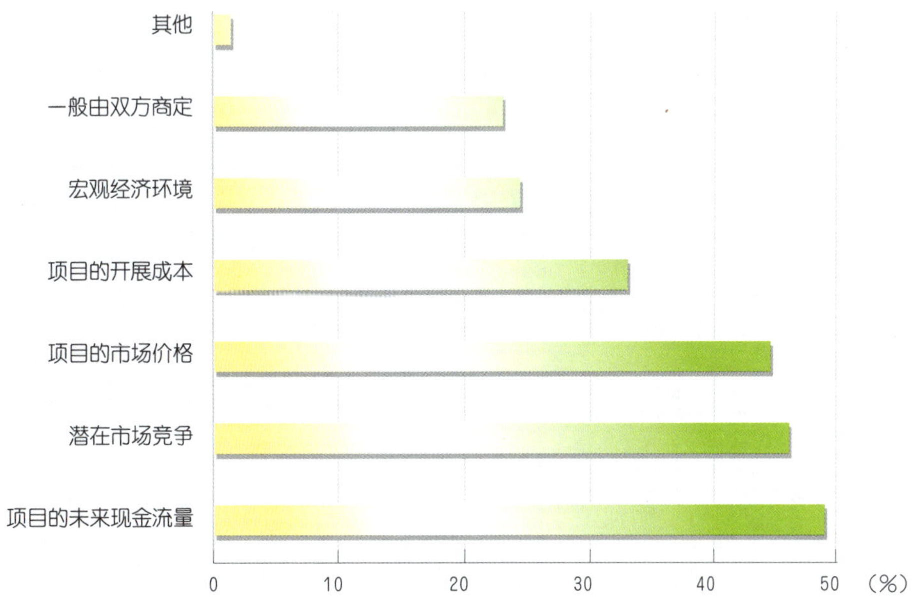

图2.53 项目定价分析：北京

表 2.68 创业投资项目定价：深圳

定价因素	项目的未来现金流量	潜在市场竞争	项目的市场价格	项目的开展成本	一般由双方商定	宏观经济环境	其他
家数	31	27	27	17	14	8	4
比例(%)	62.0	54.0	54.0	34.0	28.0	16.0	8.0

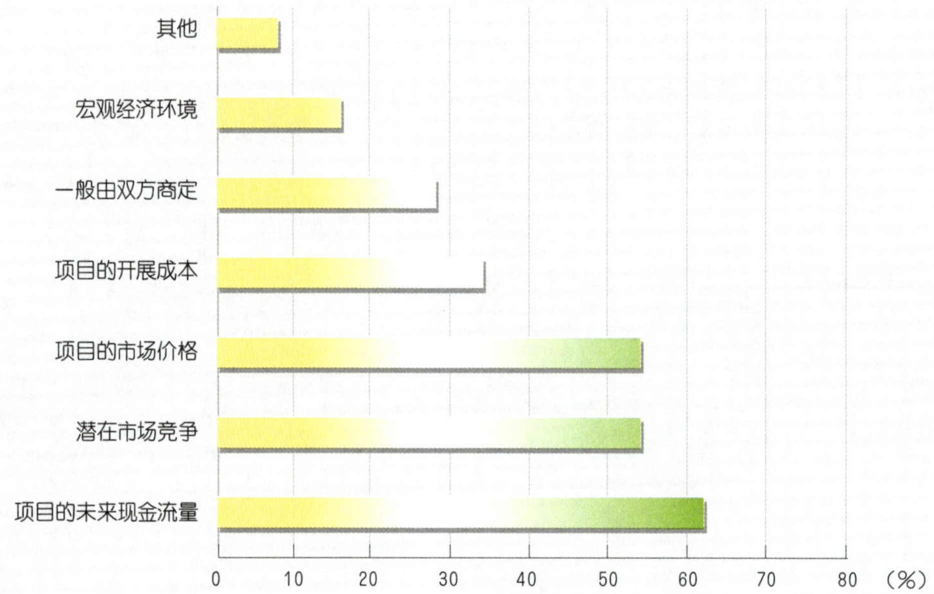

图2.54 项目定价分析：深圳

表 2.69 创业投资项目定价：上海

定价因素	项目的未来现金流量	项目的市场价格	潜在市场竞争	项目的开展成本	一般由双方商定	宏观经济环境	其他
家数	16	15	12	11	9	4	0
比例(%)	51.6	48.4	38.7	35.5	29.0	12.9	0.0

的全国平均水平一致；有17家机构在项目定价时考虑宏观经济环境，占机构总数的24.6%，高于20.7%的全国平均水平；有16家机构在项目定价时定价因素由双方商定，占机构总数的23.2%，低于27.2%的全国平均水平。

深圳创业投资机构在项目定价时考虑因素的重要性排序是：项目的未来现金流量，潜在市场竞争，项目的市场价格，项目的开展成本，一般由双方商定，宏观经济环境。

在深圳被调查的创业投资机构中，有31家机构

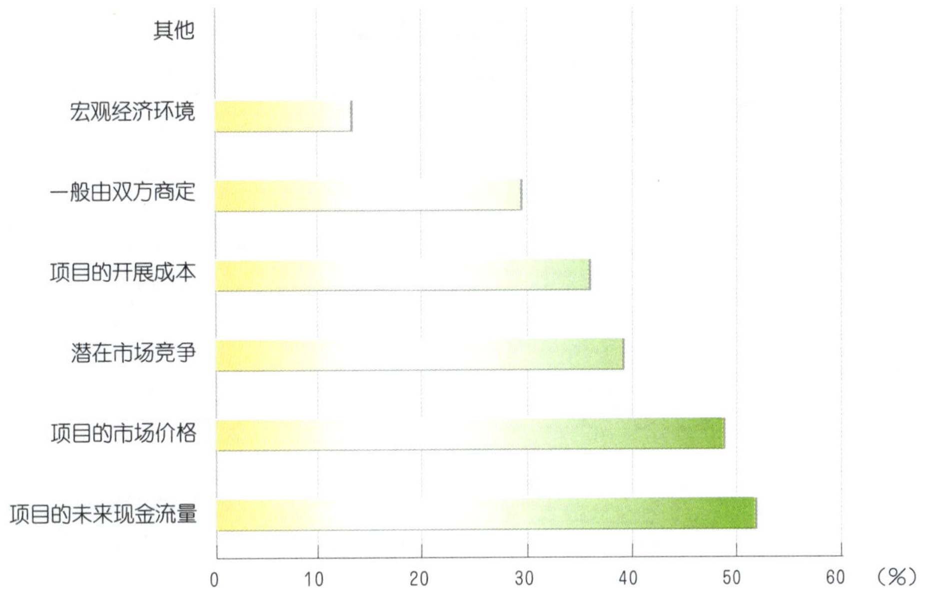

图2.55 项目定价分析：上海

表2.70 创业投资项目定价：陕西

定价因素	项目的市场价格	潜在市场竞争	项目的未来现金流量	一般由双方商定	项目的开展成本	宏观经济环境	其他
家数	11	7	4	4	3	3	2
比例(%)	64.7	41.2	23.5	35.5	17.6	17.6	11.8

把项目的未来现金流量作为项目的定价因素，占机构总数的62%，高于49.2%的全国平均水平；有27家机构认为项目的潜在市场竞争力是在项目定价时需要考虑的因素，占机构总数的54%，高于48.4%的全国平均水平；有27家机构把项目的市场价格作为定价的考虑因素，占机构总数的54%，高于49.2%的全国平均水平；有17家机构把项目的开展成本作为项目定价的考虑因素，占机构总数的34%，与33.3%的全国平均水平基本一致；有14家机构在项目定价时定价因素由双方商定，占机构总数的28%，高于27.2%的全国平均水平；有8家机构在项目定价时考虑宏观经济环境，占机构总数的16%，低于20.7%的全国平均水平。

上海创业投资机构在项目定价时考虑因素的重要性排序是：项目的未来现金流量，项目的市场价格，潜在市场竞争，项目的开展成本，一般由双方商定，宏观经济环境。

在上海被调查的创业投资机构中，有16家机构把项目的未来现金流量作为项目的定价因素，占机构总数的51.6%，高于49.2%的全国平均水平；有15家机构把项目的市场价格作为定价的考虑因素，占机构总数的48.4%，低于49.2%的全国平均水平；有12家机构认为项目的潜在市场竞争力是在项目定价时需要考虑的因素，占机构总数的38.7%，低于48.4%的全国平均水平；有11家机构把项目的开展成本作为项目定价的考虑因素，占机构总数的35.5%，高于33.3%的全国平均水平；有9家机构在项目定价时定价因素由双方商定，占机构总数的29%，高于27.2%

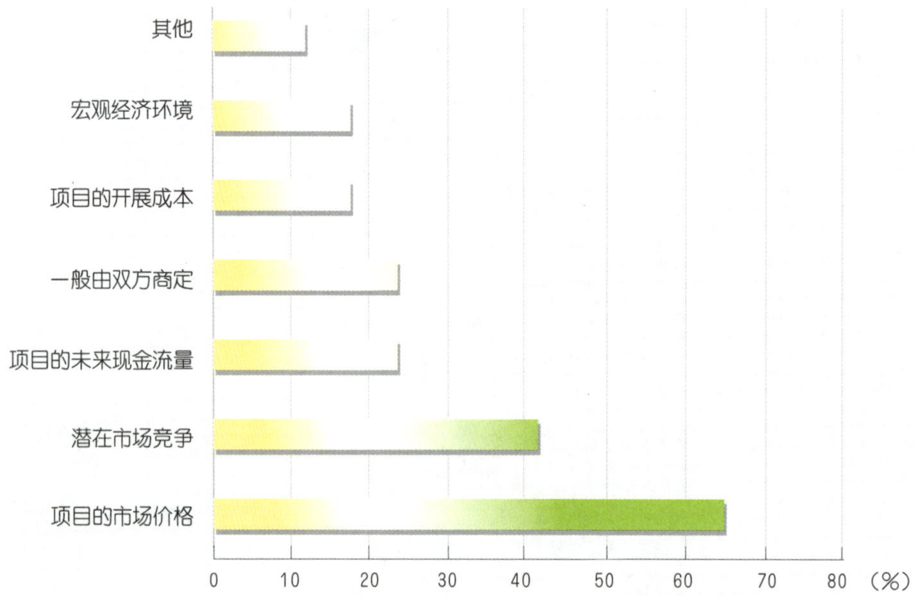

图2.56 项目定价分析：陕西

表2.71 创业投资项目定价：浙江

定价因素	项目的市场价格	潜在市场竞争	项目的未来现金流量	项目的开展成本	一般由双方商定	宏观经济环境	其他
家数	8	7	5	4	4	1	2
比例(%)	53.3	46.7	33.3	26.7	26.7	6.7	13.3

的全国平均水平；有4家机构在项目定价时考虑宏观经济环境，占机构总数的12.9%，低于20.7%的全国平均水平。

陕西地区创业投资机构在项目定价时考虑因素的重要性排序是：项目的市场价格，潜在市场竞争，项目的未来现金流量，一般由双方商定，项目的开展成本，宏观经济环境。

在陕西被调查的创业投资机构中，有11家机构把项目的市场价格作为定价的考虑因素，占机构总数的64.7%，高于49.2%的全国平均水平；有7家机构认为项目的潜在市场竞争力是在项目定价时需要考虑的因素，占机构总数的41.2%，低于48.4%的全国平均水平；有4家机构把项目的未来现金流量作为项目的定价因素，占机构总数的23.5%，低于49.2%的全国平均水平；有4家机构在项目定价时定价因素由双方商定，占机构总数的23.5%，低于27.2%的全国平均水平；有3家机构把项目的开展成本作为项目定价的考虑因素，占机构总数的17.6%，低于33.3%的全国平均水平；有3家机构在项目定价时考虑宏观经济环境，占机构总数的17.6%，低于20.7%的全国平均水平。

浙江地区创业投资机构在项目定价时考虑因素的重要性排序是：项目的市场价格，潜在市场竞争，项目的未来现金流量，项目的开展成本，一般由双方商定，宏观经济环境。

在浙江被调查的创业投资机构中，有8家机构把项目的市场价格作为定价的考虑因素，占机构总数的53.3%，高于49.2%的全国平均水平；有7家机构

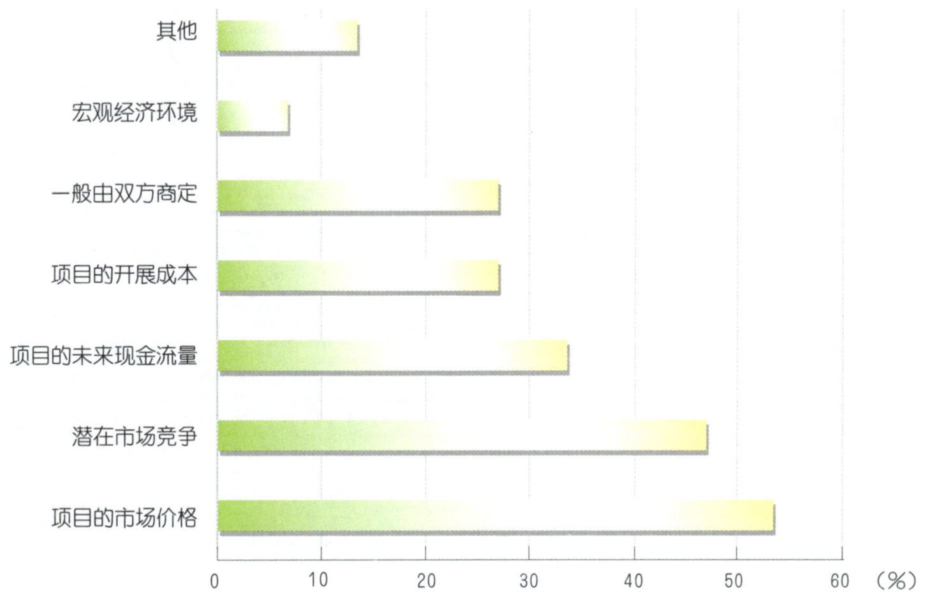

图2.57 项目定价分析：浙江

表2.72 创业投资项目定价：江苏

定价因素	项目的开展成本	潜在市场竞争	项目的未来现金流量	一般由双方商定	项目的市场价格	宏观经济环境	其他
家数	4	4	3	2	2	1	0
比例(%)	4.4	4.4	33.3	22.2	22.2	15.3	0.0

认为项目的潜在市场竞争力是在项目定价时需要考虑的因素，占机构总数的46.7%，低于48.4%的全国平均水平；有5家机构把项目的未来现金流量作为项目的定价因素，占机构总数的33.3%，低于49.2%的全国平均水平；有4家机构把项目的开展成本作为项目定价的考虑因素，占机构总数的26.7%，低于33.3%的全国平均水平；有4家机构在项目定价时由双方商定，占机构总数的26.7%，低于27.2%的全国平均水平；有1家机构在项目定价时考虑宏观经济环境，占机构总数的6.7%，低于20.7%的全国平均水平。

江苏地区创业投资机构在项目定价时考虑因素的重要性排序是：项目的开展成本，潜在市场竞争，项目的未来现金流量，一般由双方商定，项目的市场价格，宏观经济环境。

在江苏被调查的创业投资机构中，有4家机构认为项目的潜在市场竞争力是在项目定价时需要考虑的因素，占机构总数的44.4%，低于48.4%的全国平均水平；有4家机构把项目的开展成本作为项目定价的考虑因素，占机构总数的44.4%，高于33.3%的全国平均水平；有3家机构把项目的未来现金流量作为项目的定价因素，占机构总数的33.3%，低于49.2%的全国平均水平；有2家机构把项目的市场价格作为定价的考虑因素，占机构总数的22.2%，低于49.2%的全国平均水平；有2家机构在项目定价时由双方商定，占机构总数的22.2%，低于27.2%的全国平均水平；有1家机构在项目定价时考虑宏观经济环境，占

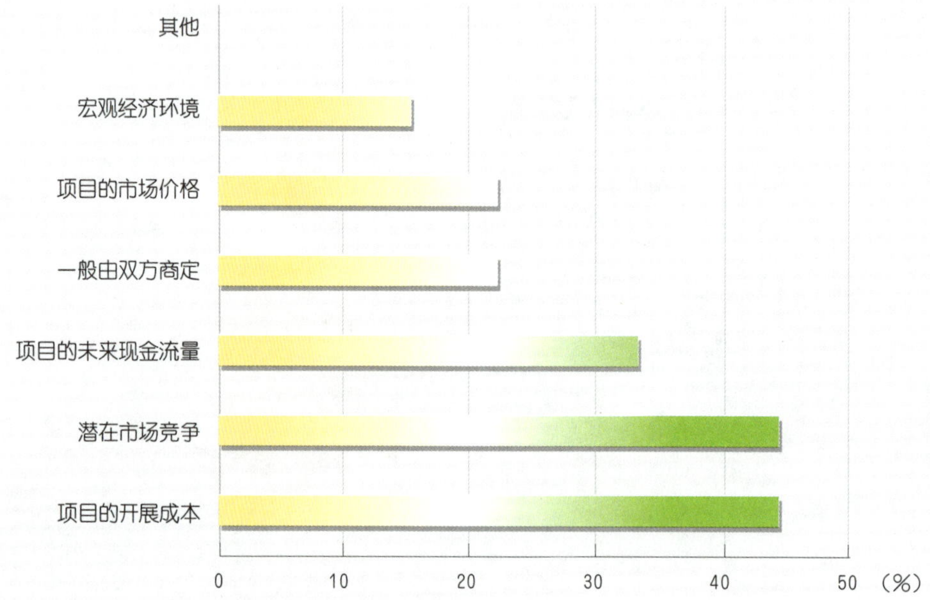

图2.58 项目定价分析：江苏

表2.73 创业投资项目定价：湖北

定价因素	一般由双方商定	宏观经济环境	项目的市场价格	潜在市场竞争	项目的开展成本	项目的未来现金流量	其他
家数	5	4	3	3	2	2	0
比例(%)	55.6	44.4	33.3	33.3	22.2	22.2	0.0

机构总数的15.3%，低于20.7%的全国平均水平。

湖北地区创业投资机构在项目定价时考虑因素的重要性排序是：一般由双方商定，宏观经济环境，项目的市场价格，潜在市场竞争，项目的开展成本，项目的未来现金流量。

在湖北被调查的创业投资机构中，有5家机构在项目定价时定价因素由双方商定，占机构总数的55.6%，高于27.2%的全国平均水平；有4家机构在项目定价时考虑宏观经济环境，占机构总数的44.4%，高于20.7%的全国平均水平；有3家机构认为项目的潜在市场竞争是在项目定价时需要考虑的因素，占机构总数的33.3%，低于48.4%的全国平均水平；有3家机构把项目的市场价格作为定价的考虑因素，占机构总数的33.3%，低于49.2%的全国平均水平；有2家机构把项目的开展成本作为项目定价的考虑因素，占机构总数的22.2%，低于33.3%的全国平均水平；有2家机构把项目的未来现金流量作为项目的定价因素，占机构总数的22.2%，低于49.2%的全国平均水平。

天津地区创业投资机构在项目定价时考虑因素的重要性排序是：项目的未来现金流量，潜在市场竞争，项目的市场价格，宏观经济环境，一般由双方商定，项

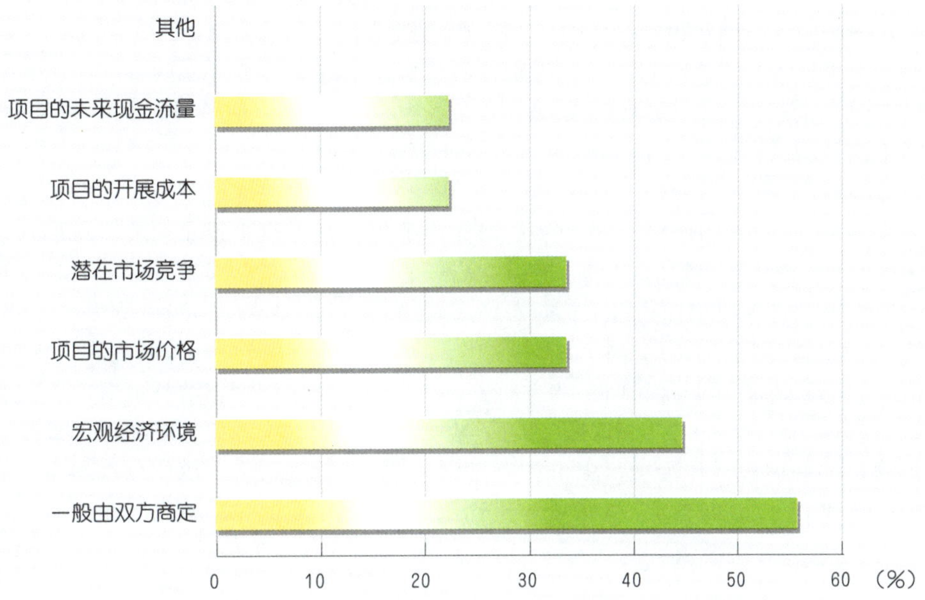

图 2.59 项目定价分析：湖北

表 2.74 创业投资项目定价：天津

定价因素	项目的未来现金流量	潜在市场竞争	项目的市场价格	宏观经济环境	一般由双方商定	项目的开展成本	其他
家数	8	7	5	3	2	1	0
比例(%)	100	87.5	62.5	37.5	25.0	12.5	0.0

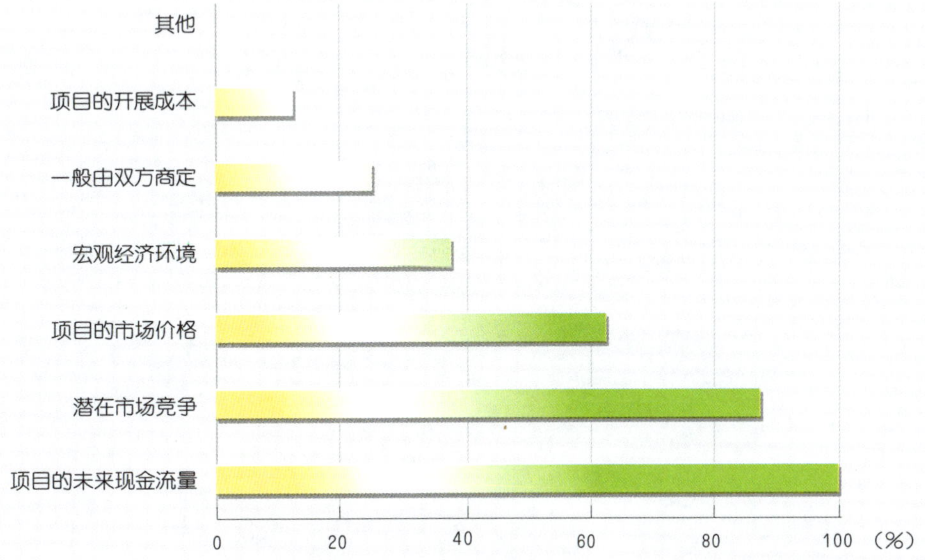

图 2.60 项目定价分析：天津

目的开展成本。

在天津被调查的创业投资机构中，有8家机构把项目的未来现金流量作为项目的定价因素，占机构总数的100%，高于49.2%的全国平均水平；有7家机构认为项目的潜在市场竞争力是在项目定价时需要考虑的因素，占机构总数的87.5%，高于48.4%的全国平均水平；有5家机构把项目的市场价格作为定价的考虑因素，占机构总数的62.5%，高于49.2%的全国平均水平；有3家机构在项目定价时考虑宏观经济环境，占机构总数的37.5%，高于20.7%的全国平均水平；有2家机构在项目定价时由双方商定，占机构总数的25%，低于27.2%的全国平均水平；有1家机构把项目的开展成本作为项目定价的考虑因素，占机构总数的12.5%，低于33.3%的全国平均水平。

2.6.4 投资后的项目监管分析

对被投资企业的参与方式是创业投资机构投资后管理被投企业的表现形式，统计显示，没有一家机构只选择单独一种参与方式。表2.75和图2.62显示，对被投资企业的参与方式主要有：参加董事会，提供管理咨询，派驻高层管理人员和派驻财务人员。从比例可以清楚地看出，创业投资机构对被投资企业的管理更加青睐进入被投资企业的董事会和提供管理咨询，以便直接参与企业重要决策，随时掌握企业信息，提供专业性增值服务。

表2.75 投资后的项目监管分析：全国

项目管理	参加董事会	提供管理咨询	派驻高层管理人员	派驻财务人员	基本不提供服务	其他服务
家数	198	158	94	80	5	34
比例(%)	80.5	64.2	38.2	32.8	2.0	13.8

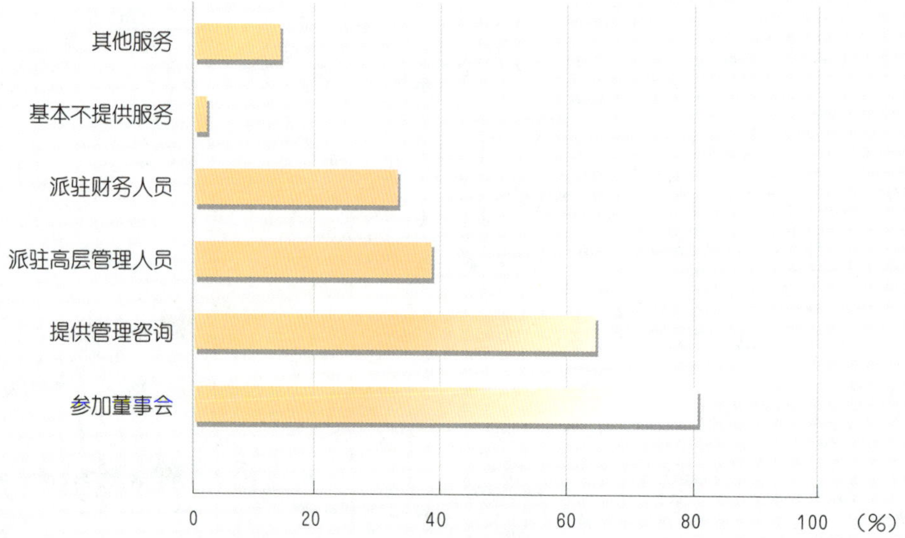

图2.61 投资后的项目监管分析：全国

表 2.76 投资后的项目监管分析：八个主要地区

项目管理		参加董事会	提供管理咨询	派驻高层管理人员	派驻财务人员	基本不提供服务	其他服务
北京	家数	55	49	33	23	0	6
	比例(%)	79.7	71.0	47.8	33.3	0.0	8.7
深圳	家数	39	35	18	15	4	9
	比例(%)	78.0	70.0	36.0	30.0	8.0	18.0
上海	家数	21	17	11	9	0	6
	比例(%)	67.8	54.8	35.5	29.0	0.0	19.4
陕西	家数	13	4	3	2	0	2
	比例(%)	76.5	23.5	17.6	11.8	0.0	11.8
浙江	家数	14	12	6	4	0	4
	比例(%)	93.3	80.0	40.0	26.7	0.0	26.7
江苏	家数	8	6	2	1	0	0
	比例(%)	88.9	66.7	22.2	11.1	0.0	0.0
湖北	家数	8	5	4	3	0	2
	比例(%)	88.9	55.6	44.4	33.3	0.0	22.2
天津	家数	7	7	3	2	0	1
	比例(%)	87.5	87.5	37.5	25.0	0.0	12.5

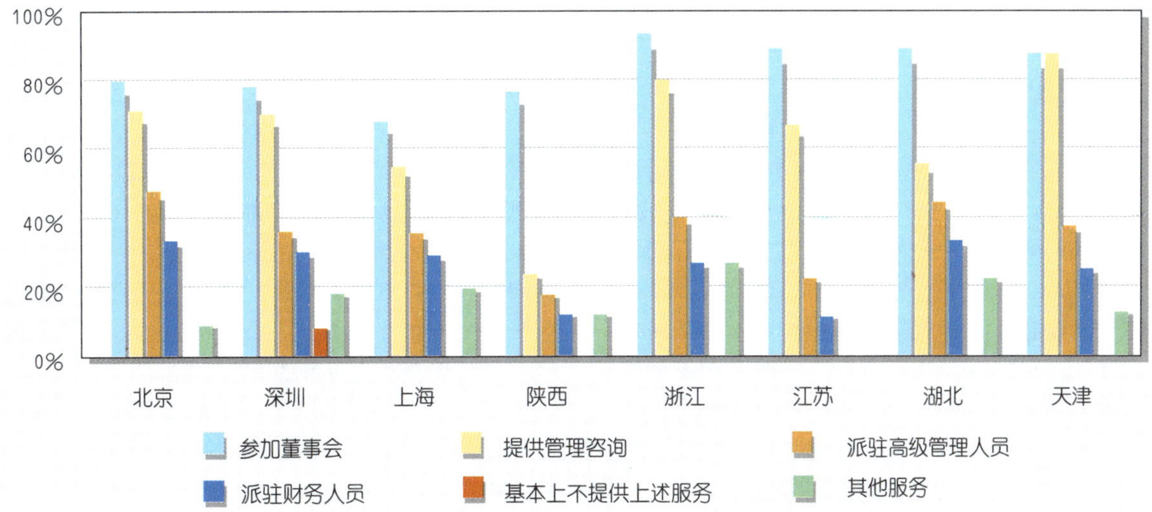

图 2.62 投资后的项目监管分析：八个主要地区

表2.76和图2.62比较了八个主要地区创业投资机构对已投资项目实施监管的主要方式，与汇总的全国数据差别不大。“参加董事会”是首选的管理方式，“提供管理咨询”排第二位，“派驻高层管理人员”和“派驻财务人员”这两项也都是比较常用的管理办法，大致表明全国各地的创业投资机构都比较重视上述四项对被投资创业企业的监管方式。

2.6.5 项目退出分析

退出是创业投资资金流通的关键所在，它既是过去创业投资行为的终点，又是新的创业投资行为的起点。创业资本随着创业企业的成长而获得了增值，但如果没有合适的退出渠道，这种增值只是账面上的增值，只有完成了有效的退出才能实现将账面增值转换为实际收益的增长。这样创业投资家才能象滚雪球一样，将更多资金投向下一个投资项目。

退出的方式主要有五种：公开上市（IPO）、收购、企业回购、转售和清算。无论在欧洲还是在美国，IPO和收购都是两种最常用的方式。如1998年，欧洲在创业投资总退出量的697亿欧洲货币单位中，收购、企业回购和转售三种方式合计占了53.6%，IPO占了18.8%，公司清理占了5.5%，其他方式占了22.1%。而美国的创业投资业中约有25%-30%的创业资本是采用IPO方式，收购、企业回购和转售合计约占退出资本的60%-70%。

公开上市

公开上市是创业投资退出的最佳渠道，通过IPO，投资可以得到相当好的回报。IPO是指创业投资者通过被投资公司股份的公开上市，将拥有的私人权益转换成公共股权，在获得市场认可后，转手以实现资本增值。一般说来，创业企业因为是新建企业，还达不到主板上市的标准，因此多在上市门槛较低的创业板市场实现IPO。许多国家和地区都建立了自己的创业板市场，美国有著名的NASDAQ市场，欧洲有EASDAQ市场，我国香港也建立了自己的创业板市场。创业企业管理层很欢迎这种退出方式，因为它既表明了金融市场对公司良好的经营业绩的确认，又保持了公司的独立性，同时还使公司获得了在证券市场上持续筹资的渠道。IPO是创业投资家和创业企业家最向往的退出方式，因为它的投资回报率比其他退出方式高。当然，IPO也受到相应的限制，比如，创业投资家要在创业企业IPO之前的一两年，必须做大量的准备工作，要将公司的经营管理状况、财务状况、发展战略等信息向外公布，使广大投资者了解公司的真实情况，以期望得到积极评价，避免由于信息不对称引起股价低估。此外，相比于其它退出方式，IPO涉及到法律、会计、中介等问题，需要承担一定的退出费用。

收购、企业回购和转售

收购是指同行业或相关行业的产业集团收购或兼并创业企业，使之成为产业集团的一部分。企业回购是指创业企业发展到相当阶段，如果创业企业家希望能由自己控制这个企业，创业投资家也愿意见好就收，于是创业投资家将股份卖给创业企业家，实现创业资本的成功退出。所谓转售，通常是创业投资家把手中的股份卖给另外的投资者，尤其是卖给扩张和后期创业投资公司。

在创业企业的经营业绩未能得到金融市场认可之前，创业投资家往往采取收购，企业回购或转售等方式退出。在创业资本退出时，考虑到收购方会因此而产生协同效应，扩大市场份额，或进入新的市场，创业投资机构要求收购方支付收购溢价，由此而获得较高的投资回报率。与IPO相比，创业投资家出售投资权益时面对的谈判对手并非是整个市场，而是少数的几个买家，费用低廉，手续简便。同时可以立即回收现金，将创业资本从创业企业中完全退出。在采取收购，企业回购或转售方式时，投资权益的售出对象、方式和时机都有较大的灵活性，适用于较多规模和性质不同的创业企业。但退出后的投资回报较IPO低，直接影响了创业投资机构的投资业绩和资本扩张能力。收购意味着创业企业不能通过证券市场（创业板市场）获得新的投资资金来源，对资金需求较大的创业企业来说，将制约其投资力度和投资计划的实际进程。

相比而言，创业企业家对收购方式持比较谨慎的态度。与IPO方式相比，收购方太少，导致企业价值被低估，收益率与IPO相比明显偏低，只有它的大约1/4到1/5；另一方面创业企业被收购后就不易保持独立性，企业管理层有可能失去对创业企业的控制权。总的来说，IPO对创业投资机构和创业企业都是最好的退出方式选择，不过，由于存在着各种具体的限制以及创业企业的技术或经营管理等实际发展状况的影响，采用其他退出方式也是比较普遍的。

破产清算

当公司经营状况不好难以扭转时，进行破产清算可能是最好的减少损失的方法。相当大部分的创业投资不很成功，在这种情况下，只能采取清算的方式退出。创业企业进行清算存在三个条件，一是创业企业在计划经营期内的经营状况与预计目标相差较大，或发展方向背离了业务计划及投资协议中约定的目标，创业企业家决定放弃创业企业；二是创业企业无法偿还到期债务，同时又无法得到新的投资；三是由于创业企业经营状况太差，或是由于资本市场不景气，无法以合理的价格出售且创业企业家无法或不愿进行股票回购。创业企业清算是创业投资家和创业企业家最不愿意看到的结果，这种情况的发生也就宣告了创业投资的彻底失败。

虽然清算方式的退出是痛苦的，但创业投资家在确定创业企业没有发展前途后一定要做出果断的

表2.77 创业投资项目退出渠道分析

退出渠道	公开上市	收购	企业回购	转售	清算
案件数	2	7	6	16	7

表2.78 创业投资项目退出渠道：地区分析

退出渠道		公开上市	收购	企业回购	转售	清算
案件数	北京	0	1	2	2	2
	深圳	1	1	0	2	0
	上海	0	2	2	8	2
	浙江	0	2	2	3	3

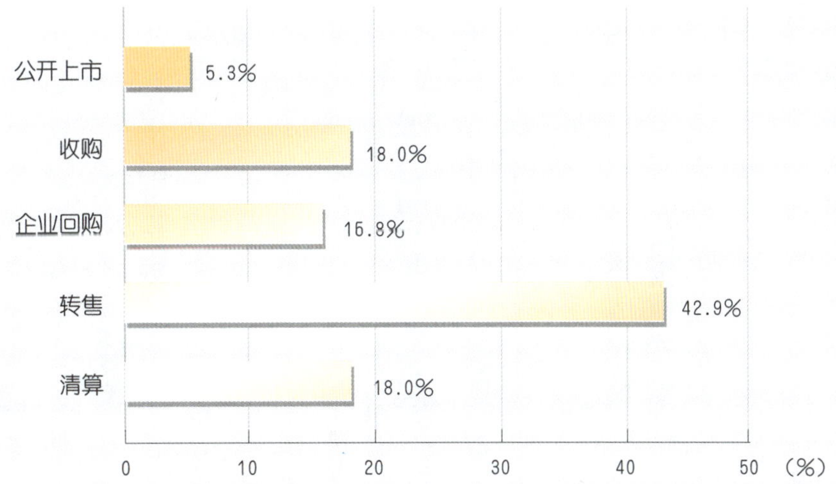

图2.63 退出渠道分析：全国

决策，抽身而出。与其让一无前途的项目占据大量资金，还不如将资金退出投入新的创业投资项目，进入下一个循环。如果行动迟缓，往往会使沉淀在公司里的沉没成本加大，给创业投资公司带来更大的损失。

在被调查的全部创业投资机构中，共有38家机构提供了投资项目退出渠道方面的信息。表2.77和图2.63汇总了全部38个项目退出渠道的主要情况。很明显，由于我们尚没有建立创业板退出机制，所以，公开上市的只有两个项目，而且是在国外上市，最多的情况是转售，因项目运作失败而清算的有7个，占全部退出方式的18%。随着我们创业板建立日期的临近，未来创业投资机构的退出渠道必将主要采用这一方式，以实现创业资本的高投资回报。

表2.78和图2.64比较了北京、深圳、上海和浙江四个地区创业投资机构的项目退出情况，而主要地区的另外四个省、市还没有投资项目的退出。值得强调的是，上述四个地区中上海的退出相对较多，主要通过转售方式，其他地区的资料很少，难以做出统计分析和比较。

项目持有期，是指创业投资机构从首次向创业企业投资取得股权到最后通过IPO、收购、企业回购、转售或者清算等方式退出投资、转让股权的时间间隔。表2.79描述了上述38个项目中提供了持有期数据的17个项目的持有期分布状况。其中，项目持有期在一年以内的占到82%，持有期最低值为2个月，最高期限达到7年，平均持有期为12.5个月。

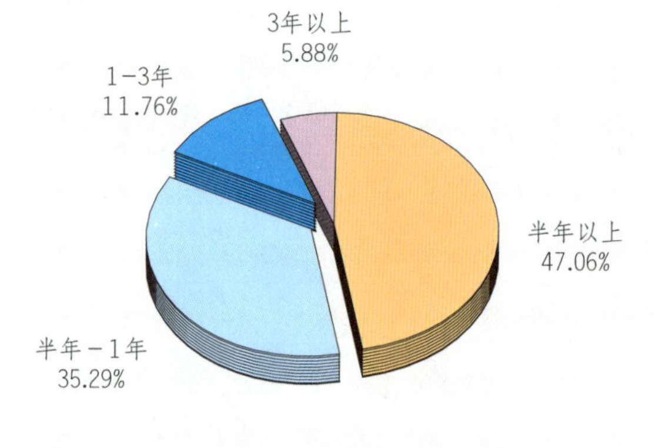

图2.65 创业投资持有期分析

表2.79 创业投资项目持有期分布

持有期	半年以内	半年~1年	1年~3年	3年以上
案件数	8	6	2	1
比例(%)	47.06	35.29	11.76	5.88

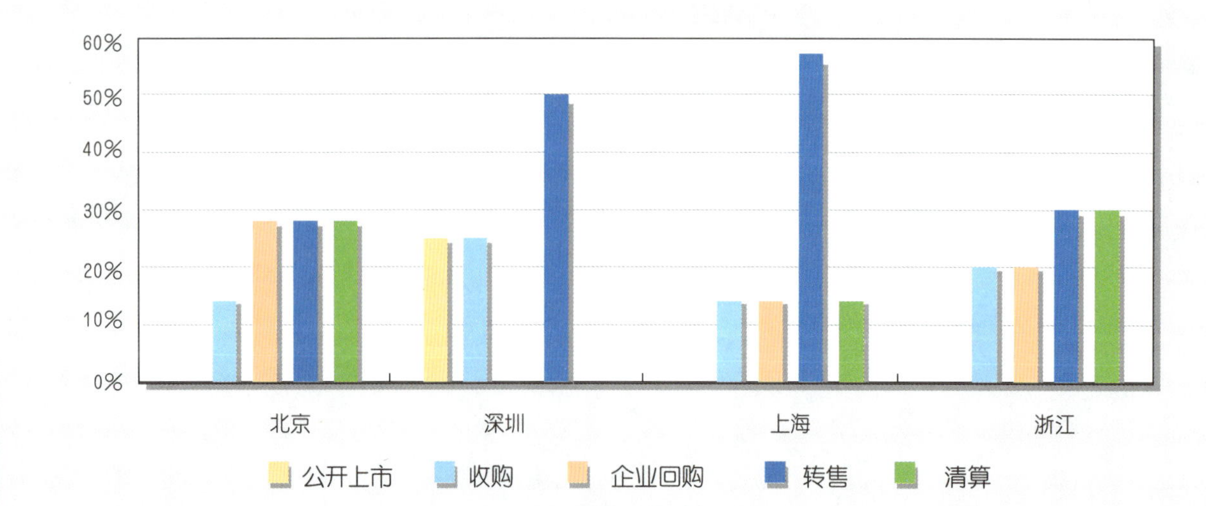

图2.64 退出渠道分析：地区分析

第3部分　中国创业板市场的推进过程

资本退出机制是创业投资体系的重要组成部分。虽然对创业投资来说，资本退出的路径很多，但创业板市场在其中占居首要地位。为此，对创业资本退出机制的政策研讨自然集中到创业板市场的设立问题上。但在中国，为双重体制格局所决定，股市的设立与解散属国家的重大经济决策(《证券法》第95条规定："证券交易所的设立与解散，由国务院决定")[①]，因此，创业板市场的政策研讨从一开始就在决策层的直接推动下展开。1998年6月以后，创业板市场的推进过程大致经过了三个阶段，即创业板市场有关政策的研讨阶段、设立创业板的实质性推进阶段和创业板有关政策的深一步研讨阶段。

3.1 创业板市场有关政策的研讨

1998年6月，国家科技部条件财务司有关人员与中国社会科学院金融研究中心的专家共同组成了"中国科技创业投资机制研究"课题组(以下简称"课题组")，以完成由国务院交办的"中国创业投资体系设计"的任务，标志着对中国创业板市场有关政策的研讨正式起步。在此后的1年多时间内，课题组先后召开了一系列分类别的座谈会，对诸多高新技术开发区、孵化器和高新技术企业进行了实地调查，就创业板市场的政策研讨而言，主要涉及了10个方面的内容。

1. 创业板市场在创业投资体系中的地位

课题组认为，资本退出机制是科技创业投资体系的核心机制。从国外的经验看，建立便捷的科技创业资本的退出渠道是推动科技创业投资发展的关键环节。科技创业投资是通过股权转让实现回报的，若没有这种实现回报的机制，其运动链条就会中断。也就是说，没有退出渠道，创业资本就无法真正实现投资增值和良性循环，也无法吸引社会投资者进入科技创业投资领域。从20世纪80年代中期以来，我国也进行了一些科技创业投资的探索，但效果都不理想，重要原因之一就是缺乏有效的退出渠道。[②]

科技创业投资的市场退出机制，大致上可分为五类：一是技术转让，即通过将新研发的技术卖出，收回投资本金并实现技术开发者的人力资本价值。二是经营运作，一方面通过产品的持续销售、获得利润，逐步收回投资本金；另一方面通过确认人力资本的股权，通过持续的利润分配，实现各类人力资本的价值。三是资产转让，即将公司资产连同新技术一并卖出，收回投资本金并同时实现各类核心人员的价值。四是股权转让，即将一部分或全部股权转让给其他投资者，从而收回投资本金或实现人力资本价值。五是公司上市，即通过公司股份在证券交易场所上市流通，卖出股份，收回投资本金或实现人力资本价值。在这五类退出机制中，股票市场是最便捷、最有效的渠道，处于首要地位。

2. 设立创业板市场的可行性

1998年5月，为了贯彻1997年中央金融工作会议精神，有效防范金融风险，经国务院批准，中国证监会决定取消包括STAQ、NETs在内的全国26家证券交易中心，将股票等证券的交易集中在沪深两个交易所。在此背景下，课题组提出要建立不同于A股市场的创业板市场，自然面临着很大的政策风险。为此，1998年下半年，国家科技部领导就是否可以展开二板市场的政策研究问题多次请示国务院主要领导，而得到的答复均是“二板市场可以研究”、“二板市场应当深入研究”。国务院领导的指示不仅极大鼓舞了课题组成员进行创业板市场政策研究的信心，而且给这一研究开了“绿灯”，直接推动了研究进程的展开。[③]

3. 创业板市场的名称

对以支持高新技术等成长型中小企业发展的股市，取何种名称，课题组进行过反复研讨。由于课题组在研讨中认为“Venture Capital”一词的中文最贴切含义应是“创业投资”(或“创业资本”)，而不是“风险投资”(或“风险资本”)，[④]与此对应，最能反映支持高新技术等成长型中小企业发展的股市主要特征的概念也是“创业”，因此这一股市以“创业板”命名最为恰当。但是，鉴于以下几个方面的原因，当时在正式文稿中并没有使用“创业板”这一概念：

其一，在1998年，对绝大多数人来说“创业板”是一个比较陌生的概念，不仅需要花费相当笔墨来解释什么是“创业”、“创业板”，而且需要花费相当笔墨来说明这一股市与证券交易所、证券交易中心的一系列区别，而在2000~3000字的“关于建立我国科技创业投资机制的报告”中要讲清这些问题着实困难。另一方面，自1998年4月，香港联交所就为设立二板市场而在境内广泛征求意见。相对于“创业板”来说，从决策层到社会各界对“二板市场”概念比较熟悉，因此，在研究过程中作为一种工作语言使用较多的是“二板”、“二板市场”概念。

其二，由于“二板”、“二板市场”等词不能清晰反映这一新设股市的特征，也难以成为正式的文稿用语，鉴此，课题组经过反复研究而选定“科技板”(或“高新技术企业板”)为研究报告的正式用语。主要考虑是，当时“科教兴国”已确定为基本国策，加快高新技术产业化已是一项紧迫而至关重要的任务，在此背景下，提出设立“科技板”，从概念上比较容易为决策层和社会各界所接受，在内涵上绝大多数高新技术企业属成长型中小企业范畴(虽然“成长型中小企业”不仅仅包括高新技术企业)，在功能上推进高新技术产业化离不开“创业”和“创业投资”。

其三，最重要的是，当时课题组认为，关键的问题不在于是否使用“创业板”概念，而在于积极推动这一股市的早日设立，尤其是考虑到当时26家证券交易中心正处于撤销过程这一背景，更不应在概念上争论不休。

由此不难看出，“科技板”(或“高新技术企业板”)概念是在当时特殊条件下的“不得已而为之”的选择。课题组的主导思路依然是“创业板”。

4. 创业板市场的定位

创业板市场的定位指的是，创业板市场是一个独立的股市还是一个“挂靠”的股市？在研究中(包括在召开有关座谈会征求各方面意见中)大致有三种意见：一是强调创业板市场应当是一个与证券交易所相独立的股市系统，犹如美国的NASDAQ系统；二是强调创业板市场应当是挂靠在证券交易所的一个股市板块，犹如香港的二板市场；三是强调创业板市场应当由沪深两个交易所中的某1家来承担，依然是一个独立的系统。

在这三种意见中，课题组在理念上倾向于第一种意见，主要考虑有三：其一，中国的证券交易所市场受到计划经济体制的严重影响，如果将创业板市场挂靠在A股市场，A股市场中存在的诸多不规范现象势必严重影响到创业板市场的规范运作，这将使本来就具有较大风险的创业板市场面临更加严重的风险。其二，创业板的运作规则与主板市场有着较大的差别，将两个市场归在一个证券交易所中，不利于证券交易所的正常管理，尤其是考虑到，中国创业板将实行股份全流通等一系列与A股市场不同的规则，情形就更是如此。例如，如果将创业板挂靠在A股市场，由同一家证券交易所来安排和管理A股市场和创业板市场，很容易发生这样一种情形：当申请在创业板上市的公司数量较多而申请在A股市场上市的公司数量较少时，证券交易所从统筹安排上市步调出发，就可能在一定程度上放缓发股公司在创业板的上市速度，使创业板的发展受到人为限制。其三，从当时(1998年以前)世界各国类似于创业板的市场来看，均选择独立于主板市场的模式，有其内在的合理性。

但是，在1998年下半年的特殊背景下，要设立独立于证券交易所的创业板市场是不可能的，同时，在多次的部际协调会上，有关主管部门也表示了强烈的不同意单独设立创业板的意向，鉴此，课题组从推进创业板早日设立出发，选择了上述第二种和第三种意见。

5. 创业板市场的服务对象

创业板为哪类公司发股上市服务？这是课题组从一开始就认真探讨的一个主要问题。在研究中大致提出了三种表述：一是创业板为“具有产业化前景而尚未产业化的企业或产业”服务；二是创业板为“成长型中小企业”服务；三是创业板为“高新技术企业”服务。

课题组认为，在中国特殊条件下，中小企业大致有五种情形：一是已产业化了的传统行业中的中小企业。例如，钢铁、石化、水泥、煤矿、机器制造、纺织轻工等行业均已产业化。在这些产业中，本来应以大型企业为主，但由于各种原因，出现了一批小型企业，如小钢铁厂、小炼油厂、小水泥厂、小煤窑、小机器制造厂等。二是为产业特性或交易方式所决定基本上只能是小规模经营的企业，如理发店、茶馆、誊印社等。三是为大型企业配套服务的中小企业，如汽车配件厂、机器配件厂、专门的零部件生产厂等等。四是本应产业化但因市场经济发展不充分或体制制约而未产业化的中小企业。例如，旅游业、媒体业、信息业、教育业、医院等等。五是以高新技术开发、生产和产业化为基本职能的中小企业。在这五类中小企业中，第一类企业的存在，就一般情况而言，是不合理不正常的，为此，创业板市场在一般情况下不为其服务；第二类企业的经营规模在相当长时间内难以有效扩展到满足创业板上市要求，例如，人们很难设想一个拥有资产几千万元同时可供几千人理发的理发企业，因此，这类企业缺乏发展潜力，也不是创业板服务的对象；在第三类企业中，具有填补空白、运用高新技术(包括专有技能)等特色的中小企业，属创业板的服务对象，而运用传统技术工艺、生产传统产品的中小企业，不属于创业板服务的对象；第四类和第五类企业，是创业板服务的重心所在。因此，创业板并不将各类中小企业不加区别地纳入服务范畴。

6. 创业板市场与高科技企业

推进高新技术企业产业化，是推动创业板设立的一个重要根据。为此，弄清“高新技术”和“高新技术企业”就理所当然地成为课题组关注的一个重要问题。在1年多的研究中，课题组就“高新技术”问题进行了广泛而深入的探讨，并召开过若干个专门座谈会展开讨论，主要涉及到以下几个问题：

其一，如何界定高新技术？界定高新技术的方法大致有三：一是产业方法，例如，将电子通讯、生物工程、航天航空、新材料等产业界定为高新技术产业，由此，这些产业中的主要技术都定义为高新技术；二是技术方法，例如，将专利、模型、专门技能、新产品等方面的新成果定义为高新技术；三是经济方法，例如，将市场上畅销而且能够获得较高附加值的产品及其运用的技术定义为高新技术范畴。

这三种方法虽有着内在联系，但也存在着重大差别。最主要的表现是，公益性高新技术与商业性高新技术的差异。由于中国长期来强调的高新技术具有很强的公益性，尤其是，政策上倾向于由高校和科研院所的高级专门人才从事高新技术开发和评价高新技术成果，使高新技术的研究、开发和应用主要考虑到公益性要求。而商业化的高新技术主要强调的是市场竞争和经济效益，不能为消费者所接受、市场销售余地不大、经济效益不高的产品哪怕其技术含量再高(具有世界领先水平)，也很难实现产业化。因此，从产业化角度来看，“高新技术”的界定应以经济方法为主。

其二，如何界定高新技术企业？界定高新技术企业的方法大致有四：一是证书识别，凡获得了省级以上“高新技术企业”证书、“新产品”证书和专利证书的企业均属高新技术企业范畴；二是身份识别，凡由高校、科研院所投资创办的企业或与这些机构联办的企业属高新技术企业范畴；三是产品识别，凡是提供电子、通讯、生物工程、航天航空、新材料等产品的企业属高新技术企业范畴；四是认证识别，凡是通过"两高"(即国家科技部和中国科学院)认证的企业均属高新技术企业范畴。

这些方法虽有一定的合理性，但也存在诸多值得进一步探讨的问题：一方面在高新技术快速发展的条件下，各种证书具有很强的时间性，高科技产品也具有很强的时间概念。1996年属"高新"范畴的技术和产品，1998年就可能已经落后了，由此，证书识别和产品识别实际上已不具有界定"高新技术企业"的功能。另一方面，高校、科研院所虽具有开发高新技术的能力，但这些高新技术较多具有公益性，真正能够步入产业化的成果相当有限，更何况，相当多高校企业并不应用高新技术从事高新技术产品的研制开发，因此，身份识别也有不足。再一方面，"两高"认证具有很强的人为色彩和不确定性，由从事公益性研究的人来评价一项技术或产品是否具有商业价值是相当困难的。

鉴于此，课题组认为，在认定"高新技术"和"高新技术企业"中，需要考虑到证书识别，但同时应特别重视这些技术给企业带来的销售收入、经济效益等经济指标的增长情况，毕竟设立创业板的主要目的在于推进高新技术的产业化，给投资者(包括创业投资)带来较高的投资回报，推动创业投资的蓬勃发展。

其三，从境外情况看，由于"高新技术"和"高新技术企业"难以识别，所以，绝大多数国家或地区在政策或制度上都没有明确划分"高新技术"和"高新技术企业"，更没有要求将其与类似创业板的股市连接起来。中国的台湾地区在80年代曾经对"高新技术"和"高新技术企业"实行过优惠政策，为此，界定过"高新技术"和"高新技术企业"，对引导创业投资起到一些积极作用，但随后的实践表明，这些政策的实施存在着诸多困难(其中一个基本问题就是，"高新技术"和"高新技术企业"极难识别)，所以，这些优惠政策逐步取消了。

事实上，对中国境内企业来说，要在以下三个方面同时达到"高新技术"的要求，是极其困难的：一是对主要的或关键的高新技术拥有自主知识产权；二是这些高新技术达到国际领先水平且在未来若干年内能够保持优势地位；三是运用这些高新技术生产的产品(或提供的服务)能够在国际市场上占有相当份额，从而，有着较高的销售收入、附加值和经济效益。强调这三个方面的背景是，中国加入世贸组织以后，"高新技术"将不再是一个国别范围内的概念(如中国概念)，而是一个国际概念，在这种条件下，如果不从国际市场竞争的角度来看待"高新技术"，就可能发生重大失误。

鉴于以上这些认识和其他方面的认识，课题组提出，创业板需要支持"高新技术"和"高新技术企业"的快速发展，但不是一般地支持"高新技术"和"高新技术企业"发展，而是着重支持具有高成长性的高新技术企业发展，推进具有商业化价值的高新技术尽快产业化。

7. 创业板市场的主要特征

课题组对创业板市场的主要运作规则进行了原则性探讨，提出了一系列政策建议，其中包括：

（1）创业板规则的主要参照标准。设立中国创业板市场，自然需要考虑中国的特殊国情，但是，如果简单根据境内实际情况来形成创业板市场规则，很容易陷入A股市场模式。由此，课题组提出，在从国情出发的基础上，应更多地借鉴国际惯例和经验，使中国的创业板市场从运作伊始就尽可能地符合国际标准。由此，一方面创业板市场的某些条件(如公司股本数额、经营期限等)将低于主板市场，以满足成长型中小企业发股上市的要求；另一方面，创业板市场的另一些条件将明显高于主板市场，以体现国际规则的要求，"从这个意义上说，第二板市场可能比主板市场更加严格规范。"⑤

（2）创业板实行股份全流通。鉴于A股市场的上市公司中国有股、法人股等股份事实上处于不可流通的状态，既违反了"股权平等、同股同权"的基本原则，又不利于上市公司的规范化建设、股市的规范化建设和股市功能的有效发挥，课题组从一开始就在借鉴国际规则的基础上提出，创业板市场应实现"股份全流通"，以利于创业投资的顺利退出，发挥创业板激励创业投资的积极作用；并认为"股份全流通"是创业板市场的一项基本规则，缺乏这一规则，设立创业板市场就失去了基本的意义。

（3）创业板的发股上市条件。成长型中小企业发股上市条件体现了创业板市场的入市"门槛"的高低，在研讨中，课题组成员在一些原则问题上有着共识，但在一些具体问题上意见则不尽相同，主要表现在如下几点上。

第一，发股指标。课题组强调，创业板市场应当取消A股市场中通行的按照计划指标安排股票发行的制度，避免“指标控制”下发生的各种问题在创业板市场中延续。但创业板市场实行何种发股制度，有的人主张根据有关法律法规的规定进行标准控制，有的人主张实行“竞争性遴选机制”(即在合规性发审的基础上按照一定的成长性经济指标进行排队，然后根据排队顺序和市场容量，择优核准发股)。

第二，公司股本。课题组强调，创业板对公司上市的最低股本要求应低于A股市场的5000万元规定，以满足中小企业的要求。但对于上市前最低股本数额的界定，有的人主张界定在4000万元，有的人主张界定在2000万元。

第三，无形资产。课题组强调，应充分重视管理人员、高科技人员等的人力资本价值。因此，创业公司的无形资产计算应突破A股公司中仅计算土地使用权、专利、商誉及其他工业知识产权的限制，应包括人力资本形成的无形资产。但比例关系上，有的人主张创业公司中无形资产可不超过净资产的35%(A股公司为20%)，有的人认为不应规定比例上限，应由公司股东决定；在无形资产的确认机制上，有的人主张由公司股东大会决定，不必经过政府部门确认(A股公司需要由国有资产管理部门确认)，有的人认为依然需要有政府部门的确认文件。

第四，经营期限和经营业绩。课题组强调，创业板对公司上市的经营年限应适当缩短，从A股市场的3年改为2年，即申请发股公司应提供最近两个完整的财务年度报表，以体现创业公司的特色。但在公司是否应有盈利的问题上，有的人主张应参照国际类似股市均没有盈利要求的现状，对中国创业板的发股上市公司也不应作出“盈利”方面的规定；有的人则认为，从中国存在着大批具有盈利(甚至高盈利)的成长性中小企业现实出发，应对在创业板发股上市的公司作出“最低盈利”方面的规定。

第五，公司治理。课题组强调，申请在创业板上市的公司应设立独立董事制度，独立董事应由法律、商业、金融及其他方面专家担任，且与公司及主要股东之间不存在任何利益关系；另一方面，创业板应实行督导员制度，发股上市公司应接受至少两年的督导工作；督导员由有资格的中介机构承担，其主要职责是对申请发股上市和已上市公司的经营管理、投资活动、财务运作、制度建设、发展规划等业务活动提供咨询、辅导和进行监督，并及时向有关监管部门报告被督导企业的业务情况，至少每半年公开发布一份督导报告书。

（4）股票交易的条件。除了股份全流通外，课题组还对创业板市场中股票交易的一系列问题进行了探讨，这些问题可归为如下三类。

第一，发起人股东的股份锁定期。从股份全流通出发，课题组强调，不论是社会公众股还是发起人持有的股份均应可流通，但对发起人股东和高管人员持有股份应设定一个锁定期。在锁定期的期限上，有的人主张锁定期为1年，有的人认为锁定期2年为合适；在锁定期后的股份出售上，有的人主张每卖出一定比例(如公司总股本的1%)进行一次公告，有的人则认为，这种公告对维护发起人和高管人员的权益是不公平的，因此，不赞成公告股份出售情况；在外资股上，鉴于中国的资本与金融账户尚未开放，有的人主张外资股份不应上市卖出，有的人则认为，可以准许外资股份卖出，但卖出后不准再买入。

第二，投资者的限制。鉴于创业板市场有着较高风险，从借鉴香港二板市场咨询报告中的有关意见出发，有的人主张对每笔最低交易金额作出限定(例如5万元)，以限制小额投资者介入创业板市场的交易，使创业板成为机构投资者和大额投资者的市场；但另一些人认为，投资者是否理性与资金数额大小没有直接关系，投资股市应是每个投资者的权力，因此，创业板市场不应设立最低交易金额，限制投资者入市。

第三，信息披露。课题组强调，为了增强投资者对上市公司营业状况的了解，也为了防范风险、强化对上市公司经营行为的约束，应要求在创业板上市的公司实行财务信息的季报制度；另一方面，充分发挥媒体在信息披露方面监督功能，与主板市场实行“正面宣传为主”的方式不同，创业板市场应对上市公司实行全面信息的追踪披露，即无论是利好、利空，也无论经营状况、投资状况、内部管理、商业信誉、技术前景等，只要不涉及知识产权保护和商业秘密的，媒体均可予以报道披露，使投资者能够最充分地得到公开信息。

（5）创业板的监管。课题组强调，创业板是一个有着较高风险的股票市场，要使其能够设立并有效发挥功能，必须强化市场监管，其中，尤为重要的是三方面问题：

第一，修改有关法律法规。创业板的设立涉及到《公司法》等一系列法律法规的修改工作，因此，课题组主张从调整《公司法》的有关条款入手，为创业板的设立开辟法律“绿灯”。

第二，调整监管理念。课题组认为，创业板市场的运作涉及到诸多监管理念和监管方式的调整，尤其是，需要尽可能减少运用计划经济机制和行政手段来监管(甚至调控)创业板市场运行，需要“跳出”A股市场的旧框架和旧习惯来运作创业板。为此，应充分运用市场经济机制和市场规则来监管创业板的运行及各方面参与者的行为，防止各种黑箱、灰箱操作，坚决打击各种违法违规行为。

第三，透明度。课题组强调，创业板的运行应在规则透明、信息透明、行为透明的条件下展开，有关政策在出台前应经过有效的公开研讨和征询意见过程，使市场在较高的透明化中运行，提高投资者的预期能力。

8. 创业板市场与主板市场的关系

创业板是一个独立的股票市场，但它既然存在于中国股票市场体系中，就不能不与A股市场发生这样或那样的联系，由此，课题组对创业板与A股市场的关系进行了多方面探究，大致形成了如下意见：尽管创业板是一个独立的股市，在发达国家中类似创业板的市场与主板市场之间存在着某种竞争关系，但从中国具体情况看，由于A股市场存在着诸多不规范问题，而这些不规范问题仅靠A股市场本身在若干年内是难以有效解决的。因此，中国创业板需要发挥一项特殊的功能——促进A股市场规范化。鉴于此，中国股市体系中应建立创业板与A股市场的联动机制，使创业板成为推进A股市场规范化的重要机制和重要力量。从这一认识出发，课题组提出了如下一些设想：

（1）在创业板上市的公司，经过一段时间(如5年以内)的成长后，转入A股市场上市，由此，改变A股市场中大量股份(国有股、法人股等)不可流通的状况，改变A股市场以国企上市为主的格局，以促进A股市场运行规则的调整；

（2）创业板的上市公司仅准许申请发股募资一次，上市后不得再通过配股、增发新股等方式再次发股募资，由此，一方面抑制“圈钱”现象的继续，另一方面，促使创业板上市公司在条件成熟时考虑申请转入A股上市；

（3）创业板的上市公司自上市之日起，5年内不能转入A股市场的，应实行摘牌退市，以降低创业板市场的风险，并促进创业板上市公司早日考虑转入A股市场。

不难看出，课题组从一开始就没有将创业板看作是A股市场的对立面，更不存在后来一些人说的“创业板将取代A股市场”的问题。

9. 建立多层次资本市场体系

在研究创业板市场的同时，课题组对中国多层次资本市场体系进行了认真的探讨，认为从中国多层次生产力并存、多种经济成分并存、多层次各种类型的企业并存这一现实情况出发，要改变各类企业资本金严重不足、投资中的资本性资金严重缺乏、城乡居民大量资金通过储蓄存款转为信贷资金又难以解决资本性资金严重短缺等一系列问题，需要加快多层次资本市场体系的建设。

多层次资本市场体系主要由三个层面的证券市场构成，即A股市场、创业板市场和场外交易市场。其中，场外交易市场可以考虑通过整顿、规范和完善26个证券交易中心的基础上形成，成为一个培育上市公司的市场，推进公司购并、资产重组的市场，落实上市公司破产的市场。

三个层次的证券市场形成一个内在的阶梯式有机联系：从上市选择来看，一部分已在内场外交易市场挂牌交易的公司，在达到创业板上市条件时可申请转入创业板上市；一部分已在创业板上市的公司，在达到A股上市条件时可申请转入A股上市。从退市选择来看，已在A股上市或创业板上市的公司当不再符合上市条件时，可通过摘牌退市机制退入场外交易市场继续交易，如若在若干年内仍然无望扭亏为盈或达到恢复上市条件，再从场外交易市场摘牌退市，由此，形成多层次市场的阶梯式联动。

10. 创业板市场的风险

课题组认为，创业板市场作为支持成长型中小企业和高新技术产业化的市场，其运行风险较大，在国际范围内，是一个不争的事实。但从中国具体情况看，创业板市场的运行风险在一段时间内(如3年)

将明显低于A股市场。这是因为，创业板的上市公司以民营企业为主体，由此，创业板上市公司的整体质量将高于A股的上市公司整体质量，创业板上市公司的运行机制将优于A股上市公司的运行机制，创业板上市公司受传统体制制约程度将低于A股上市公司，创业板上市公司的成长性将高于A股上市公司的成长性。

根据上述研究成果，1999年6月，由国家科技部等七部委联合报送国务院的国科发财字[1999]232号文件中，写入了下述几段话：

建立科技创业资本便捷的撤出渠道是推动科技创业投资发展的关键环节之一。科技创业投资是通过股权转让实现回报的，若没有这种实现回报的机制，其运动链条就会中断；也就是说，没有撤出渠道，创业资本就无法真正实现投资增值和良性循环，也无法吸引社会投资者。

撤出是科技创业投资通过转让股权获取回报的经营行为，科技创业投资的撤出方式，主要包括：高新技术成果转让、股份转让、企业购并等。通过这些方式解决创业投资的股权流动、风险分散、价值评价等一系列问题。从国外的经验看，最重要和最有效的撤出渠道是新兴资本市场，即第二板股票市场。

目前，我国还不具备建立二板市场的条件，为了推动建立规范化的科技创业投资机制，在条件成熟时，可以在上海、深圳证券交易所建立高科技创业投资板块，并相应单独作出适应科技创业投资客观规律和有利于多种所有制科技创新型中小企业上市的规定，纳入集中统一监管。

3.2 设立创业板的实质性推进

1999年8月20日，中共中央、国务院出台了《关于加强技术创新，发展高科技，实现产业化的决定》(以下简称《决定》)，其中第9部分中明确指出：“在做好准备的基础上，适当的时候在现有的上海、深圳证券交易所专门设立高新技术企业板块。”[⑥]这标志着有关创业板市场的研究开始进入具体政策的研究制定阶段。在随后的1年多时间内，创业板市场的政策形成经历了如下一些变化：

1. 主管部门开始调整政策倾向

1999年8月以前，证券主管部门对“二板市场”持谨慎态度，在公开场合基本不谈及中国创业板的话题。但在《决定》发表以后，这一态度很快发生了转变。

1999年9月20日，《中国证券报》在第一版发表了中国证监会主席周正庆的署名文章《证券市场在推进改革和经济建设中规范发展》。在文中，周正庆主席明确说到：“根据《中共中央国务院关于加强技术创新发展高科技实现产业化的决定》，中国证监会将尽快在上海、深圳证券交易所设立高新技术企业板块。在目前已取消指标限制的基础上，对高新技术企业适当放宽发行上市和配股条件，并在高新技术上市公司中进行认股权制度试点；对少数急需资金实施高科技项目的上市公司，可优先列入增发新股试点范围。”这大约是中国证券监管部门对创业板问题的第一次明确表态。

同年12月10日，在一个介绍“中国经济形势”的会议上，中国证监会的负责人再次指出，中国证监会将从四方面着手，进一步发挥证券市场积极作用。其中包括“支持高新技术企业发展，推进国有企业技术进步和产业升级。在上海、深圳证券交易所设立高新技术板块，实行更加有效的扶持政策；放宽发行上市和再融资条件；鼓励高新技术企业重组控股上市公司，在具备条件的高新技术上市公司中进行认股权制度试点。”[⑦]

2. 着手进行法律的调整

创业公司发股上市、创业板设立涉及到对《公司法》一系列条款的修改。鉴于此，1999年12月25日，第九届全国人民代表大会常务委员会第十三次会议作出了《关于修改<中华人民共和国公司法>的决定》，即在《公司法》第229条中增加一款：“属于高新技术的股份有限公司，发起人以工业产权和非专利技术作价出资的金额占公司注册资本的比例，公司发行股票、申请股票上市的条件，由国务院另行规定。”[⑧]这一条款实际上为国务院和证券监管部门根据创业板的实际情况制定有关法规提供了法律基础，也意味着设立创业板的主要法律障碍已经解决。

3. 中国证监会对创业板市场进行重新定位

2000年初，新一届中国证监会领导就任后，对“高新技术企业板”的名称和内涵进行了重新的政策研讨，并最终确定这一为创业公司服务的股市名称为“创业板”。

2000年4月，中国证监会领导在“中国风险投资运营机制高级研讨会”上提出了建立“第二交易系统”的政策思路，明确指出：中国证监会正在建议的第二交易系统与原来提出的高新技术板不同，上市企业不必通过中国科学院等相关机构的高新技术企业认定，对于企业的高科技含量要用市场的方式进行评价。另一方面，这一市场与主板市场也有很大区别。在主板市场上，存在暂时不能上市流通的国有股和法人股，《公司法》规定发起人股份上市3年内不得转让，高层管理人员在任职期间所持股票不得转让；而在二板市场中，上市公司所有发行的股份都可以流通。由于二板市场的上市门槛将会降低，企业上市更为容易，因此，二板市场信息披露的透明度也将大大加强，并以此来代替政府部门的实质干预，为此，中国证监会建议信息披露由目前的半年一次调整为一季度一次。中国证监会领导表示，对二板市场来说，能够用市场手段解决的问题，要尽量用市场手段解决；不能用市场手段解决的问题，要逐步向市场化的方向靠近。[⑨]由此不难看出，此时“高新技术企业板”的提法已为“第二交易系统”(或简称“二板市场”)所代替。由于“第二交易系统”在发行上市规则和交易规则等方面与主板市场有着根本的不同，是一个独立运行的股市。所以，这种概念的转变实际上也就意味着拟设立的新股市已不再是一个挂靠在主板市场上的“板块”市场。

5月，中国证监会已向国务院报送了建立创业板股票市场的方案，国务院已原则同意并授权中国证监会组织实施。[⑩]由此，新股市的概念从“第二交易系统”又调整到了“创业板”。这一调整的主要原因大致有二：一是如前所述，在实务操作中“高新技术”和“高新技术企业”是一个不易把握的概念，以此为基础来选择上市公司是相当困难的；二是一大批具有较高成长性或发展潜力的中小企业可能不属“高新技术”范畴，而从国际经验上看创业投资的相当大一部分主要投资于具有良好发展前景的中小企业，因此，简单强调“高新技术”或“高新技术企业”，对推进创业投资是缺乏充分意义的。但值得注意的是，此时“创业板”尚未成为官方正式用语，因此，在随后的几个月内，公开场合和媒体上依然使用“第二交易系统”或“二板市场”的概念。

4. 各方对创业板运作规则和交易技术的积极探讨

在创业板市场定位明确以后，有关各方对创业板市场的特点和规则也进行了广泛的探讨，沪深证券交易所为设立创业板市场进行了技术方面的积极准备。

2000年5月10日，在“中国金融业改革国际研讨会”上，中国证监会领导在发言中指出：要争取在年内建成二板市场，为有发展前景、有科技能力的中小企业筹资提供服务。二板市场将基本按照国际惯例进行运作和管理，降低上市门槛，实行全额流通，发行上市核准由全部是市场中的专业人员组成的发行审核委员会依据公司状况和市场因素作出独立判断。[⑪] 这一表述，明确概括了创业板市场的一些主要特点。

6月8日，中国证监会首席顾问梁定邦在“2000年中国西部企业融资实务高级研讨会”上说，二板市场的推出已是水到渠成的事。有关部门正在积极推进二板市场的设立，但从目前进展情况看，估计要到明年初才能出台。同时，监管部门正在非常积极地推动这一进程，而且十分注重配套法规、措施的完善，力争把二板市场建设好。他同时强调说，创业板上市公司与主板上市公司相比，一个最大的区别就是风险较大，不可测因素很多。因此，一方面投资者要强化风险意识，有心理准备；另一方面要加强监管水平，强制信息披露，通过法律手段来切实保护投资者利益。[12]

7月6日，深圳证券交易所的负责人在“中国高新技术产业和资本市场论坛”上表示，深交所已在全国20多个省市对新兴企业、科教企业进行了系统的摸底调研，重点走访了高新技术园区和科研院所，对二板市场的上市资源有了初步了解，结果令人鼓舞。二板推出以后，将有助于解决我国高新技术企业普遍存在的资产规模小、负债率高的问题，有效地推动我国新兴产业和企业的发展。另一方面，深交所又已设立了专门的工作小组，系统地总结海外二板市场的发展状况和经验教训，研究市场运作各个环节的问题。在技术方面，深交所已开发了第二交易结算系统，正加紧开发新版实时监察系统和信息系统。新系统全部投入使用后，深交所技术系统的性能比原来会有全面提高，不但将有效促进主板市场的安全有序运行，也能适应将来二板市场的发展需要。[13]此前，5月9日，在“第三届中国北京高新技术产业国际周”上，上海证券交易所的负责人也曾表示，二板市场对推动和完善中国证券市场结构、为投资人提供多种投资组合具有非常重要的现实意义，尤其是为中小型企业特别是具有成长潜力的中小型企业提供融资渠道，为创业投资提供“出口”更是一个强有力的措施。上海证券交易所早在数月前专门成立了二板市场推进工作小组，对我国应如何建设二板市场进行了可行性研究；在技术环节上，已初步完成了独立的交易系统和监控系统的开发工作，可以保证该股市的安全运行，保证一线监管的高效性；另外，对二板市场有关业务规则、交易制度等也在主管部门的部署下有条不紊地进行。对企业到二板上市的一系列服务工作，已经准备就绪。[14]

7月8日，在“第二交易系统股票发行与上市高级研讨会”上，来自政府主管部门、证券公司、基金公司、投资公司、上市公司、高科技企业以及专家学者共400余人共同研讨了中国创业板市场发展之路。研讨内容包括：二板的建立在我国资本市场发展史上的革命性意义，二板的设立方式、地点和交易机制的选择，二板上市公司的选择对象和企改方式，二板的股票发行核准程序、二板中的主承销机构保荐制度等。[15]与会专家强调，要明确二板市场不是高科技板市场而是创业板市场。二板市场吸纳的是高科技企业、中小企业和成长性企业，这三类企业尽管相互交叉，但主体应是民营企业。二板市场的建立不但为民营企业发展提供了良好的发展机遇，而且也给它们提出了相关课题。民营企业不能先上市后改组，而必须按照规范的现代企业制度来改组，才能符合二板市场的上市要求。相信二板市场建立后，一方面能推动民营企业发展，另一方面促使以民营企业为主的二板上市公司按照国际化标准规范运作，这不仅能加快我国向市场经济体制转变的进程，而且也会促进我国经济的高速发展。对二板上市企业应强调“五要五不要”，即要有两年的活跃营业记录，要有明确的发展目标，要有一定的市场流通数量，要有合格的保荐人，要承诺主要发起人和战略投资者持有定量的股票和约定时间；不要求有3年的盈利记录，不要问姓“公”姓“私”，不要分流通股和不流通股，不要搞地方政府推荐，不要限定招股价和涨跌停板，价格由市场决定。[16]

8月8日，深圳市市长表示，目前国内二板市场的设立地点尚在研究之中，但结果可望在年底之前浮出水面；深圳具备二板市场发展的最佳条件，深圳市政府将积极争取二板市场在深圳设立。深沪两个市场的合并目前还在研究之中，但主板市场不会是简单的一次性合并，如果两个市场逐渐合并，对深圳的税收也不会有太大的影响。[17]

5. 设立创业板进入“倒计时”

2000年9月以后，“创业板”成为各界对新股市的正式称呼，中国证监会、深圳证券交易所等开始在“倒计时”背景下筹备设立创业板市场的有关事宜。

2000年9月20日，有关媒体报道说，根据中国证监会创业板准备工作进入“倒计时”的要求，深交所日前正式启动了创业板券商系统技术准备工作。

根据该所排出的时间表，在11月1日前，各券商必须做好创业板行情另板显示的所有准备工作。[18]

9月28日，受中国证监会委托，深交所召开了“创业板市场法规海外专家座谈会”，就已草拟的9项涉及创业板市场的规章制度向与会者征求意见。这些法规基本包括了创业板市场发行、上市、交易所需的法规。来自香港交易及结算所、香港联交所创业板上市委员会和部分海外证券公司、创业投资公司、律师事务所、会计师事务所的专家共100多人参加了座谈会。创业板市场法规如此大规模的征求海外专家的意见还是第一次，充分体现了创业板市场制度设计的国际化和市场化要求。同时，深交所已将有关法规印制成册，进一步广泛征求各方面的意见，并在此基础上作进一步的修改、完善。[19]

10月13日，在深圳"高交会"上，中国证监会主席周小川在回答听众提问时说：创业板市场"应该可以在较短时间内出台。"稍后不久，在回答另一位听众提问时又说："从我们的角度看，（创业板）很快可以出台，但也要进行讨论和决策。"[20]

同日，深交所负责人在"世界证券市场峰会"上表示，深交所对创业板的筹建工作，按照"倒计时"的要求，自2002年8月底开始具体运作到现在，已完成了10项工作，目前进入最后阶段。这10项准备工作包括：完成了规则起草和征求意见工作；完成了技术系统的测试验收，达到了开设创立的目标；确定了组织架构，实行监管、技术、管理分离；招聘的44名专业工作职员经过国庆节期间的培训，现已上岗；创业板行情另板显示工作已完成；创业板指数已通过论证，进入模拟运行阶段；完成了发行规则的流程设计；办公场地开始使用；创业板市场宣传手册已定稿；全网测试10月14日进行。[21]

10月18日，深交所将创业板市场规则（征求意见稿）正式上网披露，发布网站为深交所的巨潮互联资讯网（网址：www. Cninfo. com. cn）。这是国内首次正式公开发布有关创业板市场的文件初稿。发布的文件初稿包括：《创业企业股票发行上市审核规则》，《创业企业股票发行核准程序》，《创业企业公开发行股票申请文件标准格式》，《创业企业股票发行上市保荐制度暂行办法》，《创业企业股票发行审核委员会暂行办法》，《<公开发行证券公司信息披露的内容与格式准则>（第9号）——创业板公司招股说明书》，《<公开发行证券公司信息披露的内容与格式准则>（第10号）——创业板公司上市公告书》，《深圳证券交易所创业板交易规则》，《深圳证券交易所创业板股票上市规则》等。[22]

10月20日，深交所发出的《关于创业板技术系统全网测试的通知》说，深交所将和所有会员单位在10月28日（本周六）进行第一次创业板技术系统全国联网测试，以全面了解全国各地营业部的创业板市场行情另板显示的技术准备情况。[23]

3.3 创业板有关政策的深一步研讨

正当中国证监会、深圳证券交易所、证券公司及有关方面为创业板市场的设立展开积极筹备工作的时候，不同意现期设立创业板市场的意见也通过各种渠道反映到有关部门。2000年12月12日，"全国人大常委会"副委员长成思危在"中国资本市场高级论坛"上说，世界上创业板设立的方式分为孪生式和独立式。纳斯达克是孪生式，它是一板二板共存。正因为此，其交易量才超过纽约交易所。我国创业板当前存在立法问题，"全国人大"通过的是修改公司法，允许建立高新技术板块。但创业板的特点是门槛低、风险大，它不仅包括高新技术企业，还包括高成长型的中小企业，这就扩大了范围。对此，目前存在争论。有关法律问题还有待解决，"全国人大"肯定将讨论，现在还不能确定创业板什么时候可以出台。[24] 这段话实际上意味着，社会各界对推出创业板的共识尚未达成，设立创业板的有关政策和制度的研究并未完结，创业板的设立也远不象证券业界估计的那么乐观。

进入2001年以后，尽管学术界、证券业界及其他有关部门再三呼吁“尽早推出创业板”、“设立创业板的条件已经成熟”、“创业板迟设比早设的风险更大”等等，并深入进行一系列论证，但是，创业板依然没能设立，究其原因主要有四：

1. 对设立创业板市场的国内外客观条件的认识存在较大分歧

进入2001年以后，国内外证券市场发生了一系列重要变化，在对这些变化的分析中，各方的认识大相径庭。其中，主要有：

第一，美国Nasdaq股指爆跌。Nasdaq股指在2000年4月达到5132点以后，走势突然急转直下，到2001年3月股指一度落到1700以下，股指跌去70%左右(超过了1929年10月纽约证交所的股指跌幅)，按市值计算，投资者损失高达几千亿美元，并引致美国经济增长结束了长达100多个月的高涨历史，开始步入紧缩时期。随着美国股市的急剧翻转和美国经济转入紧缩时期，世界其他国家和地区的创业板市场的走势也快速下落。由此，中国境内一些人以此为据提出，国际社会中创业板尚无成功的先例，中国设立创业板不仅条件尚未成熟而且风险极大；一些境外人士和机构也劝中国政府的有关部门放弃或放缓设立创业板。

对此，中国社会科学院金融研究中心的专家指出：股市的成功与否，应以其功能发挥的状态为评价标准，不应简单以股指走势高低为评价根据；股指走势有高有低、有涨有落，因此，在一般情况下，不能以股指高低为依据来评价股市的成功与否。股市的主要功能不在于推进股指高涨，而在于资产定价、风险分散和促进资源有效配置；美国Nasdaq在近20年的功能发挥中，不仅有效激励了全美范围内的创业投资，成为“硅谷”科技开发和科技成果产业化的主要支持机制，而且已经培育了一批世界级大型公司(如英特尔、微软、思科、戴尔等)，Nasdaq已是美国经济不可或缺的重要组成部分。Nasdaq的股指爆跌是在股市内在运行机制作用下的一种回归性调整，这正是股市发挥其内在回复功能的表现，而不是股市失败的结果。因此，不能因美国Nasdaq股指下落就认为中国不该设立创业板市场。[25]

第二，中国主板市场中的不规范现象。中国A股市场是在双重体制下发展起来的，相当多的规则和运作受到计划经济机制的严重影响，因此，存在着许多不规范的现象。2000年下半年以后，中国证监会加强了证券监管，同时，一些媒体也开始发挥监督职能，由此，在1年多的时间内，A股市场中各种违法违规行为频频曝光，包括操纵股价的庄家、财务信息作假的上市公司、挪用上市公司募股资金(或其他资金)的集团公司、违规申购或违规交易的证券公司、协助上市公司财务作假的会计师事务所等等。由于这些违法违规现象的处理采取的是公开披露方式，又比较集中在2001年内（仅沪深证交所对上市公司不规范行为作出的处理就达100多次)，因此，给不少人以“A股市场中违法违规现象太多”的感觉。由此出发，一些人担心新设的创业板市场很可能成为A股市场的“复制品”，强调应先解决好A股市场的规范化建设再讨论创业板市场的设立。

与此不同，主张早日设立创业板的人强调，创业板市场是按照一套不同于A股市场且尽可能符合国际惯例的规则来设立运行的，在有关规则的制定中已经考虑了10多年中A股市场运作的经验和克服A股市场中的各种不规范现象，因此，A股市场中的许多问题将不会在创业板市场中重新发生；另一方面，由于A股市场中的许多不规范现象涉及到一系列经济体制甚至更加深刻的非经济机制问题，所以，要消解这些问题需要相当长的一段时间，而对推进中国的成长型中小企业(尤其是高新技术企业)发展来说恐怕难以等待这么长的时间，因此，即便新设立的创业板在运行中可能发生这样或那样的问题，也应当首先从国民经济整体发展的高度来决策。更何况，创业板市场的规范本身就是一个相对的概念，2000年以前国际社会都认为美国Nasdaq是一个最为规范成熟的市场，而2001年后又纷纷提出各种各样的指责。

第三，创业板市场推进过程中的不规范现象。在2000~2001年推进创业板设立的过程中，一系列现象的发生令人对创业板运行前景感到担忧。其中大致有五个比较突出的现象：

其一，一些企业和地方政府部门对设立创业板的意义和创业板的主要功能认识不清，仅仅从发股上市角度来看待创业板的设立，因此，A股市场中的“圈钱”概念仍有相当深刻的影响。2000年10月，在深圳“高交会”上，个别地方领导甚至在公开场合说，创业板就要设立了，这是最后一次暴富机会，大家可以回去拿麻袋来装钱。

看，第二种解释比较符合其真实含义，否则，只需表述为“高新技术股份有限公司”，无需用“属于”一词。创业板支持创业公司上市。“创业公司”是指拥有自主知识产权并在设备、产品、服务等方面具有高新技术含量的股份有限公司。此类公司申请股票发行和上市，是符合《公司法》上述规定的，因此，设立创业板市场与《公司法》要求并不相悖。

3. 深圳对将深交所定位于专门管理运作创业板尚有不踏实的感觉

为了保障创业板市场的独立运行，决策层决定将深圳证券交易所的A股股票转道上海证券交易所继续交易，深圳证券交易所专门从事创业板市场管理运作。对此，深圳方面感到有多种难处：一是目前在深交所交易的上市股票是10多年累积的结果，在A股转到上交所以后，创业公司尚未在创业板上市或在创业板上市的公司数量较少的条件下，深交所的业务和收益将大幅降低，这不利于维护深交所的运行。二是在创业板市场规模未展开或未形成较大规模的条件下，股市投资者、证券公司及其他相关机构将把业务重点转向上海，由此，不仅可能引致大量资金流出深圳，而且可能对与股市投资相关的各个产业(如电信、交通、餐饮、宾馆等)带来不利影响，从而，不利于深圳的经济社会稳定和发展。三是在早些年曾经有人认为，从现代技术角度看，一个国家(甚至全球)只需要设立一个股市就可以满足股票交易、信息披露等各方面的投资需要，而设立多个证交所是一种资源浪费，由此建议将深圳证交所归并到上海证交所。在这种背景下，如果深交所将A股转到上交所，而创业板市场迟迟不开市，是否存在从事实上撤销深交所的可能，不得而知，但的确令深圳感到心里不踏实。鉴于这些因素及其他因素的考虑，深圳有关方面推出了在创业板市场设立后的若干年内逐步将A股股票转移给上交所的设想。前述深圳市市长强调，深沪两个市场的合并目前还在研究之中，但主板市场不会是简单的一次性合并，如果两个市场逐渐合并，对深圳的税收也不会有太大的影响；深交所负责人说：“创业板市场不单是接纳众多的中小型创业企业，它也应张开双臂欢迎成长性强、发展潜力大的大型企业”，都反映了深圳和深交所对设立创业板的担心及对策选择。

持不同意见的人认为，深圳市和深交所的忧虑是可以理解，但是，一方面创业板不是深圳的创业板而是全国的创业板，因此，不能仅仅从深圳的利益得失来考虑创业板的设立和发展，而应从全国的角度看待这一问题；另一方面，虽然在创业板设立的初期，由于上市公司数量较少、每日成交量较小可能暂时影响深圳的一些利益，但是，从若干年以后看，创业板市场的发展速度和上市规模是有可能超过目前的深圳A股市场的，甚至有可能超过主板市场，因此，不应因眼前的得失妨碍未来发展。

4. 有关创业板市场运行的各方面规则尚有不成熟之处

2000年10月，深交所通过网站公布了9项创业板市场规则（征求意见稿），以征询各方面的意见。这9项规则中，存在着一些不符合市场经济规则或不符合实践要求的内容，因此，需要进一步修改，而有关各方的意见又不尽相同，由此，要达成共识也需时日。

2001年，创业板市场虽然没有象一些人估计的那样设立推出，但是，这决不意味着创业板已不再设立了。2001年10月13日，中国证监会主席周小川强调指出：“虽然推出创业板市场比预期的时间推迟了，但不是没戏了，而是很有戏”；各方面都在积极准备，决策的过程很大程度上取决于社会各方面对中国创业板的认识，一旦各方面看法接近，认为准备工作大体可以接受，那么创业板出台将为时不久。[29]

3.4 中国创业板市场的规则及特点

中国创业板市场的规则大致可分为三个层次：一是由中国证监会草拟后报国务院批准而出台的有关创业企业股票发行上市方面的条例。就创业板市场规则体系而言，这一条例具有“总论”性质，即只有这一条例出台了，其他规则的出台才具有法规根据。就创业板市场的设立而言，这一规则的出台，标志着创业板市场的设立在法律上已经成立。二是由中国证监会及其他政府部门出台的有关创业公司发股上市方面的具体操作规则，其中包括创业企业股票发行上市审核规则、创业企业股票发行核准程序、创业企业公开发行股票申请文件标准格式、创业企业股票发行上市保荐制度暂行办法等。三是由深圳证券交易所出台的有关创业公司和创业板市场运作的具体操作规则，其中包括创业板市场股票上市规则、创业板市场交易规则等。

由于迄今公开披露的有关创业板市场规则只有深交所在2000年10月通过网站向社会各界征求意见的9项规则，由此，对中国创业板市场的规则分析也只好局限于这一范围内。就这9项规则而言，主要有五个特点：

一是比较贴近国际惯例。例如，9项规则中始终贯彻着“股权平等、同股同权”原则，实行股份的全流通；创业企业的发起人以知识产权、非专利技术出资占公司注册资本的比例，由发起人协议确定；创业企业发股上市的条件明显低于A股企业，但信息披露和监管明显加强，透明度明显提高等。

二是相当多条款突破了A股市场的规则。例如，股票发行不再实行计划指标控制、上市公司应实行独立董事制度、股票发行审核委员会主要由市场人士组成等。

三是在一定程度上考虑到了中国目前的实际情况。例如，强调创业企业应在同一管理层下持续经营2年以上并且有突出的主营业务，股票交易实行20%的涨跌幅度限制等。

四是在一些条款中依然留有传统计划体制的影响。例如，创业企业通过发行审核委员会审核后，能否发行股票尚需征求省级政府部门或国务院有关部门的意见；上市公司董事、监事、高级管理人员在其任职期内不得出售其所持该上市公司股份；主承销商在报送申请文件草稿前，深圳证券交易所组织对发行人的董事、监事和高级管理人员进行《公司法》、《证券法》等法律法规考试；等等。

五是尚有一些问题值得进一步探讨。例如，关于创业企业发股具体条件中是否应当有最低盈利数额或盈利水平的规定，创业企业发股募资在数额上是否应当建立约束机制，创业企业股票发行上市审核中是继续贯彻合规性发审还是应当实行竞争性发审等等。

9项规则中值得深入介绍的内容和探讨的问题相当多，限于篇幅，以下只能描述一个概要的轮廓：

1.《创业企业股票发行上市审核规则(征求意见稿)》

本规则共13条，主要内容包括制定本规则的目的，本规则的适用对象，对申请人的公司性质界定，对在发行审核过程中需要考虑的一些因素的界定等。其中强调了如下几个问题：

第一，申请在创业板市场上发股上市的企业必须是“合法存续的股份有限公司”(第4条)。

第二，判断“在同一管理层下持续经营二年以上”应当考虑下列因素(第5条)：创业企业在提出发行申请时，开业时间是否在24个月以上；创业企业的法定代表人、董事、高级管理人员、核心技术人员以及控股股东，在创业企业提出发行申请前24个月内是否曾发生重大变化；创业企业在提出发行申请前24个月内是否不间断地从事一种主营业务，业务是否有实质性进展。

第三，判断创业企业是否符合上市条件时应当考虑下列因素(第9条)：首次公开发行股票后，股本是否达到2000万元；持有股票面值1000元以上的股东是否达到200人；公开发行的股份是否达到公司股份总数的25%以上；发行前股东持有的股份是否达到公司股份总数的35%以上。

第四，判断创业企业是否符合发行上市条件时还当考虑下列因素(第10条和第11条)：一方面创业企业经审计的有形净资产是否达到800万元；最近两个会计年度经审计的主营业务收入净额是否达到500万元，最近一个会计年度经审计的主营业务收入净额是否达到300万元；资产负债率是否不高于70%；是否已聘请主承销商进行辅导；是否已聘请保荐人。另一方面，产品的科技含量；创业企业的发展潜力和成长性；全部或大部分资产是否为现金、短期投资或长期投资；在提出发股申请前12个月内，是否进行过合并、分立、资产置换、资产剥离等重大资产重组行为；在提出发股申请前12个月是否进行过增资扩股；主营业务收入是否主要来自关联交易；是否与控股股东或并行子公司存在同业竞争；是否建立和健全组织机构；是否设立独立董事；发起人的数量；认股权或股票期权的设置；会计师出具的审计报告是否为非标准无保留审计意见。

对这一规则的进一步探讨较多集中在四个方面：一是在创业企业管理层不发生重大变化中，“重大变化”的确切含义是什么，是指职位还是指数量比例？例如，当有限公司改制为股份有限公司后董事、监事、高级管理人员、董事会秘书等的职位可能增加，由此，增加董事、董事会秘书、监事和高级管理人员，这是否属于“重大变化”，不清楚。二是创业企业的上市条件。一些人强调应当增加最低盈利数额或盈利水平方面的规定，例如，首次发股前税后利润数额不低于150万元或税后利润率不低于10%。三是公司治理。一些人认为创业企业不仅应当有独立董事方面的规定，而且更重要的是应当有执行董事、执行监事方面的规定；如果董事、监事都是“开会董事、开会监事”，则独立董事的职能无法有效发挥。四是发股募资。一些人强调，为了防止A股市场中的“圈钱”现象在创业板市场中延续，同时，也为了约束发股公司的资金使用，应当对发股募资数额有所限制，例如，审核创业企业提出的发股募资数额是否控制在两个会计年度中投资项目的资金需求量范围内。

2.《创业企业股票发行核准程序(征求意见稿)》

本规则主要内容包括“审阅申请文件草稿”、“受理申请文件”、“创业企业股票发行审核委员会审核”、“征求意见”、“核准发行”和“复议”等部分。其中强调：

第一，申请文件的审阅。创业企业按照中国证监会颁布的《创业企业公开发行股票申请文件标准格式》制作申请文件草稿，由主承销商推荐并向深圳证券交易所报送；主承销商在报送申请文件草稿前，深圳证券交易所组织对发行人的董事、监事和高级管理人员进行《公司法》、《证券法》等法律法规考试；深圳证券交易所审阅发行人申请文件草稿，并将审阅意见函告申请人及其主承销商。

第二，申请文件的受理。深圳证券交易所收到创业企业正式申请文件5个工作日内作出是否受理的决定。

第三，发审会审核。深圳证券交易所对正式申请文件进一步审核，并在受理后45日内，将初审报告和正式申请文件提交创业企业股票发行审核委员会审核。发审会进行充分讨论后，提出发审意见。

第四，征求意见。创业企业通过发审会审核后，中国证监会征求省级人民政府或国务院有关部门的意见，省级人民政府或国务院有关部门在7个工作日内未表示意见的，视作无异议处理。

第五，核准发行。依据发审会的发审意见，中国证监会对创业企业的发行申请作出核准或不予核准的决定。自深圳证券交易所受理申请文件到中国证监会作出决定的期限为3个月。

对这一规则的进一步探讨较多集中在下述几个方面：

其一，深交所的功能。一些人提出，全世界各个证券交易所都是一个提供证券交易平台的场所，没有审核是否准许发行股票的机制，为什么深交所需要拥有审阅创业企业发股申请文件和组织发审会的职能？在深圳地方影响下，这一职能的发挥是否可能发生对全国其他地区不公平的现象？既然是深交所负责发审的具体事务，为什么还需要由中国证监会作出“核准”或“不予核准”的决定？因此，建议审核发股申请的权力还是由中国证监会掌握为好。

其二，考试。一些人提出，既然已经有了创业企业上市前的辅导制度和上市后的保荐制度，为什么还需要由深交所组织对创业企业的董事、监事和高级管理人员进行考试？如果这些人员中的一部分考试不合格，创业企业是否还能申请发股，同时，在辅导期内的考试又有何功效？另一方面，深交所依据什么根据拥有要求申请发股的创业公司中董事、监事和高级管理人员进行考试的权力？因此，建议取消这一考试制度。

其三，征求意见。创业企业申请发股在通过发审会审核后，需要征求省级人民政府或国务院有关部门的意见，在这种条件下，发审会的地位是什么？如果省级人民政府或国务院有关部门的意见与发审会意见不一致，那么，创业企业还能不能发行股票？如果不能，是否意味着创业企业在申请发股的过程中应与当地政府部门做好工作，申请发股过程中又如何防止可能的腐败现象？由此，建议取消向省级人民政府或国务院有关部门征求意见的规定。

3.《创业企业公开发行股票申请文件标准格式(征求意见稿)》

这一规则的主要内容由9部分构成，分别是“发行申请文件的纸张、封面及份数”，“发行申请文件目录”，“设立股份有限公司的文件”，“公司章程”，“招股说明书”，“资金运用的可行性分析”，“发行方案”，“定向募集公司申请公开发行股票还需提交的文件”和“发行申请文件的附件”。对这一规则没有太多的修改性意见。

4.《创业企业股票发行上市保荐制度暂行办法(征求意见稿)》

这一规则由“总则”、“保荐人资格”、“保荐责任”和“其他”四部分组成，主要内容包括：

第一，建立保荐制度的目的。本规则指出：建立保荐制度是为了“防范和化解创业板市场的风险，保护投资者合法权益”。

第二，保荐人资格。本规则规定：“保荐人必须是具有股票主承销商资格的证券公司或中国证监会认定的其他机构”。

第三，保荐期限。本规则规定：“保荐期限为股票发行上市期间、股票上市当年的余下时间及其后的二个会计年度。”

第四，保荐人的责任。本规则规定，保荐人在被保荐人股票发行上市期间应承担下列保荐责任：为被保荐人提供股票发行上市的专业指导意见，核查被保荐人的基本情况，指导被保荐人按照规范要求制作股票发行上市申请文件并对这一文件的真实性、准确性、完整性承担连带责任，指导被保荐人建立规范的法人治理结构，确信被保荐人的全体董事具备担任董事职务所需的专业技能及经验，代表被保荐人报送股票发行上市申请文件并负责与中国证监会和交易所进行沟通等。保荐人在被保荐人股票发行上市当年余下时间及其后二个会计年度内应承担下列保荐责任：为被保荐人持续提供遵守相关法律法规及交易所相关规则的专业指导意见并指导其规范运作，督促被保荐人严格履行公开披露文件中承诺的业务发展目标、募集资金使用及其他各项义务，督促被保荐人真实、准确、完整、及时地披露信息，认真审核被保荐人拟公告的所有公开披露文件，参加被保荐人与中国证监会和交易所进行的所有正式会谈等。

第五，保荐关系的确立。本规则规定：“为明确保荐人和被保荐人之间的权利义务，双方应就保荐问题订立相关协议，对双方的权利义务及保荐费用作出约定。”

第六，保荐制度的落实。本规则规定，保荐人应至少指定2名有3年以上证券从业经验的业务人员从事某一企业的保荐工作；保荐人应当在公司内部建立保密制度，确保从事保荐业务的部门与其他部门之间的信息隔离；保荐人应当建立保荐工作档案，保留时间为5年，中国证监会可随时调阅保荐工作档案；被保荐人的公开披露文件依法公开前，保荐人不得公开或泄露有关文件的内容；保荐人不得利用被保荐人的有关信息直接或间接地为本公司或他人谋取利益等。

第七，保荐人的处罚。本规则规定，保荐人违反上述规定的，中国证监会将根据情节轻重采取通报批评、公开批评、警告、没收非法所得、罚款、暂停其保荐人资格、取消其保荐人资格等处罚措施；保荐人被取消保荐人资格的，必须停止所有创业企业的保荐业务，但仍可以从事股票承销业务。

对这一规则的进一步研讨主要集中在三个方面：一是保荐人资格。一些人认为“保荐人必须是具有股票主承销商资格的证券公司或中国证监会认定的其他机构”中的“其他机构”过于含糊，应作出较为明确的规定，例如，中国证监会认定的咨询公司、投资顾问公司、律师事务所及其他机构。二是保荐人的责任。一些人强调，如果保荐人在从事保荐工作中给被保荐人提供误导使被保荐人蒙受重大损失时，保荐人应当赔偿被保荐人的损失，因此，应增加有关这方面的条款。三是保荐人处罚。一些人认为，保荐人一旦因违法违规而被取消了保荐人资格，就不应仅仅停止其在创业板市场上的保荐资格，而应取消其从事股票承销的全部资格，并且有关当事人应当实行禁业处罚。

5.《创业企业股票发行审核委员会暂行办法(征求意见稿)》

本办法由“总则”、“组成办法”、“委员的职责、权利与义务”、“工作程序”和“附则”五部分共26条构成，重要内容包括：

第一，制定本规则的目的。本办法指出：“为保证创业企业股票发行审核工作的公开、公平、公正，提高发行审核工作的质量和透明度”而制定本办法。

第二，发审委的组成。本办法规定，发审委由中国证监会聘请的50名专家组成；发审委委员从证券交易所、证券公司、取得证券法律业务从业资格的律师事务所、取得证券业务从业资格的会计师事务所、证券投资基金管理公司及其他机构中产生，由中国证监会授权机构提出人选，报中国证监会批准。发审委委员每届任期1年，可以连任，但每次换届至少更换1/3委员，每个委员连续任期最长不超过3届。发审委委员的聘任及变动情况，应当及时在中国证监会指定的报刊上公布，接受社会监督。

第三，发审委委员的职责。本办法规定，发审委委员的职责是：根据国家有关法律法规和规范性文件，对创业企业的股票发行资格、条件等独立发表审核意见。发审委委员在履行职责时，应当公正客观地发表审核意见，不得利用所得到的非公开信息为本人或他人直接或者间接谋取利益，不得以委员身份从事商业活动，不得透露发审会会议议程、出席会议人员、讨论内容、表决情况及其他有关情况，

第四，发审委工作程序。本办法规定，发审委委员分为2组，每组由25人组成；发审委每组设2名召集人，由中国证监会指派；发审委审核工作会议的法定人数为7人，参会委员由发审委工作机构按照专业结构合理的原则从一组中随机确定；发审委审核工作会议可采取“分别审阅，集中讨论”和“集中审阅，集中讨论”两种方式；发审委在对发行申请文件进行审核时，可以要求申请人的董事长或其授权代表到会进行陈述和答辩；发审委在充分讨论的基础上，对申请人的股票发行申请提出审核意见；发审委应建立定期沟通制度，对审核工作进行总结，并将形成的原则性指导意见以规范的形式向社会公布。

对本办法的进一步探讨主要集中在四个方面：一是发审委由50人组成，数量是否能够满足申请发股的创业企业需要，同时，这50人是否均为“专家”，由此，建议修改的意见是“发审委由不少于50名专业人士组成”。二是发审委的地位缺乏明确界定，即发审委作出的表决决议是否具有“终审”效力，由此，建议加上“发审委对某一创业企业申请发行股票的表决决议具有终审效力，任何个人和机构均不可修改”一款。三是发审委委员的名单是否应当公布。一些人主张公布，以利于社会各界对发审委委员的监督；一些人主张不公布，以避免发审委委员的发审工作及其他工作甚至家庭生活受到申请人及其他方面的干扰。四是发审委委员如果不能遵守有关保密规定甚至利用发审委委员身份从事商业活动或为自己及亲属等谋利，该如何处置，建议增加这方面的规定。

6.《公开发行证券公司信息披露的内容与格式准则(第9号)——创业板公司招股说明书(征求意见稿)》

本准则共分22章141条，各章标题为“总则”、“封面、书脊、扉页、目录、释义”、“概览”、“本次发行概况”、“风险因素”、“发行人基本情况”、“股本和关联关系股东、管理层持股及其承诺”、“业务记录”、“技术”、“关联关系与关联交易”、“高级管理人员与核心技术人员”、“公司治理结构”、“财务信息”、“业务发展目标”、“募集资金运用”、“发行定价及股利政策”、“其他重要事项”、“董事及主承销商声明”、“附录”、“备查文件”、“招股说明书摘要”和“附则”。

本准则的进一步研讨主要集中在下述几个方面：

其一，关联关系股东是否应当全部披露。第50

条规定，董事、监事、高级管理人员和核心技术人员的亲属持有的股份应当予以披露。对此，一些人认为，如果这些亲属所持股份占公司发行前股份总额较低(如1%以下)时，不应一一予以披露，因为这种披露没有多少实质意义；但一些人则认为应当全部披露，以弄清关联关系股东之间的持股情况。

其二，发行人是否应当公开披露主要股东和管理层股东就所持股份自愿锁定进行的承诺(参见第51条和第89条)。主张公开披露这种承诺的人认为，这种自愿承诺有利于股市投资者的投资选择，同时约束创业企业主要股东和管理层股东的售股行为；不主张公开披露这种承诺的人认为，由于在规则中规定了这一条款，实际上意味着，如果创业企业不做出这方面承诺就面临着难以通过发审的可能，至少是比做出这方面承诺的创业企业“不合规”，因此，这种承诺与其说是“自愿”的不如说是带有一定强制性的；从“股权平等”、“股份全流通”的原则看，做出或不做出承诺，股份早晚总是要全流通的，因此，做出股份自愿锁定承诺只不过是为二级市场的投资者留出更多的时间进行股票炒作。既然这些股份在进入股市流通方面已有了锁定期规定，再要求做出“自愿承诺”就没有实质性意义，更何况，这种情形延续下去，可能使国有股、法人股事实上不可流通的现象在创业板市场重现。

其三，亲属关系是否应当披露。第85条规定：“发行人董事、监事、高级管理人员、核心技术人员之间如存在直系、配偶、三代以内旁系亲属关系的，应当披露”。对此，主张披露亲属关系的人认为，这种披露有利于投资者了解创业企业管理层的人员关系，把握该公司是否属于“家族企业”。不主张披露亲属关系的人认为，这种披露实际上透露了创业企业管理层人员的“隐私”问题，并带有某种意识形态方面的歧视(因为A股国企发股上市中没有这一规定)，所以，这不是一种公平的态度，也不符合法律的规范。

其四，财务指标中是否应当增加有关成长性的指标。第104条列举了发行人应当披露的财务指标，在这些财务指标中缺乏反映创业企业成长性的指标，对此，一些人主张增加这方面财务指标，如销售收入的年增长率、销售收入与资产总额的平均比率、每股税后利润的年增长率等，以便于判断发行人的成长性情况。

7.《公开发行证券公司信息披露的内容与格式准则(第10号)—创业板公司上市公告书(征求意见稿)》

本规则共分为“总则”、“正文”和“附则”3章12节，“正文”中的12节标题分别是“重要声明与提示”、“概览”、“绪言”、“公司概况”、“股票发行与股本结构”、“高级管理人员与核心技术人员”、“关联关系与关联交易”、“财务资料”、“其他重要事项”、“董事会上市承诺”、“保荐人意见”和“备查文件”。由于上市公告书与招股说明书在内容上没有原则的不一致之处，所以，对本规则提出的进一步研讨问题与上一规则《公开发行证券公司信息披露的内容与格式准则(第9号)—创业板公司招股说明书(征求意见稿)》基本一致，故不再赘述。

8.《深圳证券交易所创业板交易规则(征求意见稿)》

本规则由10章组成，各章的标题分别是“总则”、“交易市场”、“证券买卖”、“其他交易事项”、“交易信息”、“交易异常情况”、“交易纠纷”、“交易费用”、“罚则”和“附则”。对这一规则的进一步研讨集中在两个问题上：

一是投资者入市交易是否应当有所限制，即每笔交易是否应当有最低交易额的规定。主张应有此项规定的人认为，创业板市场是一个高风险市场，中小投资者缺乏对创业企业进行充分分析的能力，在“羊群效应”之下，较多跟着机构投资者或大户投资，由此，如果不对投资者入市做出一定的限制，可能不利于创业板市场稳步发展，也不利于社会稳定。主张不应有此项规定的人认为，中小投资者的投资理性并不比机构投资者差，缺乏中小投资者投资的股市是缺乏“人气”的，也很难有大的快速的发展；另一方面，从事实状况看，10多年来，中国A股市场的实践证明，中小投资者的抗风险能力至少不低于机构投资者，而香港创业板的规则修改中，放松对中小投资者限制是一项重要内容，因此，不应限制中小投资者进入创业板市场。

二是创业板市场是否应当有涨跌幅限制(第3.2.1条规定，“本所对证券实行价格涨跌幅限制，涨跌幅限制比例为20%。”)。主张设立涨跌幅限制的人认为，在中国目前条件下，股市价格大起大落的现象比较严重，如果不设涨跌幅限制，因创业企业上市交易的可流通股份盘子较小而概念又好等原因，创业板市场的价格变动就可能更加剧烈，因此，为了使创业板市场走好走稳，设置涨跌幅限制是必要的。不主张设立涨跌幅限制的人认为，涨跌幅限制不属于股市的正常交易规则，在国际股市中这一规则一般是在股市发生比较严重的异动条件下才作为应急措施采用的，既然创业板市场要尽可能贴近国际惯例，就应取消涨跌幅限制，让股价随市场供求关系及其他因素的变化而变化。

9、《深圳证券交易所创业板股票上市规则(征求意见稿)》

本规则由12章和四个附件构成，各章的标题分别是“总则”、“董事、监事”、“保荐人”、“股票上市”、“股票购买、出售的限制”、“持续信息公开”、“定期报告”、“临时报告”、“停牌、复牌”、“暂停上市、终止上市”、“罚则”和“附则”，四个附件分别是《创业板上市公司章程指引》、《董事声明与承诺》、《监事声明与承诺》和《创业板股票上市协议书》。对这一规则的进一步研讨集中在两个问题上：

其一，独立董事在董事会和股东大会上发表的意见是否应当公开披露(参见2.2.4条)？一些人认为，当独立董事在董事会或股东大会上发表的意见与董事会决议或股东大会决议相一致时，不必专门披露独立董事的意见；只有当独立董事在董事会或股东大会上发表的意见与董事会决议或股东大会决议不一致时，才有必要专门披露独立董事的意见，同时，这种披露也只是披露独立董事的主要意见，没有必要面面俱到。但另一些人认为，不论独立董事的意见与董事会或股东大会的决议是否一致，均应专门披露，以体现独立董事的作用。

其二，由于本规则第5.3条规定：“上市公司董事、监事、高级管理人员在其任职期内不得出售其所持该上市公司股份”，“在离职六个月后方可出售其所持该上市公司股份”，所以提出了董事、监事、高级管理人员在任期内是否可以出售所持该上市公司股份的问题。主张应当准许董事、监事、高级管理人员在任期内出售所持本公司股份的人提出了四方面理由：一是第5.3条的规定在思路上是与《创业板公司招股说明书》第89条的规定“发行人应当披露董事、监事、高级管理人员和核心技术人员所持股份锁定的情况及契约性安排，以及这些人员自愿锁定所持股份声明的主要内容”相矛盾的，也是与附件一《创业板上市公司章程指引》第3.16条中说的“公司董事、监事、高级管理人员在买卖本公司股票之前，应当通知董事长或董事会特别委任的其他董事并获得其书面确认”相矛盾的。二是第5.3条规定实际上将要求创业板上市公司的董事、监事和高管人员在辞职后才能买出所持本公司股份，这不利于这些人在上市公司中的安心工作，也不利于上市公司的长期发展。另一方面这一规定有利于法人股股东在创业企业上市后卖出其所持有股份，因此，将迫使投资者利用机构投资来介入创业企业，使创业投机的问题更加严重。三是这一规定既不利于创业公司建立股票期权激励机制(因为高管人员得到的股份不可流通)，又将严重妨碍在创业板市场上通过收购股份来进行公司购并、资产重组等活动的展开。四是由于民营企业的董事、监事和高管人员通常拥有较高份额的本公司股份，这些股份在这些人任期内不可流通，随着创业板上市公司数量的增加，实际上这些股份将转化为不可流通股，由此，过若干年以后，在创业板市场上可能又要讨论这些股份的可流通问题了。主张5.3条规定的人则强调，这一规定与《公司法》第147条第2款的规定是一致的，并且对股市投资者是有利的。

①国务院法制办公室编《新编中华人民共和国常用法律法规全书》，第562,中国法制出版社2000年4月。
②参见《关于建立我国科技创业投资机制的报告》。
③与此相比，一些人认为国务院主要领导自始就不主张设立创业板市场，是不符合事实的。
④参见王国刚《创业投资：建立多层次市场体系》，载《改革》1998年8月25日。
⑤同上。
⑥见《中国证券报》1999年8月25日。
⑦见《中国证券报》1999年12月10日。
⑧国务院法制办公室编《新编中华人民共和国常用法律法规全书》，第409页，中国法制出版社2000年4月版。
⑨参见《中国证券报》2000年4月20日。
⑩2000年8月9日,《中国证券报》在第一版报道说："证监会表示，国务院已于5月份原则同意建立创业板股票市场的方案，并授权证监会组织实施"
⑪引自《中国证券报》2000年5月19日。
⑫引自《中国证券报》2000年6月9日。
⑬引自《中国证券报》2000年7月7日。
⑭引自《中国证券报》2000年5月10日。
⑮引自《中国证券报》2000年7月8日。
⑯引自《中国证券报》2000年7月10日。
⑰引自《中国证券报》2000年8月9日。
⑱引自《中国证券报》2000年9月20日。
⑲引自《中国证券报》2000年9月29日。
⑳引自《中国证券报》2000年10月14日。
㉑同上
㉒引自《中国证券报》2000年10月19日。
㉓引自《中国证券报》2000年10月25日。
㉔引自《中国证券报》2000年12月13日。
㉕王国刚《美国纳斯达克股指暴跌给中国创业板的启示》，载《国际经济评论》2001年第7—8期合刊。
㉖引自《中国证券报》2000年10月17日。
㉗参见《创业板首批谁上市，深圳公布推荐名单》，载《北京青年报》2000年11月2日。
㉘《创业板搞孪生模式》，载《证券时报》2001年9月23日。
㉙见《证券时报》2001年10月15日。

第4部分 中国创业投资政策法律体系建设

为奠定科学的方法论基础，在这一部分我们首先从“支持创业的投资制度创新”范式，全面阐述了政府在创业投资体系建设的职能定位。在此基础上，深入地分析了中国在将近二十年的创业投资体系建设中的经验与教训；系统地提出了加快发展中国创业投资的政策法律构想。为了便于读者全面了解国外的情况，在这一部分的正文之后，还以三个附录的形式，对发达国家和欠发达国家的创业投资政府扶持政策与立法情况，做了详细介绍。

4.1 创业投资体系建设中的政府职能定位

从本源上看，创业投资是一种适应于支持“创建企业”这种特定意义上的创业活动对外源性股权资本的需求而起源和发展起来的投资制度创新。这个命题主要包括两层含义：(1)现代创业活动对外源性股权资本的需求，推动了创业投资的起源和发展。在传统社会，企业即便不是终其一生具有浓厚的家族色彩，也往往是要经历一个漫长的自我积累过程后才通过公开发行股票或债券的方式筹集外源性资本。由于在其慢节奏的创业过程中通常并不存在对外源资本的需求，专门从事创业投资的创业资本自然缺乏来自市场需求这方面的发展动力。然而，随着现代科技革命步伐的加快和周期的缩短，过去那种传统的慢节奏的通过自我积累方式逐步创业与发展的方式便再也无法适应瞬息万变的市场需求。因此，在现代创业经济（venture economics）时代，企业只有借助于外源性资本的支持迅速完成创业历程，才能赢得竞争优势。正是创业方式的这一根本变化，为现代创业投资的发展提供了强大的原动力，也正是这种原动力成为推动政府参与创业投资体制建设的动力源泉。(2)创业投资是一种既不同于贷款，又不同于一般性产业投资的投资制度创新。首先，创业投资作为一种股权投资方式，它区别于贷款的本质特征是在于：贷款通常基于企业已有的现金流来分析其还贷能力，并往往借助于抵押担保等方式来被动地规避风险，是一种只以获取固定利息为目的、难以与企业共担风险的投资方式，因此，并不适用于创业企业。创业投资则基于企业未来成长性来预期其资本增值潜力，主要通过参与所投资企业管理并为之提供创业管理服务等方式来主动地防范风险，由于能够与所投资企业建立起“收益共享、风险共担”的机制，故成为支持创业的有效手段。其次，创业投资作为一种专门对创业企业进行投资的投资方式，其区别于战略投资等一般性产业投资的本质特点是在于：产业投资以经营产品为手段，以获得产品利润为目的，属于产业资本范畴。所以，无论是战略投资者，还是其它类型的产业投资者，只要所投资的企业仍有利润可赚，就会继续持有其投资。创业投资则以经营创业企业为手段，以获得资本增值为目的，属于金融资本范畴，所以，通常只在企业具有高成长性时才对其投资，一旦企业进入成熟期不再具有高成长性，就会通过股权转让方式退出投资。正因为创业投资作为一种“支持创业的投资制度创新”，既不同于贷款，又不同于一般性产业投资，因此，才需要构建起适应其特殊要求的创业投资体制，从以下五个方面发挥好政府职能。

4.1.1 通过对创业事业的支持，间接促进创业投资发展

既然创业投资的动力源泉来自于创业活动对外源性股权资本的需求，因此，唯有生机盎然的创业活动才能真正推动创业投资发展和创业投资体制建设。但创业本身即是一项充满着高风险的事业，在市场竞争中又总是处于弱小地位而难以保障自身的权益，故在社会经济发展过程中经常会遇到创业不足的问题。因此，各国政府均注重通过相应的制度安排来鼓励和扶持创业。例如，美国政府在通过制定与完善反垄断法、反不正当竞争法和专利保护法来为中小企业创业创造公平竞争环境的同时，还出台了一系列特别的政策与法律。1982年出台的《小企业发展法》就明确规定，年研究开发经费超过1亿美元的联邦机构都应当实施“小企业创新研究计划”（SBIR），每年拔出其研究经费的1.25%用于支持小型创业企业的创新活动。英国在20世纪80年代初实施的“企业扩张计划”（Business expansion scheme），则允许对未上市小企业进行直接投资的个人，可以按投资金额的一定比例申请每年不超过4万英镑的所得税豁免。再如，新加坡政府自1998年以来，先后实施了“科技企业培育计划”、“科技创业家计划”等计划，以建立起由政府、创业企业和创业投资机构共同出资、共享收益、共担风险的科技创业机制。由于创业能否成功，能创建出多大规模的企业，关键在于创业家的素质，故不少国家还注重创造出一个鼓励创业人才辈出的社会文化环境。如允许对创业人才实行高额股票期权，并对创业人才的股票期权实行特别的税收制度安排，等等。美国在1981年通过《股票期权鼓励法》重新允许采用以前那种以股票期权作酬金的做法，即只有当股票被卖出实现差价收益时才课税，实行股票期权时不课税。这种税收制度安排就曾极大地促进了创业者的创业热情。

4.1.2 通过直接扶持政策，克服创业资本配置的市场失灵现象

创业资本之所以愿意投资于创业企业从而最终成其为创业资本，在于其预期创业企业在创业成功后能够给它带来高的资本增值。因此，只有按照“自主决策、自担风险、自我激励、自我约束”等市场原则运作创业资本，才能激发出创业资本追逐高资本增值的逐利动力。然而，仅仅按照市场原则来配置创业资本，又有可能出现市场失灵现象。一方面，创业资本通过为创业企业提供股权资本与创业管理服务，可以有力地支持和培育创业企业创业与发展，并以此促进科技进步与经济发展，增加就业岗位和社会福利，因而具有鲜明的外部经济性；另一方面，它自身却不可避免地会遭遇由于创业企业具有产品、市场、管理和财务等多方面的不确定性因素而带来的高风险，而且在创业投资与所投资企业之间往往存在着高度的信息不对称和权利不对称。因此，政府对创业投资给予直接扶持，不仅意义重大，而且十分必要。从国际经验看，政府主要通过以下方式直接扶持创业投资发展。

税收减免

在这方面，美国的经验最具有借鉴意义。1969年美国联邦政府曾把资本利得税率从29%提高到49.5%，结果导致创业投资资本从1969年的2亿美元剧降到

1975年的1000万美元。为了重振创业投资业，美国政府于1978年将资本利得税降低到28%，1981年又进一步降低到20%，于是创业投资资本在1978年的第二年增长了10倍，在1981年当年增长了2倍。在通过降低资本利得税来促进创业投资发展的同时，美国政府还通过一系列立法来改进对创业投资的税收优惠制度。如1986年，美国国会颁发了《税收改革法》，规定投资额的60%免课收益税，其余40%减半课税。1997年通过的《投资收益税降低法案》进一步对减税额和适用范围做出明确界定，同时又进一步降低了投资收益税税率。《国内收入法》的第1224条还允许向新兴创业企业投资达2.5万美元的投资者从其一般收入中冲销由此项投资带来的任何资本损失。此外，所得税法还允许资本盈利和资本亏损相互冲抵，对于经核准的创业投资公司，可以冲抵8年内的一切资本收益。在英国，根据1995年修订的《金融服务法》，推出了“创业投资信托（VCT）计划”。按照该计划设立的创业投资公司，如果在设立后的3年内将70%的资产投资到净资产不超过1000万英镑的中小企业，且单笔投资不超过100万英镑，即可享受全面的税收优惠：一是对于持有创业投资公司股份超过5年的个人投资者，可以按其投资金额的20%豁免个人所得税；二是对创业投资公司用于分配给股东的各项收益，不承担任何税负；三是投资者转让所持创业投资公司股份的所得，免征资本利得税；四是投资者从投资于创业投资公司所获得的资本利得，可以延期纳税。在中国台湾地区，为了配合实施1983年颁布的《创业投资事业管理规则》，当局对按《规则》设立与运作的创业投资公司实行了相当优惠的税收政策。除创业投资公司的股权转让所得免征所得税之外，对投资创业投资公司满两年的股东，按所投资金额的20%抵减其个人或法人的所得税。正是在税收优惠政策的鼓励和扶持下，民间创业投资公司纷纷设立。截止到1999年底，创业投资公司总数达153家（不含因存续期满结业和更业者），累计资本额达1034.25亿元新台币，累计总投资4493笔、金额947.06亿元新台币。从2000年1月1日起，台湾当局取消对创业投资公司及其股东的税收优惠后，创业投资公司数量增长和投资额增长均快速下降。

资本支持

在创业投资业发展初期，为了形成必要的示范效应，不少国家直接出资从事创业投资。其中，比较成功的是由政府设立政策性创业投资引导基金，再运用引导基金吸引民间资金发起设立商业性创业投资公司。例如，中国台湾为配合《创业投资事业管理规则》的实施，当局除了对创业投资公司给予税收优惠外，还于1984年11月由“行政院”开发基金和台湾交通银行共同筹资成立了8亿元新台币规模的创业投资引导基金。到1986年，该引导基金通过吸引民间资金，成功设立汉通创业投资公司，为后来民间机构积极参与设立创业投资公司起到了良好的示范作用。于是，又在1990年设立了16亿元新台币的第二期引导基金。以色列之所以能够很快发展成为创业投资业的后起之秀，在很大程度也得益于政策性创业投资引导基金的示范效应。1983年，以色列政府通过1亿美元的创业投资引导基金，吸引民间资金参股，共设立了9家官民混合式的创业投资有限合伙公司。①

股权担保

即通过设立政府担保基金，对创业投资公司股权投资的一定比例（比如50%）进行担保。这样，既可以减少创业投资的部分损失，又不至于破坏创业投资公司自身的风险约束机制。例如，荷兰在1981年曾设立“鼓励民间资金参与创业投资担保计划”，以鼓励民营的创业投资公司投资于创业早期企业。按照该计划，凡是经核准的投资金额不超过400万荷兰盾的创业投资项目，其投资损失的50%由政府补偿。到1994年底，在该计划的担保下，有总计达9.01亿荷兰盾的民间资金投资到900家创业早期企业中去。由于该计划成功地促进了创业投资业发育成熟，故于1995年停止了该计划。再如，丹麦在1994年由工商部设立了“股权投资担保计划”。按照该计划，如果创业投资公司投资于资产不超过5000万克拉职员不超过250人的创业企业，则对其投资所造成亏损的50%可申请由政府担保计划予以补偿，单个创业投资公司累计申请金额可达5000万克拉。

融资支持

例如，美国政府在1958年曾推出“小企业投资

①在美国、以色列等国，“公司”泛指各种类型的企业，并非必然是我国《公司法》所指“公司”。

公司计划”，通过给予低息优惠贷款支持的方式，支持民间设立“小企业投资公司”，以专门对职工不超过500人的小企业进行创业投资。据历史资料，在低息优惠贷款的刺激下，从1959年到1963年短短5年间，小企业投资公司即迅速发展到692家，资本总规模达4.64亿美元。尽管由于种种不足（其中最致命的不足是以短期贷款方式支持民间设立小企业投资公司的做法，与创业投资的长期股权性质相悖），导致小企业投资公司在快速发展一段时间后就陷入了困境，但它对于促进美国创业投资资本的快速起步起到了功不可没的作用。针对短期贷款支持的缺陷，1992年国会通过《小企业股权投资促进法》，对小企业投资公司改按“参与证券计划”给予金融支持：即小企业管理局以政府信用基础，为那些从事股权类投资的小企业投资公司公开发行长期债券提供担保。公开发行的长期债券所自然产生的定期利息也由小企业管理局代为支付，只有当小企业投资公司实现了足够的资本增值后才一次性偿付债券本金，并支付小企业管理局10%左右的收益分成。由于通过“参与证券计划”，小企业投资公司获得的资金具有了长期性质，就无须再如以前那样，只能短借短用，而得以能够向小企业提供长期股本投资。“参与证券计划”的实施不仅改进了小企业投资公司的投资方式，而且有效地促进了小企业投资公司的复兴。据调查，从1994年4月25日实施改革以来，新设立的小企业投资公司数额迅猛增长。截止到1998年7月14日，在四年多一点的时间里，仅新设立的小企业投资公司就有138家，初始注册资本达18亿美元，超过了过去35年的总和。

4.1.3 通过相应的制度安排，促进创业投资的组织化运作和专业化管理

创业投资种类繁多，形态各异，按组织化程度的不同，通常可以被划分为三大形态：一是个人直接从事创业投资；二是银行、保险公司以及大型企业等非专业化的机构通过其附属的分支机构从事创业投资；三是由多数个人或机构通过组建创业投资公司（含合伙公司）的形式从事创业投资。后者由于在本质上已经具备投资基金所特有“集体投资”本质内涵，所以也称“创业投资基金”[②]。从维护创业投资的活力而言，以上三种形态的创业投资，都应得到政府的鼓励。但由多数投资者通过组建创业投资公司（基金）的形式间接从事创业投资，不仅实现了创业投资资本的组织化运作，有利于促进创业投资最终形成为一个独立的产业，以便于政府对其进行集中扶持，而且可以通过创业投资公司（基金）的专业化管理，大大提高投资效率。因此，各国政府均注重通过相应的制度安排，促进创业投资资本以创业投资公司（基金）形式来实现组织化运作和专业化管理。

事实上，前面介绍的各项政府扶持计划绝大多数是针对创业投资公司（基金）这种组织化的创业投资而设立的。正是由于这种制度安排，才有效地促进了创业投资业的发展。例如，美国是最早实现创业资本组织化运作的国家，1946年“美国研究与发展公司”的成立被公认为世界上第一家专业的创业投资公司（基金），但这种组织化的创业投资形式竟然在其诞生后的13年里无人模仿，直到1958年美

②其实，“投资基金”并不是一种规范称谓，而是一种俗称。因为，在英文中，“基金”（fund）与“资金”（money）往往通用；而投资基金的本质内涵并不在于它仅仅是“基金”或“资金”，而是一种由多数投资者进行“集体投资”的制度安排。当这种“集体投资”是以公司形式进行时，投资基金即表现为一种专门从事投资的公司制度。当这种“集体投资”是以信托形式进行时，投资基金即表现为一种专门从事投资的信托制度。事实上，在美国等以公司型为主流的国家，调整投资基金的法律即为《投资公司法》（*Investment company act*）；在日本、韩国等以信托型为主的国家，调整投资基金（主要指证券投资基金）的法律为《证券投资信托》；而在既有公司型又有信托型的英国，调整投资基金的法律是《金融服务法》中的“集体投资计划”（collective investment scheme）章节。因此，本文这里所称的“由多数个人或机构通过组建创业投资公司（或合伙公司）的形式从事创业投资”，从本质意义上讲，便是“创业投资基金”。至于那种认为“投资公司不是投资基金”的观点，则在很大程度上是因为字面意义不同而简单地将其当成了两个不同概念。正如法律意义上的“配偶”概念在中国通常被俗称为“爱人”，但不通中国民俗的国外人却往往将其当作两个不同概念（因为外国通常所称“爱人”是指婚外情人）。那种认为“只有具备‘委托管理’特征的，才是投资基金”的观点，则同样没有理解投资基金的本质内涵。因为，单个个人将资产委托给他人管理（无论是以直接签订合同方式，还是以成立独资公司方式），虽然也是“委托管理”，但由于它不具备由多数投资者进行“集体投资”这一特性，故仍然不是投资基金。与之不同的是，由多数投资者通过组建投资公司的形式进行投资，虽然从投资公司层面上看不一定体现出“委托管理”特性，但若是从投资公司众多股东与公司管理团队层面上看则不仅必然体现出“委托管理”特征，而且是一种真正意义上的“由多数投资者通过集体投资委托基金经理进行具体运作的投资基金制度”。

国政府推出“小企业投资公司计划”，由小企业管理局颁发许可证并给予低息贷款支持之后，小企业投资公司这种组织化的创业投资公司（基金）才得以快速发展起来，并在此基础上创新出其它类型的创业投资基金（包括创业投资有限合伙基金）。中国台湾的创业投资之所以在1984年以后得以蓬勃发展，也得益于当局在1983年所颁布的《创业投资事业管理规则》有效地促进了创业投资公司（基金）这种组织化的创业投资的设立与运作。

值得指出的是，政府鼓励和扶持创业投资公司（基金）这种组织化创业投资发展的制度安排，往往是与规定其投资方向联系在一起的。这样，一方面可以使有限的创业资本真正投资到国家鼓励的投资领域，另一方面又可以促进创业投资公司（基金）的专业化管理。例如，前面所述的美国“小企业投资公司计划”、英国“创业投资信托计划”、荷兰“鼓励民间资金参与创业投资担保计划”以及丹麦的“股权投资担保计划”，便都是通过规定所投资企业的规模上限，引导创业投资公司（基金）投资处于创业早期的创业企业；中国台湾的《创业投资事业管理规则》则通过规定所投资企业所处的产业领域，引导创业投资公司投资于科技型创业企业（即创业投资公司投资于传统产业的资产不得超过30%）。

4.1.4 完善法律法规体系，创造良好法律环境

由于无论是以何种形态和方式从事创业投资，均有可能涉及到公司法、合同法、小企业促进法、证券法、税法等多种法律，而这些法律在制定之初通常并没有考虑到创业投资这种信息高度不对称和权利义务高度不对称的投资方式的特殊性，故难免存在一些不适于创业投资运作的地方。因此，世界各国均注重修改现行法律，以使之适应创业投资运作；或是以特别立法的方式，来为创业投资公司的投资运作提供特别的法律依据和法律保护。

例如，为了拓宽创业投资的资本来源，美国曾在1978–1980年间，两度修改“雇员退休收入保障法”（ERISA），不仅使得养老基金在“不威胁整个组合安全”的前提下，可以将不超过一定比例的资金投资于创业投资公司，而且通过制定“安全港”豁免条款（养老基金的受托人可以不被当作投资顾问接受监管），激励了一般合伙人募集养老基金的资金从事创业投资。在此影响下，后来澳大利亚、芬兰等国以及中国台湾地区也均通过对现行法律的修改或特别立法允许人寿基金和银行以一定比例的资金从事创业投资。

在1980年以前，按照美国的《投资公司法》和《投资顾问法》，凡是受托管理的投资公司的投资者超过14人的，该投资公司或投资顾问公司就必须按《投资顾问法》进行登记，受托经理人不得享受业绩报酬与期权形式的收益。这一规定有利于防范证券投资基金的经理人为了获得高额业绩报酬而冒险投机，但它并不适合于创业投资公司。正是这一条规定，导致小企业投资公司等创业投资公司中的一流创业投资家纷纷离职，转而从事受托管理投资者人数不超过14人的有限合伙制创业投资基金甚至证券投资基金。为此，美国国会在1980年，通过《小企业投资促进法》，针对创业投资的特点，将符合有关规定要求的创业投资公司视为“企业发展公司”，以突破“投资者人数超过14人即必须按投资顾问注册并运作”的法律限制。这样，一流的创业投资家又得以重新回到投资者人数通常较多的大型创业投资公司，确保了创业投资行业的专家管理。

4.1.5 发展多层次资本市场，为创业投资提供通畅的退出渠道

创建企业做为一种企业组织制度建设的过程，通常要经历种子期(seed stage)、起步期（start up stage）、扩张期、相对成熟期等阶段。需要再创业的企业，往往还必须通过资产与管理层的重新整合（即经历一个“重整期”），才能被重新创建成适应市场发展需要的企业或是被并入其他企业。在这个漫长的创业过程中，企业在不同的时期对资本的需求也不同。在创业前期，企业主要需要创业投资家能为其提供企业管理上的帮助；在创业后期，则主要需要创业投资家能为其提供资本运作上的服务，如协

助其公开招股上市。就投资者而言，尽管都是做创业投资，但投资偏好也不完全相同。有些倾向于在创业前期投资，以期获得高资本增值；有些倾向于在创业后期投资，以期获得比较稳定的资本增值收益。因此，为了提高创业投资的运作效率，更好地为创业企业提供符合其内在需要的创业管理服务，重视发展创业投资的国家均注重发展多层次的资本市场，以满足具有不同投资偏好的投资者在不同投资阶段都可以顺利实现退出投资。

尽管创业投资可以通过所投资企业初始公开招股与上市之后转让股权、通过战略投资者或其它投资机构的兼并收购活动转让股权、由所投资企业回购股权、对所投资企业进行清算等多种方式退出投资，但无论以何种方式实现退出投资，都有赖于资本市场的支撑并为之提供价格参照。事实上，如果没有资本市场的支撑并为之提供价格参照，并购市场就很难真正发展起来。美国的创业投资产业之所以能够发达，其中很重要的原因就在于：美国在发展纽约证券交易所主板市场的同时，还积极开辟了NASDAQ全国市场和小型市场以及各种类型的场外交易市场。中国台湾地区的创业投资产业之所以发展迅速，也得益于在发展台北股票交易所的同时，规范发展各类“店头交易市场”。

4.2 中国创业投资政策法律研究与实践的回顾与分析

从1984年，原国家科委科技促进发展研究中心组织“新的技术革命和中国的对策”课题研究，首次提出建立创业投资机制建议开始，中国创业投资政策法律研究与实践已经有了近20年的历史。这近20年的历史过程大致可以被划分为三个阶段：一是从1984年到1996年，是创业投资概念引入阶段；二是从1996年到1999年，是创业投资政策法律的系统研究阶段；三是从1999年至今，是开始全面推进创业投资政策法律体系实施阶段。尽管在前两个阶段，中国也出台了一些政策甚至法律，但这些政策与法律一直局限于某个方面或是局部地区。因此，按照这三阶段来考察中国的创业投资政策法律研究与实践，将有助于全面地、历史地理解中国创业投资政策法律环境。

4.2.1 创业投资概念引入阶段：在“风险投资”范式下几经曲折

应该说，从1984年到1996年底这13年间，中国不仅引入了“创业投资”概念，而且在创业投资体制建设方面进行了有益探索。然而，由于对创业投资作为“支持创业的投资制度创新”这一本质内涵缺乏深刻认识，加之受市场条件的局限，真正意义上的创业投资体制建设并没有开展起来。在创业投资概念引入阶段，中国创业投资政策法律研究与实践主要呈现出以下四大特点：

1. 创业观念尚未树立，对创业投资的认识主要局限于“高新技术产业风险投资”范式

按照创业管理学的基本原理，“创业”（venture）

的使命，在于通过“创建企业”这种企业组织制度建设，为产品创新以及与之相适应的市场营销与企业管理创新提供组织保障。因此，只有企业自身才最清楚创业所应该解决的问题，也只有在激烈竞争的市场环境中企业才具有创业的动力。然而，在传统计划经济条件下，所有的企业都只不过是国家这个大工厂的车间。连“企业”概念都没有，自然谈不上“创建企业”的观念。尽管进入20世纪80年代，中国开始允许多种所有制企业并存，但民营企业在发展之初大都没有走出“家族式原始积累”模式。即便是像“四通”、“远大”、“希望”等少数民营企业以及像“联想”这样的从研究院所脱胎而出的企业开始了真正意义上的创业实践，也只是一种自发的创业活动。在这种背景下，自然缺乏构建“支持创业的创业投资体制”的观念。

与创业观念淡薄形成鲜明对照的是，在当时的中国，产品与产业观念倒是一直较强。无论是政策研究界，还是学术界，都注重产业政策的研究，并期望通过产业政策来支持关键产业尤其是高新技术产业的发展。由于高新技术成果的产品化和产业化毫无疑问地充满着风险，因此，当“venture capital”一词在20世纪80年代初传入中国时，也就很自然地将其与“风险较大的高新技术研究开发”和“高新技术产业”相联系。在这种“高新技术产业风险投资”认识范式的指导下，政策法律研究与实践也自然地只能局限于“高新技术产业风险投资”范式。

2．“高新技术产业风险投资”范式使创业投资政策法律找不到立足点

中国作为发展中国家，通过产业政策式的“风险投资”来支持高新技术产业发展，毫无疑问也是应有之义；但问题是，只有创建出千千万万个高新技术企业，高新技术产业发展才有组织制度上的保障。相反，撇开创建高新技术企业这种创业过程，高新技术产业的发展便成了“无木之林，无源之水”。然而，由于仅仅停留于“只见森林，不见树木；仅识海洋，未知江河”的简单化认识，有关“风险投资”的政策法律研究自然难以深入到内在机制层面。局限于这种简单化的“高新技术产业风险投资”认识范式，所制定出的“风险投资”政策法律自然难以触及“创业”这个根本，从而陷入“找不到立足点”的尴尬境地。

尽管早在1985年3月，《中共中央关于科学技术体制改革的决定》就曾借鉴港台的译法，首次提出“创业投资”概念；但从它的上下文“对于变化迅速、风险较大的高技术开发工作，可以设立创业投资给以支持”看，其对“创业投资”的认识却是典型地拘泥于“高新技术产业风险投资”范式。正是由于仅仅局限于“变化迅速、风险较大”这一外在属性的认识，而没有能够触及到“支持创业的投资制度创新”这一本质，使得《决定》未能认识到创业投资对于“支持创业”的重要作用，而是将其定位于支持“高技术开发工作”，并将之作为第二章中的“改革对研究机构的拨款制度”的手段之一。

到1987年1月，为落实1985年3月《中共中央关于科学技术体制改革的决定》的精神，中国出台了《国务院关于进一步推进科技体制改革的若干规定》(国发[1987]6号)。此时，“创业投资”概念干脆被改成为“风险投资”，以便于与“变化迅速、风险较大”属性相对应。尽管《若干规定》在第六章第32条中专门论述了“引导行业和企业的科技进步”，但“风险投资”却依然是被作为“提高科技投资强度，改善科技经费管理”的政策与措施，放在第六章第31条中阐述。即所谓“要增加对中间试验、生产工艺的开发以及技术成果商品化、产业化的资金支持。对高新技术和高新技术产业，应选择重点，大幅度提高投资强度，并逐步实施风险投资。”

1991年3月，国务院批准发布《国家高新技术产业开发区若干政策的暂行规定》。《暂行规定》在第六条“有关资金信贷的规定”中指出：“有关部门可在高新技术产业开发区建立风险投资基金。用于风险较大的高新技术产品开发。条件比较成熟的高新技术产业开发区，可创办风险投资公司。”可见，《暂行规定》对“风险投资”的理解，依然停留于将其定位于支持“高新技术产品开发”，且仅仅局限于“风险较大”这一外在属性的认识上。与1985年3月《中共中央关于科学技术体制改革的决定》对创业投资的理解相比，并没有实质性进步。《暂行规定》虽然提出了“风险投资基金”和“风险投资公司”这两个概念，但由于没有能够对它们的组织结构和运作方式做出明确规定，实践中自然难以操作。由于从法律意义上讲，公司型创业投资基金的本质便是创业投资公司，故将这两个概念割裂开来，也导致了“创业投资基金”和“创业投资公司”概念的混乱。

1995年5月，中国又出台了《中共中央国务院关于加速科技进步的决定》(中发[1995]8号)。《决定》在第七章“深化科技体制改革，建立适应社会主义市场经济体制和科技自身发展规律的新型科技体制”中的第二十二条，特别强调要“增强企业依靠科技进步的活力和动力。大中型企业要普遍建立健全技术开发机构，逐步成为技术开发的主体。同时，要建立健全为中小型企业提供技术、信息服务的生产力促进中心等技术服务机构。”眼看距离真理只有一步之遥了，但终究因为不识“支持创业”之创业投资的真面目，而没有能够将“创业投资”概念引出来。《决定》在第九章“多渠道、多层次地增加科技投入”中的第三十三条关于“继续拓宽科技金融资金渠道，大幅度增加科技贷款规模”时，提出“金融机构要支持科技事业的发展，发展科技风险投资事业，建立科技风险投资机制”。然而，这种将“建立风险投资机制”作为针对一般意义上的科技事业而采取的贷款政策的做法，自然是没有真正理解为创业投资所特有的内在机制。姑且不论这里所谓的“风险投资机制”如何运作，光是“要支持科技事业的发展”这一句就着实让人“雾里看花，一头雾水”：是支持科研单位的科学技术研究，还是支持企业的科技开发？是支持成熟的大中型企业的科技开发，还是支持处于创业过程中的中小型企业的科技开发？总之，依然是没有将创业投资体制奠定在“支持创业”这个立足之上。

3．将“风险投资”作为“改革对研究机构的拨款制度”措施，或简单通过增加科技贷款规模来发展“风险投资”，导致其不能有效支持企业创业

受“高新技术产业风险投资”认识范式的影响，中国政策与立法界在很长的一段时期里，并没有认识到创业投资体制建设必须适应“根本宗旨立足于创业”的内在要求，而只是模糊地认识到它对于支持“变化迅速、风险较大的高技术开发工作”的意义。正是基于这种认识，使得在实践中，将创业投资主要地当成了“改革对研究机构的拨款制度”的措施，并将工作重点放在“大幅度增加科技贷款规模”上面。这与创业投资必须适应创业企业的需要，通过能够与之“共享收益、共担风险”的股权投资和创业管理服务，来帮助创业企业迅速完成创业过程的内在要求相比，实在还有较大的差距。

1985年9月，经国务院批准，中国甚至专门成立了一家主要从事科技贷款的信托投资公司。在当时看来，似乎它便是创业投资公司，并给它定名为“中国新技术创业投资公司”。直到现在才发现：无论是从资金来源、公司组织，还是从投资运作看，它与一般意义上的信托投资公司并无两样。其资金来源主要是通过银行拆借或高息揽储吸收短期资金，其经批准可以从事的业务主要是贷款、租赁、担保之类的信贷业务，这显然与创业企业尤其是高新技术创业企业的长期股本投资要求不相适应。为了保持足够的现金流，以应付归还短期拆借款或高息揽储存款，“中创”甚至于不得不改变其主要从事科技贷款的初衷，转而从事证券和房地产投机业务。由于市场功能错位和经营不利，最后只能是流于破产的命运。1987年，为支持“中创”等金融机构增加对科技的信贷投入，中国又成立了“中国经济技术担保公司”。但由于科技贷款本身并不符合创业型科技企业的创业投资需求，故很难实际开展业务，以至于“中经担”最终只能步“中创”之后尘，改弦易辙。

此外，为了贯彻中共中央决定的精神，中国工商银行和中国农业银行还于1989年率先开办科技贷款业务；1990年，中国人民银行在国家综合信贷计划中正式设立科技贷款项目；但由于“风险－收益”的高度不对称性，银行很难对真正处于创业期的科技型企业进行贷款，而倾向于只是对已经发育成熟的科技企业进行贷款。虽然受行政干预，有时也不得不放些“首长贷款”、“条子贷款”、“人情贷款”，但它们通常也是有去无回，成了呆帐、呆滞贷款。

4．政府直接从事“风险投资”，造成职能越位，并且阻碍了创业投资的制度创新

受“高新技术产业风险投资”认识范式的影响，中国在相当长的一段时间里认为：“既然高科技是一项高风险事业，民间资本不敢冒此高风险，故理应先由政府来冒这个风险，也只有政府才能够承担起这个风险。因此，政府应充当风险投资的主体。”

1991年3月，国务院批准发布的《国家高新技术产业开发区若干政策的暂行规定》指出“有关部门可在高新技术产业开发区建立风险投资基金。用于风险较大的高新技术产品开发。条件比较成熟的高新技术产业开发区，可创办风险投资公司。”之后，一些部门与地方政府即着手设立各类“用于风险较大的高新技术产品开发”的“风险事业开发中心”、“科技风险开发投资基金”、“科技风险投资公司”。沈阳科技风险开发事业中心、重庆科技风险投资有限公司、山西省科技基金发展总公司、江苏省高新技术投资公司、上海科技投资股份股份公司、上海创新科技集团公司、浙江省科技风险投资公司等机构即是在1992年和1993年间设立的。但这些由政府直接出资设立的"风险投资机构"，由于无法改变产权虚置、所有者缺位等制度缺陷，以至于均未收到预期的效果。由于普遍缺乏为获取创业投资高收益而承担高风险的动力，加之创业投资的相关条件不成熟，导致它们中的绝大多数或者听命于政府部门，为行政计划服务，以至于有的公司经营者认为应由企业转为事业单位才有出路；或者偏离了创业投资方向，而纷纷涉足房地产和证券投机等非创业性的风险领域。

到1994年与1995年间，地方政府直接出资设立"风险投资机构"的热潮有所降温。但是，到1995年5月，中国出台《中共中央国务院关于加速科技进步的决定》（中发[1995] 8号）并指出"继续拓宽科技金融资金渠道，大幅度增加科技贷款规模"之后，通过金融贷款方式支持科技事业发展又再次受到重视。尽管此时包括"中创"在内的大多数信托投资公司均已出现"支付难"的问题，但为了支持"中创"，国家又特别批准其发行了2亿元的短期特种金融债券。然而，这种并不适应创业投资运作内在要求的政策扶持措施，无异于让"中创"饮鸩止渴，因而最终没能挽回其在1998年被宣布清算的命运。

4.2.2 创业投资系统研究阶段：创业投资政策法律构架初步形成

与1996年以前中国有关创业投资的研究还只是一些非常零星的介绍形成对照的是：在1996年以后，中国开始对创业投资进行相对系统的研究。一是原国家科委为深入研究创业投资机制，于1996年派员赴美国学习研究创业投资知识与技能，并对中国十几年来的创业投资探索进行了调研和分析；二是国家计委也几乎是与此同时地开始了相关的研究活动，即借鉴国际创业投资基金经验，探索发展"产业投资基金"的有关问题。到1997年，原国家科委还通过党组决议，组成了专门的创业投资课题组。在1998年2月，原国家科委报请国务院领导同意，成立了由国家科委牵头，国家计委等部门参加的"国务院七部委创业投资研究部际小组"，并分别成立了以中国社会科学院金融研究中心和中国银行国际金融研究所为主的"国家创业投资机制研究课题组"。到1998年12月，主要采纳中国社会科学院金融研究中心的研究成果，经"国务院七部委创业投资研究部际小组"讨论，形成了《关于建立我国科技创业投资机制的报告》，由科技部上报国务院。

《关于建立我国科技创业投资机制的报告》共分六个部分。报告的第一部分，从"支持创业的投资制度创新"认识范式，科学地将创业投资界定为"是指向主要属于科技型的高成长性创业企业提供股权资本，并为其提供经营管理和咨询服务，以期在被投资企业发展成熟后，通过股权转让获取中长期资本增值收益的投资行为"，全面地阐述了建立创业投资机制的目的是"通过创造良好的外部环境，促使企业积极参与技术创新和科技创业活动，推动产业、产品结构的调整和升级"，从而使中国创业投资体制建设落实到了"科技创业"这个基点。报告在第二部分指出：国家按照"制定政策，创造环境，加强监管、控制风险"的原则，推进创业投资体系的建设；鼓励地方、企业、金融机构、个人、外商等类投资者积极推动和参与创业投资事业的发展。报告在第三部分，从创业投资机构的界定、性质、设立方式、内部治理结构和市场准入等方面全面论述了如何培育创业投资主体。报告在第四部分，对建立创业投资退出机制的意义、方式和实施步骤进行了周密安排。报告在第五部分，论述了中介服务体系在创业投资发展中的作用，对中介服务机构的性质和从业原则进行了规定，并提出成立创业投资行业协会作为创业投资主体和有关中介服务机构的行业自律组织。报告在第六部分，从六个方面系统地提出了建立健全鼓励和引导创业投资的政策和法规体系的构想：一是制定设立创业投资机构的申请、审批和管理的具体办法；二是研究制定有利于创业投资发展的财税、金融扶持政策和鼓励境外创业资本进入创业投资市场的政策；三是研究制定设立创业板（后来又曾一度被称为"高新技术企业板块"）实施方案和创业企业股票发行、上市、交易的有关政策和法规；四是研究制定创业企业到境外创业板市场发行证券和上市的有关政策；五是研究制定建立创业投资行业协会的审批和管理办法；六是制定《创业投资指南》，引导创业资本投向。现在看来，正是由于《关于建立中国科技创业投资机制的报告》对创业投资本质内涵有了一个正确的认识，才得以提出一系列对于推进中国创业投资体制建设具有重要指导意义的方针政策，并成为指导中国创业投资实践的纲领性文件。

在中共中央"科教兴国"战略的鼓舞和国务院有关部门开始系统研究创业投资政策法律的推动下，一些地方政府也开始系统探索建立地方性创业投资体系，与20世纪90年代初单纯通过财政出资设立一两家创业投资公司形成鲜明对照。例如深圳，在1997年4月，市政府为适应高新技术产业发展的需要，确立了建立科技创业投资市场体系的方针，在同年8月向科技部申请将深圳市作为国家科技创业投资试点城市，在同年9月还成立了科技创业投资领导小组负责落实创建科技创业投资体系的建设。

值得补充的是，在1996年科技部、国家计委等国务院有关部门系统研究中国创业投资政策法律之后的1998年3月，民建中央向全国政协九届一次会议提出了《关于加快发展中国风险投资事业的提案》。由于该提案符合中共中央"科教兴国"战略的要求，顺应了中国迫切需要发展创业投资的呼声，被会议列为"一号提案"。这一事件立即在全社会引起强烈反响，不仅对于推进全社会对创业投资的认识起到了重要的作用，也在一定程度上促进了政府有关部门的创业投资政策法律研究与实践。但由于"一号提案"将"风险投资"界定为"是把资金投向蕴藏着失败危险的高技术及其产品的研究开发领域旨在促使新技术成果尽快商品化，以取得高资本收益的一种投资行为"，有关推动"风险投资"发展的政策法律建议也主要是局限于"高新技术风险投资"范式，因此，在某种程度又造成了人们对创业投资的更多误解和概念体系的混乱。

4.2.3 创业投资政策法律体系建设阶段：全方位启动体制建设工程

1998年12月《关于建立我国科技创业投资机制的报告》上报到国务院之后，根据国务院领导同志的批示，报告被批转有关部门再次征求意见。经"国务院七部委创业投资研究部际小组"进一步协商和完善，1999年6月科技部、国家计委等七部委联合向国务院报送《关于建立创业投资机制的请示》，并得到国务院领导肯定。尽管为了与1999年8月出台的《中共中央国务院关于加强技术创新发展高科技实现产业化的决定》中的有关称谓一致，《关于建立创业投资机制的若干意见》在正式上报国务院时，被改成了《关于建立风险投资机制的若干意见》（见国发[1999] 105号，以下简称七部委文件），但《若干意见》仍坚持从"创业投资"的内涵来界定"风险投资"，并坚持从"支持创业的投资制度创新"范式构架中国的创业投资体制。

1999年12月七部委文件的正式出台，标志着中国创业投资政策法律实践步入了一个全面推进创业投资体制建设的新阶段。而事实上，在这个文件的起草过程中，国务院有关部门即开始着手制定相关的配套政策与法律，以全面推进创业投资体制建设。如国家计委与科技部早在1998年起就开始研究起草有关设立创业投资公司的法规规章（如果算上《产业投资基金管理暂行办法》，则时间还可再往前推到1996年上半年）；中国证监会于1999年年中正式启动"高新技术企业板"有关问题的研究工作；科技部还于1999年起开始筹备成立中国创业投资协会的有关工作，等等。七部委文件出台后，以上相关工作更加紧锣密鼓地往前推进：一是尽管《产业投资基金管理暂行办法》在2001年7月26日的国务院第43次常务会议上被搁置，但此后有关部门加快了研究制定创业投资公司法规规章的步伐。2001年9月1日，对外经济贸易部、科技部与国家工商行政管理总局联合颁布的《关于设立外商投资创业投资企业的暂行规定》正式生效实施，具有基本法性质的《创业投资公司暂行办法》也可望于2002年年内出台。二是中国证监会通过进一步研究，于2000年将"高新技术企业板"方案改进为"创业板"方案，并开始着手起草创业板市场相关法规与实施细则。三是创业投资机构与科技部及国务院有关部门所属事业单位已经联合向民政部递交"关于设立中国创业投资协会的申请"，中国创业投资行业协会组织的筹备工作正在加紧进行。

七部委文件的研究制定和正式出台，还极大地推进了地方政府的创业投资体制建设。一是继2000

年3月北京创业投资协会成立以后，深圳创业投资同业公会、上海创业投资企业协会、江苏创业投资协会等10余家区域性创业投资行业的自律组织相继成立；二是继2000年10月深圳推出《深圳市创业资本投资高新技术产业暂行规定》颁布以后，北京、珠海、西安、成都、天津等地也先后出台了有关推进创业投资发展的地方性规章；三是在创业板尚未出台的情况下，上海、北京、深圳和西安等地的技术产权交易市场得到了一定程度的发展。

4.3 加快发展中国创业投资的政策法律构想

尽管自七部委文件出台以后，中国开始进入全面建设创业投资体制的新阶段，并在不少环节上取得实质性进展，但总体看来，中国创业投资体制建设还仅仅是起步。要最终建成有中国特色的创业投资体制，还需要从政策法律上尽快落实相应的配套措施。

4.3.1 以政策性“创业投资引导基金”参股设立商业性创业投资公司方式，变政府直接从事创业投资为引导民间资金从事创业投资

近年来，不少地方在积极探索通过政府资金有效地引导了民间资金进入创业投资领域。如上海市政府设立政策性的“上海创业投资公司”，主要通过上海创业投资公司委托管理或参股方式，选择了7家创业投资顾问公司作为投资代理人，并与民间或外资机构合资设立了11家创业投资公司，以6亿元政府财政资金带动了18亿元民间资金和5000万美元外资。深圳市政府以5亿元的财政出资，吸引企业资金参股成立了7亿元规模的深圳创新投资公司，再以深圳创新投资公司为母体，通过增资扩股，不断吸引民间资金与外资参与，到目前已形成30亿元的可投资能力。科技部中小企业创新基金自成立之日起，就一直坚持不懈地探索通过少量参股方式推动民间创业投资公司的发展。但更多的地方政府仍然主要热衷于通过财政注资设立国有独资或国有控股的创业投资公司，却不注重探索以有限的财政资金吸引民间资金与外资参与创业投资的途径；不注重通过为创业投资管理人才提供实践机会，扶植专业化创业投资队伍的成长。由于资本结构是国有独资或国有控股，因而注定无法建立起适应创业投资内在要求的利益激励机制与风险约束机制，投资效益低下，投资风险失控。因此，今后中央政府与地方政府应探索设立符合国际规范的政策性“创业投资引导基金”，通过“创业投资引导基金”的适当比例参股（如20%），扶持民间资金和外资设立商业性创业投资公司，由商业性创业投资公司按照市场原则进行投资运作。这样，一是可以通过政府资金的扶持有效吸引民间资金和外资参与创业投资，拓宽创业投资的资金来源；二是通过民间资金与外资有效的产权约束机制，促进创业投资公司建立健全利益激励机制与风险约束机制，提高投资效益，防范投资风险；三是通过适当的政策引导与法律规范，确保创业投资公司真正将资金投资到未上市创业企业，提高创业投资公司的专业化水平。

4.3.2 通过税收优惠和金融支持政策，建立健全政府扶持机制

从1998年中共中央提出“科教兴国”战略以后，中央政府和不少地方政府对高新技术企业实行优惠的税收政策和金融政策，但对创业投资企业给予相应的优惠政策至今仍未引起足够的重视。尽管一些地方政府开始探索扶持创业投资企业发展的政策，但这些扶持政策，如财政拨款、财政贴息等，主要仍是沿袭过去“产业政策”的做法。然而，与加工贸易类产业相比，创业投资产业的发展具有其自身规律。投资于加工贸易类产业，属于直接投资范畴；而投资于创业投资产业，属于间接投资范畴。因此，如财政拨款、财政贴息之类的直接针对某个加工贸易项目的“产业扶持政策”，并不适用于扶持创业投资产业的发展。此外，中国传统的税收优惠政策也主要是针对加工贸易类企业的所得税，并不适用于创业投资企业的所得税。创业投资企业的所得主要来源于资本增值，而资本增值收入在性质上并不相同于加工贸易类企业的产品销售收入。为了鼓励创业投资，目前世界各国均对投资于未上市企业的资本增值收入普遍实行税收优惠甚至豁免政策。中国则恰恰相反，目前对证券投资，免征其资本增值收益税；对创业投资，却必须征收资本收益税。尽管高新技术企业减按15%征收所得税，但创业投资公司通过投资于高新技术企业所得的税后红利，仍然要补交不足33%的差额部分。这种对证券投资和创业投资，对高新技术企业与高新技术创业投资企业实行歧视性税收政策的做法，显然不利于创业投资企业的发展。因此，应尽快落实七部委文件关于“研究制定有利于创业投资发展的财税、金融扶持政策和鼓励境外创业资本进入创业投资市场的政策”。一是对于创业投资企业投资于未上市企业的资本收益免征所得税，以鼓励创业投资企业对未上市企业进行股权性投资；二是对于持有创业投资企业股权一定年限（如满两年）以上者，对其从创业投资企业所得的资本收益和红利收益免征所得税。

除给予以上税收优惠政策外，还应借鉴国际经验，对创业投资企业给予必要的金融支持。一是建立政策性创业投资担保基金，对创业投资公司所从事的创业投资项目提供部分担保。这样，一方面可以减少创业投资企业的项目投资亏损，提高投资组合的收益；另一方面由于仅仅对创业投资项目的资本损失提供部分补偿（通常不超过50%），而创业投资自身则必须承担失败项目所造成的大部分损失，故不会影响其建立风险约束机制。二是借鉴美国“参与证券”的成功做法，设立“创业投资企业融资担保基金”。即通过政府财政资金，为民间创业投资企业举借10年期的长期贷款或发行长期债券提供担保，再由民间创业投资企业将这笔长期债务性资金转变为用于支持创业企业创业的长期股权性资本。由于创业投资企业通过财政资金担保所融得的资金，通常要投资于多个创业项目，从本质上讲是一种打包式担保，因而能够较好地运用组合投资原理分散和归避风险。由于融资担保的信用基础是创业投资企业，而有关创业投资企业资质与信誉的信息，远比创业项目资质与信誉的信息完备，故针对创业投资企业的融资担保能够较好地克服“逆向选择问题”。创业投资企业将通过融资担保所筹得的资金进行投资时，所投资项目一旦出现亏损则直接表现为创业投资企业的资本损失，一旦盈利则直接表现为创业投资企业的资本增值，故并不影响创业投资风险约束机制的建立。在中国目前社会公众资金和银行资金不能直接从事创业投资，而敢于冒高风险从事创业投资的机构和富有个人的资金又十分有限的情况下，通过“创业投资企业融资担保基金”，还可以间接吸收社会公众资金和银行资金转化为创业投资企业的长期资金，增加创业投资资金的供给。

4.3.3 运用特别立法，促进创业投资公司（基金）这种组织制度化的创业投资发展，努力提高专业化水平

中国目前发展有限合伙制创业投资基金除了必然与《民法通则》和《合伙企业法》发生根本冲突外，其市场条件也不成熟。一是在基金经理市场尚未形成、市场约束机制尚未建立的情况下，要求投资者作为有限合伙人放弃参与投资决策的权力，而将基金管理与决策事务完全交由一般合伙人，既不

利于广泛吸引投资者参与，也不利于确保投资者权益；二是在没有建立起健全的个人财产制度和个人信用制度的情况下，要求一般合伙人对创业投资基金承担无限责任也缺乏制度基础。这也就是北京中关村科技园等一些地方“隆重”推出所谓“有限合伙制”，却没有得到市场热烈反响的根本原因。相比较而言，以公司组织形式运作创业投资基金，一方面投资者作为股东可以通过董事会参与重大决策，对经理人实施必要的监督，因而有利于吸引投资者的参与；另一方面可以通过所有权与经营权的分离，避免股东对经理人的直接干预，保障经理人在具体运作上能够自主发挥“专家管理”优势。事实上，即使是在国外，在创业投资发展初期，创业投资基金也均是按公司形式设立。只有等到基金经理市场已经形成、市场约束机制已经建立，而且保险资金被允许进入创业投资领域后，那些主要由保险资金（他们通常无意于参与基金决策）投资设立的创业基金，才主要是出于免税考虑，而按有限合伙形式设立。尤其值得注意的是，在德国、澳大利亚等并不是按公司或合伙这种企业组织形式的不同而实行差别税赋政策的国家，其创业投资基金则一直以公司形式为主流，有限合伙制则仅仅局限于家族式的小规模创业投资基金。在曾经对有限合伙企业实行免税政策的美国，最近也对税制进行了一次大修改，即不再按企业组织形式的不同而实行差别税率，而是按企业是否将收益分配给投资者（按美国税法，收益分配给投资者后，除人寿基金外，通常必须对投资者征所得税）作为是否对其免税的依据。这项既可防止漏税，又可防止重复征税，因而能够真正体现税赋公平原则的税制改革刚实施不久，公司制创业投资基金数量便大量增加（因为只要它将所得收益分配给股东即可免于缴纳公司税），有限合伙制创业投资基金数量则迅速减少（因为一旦它未将所得收益分配给合伙人同样需要缴纳企业所得税）。

从中国的现实看，目前已经设立的近200家创业投资基金几乎均按公司形式设立（注：国有独资创业投资公司由于只有一个投资者，不具有“由多个投资者进行集体投资”这一为投资基金所特有的本质属性，故应该被扣除）。这一事实表明：在中国以公司形式设立创业投资基金确实是目前比较现实的选择。然而，也必须看到，按照一般公司法即现行《中华人民共和国公司法》设立的这近200家创业投资基金，在运作过程中确实又面临着缺乏充分的法律保护和法律规范等问题。尽管2001年9月，对外经济贸易部、科技部和国家工商管理总局联合颁布了《关于设立外商投资创业投资企业（基金）的暂行规定》，但关于创业投资企业（基金）的基本法规却没有出台，一些影响创业投资基金运作的根本性法律问题并没有解决。尤其是有关内资创业投资基金的法规规章仍是空白。鉴于目前修改《公司法》非一朝一夕之功，因此，较为现实的选择是根据创业投资公司的特殊性，通过特别立法，来解决一些带有根本性的法律问题。鉴于《公司法》在制定过程中，主要只考虑到加工贸易类公司，对于投资公司则在多处制定有“由国务院另行规定”等条款，因此，对创业投资公司进行特别立法也有法律依据。

为了促进创业投资公司这种公司形式的创业投资基金的健康规范发展和制度创新，正在制定过程中的《创业投资公司暂行办法》可以从以下九个方面为公司型创业投资基金的设立与运作提供法律依据和法律规范：

1.区分主要发起人与参与发起人责任，实现创投公司设立方式创新

创建加工贸易类公司，完全可以由少数几个创业家共同参与发起，在发起人之间较少存在权利不对称，也不易发生欺诈行为。因此，对公司发起失败的责任完全应由所有发起人共同承担，对发起人的资格也完全可以由市场自身做出选择。就此而言，现行《公司法》的有关公司发起设立的条款是基本符合加工贸易类公司的。然而，对发起设立创业投资公司而言，由于必须形成较大资本规模才可能进行组合投资，故除了参与实质性设立事务的发起人之外，往往还需要其他发起人仅仅以出资方式参与发起。这样，就必然面临参与实质性设立事务的发起人与以出资方式参与发起的发起人之间的权利不对称，并有可能发生欺骗行为。现行《公司法》正是由于有关“发起设立”的条款过于笼统，无法切实解决发起设立创业投资公司所不可回避的权利不对称和可能发生欺骗行为这两个问题，从而导致仅仅以出资方式参与发起的发起人的权益不仅得不到保障，反而有可能陷入需要对发起设立失败承担连带责任的境地。正是现行《公司法》的这种局限性，严重影响了民间资本（尤其是小规模出资人）参与设立创业投资公司的积极性。因此，有必要根据权利义务对称规则，在《公司法》的“发起人”概念的基础上，创新出“主要发起人”与“参与发起人”概念，并明确规定由参与实质性设立事务的发起人作为主要发起人，应对创业投资公司发起失败承担责任。为了切实防范欺骗行为，对创业投资公司主要发起人的资信，也应作出相应规定。这样，即可解决创业投资公司的私募问题。

2.通过认可资本制，实现创业投资公司出资方式创新

在国际上，公司的出资方式有三种：一是实收资本制，二是授权资本制，三是认可资本制。按照实收资本制，拟注册的资本只有实际到位之后，才能登记注册。按照授权资本制，拟注册的资本只需实际到位很少一部分资本即可先行登记注册，其余资本则授权公司董事会根据公司需要逐步募足之。按照认可资本制，公司注册之后可以随时增资扩股，新增注册资本报管理部门备案，管理部门即予认可。我国目前实行实收资本制，这对加工贸易类公司并不构成大的影响，反而有利于防止大量出现“皮包”公司。但对创业投资公司而言，单纯实行实收资本制则造成资本的闲置。鉴于授权资本制必然与实收资本制相冲突，而认可资本制则并不必然与实收资本相冲突；因此，完全可以通过制定《创业投资公司暂行办法》，为创业投资公司能够按认可资本制原则，随时根据实际需要增资扩股提供法律依据。这样，既不违背《公司法》，又有利于创业投资公司从较小规模的注册资本逐步发展壮大。

3.允许创投公司以特别股权方式投资，实现投资方式创新

创业投资区别于一般性投资的典型特征是投资者与被投资的创业企业之间不仅存在高度的信息不对称性，而且具有高度的权利不对称性，故为了特别保护创业投资的权益，一些国家往往通过特别立法允许创业投资可以运用“特别投票权普通股”、“具有投票权优先股”等方式对创业企业进行投资。按照我国现行的《公司法》，公司只能对外发行普通股。现行《公司法》虽然没有为公司发行普通股以外的其它股票提供法律依据，但其第一百三十五条所做出的“国务院可以对公司发行本法规定的股票（即普通股）以外的其他种类股票，另行做出规定”条款，又为国务院制定特别规定提供了法律依据。因此，通过制定《创业投资公司暂行办法》，允许创业投资公司以“特别投票权普通股”、“具有投票权优先股”方式对创业企业进行投资，是完全可行的。

4. 允许创投公司以全额资本对外投资

根据现行《公司法》第十二条规定，公司对其他公司的累计投资额“不得超过净资产的50%”。这一规定对加工贸易类公司而言，确实能够起到确保其有足够净资产对外部债务承担责任的作用，而且对加工贸易类公司的实际运作也并不构成严重的法律障碍。然而，对主要以自有资本从事投资业务的创业投资公司来讲，这一规定并没有任何实际意义（因为创业投资公司通常不存在高比例对外负债问题），却妨碍了创业投资公司的投资运作，导致那些严格按照法律运作的创业投资公司必然存在大量资本闲置。尽管《公司法》在制定这一条款时，为创业投资公司等投资性公司留了一个活口，即“国务院规定的投资公司和控股公司”可以除外。但国务院至今未出台任何法规，来对创业投资公司可以以全额资本对外投资提供法律依据。尽管已经设立的创业投资公司在实际运作中有不少已经突破了这一限制，一些地方性规章也对创业投资公司可以以全额资本对外投资做出了规定，但这毕竟有损于国家法律的尊严。因此，仍有必要通过特别立法，来明确赋予创业投资公司可以以全额资本对外投资的权利。

5. 为创投公司可以实行委托管理提供法律依据

根据现行《公司法》，公司必须有固定的营业场所和管理人员。但随着创业投资家队伍的发育成熟，一些规模较小的创业投资公司完全可以委托别的创业投资公司或创业投资管理顾问公司代为其管理资产。这样，既可以避免因为自身资本规模小，难以请到一流的创业投资管理团队的问题，又能提高创业投资管理的规模效应。为了既符合《公司法》要求公司有固定营业场所和管理人员的要求，又可以实现创业投资公司的委托管理，可以在《创业投资公司暂行办法》中，一方面规定创业投资公司也必须有固定营业场所，并设立一名专职经理，另一方面可以将具体管理事务委托管理顾问机构处理。当然，为了确保创业投资公司的专业管理，对受托管理创业投资公司资产的管理顾问机构的资格，也做出相应规定。

6. 建立创投公司管理的内在激励机制与风险约束机制

为了培育优秀的创业投资管理人才，并促使其与创业投资公司建立起长期的利益关联机制,《创业投资公司暂行办法》对投资收益超过预期比率的创业投资公司，其管理人员或管理顾问机构可以获得业绩奖励。为了强化对管理人的风险约束机制，一是可以考虑规定创业投资公司章程事先约定创业投资公司的存续期，存续期满即予清盘；二是管理人以创业投资公司名义对外负债的规模不得超过公司资本实收入额的一定比例（如不超过50%）。

7. 规范创投公司的设立与投资运作方式

一是为了确保创业投资公司能够有效实现组合投资，建议对其最低注册资本做出规定（如不低于5000万元人民币）。二是为了确保创业投资公司以创业投资为主业，以促进专业的创业投资市场的形成，并培育专业的创业投资人才，应对创业投资公司的业务范围、投资方式做出相应规定，禁止创业投资公司从事贷款或变相贷款、证券买卖和房地产投资等非创业投资业务。但为了给闲置资金以必要的增值途径，应允许创业投资公司可以购买国债、证券投资基金等票券。

8.创新对创投公司的市场准入与监管方式

为了体现市场化原则，建议改审批制为核准制。对创业投资公司的监管，也主要只限于监督其将资本真正投资于未上市创业企业，而不得干预其具体运作。

9.确立起对创投公司进行奖励与处罚的机制

对依据《创业投资公司暂行办法》设立与运作的创投公司，应免征其公司税；对将70%以上资产投资于国内未上市创业企业的创投公司，应免征其股东从创投公司所得收益的所得税；对投资运作不符合办法规定的，则其名称不得继续使用“创业投资”字样，以维护整个创业投资行业的形象。

4.3.4 完善与创业投资相关法律体系，促进创业投资持续健康发展

尽管根据现行《公司法》所制定的“由国务院另行规定”等条款，可以通过制定《创业投资公司暂行办法》这种方式，为创业投资公司的设立与运作提供一些特别法律保护和法律规范。然而，要从根本上完善与创业投资相关的法律体系，以促进创业投资持续健康发展，还有待于对诸多与创业投资相关的法律体系加以修改。

一是应根据创业投资企业的特点，尽快修订企业组织法。例如，应加快修改《公司法》，允许创业投资公司依法实行授权资本制，为创投公司董事会能够根据公司的投资需要来分次募集股东所承诺的出资提供法律依据；允许创业投资公司根据实际需要减少管理机构的设置，对于委托其他创业投资公司或创业投资管理顾问机构管理其资产的，可以不设监事会，而由董事会代行监事会的职能，以减少运作成本。此外，随着基金经理市场的形成、市场约束机制的建立以及个人财产制度与个人信用制度的健全，应适时修订《民法通则》和《合伙企业法》，为创业投资基金能够按有限合伙制设立提供法律依据。

二是尽快修订《关于设立外商投资创业投资企业的暂行规定》，打破国外创业资本进入中国创业投资市场的法律障碍。近年来，外商对来中国从事创业投资一直抱有极大的兴趣。吸引外商来中国从事创业投资，一是有利于扩大资金来源，二是引入产权天然明晰的产权约束机制，三是引进先进管理经验和理念。然而，尽管2001年9月中国有关部门已经出台《关于设立外商投资创业投资企业的暂行规定》，但该规章由于没有将创业投资企业与一般性外商投资企业以及一般性控股公司区别开来，该规章在许多方面简单沿用了有关三资企业的行政法规以及《关于外商投资举办投资性公司的暂行规定》的有关法律规定，故不仅没有解决投资领域限制、资本利得汇出和税收等方面的问题，反而在市场准入方面设立了过高的门槛，并加重了税收负担。因此，应在出台《创业投资公司暂行办法》这一具有基本法性质的法规之后，按照特别立法模式，尽快修订《关于设立外商投资创业投资企业的暂行规定》。鉴于外商以设立创业投资公司方式投资于中国的实业企业，既不同外商来中国直接投资办厂，也不同于以控股投资公司形式来中国间接投资办厂，因此，在适用《外商投资指导目录》时应对它们加以区别对待。外商来中国直接投资办厂或是以控股投资公司形式来中国间接投资办厂，都是直接或间接在中国从事产品经营或服务，有可能对中国经济安全构成威胁；因此，应当严格适用于《外商投资指导目录》，对限制类领域应当严格限定投资比例与方式，对禁止类领域应当坚决禁止。但外商以设立创业投资公

司方式投资于中国的实业企业，通常并不寻求控股，是一种以获得资本收益为目的的财务性投资，并不会对中国经济安全构成威胁；因此，在适用《外商投资指导目录》时，应将其视为内资创业投资公司。

三是应适时修订《商业银行法》、《保险法》，允许商业银行和保险公司以一定比例资产从事创业投资。

需要澄清的是，创业投资种类繁多，形态各异，因此，就一般性创业投资行为进行立法，不仅很难操作，而且也无必要。事实上，尽管创业投资行为具有区别于一般性产业投资的经济学意义，但从其所适用的法律关系而言，则与一般性产业投资并无本质区别。当创业投资是以公司形式与其它投资者共同设立一家公司制企业时，则适用于《公司法》；当创业投资是以合伙形式与其它合伙人投资设立一家合伙制企业时，则适用于《合伙企业法》。正因为此，世界各国均没有针对一般性的创业投资行为制定统一的《创业投资法》，而仅仅是针对国家可以对其进行集中扶持的组织制度化的创业投资（即创业投资公司或合伙）进行特别立法，以引导其投资于国家鼓励的投资领域。就我国的情况而言，一是为创业投资发展创造良好政策法律环境的关键，仍在于逐步修改《公司法》、《合伙企业法》、《合同法》、《专利法》等一系列与创业投资有关的法律法规本身。不修改这些法律，制定所谓《风险投资法》便要面临如何处理与以上多种法律法规的关系问题；逐步修改了以上诸多法律，所谓的《风险投资法》又没有了出台的必要。二是发展多种形式的创业投资，同样是我国创业投资事业的活力所在。对于受到政府集中扶植的创业投资公司，政府自然有必要对其投资方向作出严格限制，以确保其真正投资于国家鼓励发展的高新技术创业企业。但对于其它类型的创业投资（如国家无法给予集中扶持的由分散个人或实业企业所从事的非组织化的创业投资），则其从事哪个领域的创业投资，在什么阶段介入，完全可以按照市场原则自行决策。甚至于今天遇到了机会，可以作创业投资；明天没遇上，也可以不作；而若是后天又发现了机会，它仍然具有从事创业投资的权力。因此，通过立法对各种形态的创业投资加以约束，反而会窒息我国创业投资事业的多元化发展。

4.3.5 创造良好创业环境，鼓励扶持创业活动，为创投提供动力源泉

由于中国长期忽视建立健全鼓励创业的基础性制度，不仅使得中国的产业发展尤其是高新技术产业的发展缺乏坚实的微观基础，更使得创业投资体制建设没有创业制度作支撑。其具体表现为：（1）现行的企业出资制度不适于知识经济条件下的创业要求。例如，中国目前对技术专利等无形资产在企业中的资本构成有着严格的规定，不利于基于知识创新而创建企业这种知识创业活动的开展。（2）现行的企业激励制度不适于创业管理人才的脱颖而出。与现代企业的高知识含量和快速创业特性相对应，企业一般股东与创业管理人员的“委托－代理”关系越来越明显，因而越来越需要借助股票期权之类的制度创新来对创业管理人员进行有效的激励。然而，中国目前对创业管理人员实行股票期权还仅仅处于试点阶段。（3）现行的企业注册制度不适于现代创业经济条件下创建企业的要求。在机器大工业经济时代，大型成熟企业是经济生活中的主宰；而在现代创业经济时代，创业企业正以其鲜活生机而日益成为经济生活中的主要力量，即便是大型成熟企业也需要不断地通过资产、经营与组织管理的再构造实现企业再创业或是在企业内部创建新企业，以适应现代技术创新的步伐。但中国目前无论是创建新企业，还是老企业的改制与再创业，都必须经过一个繁杂的审批与登记过程，严重地影响了创业的效率。（4）创业企业家缺乏正确的创业理念。不少创业企业的经理仍停留于将“创业”庸俗地理解为“挣几个钱，创造点家业”，而没有将“创建出伟大的企业”作为其应负的使命；因此他们很难称得上是真正意义上的创业家。一些创业家受家族观念影响，只愿意依靠家族联合而使创业活动长期处于作坊式水平，而不是通过引入外源性的创业投资资本实现快速扩张；一些创业家由于担心失去控制权或是担心创业投资资本分享其收益，在与创业投资家接触时总是处于过于保守的状态；一些创业家在

与创业投资家合作时则往往抱着一种“可以与之共患难，但不可与之共欢乐”的心态，或是难以理解创业投资资本在与之共担高风险的同时也应当与之共享高收益，从而不利于保障创业投资资本的权益。

因此，要促进创业活动与创业投资活动之间的良性互动，还需要从以下几方面做出艰巨的努力：首先，应尽快修改《公司法》，使之适应于知识经济时代企业创业的需要。如允许技术创业家能够本着与其他投资各方自愿的原则，决定技术专利等无形资产在企业中的资本构成比例；允许民营企业能够全面实施管理层与职工股票期权计划；允许企业在主营业务范围之内，对外投资可以超过自有净资产的50%，以支持主营业务范围内的“公司内部创业”。与此同时，应大力简化企业注册手续，以利于创业家提高创业效率。其次，应尽快出台《中小企业促进法》，进一步修改《反垄断法》和《专利法》，以激发广大中小企业的创业积极性，并切实保护其权益。其三，应大力整饬市场经济秩序，建立健全信用体系，鼓励和保护民间通过正当的创业活动来获得高的创业收益。最后，应鼓励企业培育现代创业意识，树立正确的创业理念，努力创造创业家与创业投资家双赢的局面。

4.3.6 培育和发展多层次资本市场，疏通创业投资退出渠道

中国目前的资本市场尚不发达，虽然已经开设有两个主板市场(深沪交易所)，但现行主板市场“公众股与法人股分割、法人股不能上市交易”的局面，不利于创业资本在所扶植企业上市后如期退出投资。推出创业板市场虽然已经成为国务院的既定决策，但何时推出仍在权衡之中。由于缺乏公开资本市场的有力支撑，企业并购市场也缺乏应有的活力，企业产权市场则大都处于有行无市状态。所有这些，都使得中国目前的创业投资退出机制还只能说是一种“即使跑到终点也得不到实质性奖励的马拉松长跑赛”。

为了尽快实现中国的创业投资退出机制由目前这种“即使跑到终点也得不到实质性奖励的马拉松长跑赛”向“能够及时得到奖赏的接力赛”转换，中国必须加快发展多层次资本市场。首先，应尽快推出创业板市场；其次，在适当时机实现主板市场法人股与公众股的并轨流通；其三，在规范发展创业板与主板的基础上，积极发展企业产权交易市场；最后，还应修订有关法律，完善企业并购市场。

需要指出的是，中国开设创业板的目的是为了使已经进入创业后期并呈现出持续成长性的创业企业提供一条通过证券市场直接融资的渠道，并为创业投资提供更快捷的退出通道。但为了与1999年《公司法》的修改相适应，目前正处于制定过程中的《创业公司股票发行与上市条例》只好将“创业公司”界定为“高新技术公司”。然而，创业企业的市场价值在于其高成长性，“高新技术企业”是否一定具有高成长性还取决于比技术更重要的市场创新、经营创新、管理创新和制度创新。可见，单纯以科技含量作为标准实际上是一种形而上学的“技术决定论”。从实际操作层面讲，简单以科技含量作为衡量创业公司标准的做法，必然会导致以下三大弊端：一是由于无法跟上科技事业迅猛发展的步伐，有可能将最具有成长性的创业公司排斥在外；二是人为地设定“高新技术”框框，不利于更多的具有成长性的创业公司通过创业板融资；三是可能导致一些并不具有成长性的公司通过包装成高新技术公司而上市。因此，建议尽快重新修改《公司法》，以便为开设真正意义上的“创业板”提供法律依据。

4.3.7 尽快批准成立中国创业投资协会，努力培育中介服务体系

创业投资资本的运作效率取决于创业投资家的专家管理水平，创业投资家专家管理水平的发挥又有赖于市场为其提供完善的中介服务。在国外，像创业投资管理顾问公司这样的创业资本运作主体，往往是一家管理顾问公司要管理多家创业投资基金，而且每家基金的运作都必须从成千上万个项目中筛选出适合基金投资的项目，尔后作出可行性报告呈董事会审查批准并实施投资，投资之后通常还必须参与所投资企业的管理并为其提供多种资本经营服务，并随时掌握企业发展与资本市场动态以便在最适当的时机退出投资，回收投资后再作新一轮投资。

尽管工作强度大，但管理公司为了保持“运作高效、权责明确和降低管理费用”，管理人员通常不超过10人。如果没有一个专业化的中介服务体系为其提供诸如科技成果鉴定、项目评估、法律与财务咨询等等方面的服务，创业投资管理顾问公司的专家管理水平无论多高，也是难以胜任的。中国社会中介服务体系还不够完善，尤其是服务于创业投资的中介机构尚未起步。因此，必须积极发展以项目评估、财务与法律咨询为主要内容的创业投资中介服务机构。同时，还必须建立起相应的中介服务社会监督制度，确保其真正按照“诚实、信用”原则，为创业投资提供高质量的服务。

创业投资协会是创业投资中介服务体系中的最重要一环。作为创业投资机构与创业投资中介服务机构的行业服务组织，创业投资协会可以起到多方面的重要作用：一是促进会员机构间的业务联系，并通过相关业务培训提高专业化管理水平；二是使创业投资机构本身形成一个可供社会评估与监督的市场体系，降低其与其它市场体系进行市场交易的社会成本；三是构成一个利益共同体，增强其与其它利益共同体进行合作的效率。目前北京、上海、深圳、江苏、浙江等地所先后成立的创业投资协会和创业投资公会组织，就已经起到其它中介机构所无法替代的作用。在国家层次上，科技部等有关部门筹备中国创业投资协会已经历经三年，相关工作已经做得十分扎实。因此，期望国家社团管理部门尽快批准中国创业投资协会的正式成立。

参考文献

1.王松奇等：“中国创业投资体系实施方案研究”，《财贸经济》1999 年第 -2 期。

2.王松奇：“关于加速创业板市场建设的几个问题”，《中国经济时报》2001 年 6 月 5 日。

3.沈仲祺：“对创业投资基金立法的几点思考”，北京创业投资协会《会员通讯》2001 年第 2 期。

4.李爱民：“中国创业投资发展报告”，《中国创业投资与高科技》2002 年第 1 期。

5.张东生、曹文炼、刘健钧：“欧洲创业投资基金实践及其借鉴意义”，《金融研究》1998 年第 2 期。

6.刘健钧：“美国创业投资基金实践及其借鉴意义”，《证券市场导刊》1999 年 6 月号。

7.刘健钧：“中国创业投资体制构想”，《科技日报》1998 年 10 月 29 日。

8.刘健钧：“正确认识创业资本，努力构建创业投资体制”，《管理世界》1999 年第 4 期。

9.刘健钧：“中国创业投资体制建设再思考”，《经济导刊》2000 年第 1 期。

10.张东生、刘健钧：“论创业投资风险控制的制度安排”，《财贸经济》2000 年第 3 期。

11.张东生、刘健钧：“创业投资基金运作机制的制度经济学分析”，《经济研究》2000 年第 4 期。

12.张东生、刘健钧：“创业投资基金组织结构与立法模式探讨”，《金融研究》2000 年第 6 期。

13.张东生、刘健钧：“创业投资基金与证券投资基金立法比较”，《金融研究》2000 年第 11 期。

14.刘健钧：“特别立法：创业投资公司的现实选择”，《中国创业投资与高科技》2002 年第 1 期。

15.陈耀先、刘健钧：“推出创业板要澄清的几个问题”，《中国创业投资与高科技》2002 年第 3 期。

16. Gorden B. Baty, "Entrepreneurship for the Nineties", Prentice – Hall, Inc, 1990.

17. Zenas Block and Ian C.MacMillan, Corporate Venturing :Creating New Business within the Firm, Harvard Business School Press,1993.

18. M .Terkel, Integrative Management, Innnovation and New Venturing: A Guide to Sustained Profitability, Elsevier Science Publishers B.V., 1990.

19. Paul Gompers ,Josh Lener,An analysis of compensation in the U.S.venture capital parnership, Journal of Financial Economics 51(1999)。Government Venture Capital for Technology-based Firms. OCDE/GD(97)201, Paris.

附录1

创业投资发达国家与地区政府扶持政策

一、政府直接参与创业投资

权益投资

1. 完全由国家创立，并由政府机构运营管理

新加坡TIF和GIC均是完全由新加坡政府创立，并由政府部门直接运作和管理的创业投资基金:（1）科技创新投资基金（TIF）。TIF于1999年4月设立，它是新加坡科学与技术委员会（NSTB）所推行的T21计划的一个部分，其目标就是促进新加坡创业投资业发展。自2001年1月以后，TIF由NSTB划归经济发展署（EDB）管理。TIF总额为10亿美元，其中四分之一投资于从事种子阶段投资的创业投资基金；四分之一策略性地投资于全球创业投资基金。TIF基金必须服务于EDB所制订的经济发展计划，约1%是商业性的。基金管理原则是在TIF投资者和被投资基金之间创立一个有价值的伙伴关系，并形成一个全球经济联系以协助华登国际、保诚等国际知名创投机构扩展到新加坡和亚太地区。（2）新加坡政府投资公司（GIC）。GIC管理新加坡外汇资金，其中从事创业投资的资金有100亿美元，全部投资于国外，有45%在美国。GIC全部的管理人员是政府公务员，他们管理资金的唯一目标就是投资回报率。

2. 由政府发起吸引私人资本参与，最后逐渐让渡给私人管理

以色列1983年设立的YOZMA基金便是这方面的代表。1983年设立的YOZMA I基金，以10%的出资比例筹集私人资本，建立了10个创投基金，吸引了9亿美元私人资本。基于在美国、欧洲及以色列国内资本运作的成功经验，又设立了YOZMA II基金，其主要功能是培育创业高层管理人员、制定商业策略和吸引金融投资者进入其资产组合。YOZMA I和II基金带动了以色列创业投资的发展，其规模超过了20亿美元。YOZMA市场化运作的经验示意图如下：

政府退出的具体途径是:（1）YOZMA投资组合中15家有8家上市退出或购并退出;（2）在YOZMA I的10个成熟基金的8家基金中，政府所持有股份被外资或私人资本优先买走了40%，政府顺利撤出，以色列的创业投资市场已基本形成。

3. 与私人创业投资合伙，建立混合基金

与私人创业投资合伙建立混合基金模式是发达国家或地区广为流行的做法。

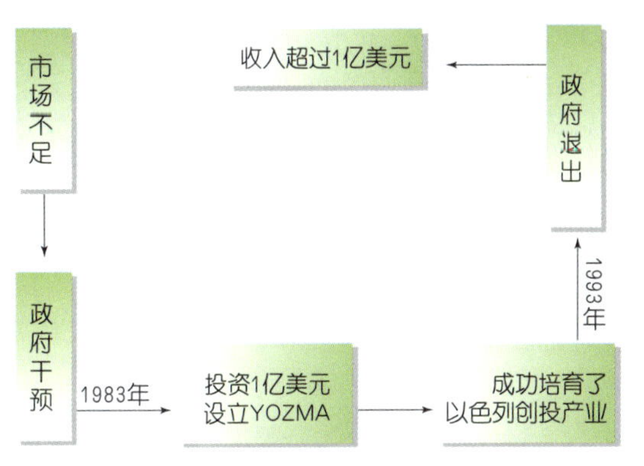

图1 以色列政府YOZMA基金运作示意图

按照“苏格兰股权合伙计划”(SEP)，苏格兰创立了总额为2500万英镑的混合基金，SEP由苏格兰企业管理局创业投资部管理，每项投资额不超过50万英镑，重点投向种子期的高技术公司。SEP中50%是由欧洲投资基金所担保的私人创业投资合伙人所投资。德国1989–1995年推出的BJTU计划中“合作投资方案”，由德国一家国有银行分支机构技术投资公司(TBG)经营。TBG跟从创业投资家投资支持最高不超过100万马克的额度，在3年合作期内，与TBG合作的私人创业投资有两种选择：要么给予其股份出售期权去卖出其投资股份的40%，要么获得股份优先购买权升水25%去购买TBG的投资股份。

美国科罗拉多州CVM股权基金也是典型的混合基金。CVM是一家由四份股权基金组合而成的总额为1250万美元的创投基金。CVM I和CVM II基金均是独立无区域投资限制的私人创投基金，其投入公司主要在科罗拉多州，且内部收益率分别高达11.5%和18.4%。因此，科罗拉多州住房和金融局向CVM III注资100万美元，科罗拉多州公共雇员退休协会匹配投资150万美元，其余的100万美元来自个人，养老金系统向CVM IV投入了170万美元，成为最大投资合伙人。CVM III和CVM IV作为公私混合基金，但公营机构不参加管理，经理人可以得到20%的净利润和总投资额3%的年管理费。

政府贷款

1958年美国创立了小企业投资公司(SBIC)，它由私人经营，作为机构投资人和小企业之间的媒介向后者提供股权融资，对于SBIC投入的1美元，政府提供4美元的低息贷款，且SBIC享受税收优惠。从1959年至90年代中期，SBICs共向78000家小企业提供了130亿美元的中长期债权和股权资本，先后扶持了包括耐克、英特尔、苹果和联邦快递等知名公司。由于贷款设计模式本身的缺陷，至1992年，SBIC管理的资金仅占全美创投资金总额的5%左右。

美国SBIC从以贷款为主转为以股权投资的制度演进过程，说明了政府进行直接股权投资是优于贷款项目。由于贷款项目对高负债财务结构造成的压力，使得SBIC日益集中于投资处于中后期发展阶段的企业以回笼资金，这恰恰违背了SBIC当初设计的本意。为消除此缺陷，1992年美国通过了《小企业权益加强法案》，表明美国SBIC从贷款方式为主转为直接权益投资为主，即政府采用优先股形式，政府可以享受SBIC的累积分红并可分享其长期利润，同时，对于不超过1500万美元的SBIC，政府按3：1提供资金支持，随着规模扩大当其募集的资金达到4500万美元时，该比例下降为2：1，政府按其所提供资金的2%收取初始费用。更为重要的是，该法案规定美国小企业管理局可以充当SBIC的有限合伙人，这为SBIC转为股权投资的演进奠定了制度上的基础。

二、制定税收与金融激励政策

税收激励政策

1. 税收政策的激励方向包括：前端激励，即对所有从事创业投资活动的产业均给予税收优惠政策，有利于扩大创业投资数量；后端激励，即仅对取得成功的创业投资活动提供税收优惠政策，有利于提高创业投资素质。

(1)前端激励 荷兰“富叔叔计划”(Aunt Agatha)计划，规定凡是在8年期内投资于创立期公司，均予以免交所得税优惠，若在这8年期内出现投资损失，可以抵扣所得税，最高可达50000荷兰盾。对于创业投资基金，只要政府确认其投资额70%以上用于初创型企业，当其参与价值低于其原始成本时可以享受税收扣减。这些基金中的个人投资可以享受更高的免税额。日本1997年财政年度起实行天使投资税制。税制规定向处于创业期的创业企业家投资时发生的转让损失可以在三年间进行结转。由于该税制只对亏损企业优惠，弱化了激励作用。日本2000年4月1日起，修正了该条款，将税收激励政策由原先只对亏损企业，扩展到对赢利企业和亏损企业，即一方面保留了原优惠，另一方面，只对天使投资人交易时产生的四分之一的资本利得额征税。

(2)后端激励 后端激励以创业投资最发达的美国为代表，如图1所示，资本利得税率与创业投资规模呈现出一种明显的反向关系。美国创业投资的发展主要得益于资本利得税率两个阶段的下降，分别是1977—1979年由49%下降到28%，以及1980—1982年由28%下降到20%，这一举措加速了美国创业投资快速发展时代的到临。

英国《1998年金融法案》规定了资本利得税逐

渐缩减原则：即自1998年4月5日起资产持有的时间越长，其享有的资本利得税减免就越多，持有营业资产4年后，资本利得税税率将由40%逐渐下调到10%；对非营业资产则由40%逐步下调至24%。英国政府规定：凡是在非贸易公司工作的雇员只要其在该公司物质利益不超过10%，若卖掉其股份的也适用资本利得税逐渐缩减原则，这对于在创业投资和财产投资公司工作的人们将是很大的激励措施。而在贸易公司工作的雇员则不限持股比例适用该原则保持不变。

2. 创业投资活动涉及个人与机构投资人、创业投资公司、创业投资公司管理人员等。就税收激励对象而言，可分为单一激励，即仅对其中一种对象激励；多元激励，即同时对多种对象激励：（1）单一激励。葡萄牙仅对创业投资公司进行税收激励。具体体现在：对新创办的创业投资企业给予相关税收宽减，在创业投资公司组建之后三年给予所得税和其他税收减免，并规定在此后继三年，对利润不分配和再投资的创业投资公司将给予税收宽减。（2）多元激励。新加坡即对创业投资管理公司、创业投资人等给予税收激励。《创业投资激励计划》规定：创业投资的项目，其出售被批准的创业企业股份所产生的全部损失，可由投资者在其它课税中抵扣，对于股权投资部分给予100%的抵扣；《第13H激励计划》规定对于创业投资转让被批准资产组合获得的收益、来自资产组合的股份分红以及源自国外的可转换债券的利息收入均给予税收减免；《先驱服务激励计划》规定创业投资管理公司，来自管理费用及红利部分的收入可享受税收豁免优惠，最高长达10年。瑞士2001年1月1日生效的联邦法案规定个人投资人给予新创企业附属付款承诺借款，可申请相当于借款数额50%的税收扣减，但借款得到偿还的则不允许扣减，且最高扣减额不超过50万瑞士法郎，对于符合资格创投公司捐献给瑞士公司的资本可豁免印花税，在符合联邦法案的条件下，其资本利得和股份分红可享受税收豁免。

3. 就国家财税制度不同，可分为单一制国家税收激励和联邦制国家激励形式。（1）单一制国家：税收激励主要体现在中央一级，如欧洲国家一般税收优惠集中在中央政府。（2）联邦制国家：税收激励政策表现为中央和地方并存并重，以美国和加拿大最为典型。美国联邦一级的税收优惠主要体现在降低资本利得税，此外不将有限合伙企业作为纳税实体，以此消除对资本利得的双重征税。州一级，如缅因州、俄亥俄州和波多黎各（美自治联邦岛）均给予天使投资人以投资课税扣除，一般而言，扣除额相当于投资额的20–30%；路易斯安娜州规定保险公司投资于符合资格的CAPCOs资本公司的贷款与投资时，其保费收入可得到相当于投资额100%–120%的课税扣除，此模式得到了印地安娜州、佛尔蒙特州等州的效仿。加拿大联邦一级对投资于劳工创业投资公司（LSVCC）的股份给予15%的联邦所得税扣除，最高可达到3500加元，省一级如安大略省给予投资本省初创符合资格企业相当于投资额

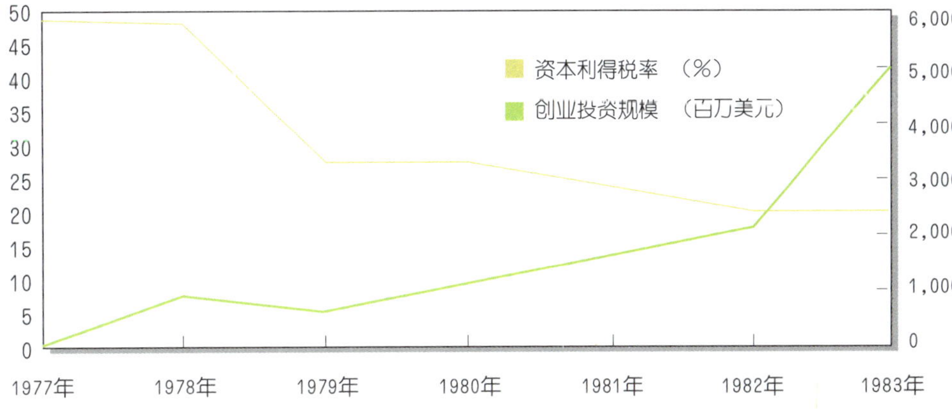

图2 资本利得税与创业投资关系

75%的税收扣减，而不列颠哥伦比亚省给予本省居民投资小企业的创业投资相当于投资额30%的课税扣除激励，但最高不超过6万加元。

4. 基于特定目标制定的税收激励政策。

（1）以吸引外资为主要目的。澳大利亚为了吸引来自发达国家，特别是美国等专注创业投资的养老基金，将来自美国、英国、日本、德国、法国和加拿大等国的进行创业投资的养老基金的资本利得税税率降为0，同时规定，由创业投资投入的公司所发放的红利和其他利润分配免交预提所得税，但必须要在澳大利亚注册，且持有的股份年限不低于10年。以色列2001年9月开始对进入本国的外资创业投资售卖以色列科技公司股份所获得的资本利得税予以税收豁免，此政策有效期截止2004年1月1日。

（2）给予二板市场相关收益税收优惠。韩国中小企业局规定：在外国投资后于KOSDAQ上市的公司，新发行股份所获得的资本利得税予以豁免，但在KOSDAQ上市后进入的外资仍然课以10%的资本利得税。英国给予赠送的非上市股份予以资本利得税减免；法国也对于持有50%以上符合资格的非上市公司股票的特定创业投资基金予以税收优惠；意大利对于到意大利版的EASDAQ申请上市的公司所得税自1997年起，由37%下降到21%；芬兰对于非上市公司形成个人财产税税基的评估较为优惠；瑞典则规定非上市股份不构成净财产税税基。

（3）培育创业投资源。目前发达国家除了推动养老基金进入创业投资市场，还在积极推动遗产和赠与资产进入创业投资市场。德国在《1997年税法》中公布了有关遗产税和赠与税的新规定，将周转资金评估折扣提高40%；美国上下代之间通过参与创业投资初创阶段转移财产，其价值可以被低估30%。奥地利2000年税改中修正了1955年遗产与赠与税法，规定在没有现金交易的情况下，营业资产可允许转手金额达到最大500万先令；西班牙1996年先后修正了遗产和赠与税，规定家族企业营业资产在持有人去世后转移可享受95%的税收扣减，1997年将此激励政策扩展到生前，但规定捐献人必须超过65岁或为残疾人士，且资产必须持有10年以上。

（4）消除双重征税。许多国家和地区制定避免创投机构双重所得税的法律，使创投基金处于优惠的税收地位。如日本等借鉴美国的做法，给予创业投资企业以有限合伙地位，使得创投基金本身无须交纳企业所得税。英国《创业投资法案（VCT）》规定创业投资信托基金的分红不征税。

发展中国家和地区也采取类似的政策。如印度采取对长期资本利得全部享受免税待遇且红利收入全部予以免税的政策，以消除双重征税问题，保证资本利得税税收中性，消除税收对创业投资的不利影响。再如我国台湾地区规定对于投资创业投资公司的股东，在持股满2年后，享有相当于其对创业投资公司实际投资额20%的所得税扣减优惠，同时对创业投资收益的80%免征所得税，以抵消了双重征税的影响。

股权担保

1. 损失分担担保

最早采用这种担保模式的是1981年荷兰推进的PPM计划，对投资于早期阶段的私人创业投资基金所造成的损失，由政府提供50%最高金额达400万荷兰盾的担保，后来下降到250万荷兰盾，不征收任何担保费率，也没有利润共享要求。该计划早期阶段约有40%符合资格的创业投资由政府提供担保，但到1995年这一比例下降到10%。该计划1995年年底被终结，在其14年时间内共支持了900家公司。丹麦1994年受到荷兰的启发，也推出了损失分担担保计划。符合资格的创业投资基金拥有130万欧元至1560万欧元的个人担保投资（该计划总担保额为1.4亿欧元），基金每年按未使用的担保金额付1%的担保费率，已担保金额须付2%，然后才能获得50%的损失担保，工业部属下的商业发展基金对其无利润共享要求。若创投基金参与担保投资的内部收益率高于13%，则使用该计划对新的交易进行担保的权利自动免除。该计划的另外一个特点是在合约到期的2007年之前的5年内担保总量每年削减10%。在1995–1998年共143家公司作出了170宗创业投资，而同期EVCA的报告指出该期间荷兰创业投资数量共有166宗，说明该计划取得了很大的成功。虽然该计划2007年到期，但是丹麦商业发展基金创立了生物技术、高技术工程和IT两家投资公司，政府提供2/3约5200万欧元的资本，剩下1/3由私人出资，该计划要求分享投资收益。

比利时1997年中推出了仅在佛兰德斯地区有效的损失分担担保计划，该计划累计承诺担保的金额最大为7500万欧元，其最大的特点是头两年内对损失担保的比例分别为30%和40%，第三年提高到50%，担保费率为一次性征收担保金额的0.875%，最小投资为75000欧元，最大投资为100万欧元。使用该计划的人，无论是天使投资人，还是创投企业，必须承诺每月贡献一天致力于支持担保投资活动。对超出整个投资回报的利润共享为5年的利率加上2.5%的风险补偿。在最初的18个月内约有150家比利时公司得到比利时投资公司的支持。与此同时芬兰的股权担保计划则较为失败，1992–2001年间仅有570万欧元的投资被担保，其原因在于：（1）担保费率太高，对投资人缺乏吸引力，其每年的担保费率高达1–5%，损失担保比例最多为50%，且利润共享比例惊人，为担保金额的30%或者总投资金额获得的资本利得的15%；（2）地区性机构缺乏中央政府股权担保的再担保安排，这意味着投资损失最终还是由当地消化。芬兰的经验教训是非常深刻的。

2. 公共杠杆与偿还借款豁免

这方面的代表是德国的BTU计划。BTU计划分为两个部分：（1）由德国国有银行的分支机构TBG与经批准的经验丰富的创业投资基金合作向不到10年的中小企业创新项目以优惠利率（年利率7%）提供10年无担保共同贷款，最大金额不超过250万欧元，同时BTU向创业投资家前5年的股权投资损失提供50%担保（东部地区贷款人为70%），若项目盈利，TBG除了收取利息收入外，还参与分红。创业投资家可以有权以30%保险费买断TBG头5年利息收入。TBG作为隐名合伙人，没有投票权，但在投资发生损失时等同普通股股权。（2）通过联邦银行KFW向年轻小企业（少于50名雇员且不足5年）被新技术提供再融资，其向创业投资人提供中等利率的贷款融资，允许每次股权投资后立即重新得到70%的资金，贷款的全部拖欠风险100%由国家承担，被投资公司每次融资最大金额为140万欧元，利率视创业投资公司的回报情况而定，2000年年底的年利率固定在8.44%（其中包括年担保费率2.2%）。按照联邦经济和技术部的数字，BTU动员的创业投资数量从1996年1.5亿欧元快速增加到1999年的7.2亿欧元，2000年已达到9亿欧元左右，年均增长56.5%。

葡萄牙经济部通过IAPMEI（小企业促进局）于2000年设计了一种“贴现和辛迪加基金”，按照第三期欧盟支持计划2001–2006框架，与小规模投资的创业投资公司共担风险，基金规模为5000万欧元，将对创业投资家对高风险的中小企业的投资再融资担保，低于一定规模的为75%，高于一定规模的为50%，在给定时期内可偿还贷款的利率可以豁免，担保费率将只用来支付基金管理费，若此时期内投资人出现损失，则无须偿还贷款。该计划已于2001年底实施。

3. 私人杠杆与贷方担保

这种股权担保的方式仅见于美国和奥地利。1982年起，美国SBA为那些从事股权投资类的小企业投资公司（SBIC leverage）提供发行长期债券的担保，长期债券自然产生的定期利息由SBA代为支付，只有当小企业投资公司实现足够的资本增值后才一次性偿付债券本金，并一次性支付小企业管理局10%左右的收益分成，2000年秋季SBIC债券融资成本为每年8.45%。奥地利B ü rgesbank中小企业债券计划允许中小企业少量发行10年期附随债券，1999–2000年间有7次发行，2001年有5次发行，发行规模介于75万欧元至175万欧元之间，这些公司一般都是典型的2–5年期技术型企业。该计划目标在于促进小企业快速发展和成本节约型的上市。这种发行不需要被正式承销，但B ü rgesbank安排发行银行承担发行价4%的固定费用，许多投资人都是发行银行的高资本净值客户，并同时监管招股说明书。债券获利基础在于每年5%–15%之间的股份分红，它最终可以带给投资人每年10%–15%的回报，如果公司决定实现股权IPO，债券持有人兑换选择权将予以折扣。购买债券的个人投资者其认购本金可享受10年期100%的担保，该债券在维也纳证券交易所特殊板块上市，预期的损失率10年间平均每年1个百分点，担保费率为0.5%，由发行债券的公司支付。

其他促进政策

1. 放松对创业投资资本供给的管制

1978年美国劳工部对《雇员退休收入保障法》中“谨慎人”(Prudent man)的条款进行了修改，这一条款曾要求养老基金在投资时要基于对“谨慎人”的判断，即禁止养老基金投资于对小企业或新创企业及创业投资基金发行的证券。修改以后，规定只要不威胁整个投资组合的安全，允许养老基金参与更高风险的投资，包括对新兴的创业企业的投资。该规定导致1978年美国创业投资规模较1977年增加了10倍之多。

2. 推进制度创新：有限合伙与股票期权激励

美国国会制定了《统一有限合伙法》，并于二十世纪七十、八十年代两次进行了修改。以有限合伙公司形式设立的创业投资基金，可以不受《投资公司法》和《投资顾问法》的严格限制，可以获得高额业绩增长的报酬。有限合伙制1958年首次出现在美国创业投资中，养老基金等免税实体对有限合伙制度的需求强烈，因为作为有限合伙人他们将不需要缴纳资本利得税。随着美国1978年对“谨慎人”条款的修改，创业投资中机构投资者大增，使得有限合伙制占据了主导地位，到1995年以有限合伙制创业投资占创业投资总量的比例高达81.2%。日本也制定了《创业投资有限合伙法案》。所谓股票期权制度是指公司授予一定对象可在一定时间内以一定价格购买公司股票的权利，这个价格与股票售出价格的差额就是股票拥有者的收入。美国《股票期权激励法》允许创业企业和创业投资基金采用以股票期权作为酬金的做法。即创业家和创业投资家的收入如果是股票期权，那么这部分的收入就可以暂时不课税，课税期限将被推迟到股票出售之后。1998年，硅谷约有40%的创业企业实施了员工普遍持有股票期权计划，在1999年美国85%以上的创业投资基金推行了股票期权制度。受此启发，爱尔兰目前正在评估这种管理人员期权法案的作用，包括爱尔兰国会、IBEC和政府部门等考虑将其纳入2001年度预算案的建议。新加坡1999年1月引进了员工持有股票期权计划。此外，日本、韩国、加拿大正在积极准备借鉴美国股票期权税收激励的做法。

3. 制定政府采购政策

一些发达国家往往通过政府采购来降低创业投资的投资风险，鼓励私人资本流向风险大、收益高的高技术新创企业。美国早在1933年就制定了《购买美国产品法》。该法规定了用美国联邦基金购买供政府使用或建设公共工程使用的商品。20世纪40–60年代，以航天工业和电子工业为代表的新兴产业的很多产品是国防物资，政府即充当了最大的顾客，国防部以“政府采购”的方式收购了大量商品，激励了高技术成果的转化以及商品化和产业化过程。著名的“128号公路”和“硅谷”高技术园区的迅速崛起的原动力就来自美国政府采购，如1962年美国军方购买了硅谷地区生产的全部集成电路。日本的政府采购制度运用最为成功的是通过国有的日本电报电话公司和日本电子计算机公司采购，来确保国内半导体市场的增长。韩国自1966年就成立了政府采购办公室，统一负责对外采购和国内采购、重点工程采购、对企业需要的重要原材料的采购，1996年工程采购合同总额为82420亿韩元，其中29120亿韩元是与中小企业签订的合同，有力地促进了韩国中小企业和创业投资业的发展。

4. 对创业企业的优惠鼓励政策

世界各国和地区都制定了对创业企业的各种鼓励优惠政策，扶植创业企业的发展，这些政策的出台减少了创业企业的发展风险，也间接地支持了创业投资的发展。

一些国家和地区除了对创业企业提供税收优惠外，政府还为创业企业的融资提供担保和优惠贷款。

（1）贷款担保。如，美国SBA的7（a）计划，SBA和银行合作，为创业企业向银行贷款提供担保，最高担保额可达贷款总额的75%。

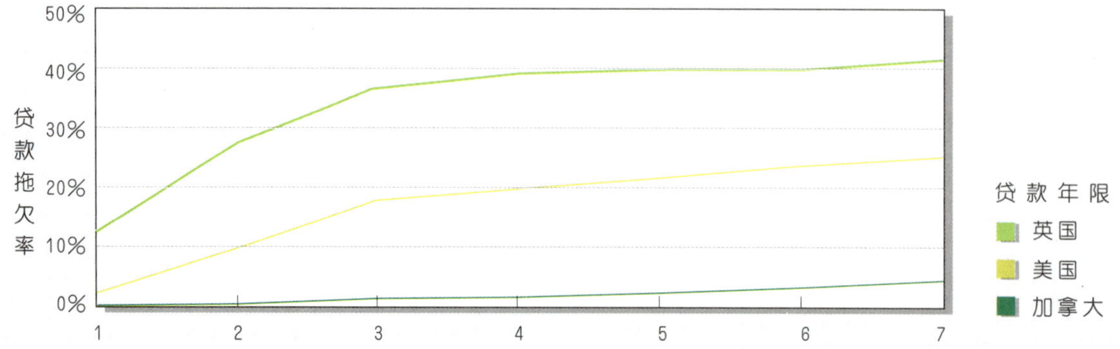

图3 英、美、加三国贷款担保计划长期贷款拖欠率比较

日本的VEC，是日本通产省设立的担保机构，为R&D型中小企业提供长达8年的贷款担保，最大担保比例可达80%。

英国的LGS计划，由贸工部和银行合作执行，为中小企业的贷款担保，期限为2–10年。

加拿大的SBLA计划，为小企业的贷款90%提供担保。该计划实施以来一直保持着较低的贷款长期拖欠率（低于10%）。

（2）为创业企业提供政府信贷。1954年，荷兰开始实施科技发展信用计划（TOK），该计划提供10年的贷款，贷款偿还主要源于被投资公司收益，且当被投资公司出现技术和商业上的失败时债务可以被豁免，但每一项贷款额度不得超过该项目总费用的40%。丹麦1992年商业和产业大臣使用20亿丹麦克朗来创造商业发展融资贷款计划（BDF），主要向中小企业研发项目等提供不超过项目总费用50%贷款（20–100万克朗），该计划最有特色的是当项目失败时可获得“债务豁免”，如果项目失败，债务将再谈判，并被有效豁免，BDF将接管该项目。

瑞典ALMI计划则向初创阶段的企业提供6–12年优惠贷款，前2年免息，前2–4年无须偿还本金，但贷款额不得超过初创期资本的30%。

表1：部分国家贷款担保计划比较（单位：%）

国别	计划名称	担保最大比例	担保费率
美国	7(a)LG	75	0(初始费用2.0%)
法国	SOFARIS	50–70	0.6
英国	LGS	70(2年内)85(2年以上)	0.5(固定利率)/1.5(浮动利率)
加拿大	SBLA	85	1.75
葡萄牙	SPGM	70	1.5
日本	BECLG	80	2.0

资料来源：OECD

附 录 2

创业投资欠发达国家与地区政府扶持政策

本文所称的创业投资欠发达国家（LDC），主要包括四个部分：（1）发展中国家或地区，如印度、特立尼达和多巴哥、巴基斯坦与我国台湾地区；（2）经济转轨国家，如匈牙利、俄罗斯等；（3）南美洲国家，如阿根廷、巴西和智利等；（4）创业投资不发达的少数国家，如葡萄牙、希腊等。

与创业投资发达国家不同的是，发展中国家政府直接干预创业投资的积极性很高，但政策的效果又比较差；税收政策是发展中国家一个通常性的选择，但是税收政策单一化趋势明显；金融扶持政策相当欠缺，其主要原因是由于金融市场的不发达以及监管力度的弱化；创业投资特别立法也是相当欠缺的一个领域。

一、政府直接参与创业投资

与新加坡、以色列等创业投资发达国家直接由政府出巨资设立创业投资基金不同，发展中国家或地区政府直接参与创业投资的方式由于资金的短缺，呈现多元化形态：

1. 通过国有银行或企业成立创业投资基金。这种方式是创业投资欠发达国家或地区主流。如由巴西发展银行设立的私人股权分部——BNDESAR主要从事长期股权投资，迄今为止共参与投资了65家公司，直接或间接地向这些公司提供创业投资基金，BNDESAR虽然定位于发展小规模投资市场，但是在近几年的运作中取得了令人满意的回报，因此被视为巴西创业投资基金值得效仿的成功模式。

印度国有金融机构在本国创业投资发展中一直充当先锋：（1）在印度工业开发银行（IDBI）、印度工业投资公司、印度工业信贷与投资公司等金融机构建立创投基金；（2）信息技术部与小型产业发展银行合作建立10年期的“全国软件和IT产业创业基金”，该基金总额达到10亿卢比（其中小型产业发展银行占40%、信息技术部占30%，IBDI、NASSCOM和工业金融公司各占10%，主要面向小产业部分，瓦杰帕伊总理1999年12月批准了该基金的设立。与此同时包括Kerala等在内的5个邦政府也借助本地工业发展公司，建立面向IT产业的创业投资基金。此外印度政府还借鉴了以色列YOZMA的成功经验，印度小产业发展银行（SIDBI）与毛里求斯IVG基金合作于2001年建立了面向海外的创业投资基金OVCF，基金总额高达5000万美元，其中SIDBI投入2000万美元，IVG投入1000万美元，其他国有金融机构投入2000万美元。

2. 成立专门的创业投资促进机构，并与其他投资人合作融资。如1999年重组后的智利生产力促进局（CORFO）成为智利专门的创业投资促进机构，CORFO的资金主要来源于政府每年的拨款、泛美开发银行（IDB）以及该机构的投资收益，其集中投资于中小型企业和初创企业，有力地促进了智利创业企业家队伍的发展壮大。CORFO目前主要推进包括FONTEC、FDI、PDP、PAG等在内的10个计划，FONTEC是其中最重要的面向初创企业的计划，总资本为2000万美元。其作为种子资本主要投向技术型公司，主要特征是较容易获得与小资本投入。其运作的模式是申请人向投资委员会申请，委员会每15天开一次会讨论申请人的申请，一旦获得批准，可获得5-10万美元的资助。此外智利还成立了名为Fundacion Chile的非盈利性组织，是智利政府1976年为促进农业、海产和森林等产业科技创新而设立的创业投资基金，其以种子资本公司、企业的技术或市场合伙人形式运作，智利政府为该组织的拨款总额为5000万美元。

3. 向高风险投资项目提供财政补贴或资金支持。如阿根廷科技基金（FONTAR）是由政府机构运作的以促进科技发展为目标的创业投资基金，通过向高风险科技项目提供补贴方式资助科技创新活动，1998年由政府批准的项目总资金为3000万美元；此外，阿根廷社会资本基金（FONCAP）是由阿根廷社会发展和环境部推进，直接向初创企业提供少量创业资本。

世界上通过政府出资带动创业投资发展成功仅发生在少数发达国家中的小国，如新加坡、以色列和瑞典。这种模式在发展中国家容易失败的原因在于：（1）发展中国家的市场经济发育极不完善，政府一旦直接介入创业投资活动，由于寻租现象的普遍存在，加上发展中国家资本市场的不健全，往往容易导致政府不愿也不能自拔，难以适时退出；（2）政府直接投资必须要有退出的良好通道，如以色列YOZMA I中10个成熟基金有8家中政府所持有的股份被外资或私人资本所置换；1995年瑞典政府持有的创业投资基金Atle和Bure通过在证券市场上市被出售。

二、制定税收激励政策

税收激励政策以印度最有代表性：

印度证交会（SEBI）制定了关于向在印度证交所注册的创业投资企业提供税收优惠的指南。它规定合资格创业投资企业可享受下列优惠：（1）对长期资本利得予以全部税收豁免；（2）红利收入予以免税。但规定创业投资企业必须采取规定的组织形式，即有限公司、信托投资或独立的资产管理公司等形式，以信托方式组建创业投资企业在纳税上有更多优惠。在一般情况下，信托公司和投资者均可获得完全免税。创业投资企业只在两种情况下要缴税：（1）短期的或以利息方式获得的收益，需缴纳正常税率的所得税；（2）在印度国内没有设立分支机构的外国公司取得短期或利息收益，需缴纳10%的预提税。印度对创业投资在个人所得税方面还有一些重要的优惠。如分红收入享受免税的税收规定比美国等其他国家更为优惠，但是这些优惠是有条件的，对于投资者在股票市场上尚未实现的资本利得或资本亏损，不计入应税所得或亏损。为避免其他公司受利益驱动而滥用上述税收优惠，1999年印度新修订的税法中，规定上述税收优惠只适用于投资与软件、信息技术、基本药物的生产、生物技术、农业和政府认可的研究中心的专利产品生产等相关的行业，而且只有当这些行业在运用新的或未尝试过的技术时，才可以享受这样的税收优惠。此外，SEBI规定投资于非上市资产的比例最低不得低于80%，而中央直税局《收入税法则》规定创业投资基金不得拥有企业40%以上的股权且不高于其基金本金的20%（后来《收入税法则》修正了基金一项投资不得超过本金的25%）。由于上述限制条款使得享受创业投资税收优惠的空间十分有限，印度在2000年财政预算中取消了上述不合理的限制条款，简化

表1：1999年流向所在国的创业投资规模　（单位：亿美元）

国家	英国	德国	法国	意大利	荷兰	瑞典	葡萄牙
规模	96.33	35.02	29.21	20.34	16.75	13.05	1.57

资料来源：The Internatinalisation of Venture Capital Activity in OECD Countries: Implications for Measurement and Policy OECD STI WORKING PAPERS 2000/7

了上述多头管理模式，废除了原先的基金为获得免税待遇必须在一年内从创业企业退资的决定。

其他的发展中国家也制定了有关的创业投资税收激励政策：巴基斯坦中央收入局颁布了一项就创业投资基金给予7年所得税免税期的税收优惠规定，预计2002年实施。我国台湾地区规定：创投股东(个人及营利事业)可享受投入资金20%的税收抵减；营利事业投资于创投产业收益的80%，免予计入当年度营业所得额课税；创投以盈余转增资时，股东免予计入当年度所得。

税收政策对于发展中国家或地区创业投资发展的作用，可以从我国台湾地区的有关政策变更中体会。台湾地区2000年开始已取消了上述税收政策优惠，与此同时，台湾地区1983年设计的创投制度采用公司制度，有限合伙制度尚未建立，出现双重征税，上述新旧税收制度更替失去了可衔接性，加重了台湾地区创业投资产业税负，导致台湾地区2000年创业投资当年筹集资金较1999年同期大幅下挫41.25%，2001年创业投资当年筹集资金较2000年底再次大幅下调55.63%，2001年筹集资金较最高的1999年共下调了73.92%；当年度投资案数2001年较上年大幅下调66.81%，投资金额则更是下调73.55%。

三、给予创业投资综合政策的支持

以巴西为代表。1999年巴西科技部的下属机构FINEP正式启动了INOVAR计划，该计划代表了巴西政府对于发展创业投资和初创企业的坚定信念。该计划包括七个方面的内容：（1）建立诸如美国moneytree.com和garage.com之类的创业投资网站，消除创业投资活动的信息不对称，降低投资人和企业家的交易成本；（2）举办包括大学、研究中心和企业家参加的创业投资论坛，帮助企业家编制正确的商业计划书，强化企业家与投资人的沟通；（3）建立包括200家左右的机构投资者在内的网络；（4）建立科技投资评估机构；（5）建立创业投资基金；（6）建立旨在提高创业投资水平的教育训练计划；（7）与其他创业投资人建立合作融资关系。

四、推动创业投资特别立法

特立尼达和多巴哥制定的《创业投资激励法案》规定：对所有投资于政府登记的创业投资公司的个人和公司按现行最高边际所得税率34%予以投资抵扣，不足抵扣的部分可以顺延至完全抵扣为止。再如匈牙利公司在正常情况下必须将分红计入公司所得，而按照《公司与分红税收法案（CTA）》，投资人可以将其来源于创业投资活动的分红不计入公司所得，以消除双重征税，降低创业投资产业的税负水平，并允许对创业投资实体投资损失可以冲减买卖匈牙利上市交易股份所获得的资本利得，目前匈牙利正在致力设计旨在对创业投资活动中"管理因素"激励的制度，以强化税收政策对创业投资的引导。

葡萄牙对创业投资的特别立法，主要包括两个方面：

1. 成为创业投资公司（VCC）的若干条件：（1）最少股份资本达到600万埃斯库多；（2）其组合投资于一家公司的股票、债券和可转让债券的总和不能超过它的资本和储备金的20%；（3）不能投资于房地产业；（4）低于其总资产25%比例以下的投资可以持有12年以上；（5）每年的10%的利润要纳入非分配储备金，一旦累计达到VCC股份资本的50%时，可以不再提取。此外还有其他6条限制条件，限于篇幅不再一一列举。但VCC对投资非上市股份与上市股份的比例则无限制。

2. 可享受的税收激励政策：（1）VCC的损失可以递延6年（1996年以前成立的为5年）处理；（2）允许按比例得到已缴纳的增值税（针对资产管理）返还；（3）国内个人投资者持有VCC股份一年以上所获得的资本利得才能免税，国内法人不能免税，但非葡萄牙法人可以享受免税待遇。

葡萄牙在欧盟内的创业投资规模居于非常落后的地位，其创业投资十分不发达。其原因在于：（1）与创业投资发达国家的特别立法不同，葡萄牙对于VCC或者FCR投资于非上市股权的比例未作任何限制，在一定程度上削弱了资本转向创业投资的趋势；（2）给予1990年12月31日以前成立的VCC公司税豁免已经失效，加大了VCC的税负水平；（3）没有采用有限合伙制的创业投资组织形式，导致创业投资税收不透明。

主要参考文献：

1、Matthias Baltin & Philipp Bell, Venture Capital in South America, WHU, Working Papers, July 30, 2001

2、[印度] 拉菲克·多塞尼,《他山之石：创业投资与印度的高科技发展》，创新的全球化途径 研讨会论文，斯坦福大学 1999年7月1日

3、Report of K.B. Chandrasekhar Committee on Venture Capital，Securities and Exchange Board of India (SBEI)

4、The Internationalisation of Venture Capital Activity in OECD Countries: Implications for Measurement and Policy OECD STI WORKING PAPERS 2000/7

5、I.M. Pandey. The Process of Developing Venture Capital in India. Technovation Vol.18. No.4

6、Silvia Sagari and Gabriela Guidotti. Venture Capital Operations and Their Potential Role in LDC Markets. P26. WPS 540 World Bank, Jan 1991

7、Anders Isaksson & Barbara Cornelius, Venture Capital Incentives: A Two Country Comparison, Paper presented at the 10th Nordic Conference on Small Business Research, V?xj? University, Sweden, June 14-16, 1998 pp13-14

附录3

创业投资发达国家与地区对创业投资进行特别立法的经验

一、美国NMVC计划

美国国会1958年创立了“小企业投资公司（SBIC）计划”。小企业投资公司由小企业管理局（SBA）特许和管制，SBICs是由私人所有和经营管理的利润驱动型投资公司。SBICs向符合资格小企业提供股权资本、长期贷款和股权担保以及提供管理支持，其利用自己资金和使用SBA担保的优惠利率借款进行创业投资。SBIC计划向各种类型的制造业、销售和服务产业进行投资，但是其对象必须符合SBA的“小”的一般标准：资本净值在1800万美元以下以及前2年平均税后所得不多于600万美元。SBA在决定企业是否为符合资格时，会考虑该公司的母公司、子公司以及是否会员单位等情况。在2000财政年度，SBA通过其创业投资计划作出了多达3100项金额总计为42亿美元的投资，1999年SBICs占全美创业投资机构投资者的比重达到53%；其总投资额中股权投资形式占的比重达到93%；44%的资金投向于创立不足两年期的初创企业；从投入区域看，投资遍及49个州、哥伦比亚特区和美属维京群岛。SBIC计划包括许多分支，现介绍和分析以SBICs模板为基础的“全美新兴市场创业投资计划”（New Market Venture Capital Program，以下简称NMVC）。

1. NMVC计划产生背景

美国低收入社区实现可持续增长的主要障碍在于他们不能吸引到足够的股权投资和技术以辅助创立和扩张企业。联邦储备委员会主席格林斯潘指出股权投资是社区创新型和生产型企业存在的关键，特别是在低收入社区表现更为明显，因为这样的社区难以吸引私人股权形式的资本。2000年12月，为了弥补低收入社区股权资本的不足，国会通过并由克林顿总统签署成为实施法律，推进美国新兴市场创业投资计划，国会同时批准2001财年提供1.5亿美元的债权担保，并向NMVC公司筹集的私人资本提供用于技术支持的3000万美元补助。

2. 申请获得NMVC牌号的评分

NMVC效仿SBIC，但与SBIC不同的是，SBA不特许NMVC公司，而是给予NMVC牌号并参与有关投资协议，一家公司申请成为NMVC公司，必须具备以下条件：（1）在发展社区创业投资活动方面存在着可证实的管理专长；（2）最少筹集500万美元的私人资本；（3）承诺将筹集资本的30%用于技术支持达5–10年；（4）投资于中低收入地区；（5）与SBA签定协议支持该计划的公共政策目标。具体的评价与计分系统如下：

3. NMVC公司融资方式

SBA为NMVC公司提供发行长期债券的担保，并为其提供用作技术支持的补助金。债券发行额等于NMVC公司筹集的总投资金额的150%，其以5年期利率为折价发行（以公债券5年期贴现率为参考标准），这样NMVC公司5年内就不需要支付利率。如1000万美元的债券以7%的折扣率可发行6890158.5美元，在6–10年按面值每半年支付利息，10年后一次支付本金。对NMVC公司用于技术支持的补助金延续4.75年，但不允许用作任何管理费用。

4. NMVC公司投资标准

NMVC公司至少80%必须投资于位于低收入地区的小企业，且必须以股权投资形式。小企业的定义按照SBA的定义（资本净值在1800万美元以下以及前2年平均税后所得不多于600万美元），投资于较大型企业也是允许的（如果他们按照所属产业的就业和收入标准被确认为小企业）。NMVC公司投资形式必须为普通股或优先股或其他类似工具，也包括具有股权投资特征的附随债券。低收入地区包括:（1）按照美国商务部人口调查局城市统计调查区或类似县贫困率超过20%，或者大都市中50%以上的家庭收入低于该地区中间收入的区域；（2）大都市中家庭平均收入不超过所在州全州范围内中间收入；（3）历史上商业欠发达区（HUBZone）；（4）城市或农村企业振兴区。

5. 可享受的政策优惠

除了获得SBA担保发行10年期长期债券的优惠外，投资于NMVC公司的投资人的投资如果符合联邦免税代码，可获得美国新兴市场税收扣减，即获得7年内按投资额最高39%的比例扣减联邦个人所得税。

二、加拿大LSVCC

加拿大劳工创业投资公司（LSVCC）致力于发展加拿大的创业投资产业，LSVCCs必须由工会或雇员团体发起，LSVCCs可以在联邦登记也可以在各省登记。作为公私合营的混合基金，LSVCCs由工会组织独立管理。第一个LSVCCs是1983年创立的魁北克基金，到1995年底加拿大共有18个这样的混合基金，二十世纪九十年代是LSVCCs快速发展的年代，1995年底LSVCCs占加拿大创业投资总额的比重高达49%，接近30亿加元，当年LSVCCs筹集的资金高达12亿加元，是私人创投资金的4倍。LSVCCs2001年度创业投资额高达6.52亿加元，超过私人基金和机构投资者位居首位；LSVCCs2001年筹集的创业资本金额达到17.5亿加元，占全国的38%，位居第二。由此可见，LSVCCs经过18年的发展，一直在加拿大创业投资产业居主导地位。

1. 登记为LSVCCs的条件

向联邦申请登记为LSVCCs必须依照《加拿大商业公司法》组成，且由代表两个或以上省雇员的一个工会或包括2个或以上工会的组织发起。向各省登记的各有差别，如萨斯喀彻温省《劳工创业投资计划》允许两种类型的公司，包括本省居民个人可以投资的组合基金（类型A）和由公司雇员可以购买的雇员投资基金（类型B），登记为LSVCCs，各省虽有差异，但都要求必须由至少一个工会组织发起。

2. LSVCCs投资标准

LSVCCs联邦一级的投资标准包括:（1）LSVCCs可以投资加拿大合伙人的普通股权、债权以及为之提供担保；（2）被投资公司应是加拿大的纳税人，在加拿大有积极的商业活动；（3）被投资公司至少在加拿大拥有50%的雇员，且有50%的薪资支付给加拿大的服务；（4）被投资实体拥有雇员数不超过500

1.投资 权重:35%,其中		2.社区发展 权重:35%,其中		3.计划执行能力 权重:35%,其中	
1.1投资能力与申请公司管理团队的管理技巧与经验	15%	2.1社区发展潜力与申请公司管理团队的管理技巧与经验	10%	3.1申请公司筹集受规制资本的可能性	10%
1.2申请公司的营运与投资战略成功的潜能与可靠	10%	2.2指定低收入地区对发展创业投资的需求	10%	3.2申请公司筹集技术支持匹配资源的可能性	10%
1.3申请公司对于指定低收入地区市场的理解程度	10%	2.3申请公司计划提供可操作性支持的潜能与可靠	10%	3.3申请公司计划投资和技术支持对指定低收入地区经济和社区发展影响	10%
		2.4申请公司集中资源与活动在低收入地区与其他地区的比例	5%		

人，且资产总值不超过5000万加元。在省一级的投资标准还包括：有些省要求被投资实体的薪资主要支付给本省居民，并规定资产设在本省的比例，以及其他的一些限制，如萨斯喀彻温省规定被投资公司雇员数在5-300人之间，且公司薪资至少有25%支付给本省居民。

3. 可享受的政策优惠

政策优惠主要表现为税收优惠:（1）联邦政府给予LSVCCs的投资给予15%的税收扣减，最多不超过3500加元（每年不超过525加元），税收扣减不可以跨年度冲抵所得税，但如果在一年头60天所作的投资税收可以在当年或上一年冲抵所得税；（2）若LSVCCs同时符合联邦和所在省的目标，可以同时享受税收优惠；（3）投资LSVCCs的同时也是符合注册退休金储蓄计划（RRSP）资格，投资人可以享受延期纳税的优惠政策。作为各省来说，优惠政策各有差异，魁北克省给予投资LSVCCs15%的扣减，每年不超过525加元，但可以跨年度冲抵所得税；萨斯喀彻温省除了给予联邦税收优惠外，还给予在本省注册并投资本省的LSVCCs投资人20%的每年不超过1000加元税收扣减。

三、英国VCT法案

英国1981年通过了《企业初创计划（BSS）法案》，该法案1995年3月31日被取消；1983年通过了《企业扩展计划（BES）法案》，1993年被《企业投资法案》（简称EIS法案）所取代，1995年英国又通过了《创业投资信托法案》（以下简称VCT法案）。目前英国生效的创业投资特别立法只有VCT和EIS法案，由于EIS通过税收优惠鼓励个人对未上市企业直接投资，具有较高的投资风险；相反，VCT法案鼓励个人通过创业投资信托基金（以下简称VCT）对新创企业间接投资，降低投资风险。以下仅讨论具有代表性的VCT法案。

1. VCT的主要特征

（1）VCT与英国投资信托相似，必须是在公开上市的投资公司，其全部股份在伦敦证券交易所上市交易；

（2）个人在任何纳税年度认购VCT不超过10万英镑的股份，且持股至少5年以上，可以按照其投资额的20%抵减所得税；

（3）任何个人将处置VCT时取得的资本利得在一年内或处置一年后再投资于VCT时可延缓缴纳资本利得税，最高至10万英镑；

（4）VCT自身出售其股份时无须缴纳资本利得税；

（5）VCT分配至持有人手中的分红无须纳税；

（6）个人在出售其持有的VCT股份获得的资本利得免征资本利得税。

2. VCT资格认证标准

(1)VCT至70%的资产必须投资于符合资格的贸易公司的股份或有价证券，但允许有3年的期限来完成投资组合；

（2）如果VCT投资于非上市公司（但当所投资的公司上市后其可继续持有5年，同时在另类投资市场AIM新上市的公司视同非上市股份），或者其投资在任何1年内少于100万英镑，或者被投资公司资产在投资前少于1000万英镑与投资后资产少于1100万英镑的，投资比例可以仅计至70%的标准；

（3）若给出贷款期至少5年以上，投资比例可以仅计至70%的标准；

（4）30%的剩余投资计入70%标准必须为没有优先权的普通股。

英国国内收入局在2001年税收法案中对《创业投资信托法案》进行了修正，将上述所有5年的限制期缩短至3年。

四、法国SCR法案

在法国立法框架下，存在着三种税收激励方式刺激创业投资，这三个法案分别是《创业投资公司（SCR）法案》（1985年）、《投资非上市公司基金（FCPR）法案》（1988年）和《科技企业创业投资基金（FCPI）法案》（1996）。现以SCR法案阐述法国创业投资特别立法活动。

SCR税制的优惠政策对于任何法国有限责任公司，若在满足以下条款的前提下，均适用。一旦任何一家法国有限公司申请成为SCR成功，均可以豁免相关税收，SCR的持有人也享受税收优惠政策。

1. 申请成为SCR的要求

（1）SCR的净资产必须由至少50%的符合资格股份所构成，符合资格股份如非上市公司发行的股份或可转换债券，且该非上市公司必须从事工商业活动，必须在法国缴纳公司所得税；

（2）SCR不得持有被投资公司40%以上的投票权

（3）SCR所持有一个被投资公司的股份不得超过其净资产的25%。

（4）正常情况下，控股公司不符合上述50%的标准要求，但是在某些特定条件下，法国控股公司具有资格，特殊情况下，法国控股公司90%的固定资产必须依次实现合乎资格的50%标准，即要求法国控股公司加大对创新企业的扶持力度；

2. SCR税收优惠

（1）SCR本身

任何符合上述标准可以按其投资所得（如股份分红和利息）以及处置其投资组合时实现的资本利得豁免法国公司所得税，其中的投资所得和资本利得不仅来自符合资格的投资组合，也包括不符合资格的投资组合；

（2）SCR个人股东

一旦SCR从售卖其持有的组合投资实现资本利得，在此时间后不超过四年内向SCR持有人派发红利（符合资格派发），SCR个人股东可以将之视为资本利得，而不是一般所得（这样可以适用较低的税率）。

任何法国居民从认购SCR开始持有其SCR股份至少5年以上，允许豁免可从SCR符合资格组合投资中获得的符合资格派发的法国税收。为符合上述税收豁免要求，投资人及其配偶、上下两代不能直接或间接持有SCR资产组合中公司资本的25%以上（在申购或申请前5年，不受此比例限制）。但SCR非个人股东销售其SCR股份的获利不能得到税收豁免。

（3）SCR法人股东

当SCR实现长期资本利得，并符合资格派发这部分所得，当SCR法人股东持有SCR股份5年以上，便可以将之视为长期资本利得（可以应用较低税率）。在一般情况下，按照现行法国税制，法人股东售卖其投资组合中的投资取得的收益适用一般（所得税）税率，但是，一旦法人股东持有SCR股份5年以上，其售卖SCR股份取得的收益将适用较低的（资本利得税）税率。

五、澳大利亚IIF与PDF法案

（一）IIF计划

创新投资基金（IIF）最早由澳大利亚总理于1997年宣布，其目标在于消除澳大利亚小型科技企业遭遇的金融瓶颈，促使澳大利亚创新收益直接注入经济发展中。1997年澳大利亚按照公共和私人资本2：1比例注入IIF1.3亿澳元（私人资本每注入1澳元，公共资本将匹配2澳元），因此，共筹集了1.95亿澳元资金。该基金允许创造最多六个阶段每个介于30–50万澳元的投资基金。扩张的IIF计划目标在于使得小型科技企业得到创业投资的支持以促进创新活动的商品化，该计划将在四年时间里追加4300万澳元按照2：1吸引私人创业资金，至此，IIF计划中包括公共和私人资本累计将达到2.6亿澳元。IIF必须以股权形式投资，由基金经理做出投资决策，由澳大利亚产业部指定的专门委员会确定符合资格的被投资公司。

申请成为符合资格被投资公司的标准：

（1）当IIF首次投资时，该公司已经或正在按照《澳大利亚公司法》组成；

（2）该公司正在进行R&D活动商品化，或依据IIF投资安排的要求进行R&D活动商业化；

（3）当IIF首次投资时，投资所支持和发展的商业活动处于种子期、初创期或其他早期阶段；

（4）通过R&D活动商品化向非关联方提供货物和劳务产品；

（5）其主要雇员（按人数）和主要资产（按价值）当IIF首次投资时位于澳大利亚范围内，或者首次投资全部在澳大利亚范围内；

（6）当IIF首次投资时，前两年的平均收入不超过400万澳元且任何一年的收入不能超过500万澳元。

（二）PDF法案（《组合发展基金法案1992》）

1. PDF法案设立的目标

根据2000年6月22日的修正案，该法案的目标是：为日益成长的中小企业发展长期股权资本市场，并为这些投资提供更具有竞争性的税收架构。

2. PDF投资管制

（1）PDF必须以以下三种形式投资：认购或买卖股份、获得不可转移的购买股份特权、贷款；

（2）被投资公司必须不能是PDF；

（3）被投资公司资产总值（若PDF投资前已持有其股份，含PDF已投资部分）不能超过5000万澳元；

（4）PDF不能向被投资公司投入超过其实收资本30%的资金；

（5）向一个被投资公司注入资本数量应至少超

过其实收资本的10%；

（6）PDF不能借款及接受存款，也不能发行债券和兑现券；

（7）个人及其关联方（含血缘关系与抚养关系）不得持有PDF发行股份比例的30%。

（8）被投资公司的主要业务不能是零售业和财产投资活动。

3. PDF税收优惠

PDF本身就其对中小企业股权投资所得按15%的税率缴纳所得税，其他投资所得则被课以25%的所得税率，PDF向其股份持有人分红时可部分豁免所得税，澳大利亚退休金投入PDF取得的分红则予以豁免，并可以得到由PDF支付税款的可偿还的税收扣减。

参考文献

1. James M. Poterba Venture Capital and Capital Gains Taxation NBER Working Paper No. 2832
2. Commission of the European Communities, Study Contract ETD/00/503116 Innovative Instruments for Raising Equity for SMEs in Europe June 2001
3. Stephen Moore John Silvia. The ABCs of the Capital Gains Tax. [J] Cato Policy Analysis No. 242, Chicago, USA, Oct 4, 1995
4. Leslie A. Jeng, Philippe C. Wells. The Determinants of Venture Capital Funding: Evidence across Countries. [J] Journal of Corporate Finance 6(2000)
5. Venture Capital Incentives in Europe. Europe Private Equity Special Paper. Oct 1997, EVCA
6. Legal and Tax Issues arising from Cross Border Dealings on EASDAQ. Europe Private Equity Special Paper., EVCA. p16–17
7. Government Venture Capital for Technology–based Firms. OCDE/GD(97)201, Paris
8. Robert G. Head John Sibert Growing New Business with Seed and Venture Capital: State Experience and Options. National Governors Association
9. Venture Capital and Innovation OCDE/GD(96)168
10. Report of K.B. Chandrasekhar Committee on Venture Capital. Securities and Exchange Board of India.
11. Christian Kevschnigg, S?cren Bo Nielsen, Tax Policy, Venture Capital, and Entrepreneurship, The paper presented to the Transatlantic Public Economics Seminar 2000 in Gerzensee, July 2000
12. The Website of SBA, NVCA, EVCA, CVCA, AVCAL, IVCA, EDB,etc
13. 中国创业投资协作网的有关文献

总附录1

台湾地区创业投资产业调查报告（节选）[①]

一、台湾地区创业投资产业现况分析

表附1　1996—2001台湾地区创业投资事业现况比较

	1996年	1997年	1998年	1999年	2000年	2001年
年度创业投资公司总数	48	76	114	160	192	199
新设立家数	14	28	38	46	32	7
累计更名改业家数	1	4	7	7	7	11
未成立或暂缓成立家数	0	0	0	0	15	12
实际营运家数	47	72	107	153	170	176
成长率	38.24%	53.19%	48.61%	42.99%	20.26%	4.12%
实收资本额(新台币亿元)	254.60	426.31	729.32	1034.25	1280.76	1341.07
成长率	36.15%	67.44%	71.08%	41.81%	23.84%	4.71%
平均每家创投资本额(亿)	5.42	5.92	6.82	6.76	6.96	7.62
投资分析:						
历年累计总投资案数	1158	1839	2994	4493	6343	6957
历年累计总投资金额(亿)	286.37	435.22	651.13	947.06	1255.09	1336.55
当年度总投资案数	471	951	1155	1499	1850	614
当年度总投资金额(亿)	88.13	176	215.91	295.92	308.03	81.46

①供稿：台湾创业投资商业同业公会

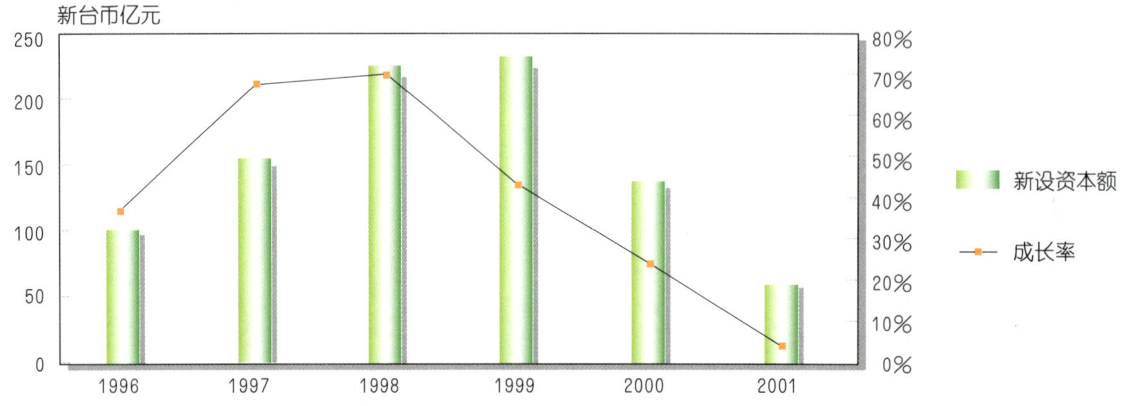

图附1　1996—2001新设立创投资本额比较

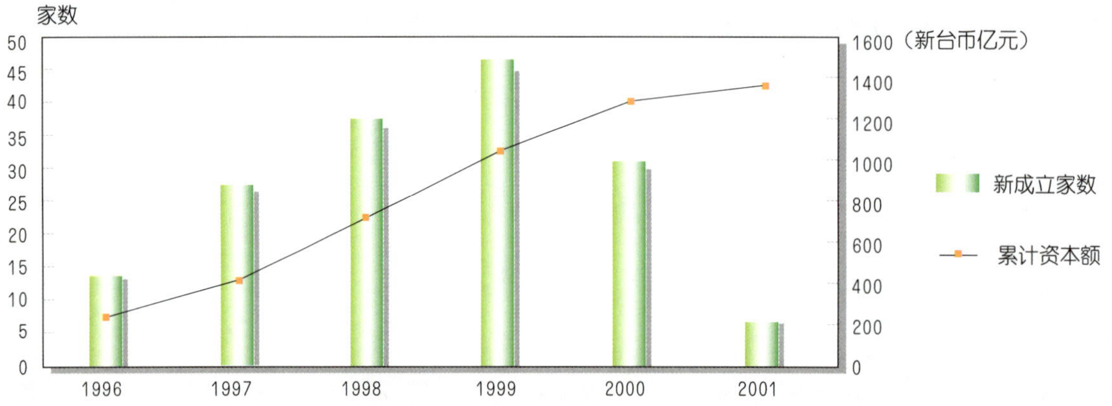

图附2　1996—2001创投新成立家数及累计资本额分析

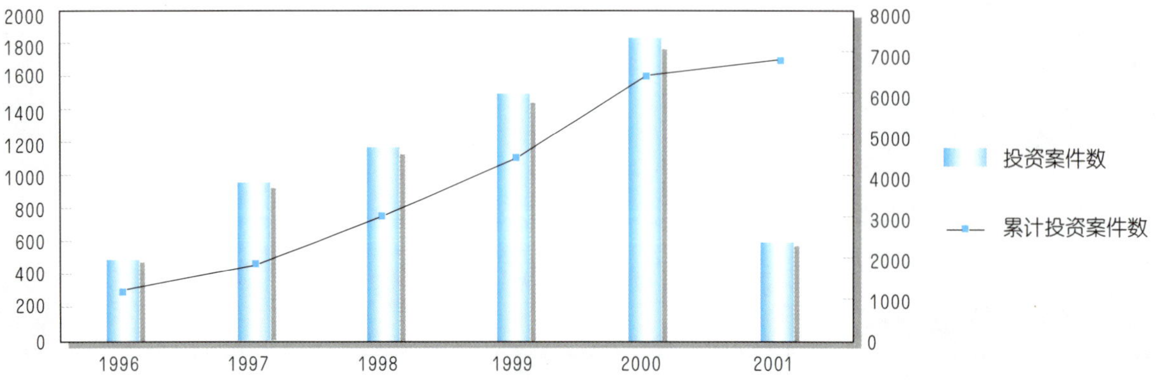

图附3　1996—2001历年投资案件数分析

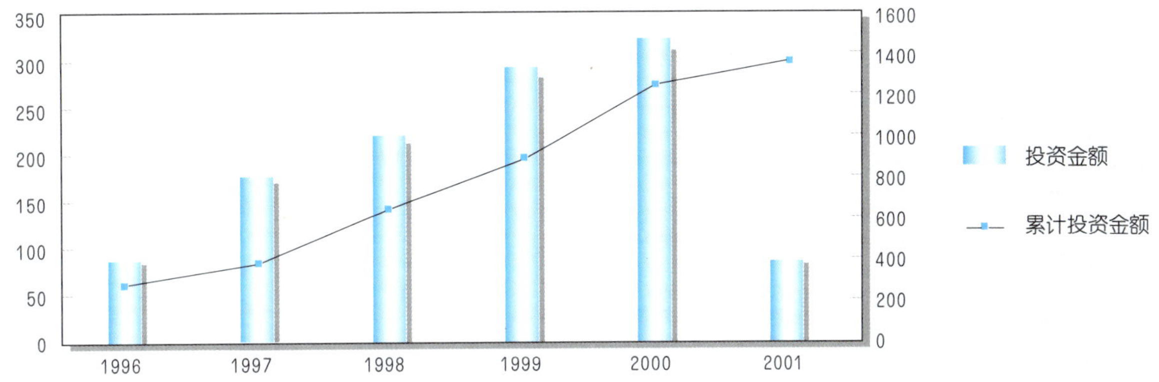

图附 4 1996—2001 历年投资金额分析（单位：新台币亿元）

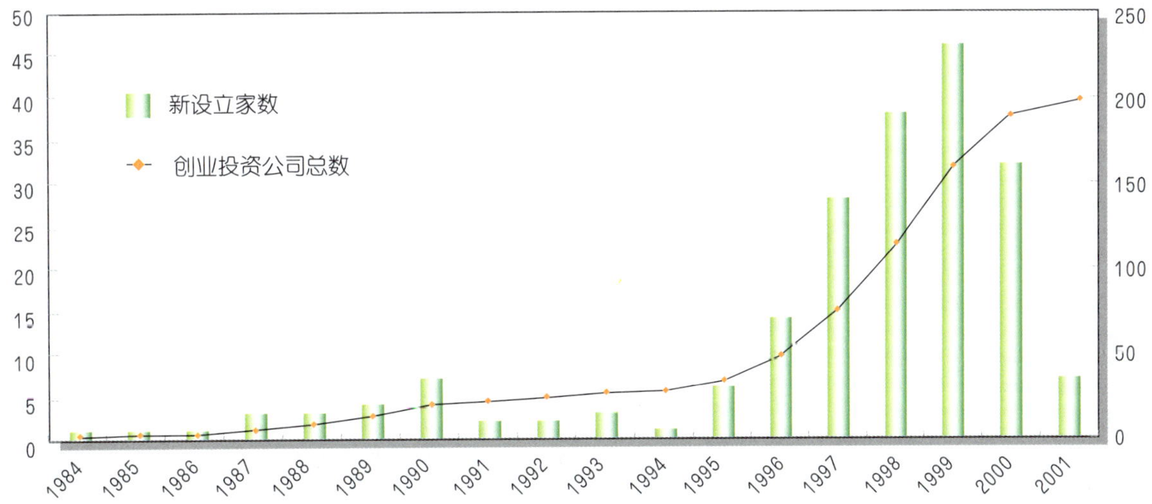

图附 5 1984—2001 创投公司新成立家数分析

表附2 1984—2001创投公司新成立家数分析

成立年	新设立家数	当年度更名改业家数	申请暂缓成立家数	累计更名改业家数	创业投资公司总数	实际营运家数
1984	1	0	0	0	1	1
1985	1	0	0	0	2	2
1986	1	0	0	0	3	3
1987	3	0	0	0	6	6
1988	3	0	0	0	9	9
1989	4	0	0	0	13	13
1990	7	0	0	0	20	20
1991	2	0	0	0	22	22
1992	2	0	0	0	24	24
1993	3	0	0	0	27	27
1994	1	0	0	0	28	28
1995	6	0	0	0	34	34
1996	14	1	0	1	48	47
1997	28	3	0	4	76	72
1998	38	3	0	7	114	107
1999	46	0	0	7	160	153
2000	32	0	15	7	192	170
2001	7	4	12	11	199	176

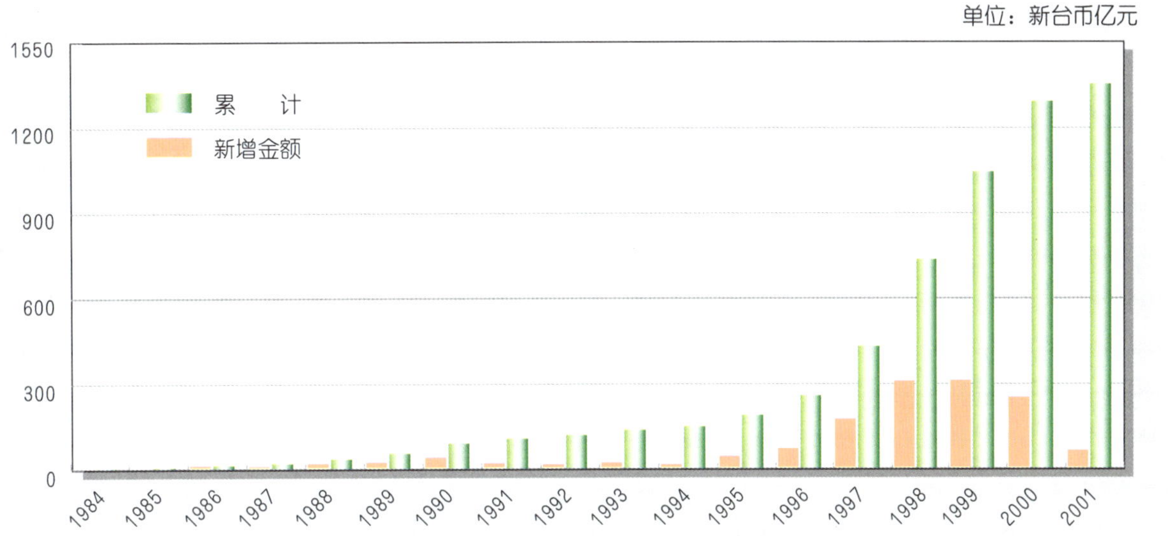

图附6 1984—2001创投公司实收资本额推移分析

表附3 1984—2001创投公司实收资本额推移分析　（单位：新台币亿元）

成立年	1984	1985	1986	1987	1988	1989	1990	1991	1992
新增金额	2	2	8	6	15.40	19.28	36.48	16.41	12.04
累计	2	4	12	18	33.40	52.68	89.16	105.57	117.61

成立年	1993	1994	1995	1996	1997	1998	1999	2000	2001
新增金额	18.03	11.34	40.05	67.57	171.71	303.01	304.93	236.52	60.31
累计	135.64	146.98	187.03	254.60	426.31	729.32	1034.3	1270.8	1341.1

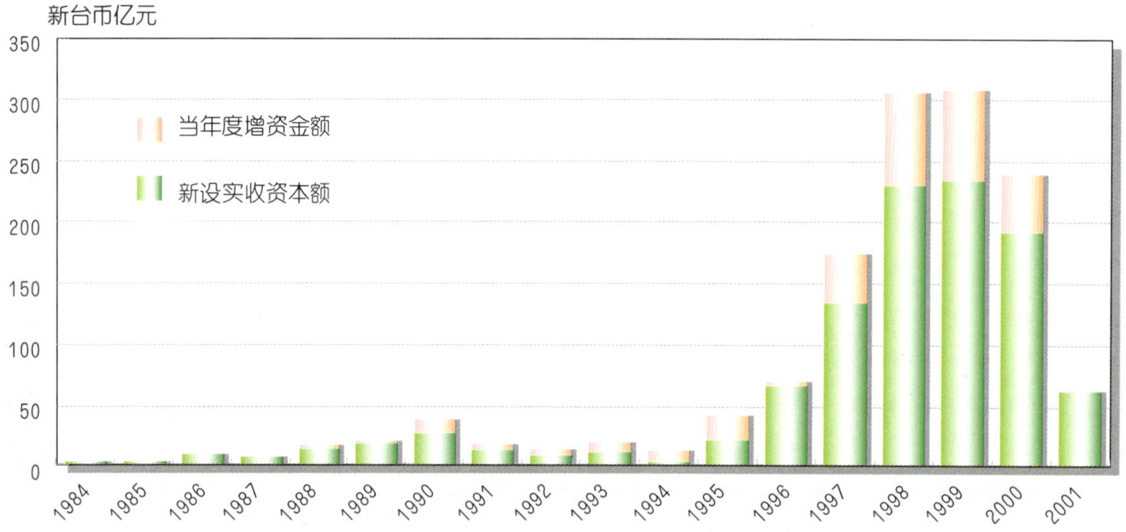

图附7 历年台湾地区创业投资公司新设及增、减资实收资本额分析(1984—2001)

表附4 1984—2001创投公司新设及增、减资实收资本额分析（单位：新台币亿元）

成立年度	1984	1985	1986	1987	1988	1989	1990	1991	1992
新设实收资本额	2.0	2.0	8.0	6.0	12.2	17.3	25.4	11.4	7.0
当年度增减资金额	0	0	0	0	3.2	2.0	11.1	5.0	5.0
合(累)计	2.0	4.0	12.0	18.0	33.4	52.7	89.2	105.6	117.6

成立年度	1993	1994	1995	1996	1997	1998	1999	2000	2001
新设实收资本额	9.9	2.0	19.9	64.1	131.8	227.4	231.3	189.3	60.3
当年度增减资金额	8.2	9.3	20.2	3.5	39.9	75.6	73.7	47.2	0
合(累)计	135.6	147.0	187.0	254.6	426.3	729.3	1034.3	1270.8	1341.1

二、台湾地区创业投资产业组织架构分析

表附5 1996—2001法人机构投资暨创业投资公司资金来源分布比较（占资本额比重）

资金来源名称	1996年	1997年	1998年	1999年	2000年	2001年
政府机构	0.44%	0.41%	2.49%	1.70%	1.73%	1.90%
公营银行	4.71%	3.71%	0.78%	0.70%	0.42%	0.07%
岛内民营银行	0.87%	1.36%	4.60%	4.60%	4.97%	5.48%
岛外银行	0.82%	1.21%	0.70%	0.60%	0.58%	0.73%
岛内保险公司	4.66%	5.49%	5.80%	7.13%	8.65%	9.38%
岛外保险公司	0.30%	0.28%	0.60%	0.40%	0.53%	0.51%
岛内退休基金	0.00%	0.00%	0.00%	0.00%	0.00%	0.00%
岛外退休基金	0.00%	0.00%	0.00%	0.00%	0.00%	0.00%
岛内投资机构	13.04%	14.37%	12.28%	12.30%	12.61%	14.17%
岛外投资机构	2.82%	5.99%	3.29%	2.50%	6.05%	6.18%
岛内证券公司	0.00%	0.00%	0.60%	0.00%	0.04%	0.13%
岛外证券公司	0.00%	0.00%	0.10%	0.10%	0.09%	0.08%
法人机构(一般产业)	56.41%	47.52%	49.50%	34.80%	33.03%	28.48%
法人机构(科技产业)				13.80%	9.79%	12.01%
法人机构合计	84.07%	80.34%	80.74%	78.63%	78.49%	79.12%
个人	15.93%	19.66%	19.02%	20.23%	20.62%	18.82%
其他	0.00%	0.00%	0.24%	1.14%	0.89%	2.06%
百分比合计	100.00%	100.00%	100.00%	100.00%	100.00%	100.00%

表附6 创业投资事业主要投资经理人学历分布统计

	博士	硕士	学士	专科	其他	合计
人数	30	174	42	2	1	249
百分比	12.05%	69.88%	16.87%	0.80%	0.40%	100.00%

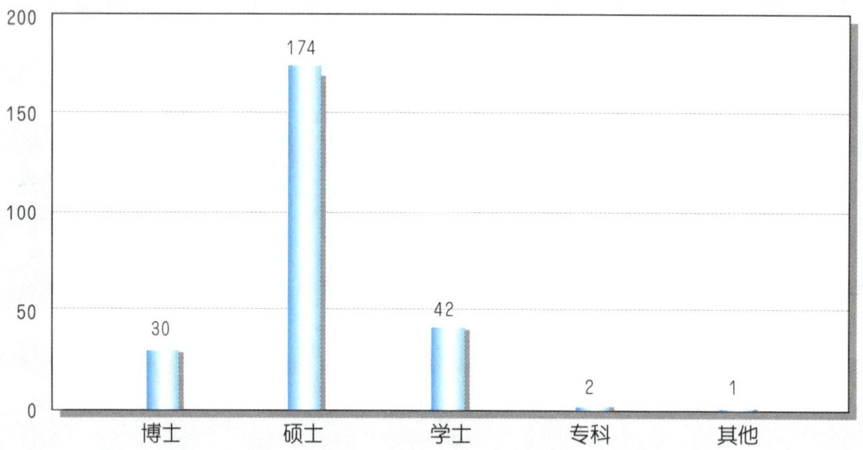

图附8 创业投资事业主要投资经理人学历分布统计

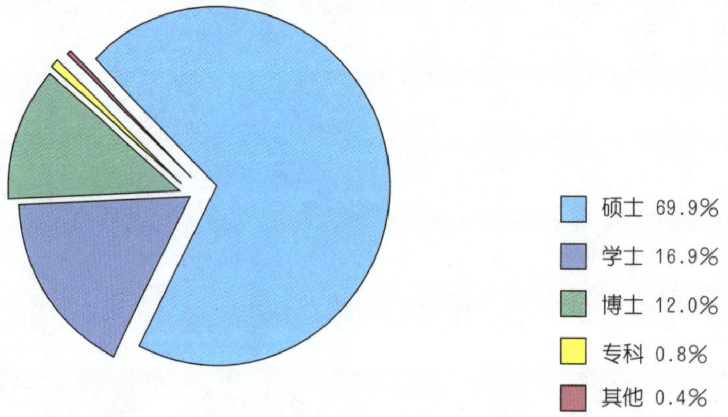

图附9 创业投资事业主要投资经理人学历分布统计

表附 7 创业投资事业主要投资经理人投资专长分布统计

产业别	人项	百分比
资讯工业	85	10.13%
软体工业	55	6.56%
网际网络	54	6.44%
电子工业	67	7.99%
半导体	77	9.18%
通讯工业	83	9.89%
高级感测工业	24	2.86%
污染防治(环保)工程	17	2.03%
精密器械与自动化(机械)工业	20	2.38%
高级材料工业	26	3.10%
特用化学与制药(化学)工业	19	2.26%
医疗保健工业	25	2.98%
航太工业	17	2.03%
资源开发工业	21	2.50%
光电	63	7.51%
生物科技	26	3.10%
科技服务	27	3.22%
其他重点科技	27	3.22%
创投事业	69	8.22%
传统性非科技事业	20	2.38%
其他	17	2.03%
合计	839	100.00%

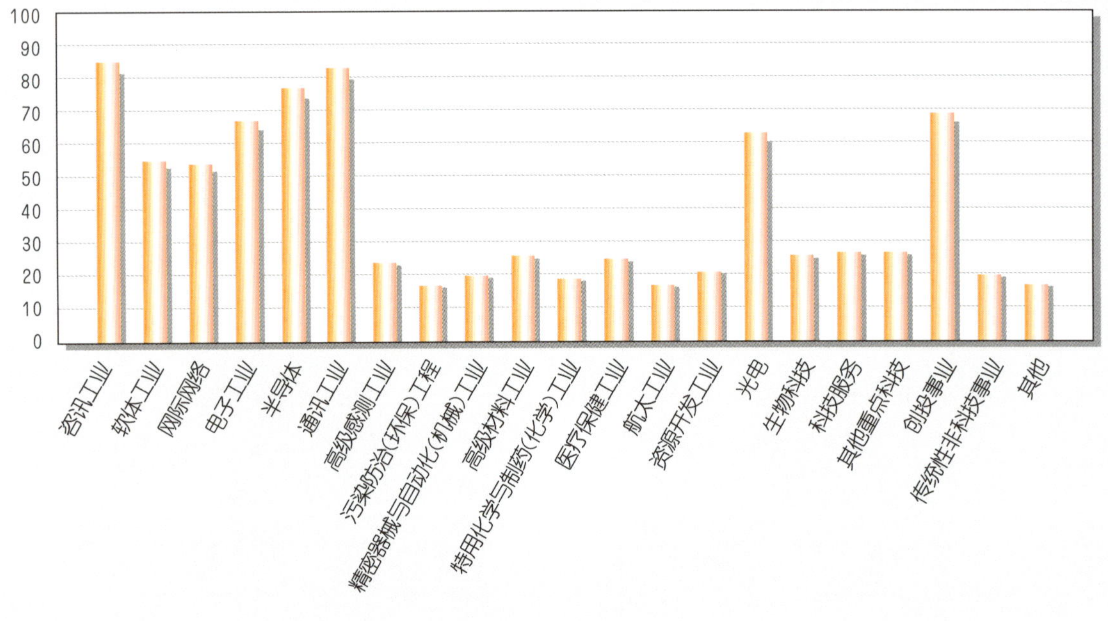

图附10 创业投资事业主要投资经理人投资专长分布统计图

三、台湾地区创业投资产业投资结构分析

表附 8 创业投资事业总投资额分析统计(案件数)

	种子期	创建期	扩充期	成熟期	重整期	小计	比例
咨讯工业	46	177	465	282	20	990	14.23%
软体工业	51	189	286	59	5	590	8.48%
网际网络	22	159	94	33	1	309	4.44%
电子工业	36	170	567	265	22	1060	15.24%
半导体	112	314	479	213	7	1125	16.17%
通讯工业	107	208	416	154	13	898	12.91%
高级感测工业	4	3	10	5	0	22	0.32%
污染防治(环保)工程	3	5	4	3	0	15	0.22%
精密器械与自动化(机械)工业	6	13	91	80	0	190	2.73%
高级材料工业	3	22	36	25	1	87	1.25%
特用化学品与制药(化学)工业	4	13	13	2	0	32	0.46%
医疗保健工业	4	17	20	4	0	45	0.65%
航太工业	0	2	14	2	1	19	0.27%
资源开发工业	0	12	9	2	0	23	0.33%
光电	74	240	268	99	1	682	9.80%
生物科技	35	75	83	27	1	221	3.18%
科技服务	3	12	23	8	0	46	0.66%
其他重点科技	9	32	107	47	2	197	2.83%
创投事业	38	37	34	11	0	120	1.72%
传统性非科技事业	12	33	107	130	4	286	4.11%
合计	569	1733	3126	1451	78	6957	100.00%
阶段别比例	8.18%	24.91%	44.93%	20.86%	1.12%	100.00%	

表附9 创业投资事业历年总投资额分析统计(金额)

单位：新台币百万元

	种子期	创建期	扩充期	成熟期	重整期	小计	比例
资讯工业	1966.105	4174.253	9636.914	6274.317	252.1	22303.69	16.69%
软体工业	509.634	2655.03	3603.451	1319.113	32.96	8120.19	6.08%
网际网络	253.153	1887.011	1075.774	441.07	27.1	3684.11	2.76%
电子工业	558.81	3065.339	10692.399	4332.895	443.322	19092.77	14.29%
半导体	2017.261	6350.391	11059.439	5451.476	83.06	24961.63	18.68%
通讯工业	1858.79	4348.618	7603.4633	2683.385	223.632	16717.89	12.51%
高级感测工业	41.11	65.9	294.45	50.91	0	452.37	0.34%
污染防治(环保)工程	64	103.568	66.67	48.8	0	283.04	0.21%
精密器械与自动化(机械)工业	86.16	219.61	1495.112	1289.485	0	3090.37	2.31%
高级材料工业	14	508.98	647.692	431.443	3	1605.12	1.20%
特用化学品与制药(化学)工业	64.06	190.798	233.01	2.65	0	490.52	0.37%
医疗保健工业	21.44	319.579	405.65	105.6	0	852.27	0.64%
航太工业	0	41.23	346.6	57.9	47.19	492.92	0.37%
资源开发工业	0	352.531	235.24	57.3	0	645.07	0.48%
光电	1222.098	5499.512	5411.817	2063.362	27	14223.79	10.64%
生物科技	517.376	1270.017	1337.08	850.62	20	3995.09	2.99%
科技服务	50.3	172.42	343.244	120.16	0	686.12	0.51%
其他重点科技	234.597	481.877	2847.7545	869.053	28.96	4462.24	3.34%
创投事业	926.715	732.912	576.512	126.942	0	2363.08	1.77%
传统性非科技事业	109.8	370.91	2402.587	2203.686	45.65	5132.63	3.84%
合计	10515.409	32810.486	60314.859	28780.167	1233.974	133654.86	100.00%
阶段别比例	7.87%	24.55%	45.13%	21.53%	0.92%	100.00%	

表附10 创业投资事业2001年度投资额分析统计(案件数)

	种子期	创建期	扩充期	成熟期	重整期	小计	比例
资讯工业	0	9	10	6	0	25	4.07%
软体工业	11	9	15	0	0	35	5.70%
网际网络	3	16	2	4	0	25	4.07%
电子工业	8	16	33	29	1	87	14.17%
半导体	9	37	39	18	0	103	16.78%
通讯工业	7	42	35	14	2	100	16.29%
高级感测工业	0	0	0	0	0	0	0.00%
污染防治(环保)工程	1	0	0	0	0	1	0.16%
精密器械与自动化(机械)工业	0	3	7	0	0	10	1.63%
高级材料工业	0	5	7	4	0	16	2.61%
特用化学品与制药(化学)工业	2	3	1	2	0	8	1.30%
医疗保健工业	0	0	2	0	0	2	0.33%
航太工业	0	0	3	0	0	3	0.49%
资源开发工业	0	0	0	0	0	0	0.00%
光电	6	47	39	11	0	103	16.78%
生物科技	8	18	12	1	0	39	6.35%
科技服务	1	0	5	3	0	9	1.47%
其他重点科技	1	3	10	10	0	24	3.91%
创投事业	6	5	0	4	0	15	2.44%
传统性非科技事业	0	6	0	3	0	9	1.47%
合计	63	219	220	109	3	614	100.00%
阶段别比例	10.26%	35.67%	35.83%	17.75%	0.49%	100.00%	

表附11 创业投资事业2001年度总投资额分析统计(金额)

单位：新台币百万元

	种子期	创建期	扩充期	成熟期	重整期	小计	比例
资讯工业	0	59.32	81.54	83.3	0	224.16	2.75%
软体工业	36.952	99.642	207.788	0	0	344.382	4.23%
网际网络	32.65	92.94	31	3.68	0	160.27	1.97%
电子工业	34.5	171.018	478.532	220.2	7.86	912.11	11.20%
半导体	112.251	653.449	795.188	254.831	1.16	1816.879	22.30%
通讯工业	99.3	412.346	558.201	256.885	3.591	1330.323	16.33%
高级感测工业	0	0	0	0	0	0	0.00%
污染防治(环保)工程	25	0	0	0	0	25	0.31%
精密器械与自动化(机械)工业	0	30.449	36.16	0	0	66.609	0.82%
高级材料工业	0	76.44	108.46	48.9	0	233.8	2.87%
特用化学品与制药(化学)工业	24	54	10	2.65	0	90.65	1.11%
医疗保健工业	0	0	31.2	0	0	31.2	0.38%
航太工业	0	0	7	0	0	7	0.09%
资源开发工业	0	0	0	0	0	0	0.00%
光电	100.9	856.389	856.02	110.21	0	1923.519	23.61%
生物科技	65.19	202.334	139.39	17	0	423.914	5.20%
科技服务	11.5	0	46.584	24	0	82.084	1.01%
其他重点科技	11.997	77.6	53.6345	116.84	0	260.0715	3.19%
创投事业	10	69.62	0	67.4	0	147.02	1.80%
传统性非科技事业	0	31.7	0	35.9	0	67.6	0.83%
合计	564.24	2887.247	3440.6975	1241.796	12.611	8146.5915	100.00%
阶段别比例	6.93%	35.44%	42.23%	15.24%	0.15%	100.00%	

表附12 创业投资事业历年所投资上市公司／上柜公司情形统计

	历年被投资公司
岛内上市(TSE)	力捷电脑、久津实业、大成不锈钢、大时科技、大亿交通、大毅科技、大颖、川飞工业、中国制釉、中强电子、中兴电工机械、云辰电子、五鼎生物技术、元丰电子、友旺科技、友讯、友通、友勤通讯、友达光电、太空梭高传真、文晔、日驰企业、世昕企业、台一国际、台硝、台积电、台湾半导体、台湾百和工业、台湾茂矽、台湾开亿、台湾福兴、正崴精密工业、立隆电子、立碟、光磊、吉弟微电路、合勤科技、百容电子、利奇机械、利碟、宏传电子、宏基科技、志聊科技、亚旭电脑、亚崴机电、亚瑟、京元电、佳茂精工、佳禄科技、协和、和大工业、固纬电子、延颖实业、所罗门、承启科技、旺宏电子、昆盈企业、明基电脑、东阳实业、欣奕电子、欣昌企业、矽品精密、矽统科技、金像电子、南方咨讯、南亚科技、威盛电子、建　准电机、恒嘉光电、映泰实业、研华、美格、致伸实业、致茂电子、致胜科技、致福、英业达、英群、飞瑞、伦飞电脑实业、唐锋实业、浩鑫、神脑国际、神宝科技、纽新、耿鼎企业、讯碟科技、升技、国巨、国基电子、国硕科技、崇友、强茂、盛华科技、统懋半导体、胜华科技、博达科技、堤维西、普立而科技、智邦科技、智宝电子、华宇电脑、华邦电子、华城、华映、华泰电子、菱生精密、超丰电子、汇侨工业、敬鹏、新台科技、瑞利企业、义隆电子、群光电子、达基科技、鼎浩科技、汉唐讯联、汉磊科技、精英电脑、精碟科技、聚隆纤维、亿光电子、广宇、广达电脑、德泰科技、德基、毅嘉科技、兴华电子、铼德科技、优美、环隆科技、联友光电、联昌电子、联发科技、联华电子、联瑞积电、联诚积电、联嘉积电、鸿友科技、鸿海精密、鸿运电子、蓝天电脑等142家上市公司
岛外上市(OTC)	力晶半导体、力新国际、十美企业、三星五金工业、三星科技、上福全球科技、久尹、大宇咨询、大腾电子、中磊电子、今皓电子、友劲科技、天刚、天扬精密、世大、世界先进、世纪民生、台晶记忆体科技、台联电讯、台湾大、台湾晶技、台湾慧智、巨擘、弘捷、永刚、禾伸堂、立卫科技、仲琦、光群雷射、光联科技、先丰电子、全台晶像、全懋精密、同协电子、合正科技、合邦电子、合晶科技、旬联光电科技、爱地雅、宏全国际、宏传电子、希华晶体科技、沛波、系统、佳鼎科技、佳总兴业、卓越、奇力新、易欣工程、东友科技、东容纤维、松翰科技、欣光电子、欣兴电子、矽成积体电路、矽丰、信邦电、南璋、品佳公司、宣得、建通、建基、建荣工业材料、思源科技、星通咨讯、昱泉国际、柏承科技、美律实业、英志企业、飞宏、倚天咨讯、凌阳科技、振发、泰林、益和、讯康科技、高峰、伟诠、伟电、健鼎科技、国众电脑、国联光电、捷元、梅捷、第三波咨讯、富骅企业、敦南科技、晶磊半导体、智冠科技、智原科技、华昕电子、华容、华特电子、超晋电子、雅欣、雅新实业、勤美公司、勤龙实业、圆刚科技、微星科技、爱他雅工业、瑞轩科技、盟立自动化、万泰、达威光电、汉康、网路家庭、维迪、增你强、磐英科技、寰邦、烨联、联合骨科、联咏科技、瀚宇彩晶、陇华电子、骅升等118家上柜公司
NASDAQ	3CX、Alpine Group Inc.、AltiGen Communications,Inc.、Amazon com Inc.、American Mobile、American Xtal Technology、Applied Material Inc.、ARCADIA、Aspec Technology, Inc.、ASYM、Award Software、Broadmedia、Caly、C-COK、C-COR Net Corp、Centillium Communication Inc.、CHGI Inc.、Ciphergen Biosystems,Inc.、Cisco System Inc、CMGI Inc.、Compositech Ltd.、CPTH、Critical path、D2 Technology, Inc、Depotech Corporation、Dynalab(10)/AsiaServe、FFAX、FndWane Corp.、Engage Technology、eOn Communication、ESCMF、ESST、Fiberstars Inc.、GCOM、Geic、Genaissance Pharmaceuticals Inc、GRIC、GulfNet、HiTRUST、iAsiaWorks Inc.、Impala Linear Corp.、IMPAX Laboratories Inc、Ingenuu Corporation、Integrated Device Technology Inc.、Intergrated Technology Express Inc.、Interprated Silicon、Intraware Inc.、IVIA Inc.、jtstarage Inc.、JTSTorage Inc.、Kopin、LVEL、MARVELL、Metricom Inc.、Microchip Technology Inc.、NEORX、Net IQ Corporation、Network Peripherals Inc.、NTKI、O2Micro Interuational Inc.、OAK Technology、OmniVision Technology Inc、Oplink Communications Inc.、OVTI、PcTel Inc、Photon Dynatomics、Pixelworks Inc.、Power Integration Inc.、Premisys Communication, Inc.、QUAL、RADCOM Ltd.、Rehab Care Corp.、Roster Ops Corp.、Rostr Graphics Inc.、S3, Inc.、Sage Inc、Satellite Corp、Schering Plangh、Sharman Pharmaccuticals、Silicon Image Inc、Silicon Laboratories,Inc.、Silicon Solation Inc.、SPAB、SSTI、SYSCAN、Tanox Inc、Transmeta Corp. 、TVIA,Inc.(TVIA)、Virata Corp.、Vitesse Semiconductor Corp、Wherver.net(WNET)、YAHOO等92家公司

总附录2

香港地区创业投资发展概况①

Industry Background

As a regional financial center within Asia and a springboard to China, Hong Kong's venture capital sector has held its own over the past few years. Despite the recent economic crisis, the number of country and regional funds continued to increase in 2000, although the rate of fundraising fell as the impact of tech wreck and the decline in the US capital markets began to bite. Excluding Japan, Hong Kong remains the largest single venture capital base in Asia.

Fund Raising

New funds raised in 2000 totaled US$3.2 billion. While a dramatic drop from last year's $5.3 billion, the sum still reflects the increasing size and maturity of the Asian private equity market. The total venture capital pool rose 14%, from US$21.2 billion in 1999 to US$24.1 billion.

Interestingly, corporations remain the largest investors in Hong Kong–based funds, accounting for 37% of the total amount raised. That figure highlights the rush by local corporates to capitalize on the technology boom in early 2000, both with dedicated vehicles of their own and by investing in third–party funds. Corporates were followed by insurance companies at 32%, pension funds at 13% and banks at 11%. As in the previous year, most of the funds came from non–Asian countries.

Investment

The amount invested in 2000 rose to US$2.43 billion from US$1.74 billion in 1999. By year–end 2000, Hong Kong venture capital firms' portfolios were valued at US$8. 9 billion, up from 1999's US$7.2 billion.

The most popular areas for investment were telecommunications, consumer products/services, infrastructure, manufacturing, financial services and IT. In 2000, expansion (35%) and buyout (30%) stage companies attracted the majority of total invested capital.

Significantly, 91% of total funds raised came from other–Asian or non–Asian countries with only 9% of the funds raised coming from Hong Kong.

Exits

Divestments in the year totaled US$694 million, up from US$365 million in 1999. Public offerings and trade sales constitute the most frequently used exit routes for Hong Kong's venture–backed companies. The Hong Kong Stock Exchange launched a second board (The Growth Enterprise Market) in 1999 to provide an alternative fund–raising channel for small and medium–sized companies. The Hong Kong Stock Exchange's market capitalization stood at US$538.4 billion as of July 2001, with 43 IPOs in 2000 and 20 IPOs as of September 2001. There were 47 GEM IPOs in 1999 and 35 by September 2001, although the GEM board suffered from both a perception of poor liquidity and the downturn in the technology sector in 2000.

①资料来源：*Asia Venture Capital Journal*

表附13 Venture Capital In Hong Kong 2001/2Q

(HK$7.7996 = US$1.00)

Venture Capital Fund	Fund Manager	Year Founded	Capital (US$ m)
Capital	BancBoston Capital Inc.		–
Capital	Citicorp Capital Asia Ltd.		300
Open Fund	Fidelity Capital Far East, Inc.		–
Open Fund	GE Equity		–
AIG Internal Fund	AIG Investment Corporation (Asia) Ltd.		600
ChinaVest NV	ChinaVest Ltd.	1986	12
Direct Investment Fund	PAMA Group Inc.	1986	500
Capital	PPM Ventures (Asia) Ltd.	1986	1,000.00
ChinaVest II	ChinaVest Ltd.	1989	60
Capital	Hamon Investment Group	1989	400
Pacific Rim Investments Ltd.	HSBC Private Equity (Asia) Ltd.	1989	3.5
Capital	SSAL Finance & Investment Ltd.	1989	3
CEF New Asia Company Ltd.	CEF New Asia Partners Ltd.	1990	100
AIA Capital Asia Growth Fund Ltd.	AIA Capital Investment Management Ltd.	1991	90
China Assets (Holdings) Ltd.	China Assets Management Ltd.	1991	72
Wardley Asia Pacific Investments Ltd.	HSBC Private Equity (Asia) Ltd.	1991	22.4
Asia Pacific Growth Fund, L.P.	H&Q Asia Pacific (H.K.) Ltd.	1992	75.3
Inter Asia (Capital) III	Inter–Asia Venture Management Ltd.	1992	50
The China Investment & Development Fund Ltd.	Kleinwort Benson China Management Ltd.	1992	85
Ka Wah Five Arrows China Hong Kong Fund Ltd.	KWR Asset Management Ltd.	1992	80
CEFNA Greater China Investments Co. ,Ltd.	CEF New Asia Partners Ltd.	1993	83
ChinaVest IV	ChinaVest Ltd.	1993	125
Capital	CNK Investment Management Ltd.	1993	90
Capital	VP Private Equity Ltd.	1993	20
GCC Office Products Ltd.	ACL Asia Ltd.	1994	11
AIG Asian Infrastructure Fund I	AIG Investment Corporation (Asia) Ltd.	1994	1,100.00
The Asian Infrastructure Fund	Asian Infrastructure Fund Advisers Ltd.	1994	779.5
Wardley China Investment Trust	HSBC Private Equity (Asia) Ltd.	1994	6.3
Nikko Pacven Walden Investments Ltd.	Nikko Pacven Walden Management Ltd.	1994	20
Pacven Walden Ventures III, L.P.	Pacven Walden Management Co., Ltd.	1994	105
PAMA Private Equity Limited Partnership I	PAMA Group Inc.	1994	261
Simon Asia Direct Investment Fund	William E. Simon & Sons (Asia) Ltd.	1994	30
Dragon Investment Co. LLC	ACL Asia Ltd.	1995	15
Capital	Concord Capital Holdings Ltd.	1995	40
Capital	Electra Partners Asia Ltd.	1995	200

Electra Investment Trust	Electra Partners Asia Ltd.	1995	100
The HSBC Private Equity Fund L.P.	HSBC Private Equity (Asia) Ltd.	1995	218.1
Media Asia Films (Partners I) Inc.	Media Asia Holdings Ltd.	1995	12
Newbridge Investment Partners	Newbridge Capital Ltd.	1995	105
Asian Corporate Finance Fund, L.P.	PrimePartners Asset Management (HK) Ltd.	1995	61
AIG Asia Direct Investment Fund	AIG Investment Corporation (Asia) Ltd.	1996	100
CNK Telecom	CNK Investment Management Ltd.	1996	30
Asia Pacific Growth Fund II, L.P.	H&Q Asia Pacific (H.K.) Ltd.	1996	278.7
Hendale Asia Fund Ltd.	Hendale Ventures	1996	–
Asia Development Partners	Olympus Capital Holdings Asia	1996	150
VP Special Situations I Ltd.	VP Private Equity Ltd.	1996	32
Capital	ABN AMRO Asia Capital Investment Ltd.	1997	500
Dragon Investment Co. II LLC	ACL Asia Ltd.	1997	16
AIG Asian Infrastructure Fund II	AIG Investment Corporation (Asia) Ltd.	1997	1,700.00
Asia Technology 1 Ltd.	AsiaTech Ventures Ltd.	1997	18.5
Crimson Asia Capital Ltd.	Crimson Ventures	1997	435
Hendale Asia LP	Hendale Ventures	1997	–
The HSBC Private Equity Fund 2 Ltd.	HSBC Private Equity (Asia) Ltd.	1997	525
KLM Capital Partners Fund	KLM Capital Management Ltd.	1997	13
LF Capital (II) Ltd.	LF Capital Management Ltd.	1997	30
Lombard Asian Private Investment Co. LDC	Lombard / APIC (HK) Ltd.	1997	252.5
Asian Private Equity Trust (APET)	Mizuho Securities Asia Ltd.	1997	50
Morgan Stanley Global Emerging Markets Private	Morgan Stanley Dean Witter Private Equity	1997	–
Investment Fund L.P.	Asia Limited		
Olympus Capital Asia	Olympus Capital Holdings Asia	1997	300
Orchid Asia II	Orchid Asia Holdings, LLC	1997	66
PAMA Private Equity Limited Partnership II	PAMA Group Inc.	1997	540.5
Pan Asia special Opportunities Fund	Pan Asia Capital Manager Ltd.	1997	46
Prime Dilmun Trust	PrimePartners Asset Management (HK) Ltd.	1997	50
Prime Enterprises II, L.P.	PrimePartners Asset Management (HK) Ltd.	1997	181.55
Citi Growth Fund	Sycamore Ventures	1997	92
CG Asian–American Fund	Sycamore Ventures	1997	53
The TVG Asian Communications FundI	Telecom Venture Group Ltd.	1997	157
GSM Capital	Telesystem–argo Global Capital, LLC	1997	–
AIG Asian Opportunities Fund	AIG Investment Corporation (Asia) Ltd.	1998	750
Asia Equity Infrastucture Fund, L.P.	Asia Equity Infrastructure Mgt. (H.K.) Ltd.	1998	355
Asia Technology 2 Ltd.	AsiaTech Ventures Ltd.	1998	21.75
Applied Research Fund	AsiaTech Ventures Ltd.	1998	35
Capital	AVANTA Investment (International) Ltd.	1998	20

Cheng Yang VC Investment Corp. (affiliate)	AVANTA Investment (International) Ltd.	1998	24.22
Capital	Capital Z Asia Advisors (Management) Ltd.	1998	300
ChinaVest V	ChinaVest Ltd.	1998	100
Capital	FMC.COM Investment Holdings Ltd.	1998	30
GEMS Oriental & General Fund	General Enterprise Management Services Ltd. (GEMS Ltd.)	1998	275
Gilbert Global Equity Partners, L.P.	Gilbert Global Equity Capital Asia, Ltd.	1998	–
Current Ventures I	KLM Capital Management Ltd.	1998	10
Lazard Asia Fund (raising US$500 million)	Lazard Asia Investment Management Ltd.	1998	250
LF Corporate Capital (I) Ltd.	LF Capital Management Ltd.	1998	15
Merrill Lynch Global Emerging Markets Partners	Merrill Lynch (Asia Pacific) Ltd.	1998	–
Neuberg Ventures I	Neuberg Asia Limited	1998	15
Newbridge Asia II	Newbridge Capital Ltd.	1998	392
Seed Stage Investment	Nuovo Assets (HK) Ltd.	1998	25
Pacven Walden Ventures IV, L.P.	Pacven Walden Management Co., Ltd.	1998	331
Pacven Walden Ventures IV Associates Fund, L.P.	Pacven Walden Management Co., Ltd.	1998	5
Asian Infrastructure Mezzanine Capital Fund			
(targets US$500 million)	Prudential Asia Infrastructure Investors Ltd.	1998	246
Capital	Quilvest Asia Ltd.	1998	100
CG Asia Development Fund	Sycamore Ventures	1998	30
Hong Kong Applied Research Fund	Walden Technology Management (HK) Ltd.	1998	39
Warburg Pincus Equity Partners, L.P.	Warburg Pincus & Co. Asia, Ltd.	1998	–
Dragon Investment Co. III LLC	ACL Asia Ltd.	1999	15
The Asia JAVA Fund Pte. Ltd.	AsiaTech Ventures Ltd.	1999	58
Baring Asia Private Equity FundI	Baring Private Equity Partners (HK) Ltd.	1999	305
Carlyle Asia Partners, L.P.	Carlyle Asia Investment Advisors Ltd.	1999	750
Chinadotcom Ventures FundI	chinadotcom ventures Inc.	1999	50
Clarion Capital Partners Fund	Clarion Capital Partners Ltd.	1999	100
FE Select Holdings, L.P.	First Eastern Investment Group	1999	40
Asia Pacific Growth Fund III, L.P.	H&Q Asia Pacific (H.K.) Ltd.	1999	750
HKUST Venture Capital Fund	HKUST RandD Corporation Limited	1999	1.5
The Applied Research Fund	HSBC Private Equity (Asia) Ltd.	1999	4.9
Asia Opportunity Fund	JP Morgan Partners Asia	1999	1,100.00
Current Ventures II & II A	KLM Capital Management Ltd.	1999	83
Morgan Stanley Dean Witter Capital Partners IV, L.P.	Morgan Stanley Dean Witter Private Equity Asia Ltd.	1999	–
Capital	Natexis Private Equity Asia Ltd.	1999	50
	Pacific Century CyberWorks – CyberWorks		
CyberWorks Ventures	Ventures	1999	1,000.00
Pan Asia Special Opprotunities Fund II	Pan Asia Capital Manager Ltd.	1999	2.4
SCI Asian Venture Fund	SCI Asian Venture Managers	1999	50

The Applied Research Fund	SOFTECH Investment Management Co. Ltd.		
	/ techpacific.com Ltd.	1999	32.05
Sycamore Venture Capital	Sycamore Ventures	1999	150
Capital	techpacific.com Ltd.	1999	40
The TVG Asian Communications Fund II	Telecom Venture Group Ltd.	1999	431
Capital	Total E–Commerce Ltd.	1999	30
Capital	698 Capital	2000	48
AMGiCapital	AMGiCapital	2000	10
	Anderson Information Technology Venture		
Capital	Capital Ltd.	2000	20.2
The GE Asia Pacific Capital Technology Fund Ltd.	APC Technology Management Co.	2000	100
Aquitaine eEmerging Technologies	Aquitaine Investment Advisors Ltd.	2000	20
ACR Venture Fund	Asia Cyber Republic Ltd.	2000	120
Asia Technology VIII, L.P. (targets US$300 million)	AsiaTech Ventures Ltd.	2000	–
Asia Technology 3 Ltd.	AsiaTech Ventures Ltd.	2000	62
BT Green	Base Technology Group Inc.	2000	3
Carlyle Asia Venture Partners I, L.P.	Carlyle Asia Investment Advisors Ltd.	2000	159
ARIA Investment Partners, L.P.	CLSA Private Equity Ltd.	2000	75
CVC Capital Partners Asia Pacific L.P. & Asia Investors LLC	CVC Asia Pacific Ltd.	2000	750
Capital	DB Capital Partners (Asia)	2000	100
DragonTech Ventures Ltd. (targets US$ 100 million)	DragonTech Ventures Management Ltd.	2000	70
Capital	enterpriseAsia.com plc	2000	17
FE Gulf Capital Group, L.P.	First Eastern Investment Group	2000	22
Capital	Growth–Link Investments Co. Ltd.	2000	50
The HSBC Technology Fund Ltd.	HSBC Private Equity (Asia) Ltd.	2000	54.5
i–STT100 Fund	i100 Ltd.	2000	–
Pre IPO Fund	ICEA Private Equity Ltd.	2000	50
Capital	Icon Ventures Asia	2000	35
Capital	imGO Ltd.	2000	300
Investor Capital Partners – Asia Fund (targets US$400 million)	Investor Asia Ltd.	2000	322
Capital	K.Wah Technology Ventures Ltd.	2000	40
Merrill Lynch Global Emerging Markets Partners II	Merrill Lynch (Asia Pacific) Ltd.	2000	–
Newbridge Asia III (targets US$750 million)	Newbridge Capital Ltd.	2000	500
Capital	PAI (Paribas Affaires Industrielles)	2000	–
Pan Asia Special Opportunities Fund (Cayman)	Pan Asia Capital Manager Ltd.	2000	62
S.I. Technology Fund	S.I. Technology Fund Management Co. Ltd.	2000	20
Asian Value Investment Fund	Shaw, Kwei & Partners (Asia) Ltd.	2000	26
AsiaStar IT Fund	Sycamore Ventures	2000	163

Nirvana Fund	techpacific.com Ltd.	2000	66
Argo II – The Wireless Internet Fund	Telesystem–argo Global Capital, LLC	2000	–
Warburg Pincus International Partners, L.P.	Warburg Pincus & Co. Asia, Ltd.	2000	–
Total			**24,128.37**
Kelon Private Equity Partners (targets US$25 million)	ACL Asia Ltd.	2001	8
Aquitaine Japan Long–Short	Aquitaine Investment Advisors Ltd.	2001	25
Aquitaine Asian Absolute Return	Aquitaine Investment Advisors Ltd.	2001	–
Aquitaine Transitional Asia (targets US$30 million)	Aquitaine Investment Advisors Ltd.	2001	–
Baring Asia Private Equity Fund II (targets US$500 million)	Baring Private Equity Partners (HK) Ltd.	2001	206
BT Mercury	Base Technology Group Inc.	2001	30
Carlyle Asia Venture Partners II, L.P. (targets US$500 million)	Carlyle Asia Investment Advisors Ltd.	2001	173
Crimson@Velocity Fund, LP	Crimson Ventures	2001	335
Electra Asian Fund (targets US$200 million)	Electra Partners Asia Ltd.	2001	–
GEMS Oriental & General Fund II (targets US$500 million)	General Enterprise Management Services Ltd. (GEMS Ltd.)	2001	–
Olympus Capital Asia II (targets US$500 million)	Olympus Capital Holdings Asia	2001	–
Pacven Walden Ventures V, L.P. & Associated Funds	Pacven Walden Management V Co., Ltd.	2001	1,000.00
MIC 2001 Fund	TG Asia Ventures Ltd.	2001	20
Total			**25,590.37**

表附 14 Hong Kong：Venture Capital Industry Profile

(US$ million)

	1999	2000 %	Change
Number Of Venture Capital Funds/Firms	165	192	16%
Estimated Venture Capital Professionals	598	662	11%
Capital Under Management	21,203	24,128	14%
New Funds Raised	5,321	3,160	–41%
Investment Porfolio (January 1)	5,817	7,187	24%
New Investment	1,588	1,986	25%
Follow–on Investment	147	440	199%
Total Investment In Year	1,735	2,426	40%
Total Divestment In Year	365	694	90%
Investment Porfolio (December 31)	7,187	8,919	24%

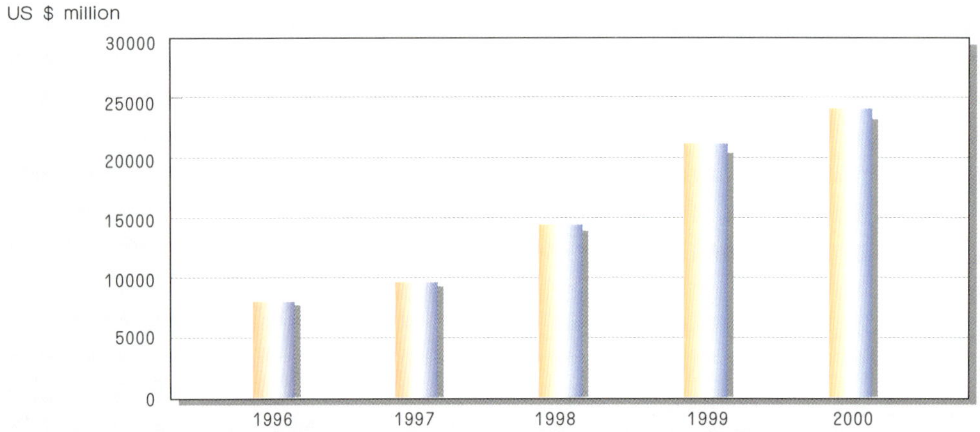

图附 11 Hong Kong:Venture Capital Pool
(1996–2000)

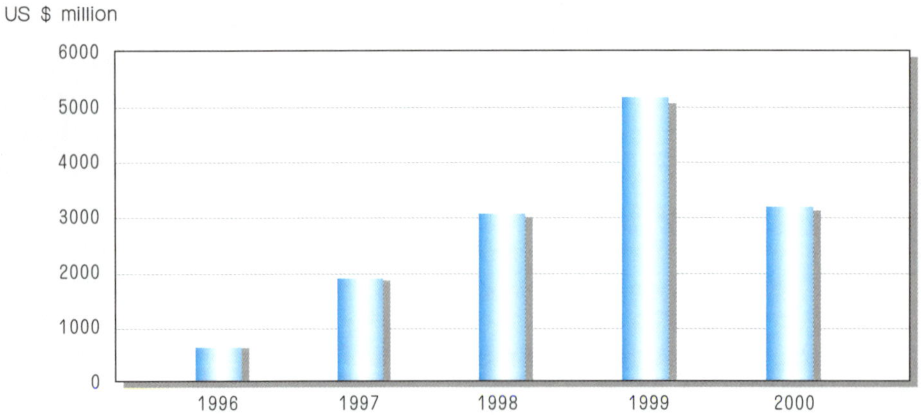

图附 12 Hong Kong:New Funds Raised
(1996–2000)

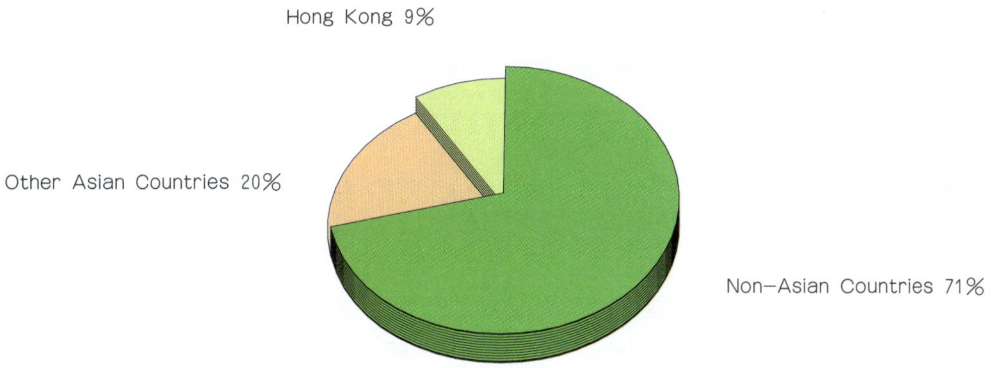

图附 13 Hong Kong:Sources of Venture Capital
(2002 Total:US $24.128 million)

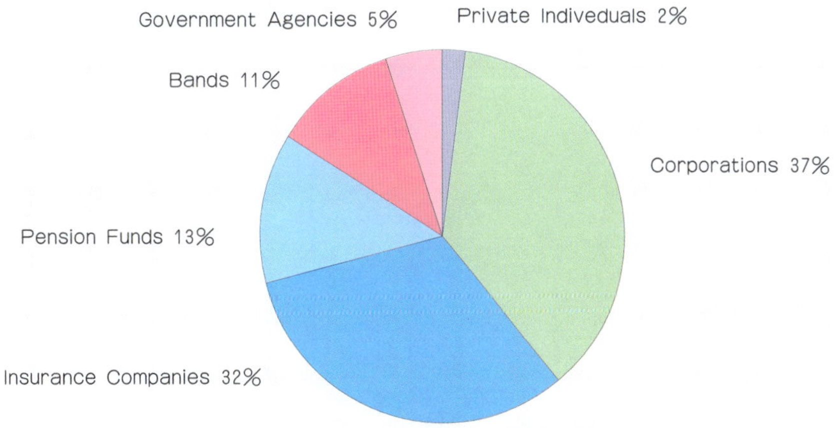

图附 14 Hong Kong:Geographical Breakdown of Venture Capital Sources
(2002 Total:US $24.128 million)

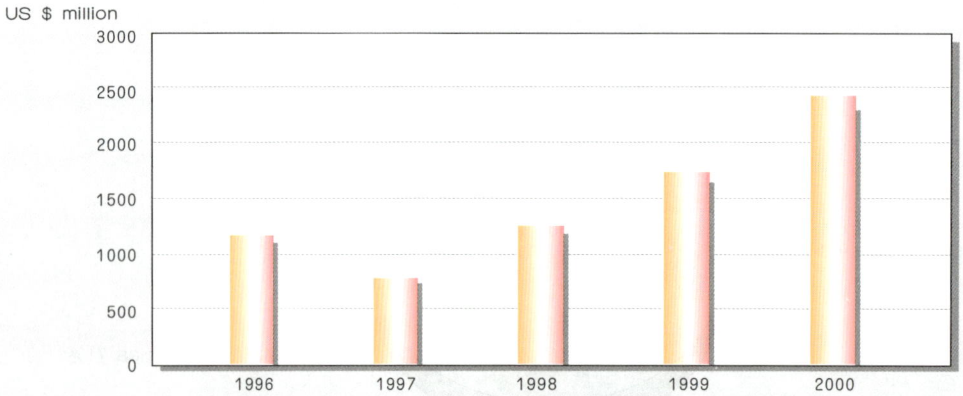

图附 15 Hong Kong:Annual Venture Capital Investment (1996—2000)

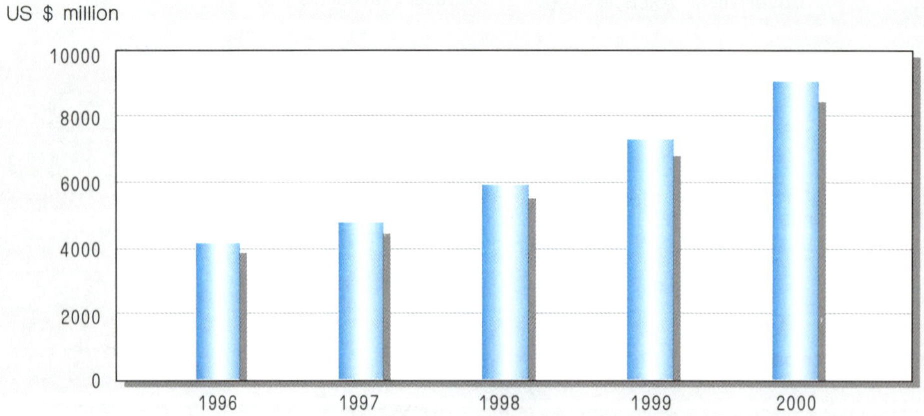

图附 16 Hong Kong:Venture Capital Investment Portfolio (1996—2000)

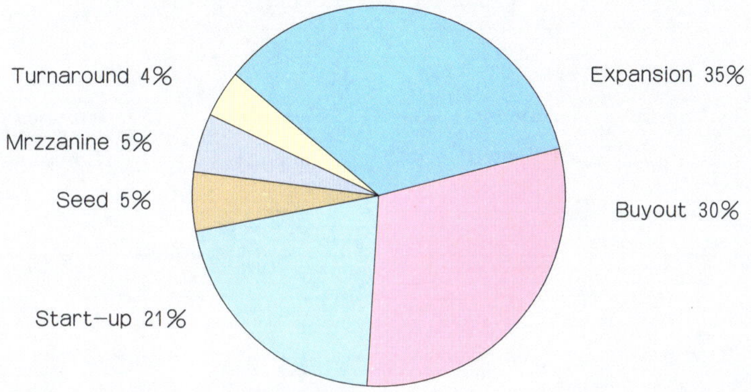

图附 17 Hong Kong:Disbursements By Financing Stage
(2000 Total:US$24.128 million)

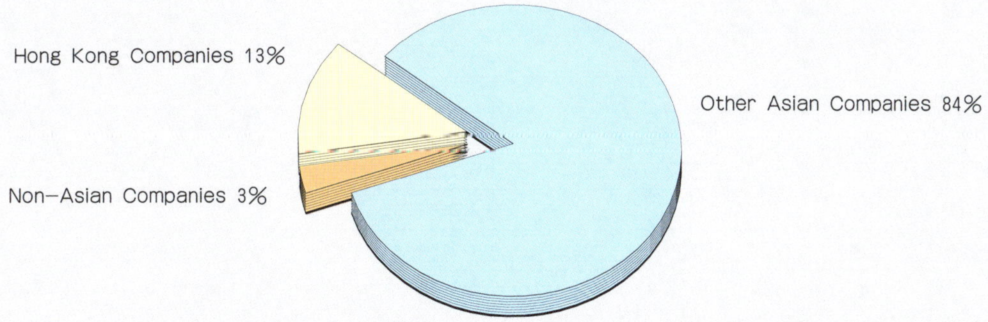

图附 18 Hong Kong:Disbursements To Companies By Regon
(2000 Total:US$24.128 million)

表附15 Hong Kong：Disbursements To Industry

(2000 Total：US$8,919 million)

Industry	Amount Invested	Percent Of Total	Number Of Companies	Percent Of Total
Agriculture/Fisheries	3	0.00%	9	0.50%
Computer related	596	6.70%	260	4.60%
Conglomerates	35	0.40%	15	0.80%
Construction	103	1.20%	23	1.30%
Consumer products/services	978	11.00%	157	8.80%
Electronics	575	6.40%	92	5.20%
Ecology	34	0.40%	16	0.90%
Financial services	830	9.30%	89	5.00%
Information technology	764	8.60%	355	19.90%
Infrastructure	959 1	0.80%	67	3.80%
Leisure/Entertainment	123	1.40%	38	2.10%
Manufacturing – Heavy	609	6.80%	64	3.60%
Manufacturing – Light	248	2.80%	124	6.90%
Media	188	2.10%	51	2.90%
Medical/Biotechnology	557	6.20%	71	4.00%
Mining and metals	119	1.30%	19	1.10%
Retail/Wholesale	131	1.50%	31	1.70%
Services – Non–financial	138	1.50%	33	1.80%
Telecommunications	1,367	15.30%	156	8.70%
Texiles and clothing	22	0.20%	28	1.60%
Transportation/Distribution	356	4.00%	35	2.00%
Travel/Hospitality	156	1.70%	42	2.40%
Utilities	28	0.30%	11	0.60%
Total	**8,919**	**100.00%**	**1,786**	**100.00%**

总附录3

关于建立风险投资机制的若干意见

科技部　国家计委　国家经贸委　财政部
人民银行　税务总局　证监会
（一九九九年十一月十六日）

为贯彻《中共中央、国务院关于加强技术创新，发展高科技，实现产业化的决定》（中发[1999]14号）中“要培育有利于高新技术产业发展的资本市场，逐步建立风险投资机制”的精神，指导、规范风险投资活动，推动风险投资事业的健康发展，现就建立风险投资机制提出以下意见：

一、建立风险投资机制的意义

（一）创新是一个民族的灵魂，是国家兴旺发达的不竭动力。技术创新，既是经济可持续发展的根本推动力量，也是提高国际竞争力和实现经济安全的根本保障。要使知识有效地转化为高新技术，高新技术有效地实现产业化，需要建立一个能有效地动员和集中创业资本、促进知识向高新技术转化、加速高新技术成果商品化和产业化进程的风险投资机制。建立规范的风险投资机制，对于推进国家技术创新体系建设，提高国民经济整体素质和综合国力，实现跨越式发展具有重要意义。建立有效的风险投资机制，对于高新技术的开发及其成果的产业化，具有重要作用。

（二）近几年，我国科学技术的发展支持了国民经济的建设，技术进步对经济增长的贡献率有所提高。但是，科技向现实生产力转化能力薄弱，高新技术产业化程度低，具有自主知识产权的高新技术企业少的状况还未根本改变。在国际市场竞争日趋激烈的条件下，缺乏自主的技术创新能力，难以保证国民经济的可持续发展和国家经济安全。建立风险投资机制，促进高新技术产业的发展，是实施科教兴国战略的要求。

（三）风险投资（又称创业投资）是指向主要属于科技型的高成长性创业企业提供股权资本，并为其提供经营管理和咨询服务，以期在被投资企业发展成熟后，通过股权转让获取中长期资本增值收益的投资行为。建立风险投资机制要创造良好的外部环境和改革制度，培育适应社会主义市场经济规律的，有利于加速技术创新和成果转化的，能将经济部门推进技术进步与金融部门保障支持有机结合的经济运行体系。其主要内容包括：投资主体、投资对象、撤出渠道、中介服务机构、监管系统等。

（四）建立风险投资机制的目的，是促进高新技术成果走向市场、实现产业化，提高科技进步对经济增长的贡献率，通过创造良好的外部环境，促进企业积极参与技术创新和科技创业活动，推动产业、产品结构的调整和升级形成良性循环。

二、建立风险投资机制的基本原则

（五）按照社会主义市场经济规律建立风险投资机制。要面向市场，拓展创业资本来源；运用市场机制，强化风险投资主体内部的责任约束和利益激励；按照规范、有序的原则培育服务于风险投资市场的中介服务机构；根据我国的实际情况，有步骤地培育有利于风险投资撤出和高新技术产业发展的资本市场体系；建立风险投资的风险防范、信息披露和监管系统；制定相应法规为国际创业资本的进入和撤出提供便利条件，逐步与国际风险投资市场轨。

（六）充分发挥各级人民政府和社会力量的积极

性，加快风险投资体系的建设。国家按照“制定政策、创造环境、加强监管、控制风险”的原则，推进风险投资的建设；鼓励地方、企业、金融机构、个人、外商等各类投资者的积极推动和参与风险投资事业的发展；拓宽市场准入渠道，对风险投资活动及各类机构和个人对风险投资机构的投资，给予必要的扶持政策；制定与风险投资有关的一系列法规和制度，建立相关的监管标准和监管系统；在推进风险投资机制建设中，要重视发挥科技创业服务中心、高新技术开发区、高等学校科技园区及其他机构的作用。

三、培育风险投资主体

（七）风险投资公司和风险投资基金，是风险投资主体中的主导性机构。其主要服务对象是高新技术企业及科技型中小企业；主要功能是吸收各类投资者的创业资本，为高新技术产业化，提供资本金、经营管理及其他方面的支持；主要成员是专门从事风险投资的专家型人才；资本运作的主要方式是“战略投资”方式，还可采用股权投资、可转换证券等多种方式进行投资。

（八）风险投资公司是以风险投资为主要经营活动的非金融性企业，其主营业务是向高新技术企业及科技型中小企业进行投资，转让由投资所形成的股权，为高新技术企业提供融资咨询，参与被投资企业的经营管理等。风险投资公司设立时要注意政企分开，鼓励非国有企业、个人、外商及其他机构投资入股。风险投资公司采取有限责任公司、股份有限公司等形式并积极探索新的运作模式。允许风险投资公司运用全额资本金进行投资。

（九）风险投资基金是专门从事风险投资以促进科技型中小企业发展的一种投资基金。为适应风险投资的特点，风险投资基金应采取私募方式，向确定的投资者发行基金份额。其募集对象可以是个人、企业、机构投资者、境外投资者，应拓宽民间资本来源；同时，对投资者的风险承受能力应有一定要求。投资者所承诺的资金可以分期到位。

风险投资基金应按封闭式设立，即事先确定发行总额和存续期限，在存续期限内基金份额不得赎回。

（十）风险投资公司和风险投资基金的实收货币资本必须充足。风险投资公司和风险投资基金对高新技术企业的投资额应占其实收资本的较大比重。为规避风险，对特定企业或单一项目投资比例不宜过高。

（十一）风险投资机构的主要管理人员应具备懂技术、会管理、无不良记录、诚实申报个人财产并愿意为业务损失承担相关责任等条件。

（十二）风险投资机构要建立完善的内部激励机制和约束机制。按照允许和鼓励资本、技术等生产要素参与收益分配的原则，可以采取经营管理人员持有股份等形式调动其积极性；通过出资人与经营管理人员间的契约，根据经营绩效约定股份期权的类型、数量、赠与条件、约束条件、执行办法等，同时明确高层管理人员对渎职、重大失误等行为承担的责任。

风险投资公司和风险投资基金的成立和审批，必须按照国务院有关部门制定的办法和程序进行。

四、建立风险投资撤出机制

（十三）建立和拓宽撤出渠道，推动风险投资的发展。“撤出”是指风险投资通过转让股权获取回报的经营行为。要遵循资本运作的客观规律，创造顺畅的撤出渠道，以便有效吸引社会资金进入风险投资领域，保障风险投资的良性循环，解决创业资本的股权流动、风险分散、价值评价等问题。

风险投资的主要撤出方式：企业购并、股权回购、股票上市等。

（十四）企业购并是指高新技术企业在未上市前，将部分股权或全部股权向其他企业或个人转让的行为。允许和鼓励非银行金融机构、上市公司、产业投资基金和其他公司及个人参与对高新技术企业的购并活动。

（十五）股权回购是指企业购回风险投资机构在本企业所持股权的行为。金融机构、中小企业信贷担保基金及其他各类担保机构，要积极支持高新技术企业的股权回购活动。

（十六）条件成熟时，在现有的上海、深圳证券交易所专门设立高新技术企业板块，为高新技术企业特别是科技型中小企业上市和交易服务，这既能充分利用现有设施和监管资源，有利于证券市场的集中统一监管，又能较快地拓宽和完善风险投资撤出渠道。其发行上市、交易的具体办法，由证监会制定。

（十七）境外创业板块股票市场也是可利用的风

险投资撤出渠道之一，如美国的那斯达克（NASDAQ）市场和香港联合证券交易所设立的创业板块等。在政策上向高新技术企业境外上市倾斜，有利于利用国际资本发展我国高新技术产业，有利于吸引境外创业资本进入我国风险投资市场，有利于高新技术企业走向国际市场。上市、交易的具体办法，由证监会制定。

五、完善中介服务机构体系

（十八）充分发挥中介服务机构在咨询、监督、评估等方面的重要作用。风险投资要求目前已有的中介服务机构为其提供服务，还要求针对其特殊性和专门需要，设立包括行业协会、科技项目评估机构、技术经纪机构，风险投资咨询顾问机构等专门的中介服务机构。

（十九）中介服务机构的设立要严格执行政企分开的原则，使之成为自创信誉、自负盈亏、自担经济法律责任的法人实体。按诚信、公正科学的原则，依法开展经营活动。

（二十）经审批成立的风险投资行业协会，作为风险投资主体、高新技术企业、有关中介服务机构等的行业自律组织，开展行业规范和服务标准的制定工作，对其成员的执业情况进行评定，形成自律机制；开展风险投资人才培训和民间国际交流活动等。

六、建立健全鼓励和引导风险投资的政策和法规体系

（二十一）为推进规范的风险投资机制的建立，根据意见，国务院有关部门将制定建立风险投资公司和风险投资基金的申请、审批、管理等具体实施办法；研究制定有利于风险投资发展的财税、金融扶持政策和鼓励境外创业资本进入风险投资市场的政策；研究制定在上海、深圳证券交易所设立“高新技术企业板块”的实施方案，研究制定科技型中小企业到境外上市的有关政策；研究制定建立风险投资行业协会的审批、管理办法。

（二十二）国务院有关部门将根据国家产业政策、技术政策和产业、产品结构调整战略目标，定期制定颁布风险投资项目（领域）指南，引导创业资本投向。

风险投资是一项投资周期长、风险程度高、竞争性强的特殊资本运作方式。各地在推动建立风险投资机制时应注意防范风险，依法有序发展，避免一哄而起，避免出现单纯依靠或主要依靠政府出资建立风险投资机构的现象。应当鼓励以民间资本为主，政府以引导、扶持和有限参与为基本原则。各省、自治区、直辖市人民政府应根据本地区科技、经济和市场发展水平，坚持近期目标和长远目标相结合，采取切实可行的措施，着重在创造环境、完善市场机制、吸引国内创业资本方面发挥作用，积极稳妥地推进风险投资事业的发展。

总附录4

关于设立外商投资创业投资企业的暂行规定

第一章 总则

第一条 为鼓励外国公司、企业和其它经济组织或个人(以下简称外国投资者)来华投资于高新技术产业，建立和完善我国的创业投资机制，根据《中华人民共和国中外合资经营企业法》《中华人民共和国中外合作经营企业法》《中华人民共和国外资企业法》、《公司法》及其它相关的法律法规，特制定本规定。

第二条 允许外国投资者单独或与中国的公司、企业或其它经济组织(以下简称中国投资者)，根据本规定在中国境内设立以创业投资为经营活动的外商投资有限责任公司或不具有法人资格的中外合作企业(以下简称外商投资创业投资企业)。

第三条 本规定所称创业投资是指主要向未上市高新技术企业(以下简称所投资企业)进行股权投资，并为之提供创业管理服务，以期获取资本增值收益的投资方式。

第四条 外商投资创业投资企业应遵守中国有关法律法规，不得损害中国的社会公共利益。外商投资创业投资企业在中国境内的正当经营活动及合法权益受中国法律的保护。

第二章 设立与登记

第五条 外国投资者应当具备的条件：

(一)至少有一个外国投资者应当具备下列条件：

1. 以创业投资为主营业务；

2. 申请前三年其管理的资本累计不低于1亿美元；

3. 申请前三年其管理的资本中，已投资金额累计不低于5000万美元；

4. 拥有具有三年以上创业投资从业经验的专业管理人员；

5. 具有风险承受能力；

6. 有正当的资金来源；

7. 对外商投资创业投资企业的出资不少于投资者出资总额的3%；

8. 未受过所在国和中国司法机关和其他相关机构的重大处罚。

(二) 至少有一个外国投资者应当具备下列条件：

1. 申请前一年其净资产总额不低于1亿美元；

2. 具有风险承受能力；

3. 有正当的资金来源；

4. 对外商投资创业投资企业的出资不少于2000万美元。

(三) 其他外国投资者应当具备下列条件：

1. 具有风险承受能力；

2. 有正当的资金来源；

3. 对外商投资创业投资企业的出资不少于1000万美元。

如果只有一个外国投资者，则该外国投资者必须同时符合本条第(一)款和第(二)款规定的条件。

第六条　以中外合资有限责任公司、中外合作有限责任公司或不具有法人资格的中外合作企业形式设立的外商投资创业投资企业的中国投资者应当具备的条件：

(一)至少有一个中国投资者应当具备下列条件：

1. 以创业投资为主营业务；

2. 申请前三年其管理的资本累计不低于1亿元人民币，或申请前一年其净资产总额不低于1亿元人民币；

3. 其已投资金额累计不低于3000万元人民币；

4.拥有具有创业投资从业经验的专业管理人员；

5. 具有风险承受能力；

6. 有正当的资金来源；

7. 对外商投资创业投资企业的出资不少于500万美元；

8. 未受过司法机关和其他相关机构的重大处罚。

(二)其他中国投资者应当具备下列条件：

1. 具有风险承受能力；

2. 有正当的资金来源；

3. 对外商投资创业投资企业的出资不少于500万美元。

第七条　投资者对外商投资创业投资企业的出资中，外国投资者所占比例不得低于25%。外国投资者以可自由兑换的货币出资，中国投资者以人民币出资。

投资者可以根据合同的约定分期缴纳出资。首期出资不得低于各自认缴出资额的15%，且应当自外商投资创业投资企业营业执照签发之日起3个月内缴清。其余出资应自外商投资创业投资企业营业执照颁发之日起3年内全部缴清。

第八条　外商投资创业投资企业投资者认缴的出资额总和应是外商投资创业投资企业的投资总额。外商投资创业投资企业投资总额应主要用于向所投资企业进行股权投资。

第九条 设立外商投资创业投资企业按以下程序办理：投资者经拟设立外商投资创业投资企业所在地省级外经贸主管部门向对外贸易经济合作部(以下简称审批机构)报送设立申请书及有关文件。审批机构在收到全部上报材料之日起45天内，经商科学技术部同意后，做出批准或不批准的书面决定。予以批准的，发给《外商投资企业批准证书》。获得批准设立的外商投资创业投资企业应自收到审批机构颁发的《外商投资企业批准证书》之日起一个月内，向国家工商行政管理部门申请办理登记注册。

第十条 申请设立外商投资创业投资企业应当向审批机构报送以下文件：

(一) 投资者签署的设立申请书；

(二) 投资者签署的外商投资创业投资企业合同及章程(其中，以外资有限责任公司形式设立的外商投资创业投资企业仅需报送章程，下同)；

(三) 投资者的注册登记证明(复印件)、银行资信证明、法定代表人证明(复印件)　；

(四) 投资者经会计师事务所审计的最近一年的年度资产负债表和损益表；

(五) 投资者的资金来源说明；

(六) 符合第五条第(一)款要求的外国投资者的创业投资业务说明、申请前三年其管理资本的说明、申请前三年其管理资本中已投资资本的说明、其拥有的创业投资人才简历，及其未受过重大处罚的声明；

(七) 以中外合资有限责任公司、中外合作有限责任公司或不具有法人资格的中外合作企业形式设立的外商投资创业投资企业还需提供符合第六条第(一)款要求的中国投资者的创业投资业务说明、申请前三年其管理资本的说明或申请前一年其净资产情况的说明、其已投资资本的说明、其拥有的创业投资人才简历，及其未受过重大处罚的声明；

(八) 拟设立外商投资创业投资企业的主要经营管理人员的从业经历说明；

(九) 审批机构要求的其他文件。 其中第(五)、(六)、(七)、(八)项相关材料应由会计师事务所、律师事务所、公证机构等相关中介机构出具或出具意见书。

第十一条　外商投资创业投资企业申请登记，申请人应按照《中华人民共和国企业法人登记管理条例》及其施行细则的规定向国家工商行政管理部门报送文件。

第三章 组织机构与经营管理

第十二条　外商投资创业投资企业可以经营以下业务：

(一) 在国家鼓励和允许外商投资的高新技术领域及国家批准的其它领域以全部自有资金进行投资；

（二）提供创业投资咨询；
（三）为所投资企业提供管理咨询；
（四）审批机构批准的其他业务。

第十三条 外商投资创业投资企业不得从事下列活动：

（一）在国家禁止外商投资的领域投资；
（二）直接或间接投资于证券、期权、期货或任何金融衍生工具，但所投资企业上市后，外商投资创业投资企业所持股份及配送股份不在此列；
（三）直接或间接投资于非自用不动产；
（四）贷款进行投资；
（五）非自有资金进行投资；
（六）提供贷款或担保；
（七）法律、法规禁止从事的其它活动。

第十四条 以有限责任公司形式设立的外商投资创业投资企业内设立董事会。以不具有法人资格的中外合作企业形式设立的外商投资创业投资企业内设联合管理委员会。董事会或联合管理委员会由投资者委派的董事或委员代表投资者共同管理外商投资创业投资企业。董事会或联合管理委员会决定外商投资创业投资企业的一切重大问题。

第十五条 以不具有法人资格的中外合作企业形式设立的外商投资创业投资企业，投资者可以在合作合同中依据国际惯例约定内部收益分配机制。以有限责任公司形式设立的外商投资创业投资企业，投资者可以在章程中依法约定给予管理人员的业绩报酬。

第十六条 以不具有法人资格的中外合作企业形式设立的外商投资创业投资企业的投资者，对外商投资创业投资企业的债务承担连带责任；以不具有法人资格的中外合作企业形式设立的外商投资创业投资企业的投资者也可以在合作合同中约定至少有一名投资者对外商投资创业投资企业的债务承担连带责任，其他投资者以其认缴的出资额为限或按合作合同约定承担责任。

第十七条 董事会或联合管理委员会下设经营管理机构，根据董事会或联合管理委员会的授权，负责日常经营管理工作，执行董事会或联合管理委员会的投资决策。

第十八条 经营管理机构的主要人员应当符合下列条件：

（一）有民事行为能力且该民事行为能力没有受到限制；
（二）无犯罪记录；
（三）无不良经营记录；
（四）应具有创业投资业的从业经验，且在金融领域无违规操作记录；
（五）审批机构要求的其它条件。

第十九条 经营管理机构应定期向董事会或联合管理委员会报告以下事项：

（一）经授权的重大投资活动；
（二）季度、中期、年度业绩报告和财务报告；
（三）法律、法规规定的其他事项；
（四）合同、章程中规定的有关事项。

第二十条 外商投资创业投资企业从所投资企业获得利润分红，并可以根据经营需要依法选择适用的退出机制，包括：

（一）将其持有的所投资企业的部分股权或全部股权转让给其他企业或个人；
（二）经所投资企业同意，签订股权回购协议，由所投资企业在一定条件下回购其所持有的股权；
（三）所投资企业在符合法律、法规规定的上市条件时可以申请到境内外股票市场上市。外商投资创业投资企业可以依法通过股票市场转让其拥有的所投资企业的股份。
（四）中国法律、法规允许的其它方式。
所投资企业向外商投资创业投资企业回购该外商投资创业投资企业所持有所投资企业股权的具体办法由审批机构另行制定。

第二十一条 第五条第(一)款所述投资者(以下简称承担主要责任的投资者)在外商投资创业投资企业存续期间不得撤回其在外商投资创业投资企业的投资。承担主要责任的投资者如有特殊情况确需撤回投资，则必须由新的投资方承担该投资者的全部责任和义务。承担主要责任的投资者撤回投资，不得损害外商投资创业投资企业及第三方的利益，且应相应修改合同和章程，并报审批机构批准。

第二十二条 投资者应在合同、章程中约定外商投资创业投资企业的期限，一般不得超过12年。经营期满，经审批机构批准，可以延期。经审批机构批准，外商投资创业投资企业可以提前解散，终止合同和章程。外商投资创业投资企业解散，应按有关规定进行清算。

第四章 审核与监管

第二十三条 外商投资创业投资企业投资于所投资企业，外商投资创业投资企业投资的比例或与其他外国投资者联合投资的比例总和一般不得低于其所投资企业注册资本的25%；该所投资企业享受外商投资企业待遇，发给外商投资企业批准证书和企业法人营业执照。

第二十四条 外商投资创业投资企业投资于所投资企业，按外商投资企业的审批权限及审批程序另行申报，并在获得批准之日起一个月内向审批机构备案。凡未按上述要求在规定的时限内办理备案手续的，批准文件无效。

第二十五条 外商投资创业投资企业向所投资企业投资，在其认缴的出资额未如期到位之前，其所持有的所投资企业的股权不得转让。

第二十六条 外商投资创业投资企业转让所投资企业的股权，及外商投资创业投资企业所投资企业终止，应报审批机构批准后到国家工商行政管理部门办理相关手续。审批机构在批准时应征得科学技术部的同意。

第二十七条 外商投资创业投资企业应将每半年度的投资及经营情况于下半年度的前一个月内向审批机构备案，并作为外商投资创业投资企业参加联合年检的必备材料之一。凡未按上述规定备案的，审批机构商国务院有关部门后予以相应处理。

第二十八条 外商投资创业投资企业经营管理机构的主要人员如有违法操作行为，除依法追究责任外，情节严重的，不得继续从事创业投资及相关的投资管理活动。

第五章 附则

第二十九条 香港特别行政区、澳门特别行政区、台湾地区的投资者在大陆投资设立外商投资创业投资企业，参照本规定执行。

第三十条 本规定由对外贸易经济合作部、科学技术部和国家工商行政管理总局负责解释。

第三十一条 本规定自发布之日起施行。

总附录5

中国创业投资大事记

1. 1984年，国家科委（注：1998年国务院机构改革后更名为科技部）科技促进发展研究中心，组织了“新的技术革命与我国的对策”的研究，提出了建立创业投资机制促进高新技术发展的建议。

2. 1985年1月，中共中央、国务院颁布《关于科学技术体制改革的决定》，指出：“对于变化迅速、风险较大的高技术开发工作，可以设立创业投资给以支持。”

3. 1986年，经国务院批准，国家科委、财政部共同出资成立了“中国新技术创业投资公司”，该公司是我国第一个股份制的、以从事创业投资为目的的企业。

4. 1989年，经国务院、外经贸部批准，由香港招商局集团、国家科委和国防科工委联合发起成立"中国科招高技术有限公司"。该公司主要负责国家高技术计划（863、火炬等）成果的产业化投资，同时也是中国第一家中外合资的创业投资公司。

5. 1991年，《国务院关于批准国家高新技术产业开发区和有关政策规定的通知》（[1991]国发12号），指出："有关部门可以在高新技术产业开发区建立风险投资基金，用于风险较大的高技术产业开发。条件成熟的高新技术开发区可创办风险投资公司。"

6. 1991年，国家科委、财政部和中国工商银行联合发起成立“科技风险开发事业中心”。

7. 1992年，沈阳等地科技风险开发事业中心成立，其后，山西科技基金发展总公司、广东科技创业投资公司、上海科技投资公司、浙江省科技创业投资公司等也相继成立。美国国际数据集团（IDG）下属的太平洋技术风险投资基金自1992年进入中国大陆，先后与北京、上海、广东等地科委合作设立了三个创业投资公司，专门从事科技产业投资。据不完全统计，到1996年底，以各地科委和财政为主成立了20多家各类创业投资机构。

8. 1995年，中共中央、国务院作出《关于加速科学技术进步的决定》，强调要"发展科技风险投资事业，建立科技风险投资机制。"

9. 1996年，《国务院关于“九五”期间深化科学技术体制改革的决定》，指出：要“积极探索发展科技风险投资机制，促进科技成果转化。”全国人大通过的《中华人民共和国促进科技成果转化法》第三章第二十四条中规定：“国家鼓励设立科技成果转化基金和风险基金，其资金来源由国家、地方、企业、事业单位以及其他组织或者个人提供，用于支持高投入、高风险、高产出的科技成果的转化，加速重大科技成果的产业化。”这是我国首次将创业投资概念纳入法律条款。

10. 1996年，国家科委为深入研究创业投资机制进行了准备。派出访问学者赴美学习研究美国的小企业投资法、知识产权保护、创业投资等，并对我国十几年来创业投资的探索进行了调研和分析。1996年11月，国家科委在长沙召开省市科委科技金融工作座谈会，出席座谈会的有国家科委副主任邓楠、人民银行货币司、四大国有商业银行以及国家科委有关司局和省市科委主管领导。与会各方要求国家科委尽快牵头加强对创业投资机制的研究。

11. 1997年，国家科委党组决定由邓楠副主任负责创业投资机制的研究工作。根据国家科委党组和邓楠副主任的指示，条件财务司组成了以清华大学经济管理学院专家为主的研究组。根据清华专家初步研究，国家科委党组对研究工作提出明确要求：

（1）要比较清晰地论述创业投资体系；

（2）要研究论述创业投资与资本市场的关系；
（3）要提出建立创业投资机制的有操作性的实施方案；
（4）提出政策建议既要有突破又要切实可行。

12. 1997年，深圳市“风险投资研究领导小组”成立。6月，国家科委条件财务司和专家组赴深圳调研。

13. 1998年1月，国务院总理李鹏主持召开国家科技领导小组第四次会议，会议决定由国家科委组织有关部门研究、提出建立面向高新技术企业的风险投资机制的总体方案，进行试点。

14. 1998年2月，国家科委请示朱总理（当时任副总理）：请国家计委、人民银行、证监会等部门派人参加研究工作。朱副总理批示有关部门确定人选。由国家科委牵头，国家计委、财政部、人民银行、证监会等组成的部际协调小组成立；分别以中国社会科学院金融研究中心和中国银行国际金融研究所为主的研究小组正式启动。

15. 1998年3月，全国政协九届一次会议召开，民建中央提出“关于尽快发展我国风险投资事业的提案”（即“一号”提案）。全国政协提案委员会召开提案协商会，邀请国家科委、国家经贸委、财政部、人民银行、证监会参加，协调会提议由国家科委牵头办理该提案。

16. 1998年7月，浙江、山西、广东、沈阳、等地十几家创业投资机构联谊座谈会在浙江杭州举行

17. 1998年9月，科技部副部长邓楠会见香港联交所总裁沈连涛和彭如川，商讨创业投资机制和内地高新技术企业赴香港创业板上市问题。

18. 1998年10月，科技部向证监会提出解决高新技术企业A股上市指标和制定鼓励高新技术企业赴境外上市政策的建议。

19. 1998年10月，由中国社会科学院金融研究中心牵头的创业投资研究专家组分别向部际协调小组和科技部党组汇报研究成果。

20. 1998年11月，温家宝副总理对李人俊同志关于创业投资的信批示：关于风险投资问题，邓楠同志有个小组在研究。人俊同志的信可转她参考。李岚清副总理批示：请科技部牵头，商有关部门研究提出意见。

21. 1998年12月，科技部向全国人大教科文委员会、财经委员会汇报创业投资研究工作。

22. 1998年12月，科技部向国务院领导报送《关于建立我国科技创业投资机制的报告》。1999年1月，温家宝副总理批示：请证监会研究提出意见。

23. 1999年3月，朱总理对科技部《报告》和证监会意见批示：要明确科技创业投资主要支持小型企业。请科技部继续研究，并提出方案报国务院。李岚清副总理批示：请朱丽兰同志牵头找有关部门的领导开个会再将报告稿研究一下，共同会签报国务院领导审批。

24. 1999年3月，全国人大财经委“投资基金法”起草领导小组、顾问小组成立，“投资基金法”起草工作正式启动。

25. 1999年3月，科技部朱丽兰部长主持会议，邀国家计委、国家经贸委、财政部、人民银行、税务总局、证监会主管领导，研究落实国务院领导批示。

26. 1999年4月，国家计委向国务院法制办报送《产业投资基金管理暂行办法（草案）》。

27. 1999年6月，科技部等7部门向国务院报送《关于建立我国科技创业投资机制的请示》。

28. 1999年7月，国务院副秘书长徐荣凯对7部门的《请示》批示：建立科技创业投资机制的五个方面工作，7部门已达成共识，原则也有了，可以由职能部门据此分别制定办法先开展起来。

29. 1999年8月20日，中共中央、国务院作出《关于加强技术创新，发展高科技，实现产业化的决定》，指出：“培育有利于高新技术产业发展的资本市场，逐步建立风险投资机制。”8月22日，全国技术创新大会召开。

30. 1999年10月，深圳高交会举行，科技部邓楠副部长在高交会论坛作题为“为我国高科技产业发展提供金融支持体系”的报告。

31. 1999年11月，北京创业投资协会召开筹备会。

32. 1999年12月，经国务院领导批准，国务院办公厅以国办发[1999]105号文转发科技部等7部门提出的《关于建立我国风险投资机制的若干意见》。

33. 1999年12月，全国人大财经委在深圳召开“《投资基金法》起草工作第一次国际研讨会”。

34. 2000年3月，经北京市民政局批准，北京创业投资协会正式在北京市社团办登记注册。7月，协会召开成立大会，选举北京控股董事局主席胡昭广为理事长，赵玉海、王松奇、段永基等为副理事长，牛近明为秘书长。8月协会第三次理事会会议决定：王松奇为协会常务副理事长，增选牛近明、李光荣等为副理事长，秘书长改由王松奇兼任。

35. 2000年7月，国务院法制办就证监会上报的《创业企业股票发行上市条例（草案）》，征求科技部等有关部门意见。

36. 2000年10月，深交所就创业板9项规则，向社会征求意见。

37. 2000年10月，深圳创业投资同业公会、上海市创业投资企业协会成立；深圳创新科技投资公司总经理阚治东、上海创业投资公司总裁华裕达分别任理事长。

38. 2000年10月14日，我国第一部地方性创业投资规章《深圳市创业资本投资高新技术产业暂行规定》在深圳市正式颁布并实施。

39. 2000年12月，全国人大财经委在深圳召开第二次“《投资基金法》起草工作国际研讨会”。

40. 2001年1月1日，《中关村科技园区条例》正式开始施行，该条例是首部引入风险投资（即创业投资）内容的科技园区条例。在条例第三章“促进与保障”的第一节中专门对风险投资（即创业投资）机构在中关村园区内开展风险投资业务、组织形式、注册资本和回收方式等四个方面做出了规定。

41. 2001年3月2日，北京市人民政府第69号令颁布了《有限合伙管理办法》，旨在促进和规范中关村科技园区有限合伙制风险投资（即创业投资）机构的发展。

42. 2001年8月14日，新疆天业股份有限公司和新疆石河子开发区经济建设发展总公司分别出资4000万元和950万元，北京新华信企业管理咨询有限公司出资50万元，共同出资5000万元成立北京天绿创业投资中心，新华信董事长兼总裁赵民被指定为有限合伙企业的事务执行人。这是今年北京市政府颁布《中关村科技园区条例》和《有限合伙管理办法》以后，采取有限合伙形式成立的全国首家有限合伙创业投资企业。

43. 2001年9月1日，由中国对外贸易经济合作部、科技部、国家工商行政管理总局颁布的《关于设立外商投资创业投资企业的暂行规定》正式施行。

注：本大事记不包括我国台湾、香港地区的创业投资活动。

总附录6

科技型中小型企业技术创新基金[①]

科技型中小企业技术创新基金是经国务院批准设立，用于支持科技型中小企业技术创新的政府专项基金。通过拨款资助、贷款贴息和资本金投入等方式扶持和引导科技型中小企业的技术创新活动，促进科技成果的转化，培育一批具有中国特色的科技型中小企业，加快高新技术产业化进程，必将对我国产业和产品结构整体优化，扩大内需，创造新的就业机会，带动和促进国民经济健康、稳定、快速的发展等起到积极的作用。

科技型中小企业技术创新基金的基本特征及性质

科技型中小企业具有建设所需资金少，建成周期短，决策机制灵活，管理成本低廉，能够适应市场多样性的需求等特点，特别是在创新机制和创新效率方面具有其它企业无法比拟的优势。科技型中小企业既是加快科技成果转化、实现技术创新的有效载体，也是国民经济增长的重要源泉。近年来的发展表明，科技型中小企业无论是在数量上还是在质量上，都已经成为国民经济的重要组成部分，是国家经济发展新的重要的增长点。因此，结合我国科技型中小企业发展的特点和资本市场的现状，建立以政府支持为主的科技型中小企业技术创新基金，是促进我国经济持续、稳定发展的一项重要措施。

科技型中小企业技术创新基金作为中央政府的专项基金，将按照市场经济的客观规律进行运作，扶持各种所有制类型的科技型中小企业，并有效地吸引地方政府、企业、创业投资机构和金融机构对科技型中小企业进行投资，逐步推动建立起符合市场经济客观规律的高新技术产业化投资机制，从而进一步优化科技投资资源，营造有利于科技型中小企业创新和发展的良好环境。

科技型中小企业技术创新基金的定位与支持重点

创新基金作为政府对科技型中小企业技术创新的资助手段，将以贷款贴息、无偿资助和资本金投入等方式，通过支持成果转化和技术创新，培育和扶持科技型中小企业。创新基金将重点支持产业化初期（种子期和初创期）、技术含量高、市场前景好、风险较大、商业性资金进入尚不具备条件、最需要由政府支持的科技型中小企业项目，并将为其进入产业化扩张和商业性资本的介入起到铺垫和引导的作用。因此，创新基金将以创新和产业化为宗旨，以市场为导向，上联“八六三”、“攻关”等国家指令性研究发展计划和科技人员的创新成果，下接“火炬”等高技术产业化指导性计划和商业性创业投资者，在促进科技成果产业化，培育和扶持科技型中小企

①资料来源：www.innofund.gov.cn.

业的同时，推动建立起符合市场经济客观规律、支持科技型中小企业技术创新的新型投资机制。

创新基金遵循支持创新、鼓励创业、市场导向、突出重点、规范管理、竞争择优的原则，

重点支持方向如下：

1、支持具有自主创新、技术含量高、竞争力强、市场前景好的研究开发项目，如软件、生物、医药等，努力培育具有自主知识产权的高新技术产业群；

2、支持科技成果的转化项目，特别是“863”计划、攻关计划的产业化项目；

3、支持利用高新技术改造传统产业，特别是我国具有传统优势，加入WTO后能带来更多市场机遇的项目；

4、支持具有一定技术含量，在国际市场有较强竞争力，以出口为导向的项目；

5、支持科研院所的转制，特别是原国务院各部门的研究院所转制为企业的项目；

6、支持科技人员，特别是海外留学人员回国创办科技型中小企业的项目。

科技型中小企业技术创新基金机构设置与职能

1、项目受理部

统一受理创新基金项目申请并对申请项目材料进行初步审查；负责编制创新基金年度支持重点和工作指南；负责创新基金专家库的建设、管理工作和专家委员会的联系工作。

2、项目审理部

负责委托或组织有关中介机构、专家进行创新基金项目的立项评估、评审、招标及专家咨询工作，并提出立项建议；研究提出有关创新基金项目的评估、评审、招标标准及中介机构的资格条件。

3、信息监理部

负责对项目的立项及实施过程进行监理并组织项目验收；

负责对创新基金整体实施进展、实施效果进行评价，并提出创新基金年度执行情况报告；

负责创新基金的信息管理、信息咨询及信息开发工作；

负责受理外界对创新基金有关问题的投诉。

4、计划财务部

负责制订并协调落实创新基金年度工作计划；

负责提出创新基金项目建议意见，经报批后，编制及下达创新基金项目执行计划，并负责与项目承担单位签订项目合同；

负责财务管理工作，并联系有关金融机构落实项目贷款。

总附录 7

企业孵化器[①]

即创业服务中心，始于20世纪50年代末，是伴随着新技术产业革命的兴起而发展起来的。企业孵化器为创业者提供了良好的环境和条件，帮助创业者把发明和成果尽快形成商品进入市场，提供综合服务帮助新兴的小企业成熟长大形成规模，为社会培养成功的企业和企业家。由于在培养新的经济增长点方面发挥了富有成效的作用，企业孵化器这种形式在全世界范围内得到了较快的发展。

我国的高新技术创业服务中心，是在借鉴国际上企业孵化器的成功经验基础上，结合我国国情建立和发展起来。经过10年发展，创业服务中心已经成为我国高新技术产业技术创新体系的主要组成部分，是促进科技成果转化、培育和发展高新技术企业和企业家的基地。目前全国共有创业服务中心100余家，其中国家级创业服务中心38家。

创业服务中心的主要类型有：1. 综合性孵化器，2. 专业孵化器，3. 大学园区，4. 海外学人创业服务中心，5. 国际企业孵化器，6. 企业孵化器网络

表附16　国家级创业服务中心

编号	国家级创业服务中心
01	天津市科技创业服务中心
02	重庆高技术创业服务中心
03	成都高新技术创业服务中心
04	西安高新技术创业服务中心
05	哈尔滨高新技术创业服务中心
06	长春科技创业服务中心
07	武汉东湖新技术创业服务中心
08	大庆高新技术创业服务中心
09	北京高技术创业服务中心
10	苏州高新技术创业服务中心
11	北京市新技术产业开发试验区丰台园区科技创业服务中心
12	北京市新技术产业开发试验区海淀创业服务中心
13	石家庄高新技术创业服务中心
14	保定高新技术创业服务中心
15	沈阳市高科技创业中心
16	大连市高新技术创业服务中心
17	上海市科技创业中心
18	上海漕河泾新兴技术发展中心

①资料来源：www.chinatorch.gov.cn.

编 号	国家级创业服务中心
19	南京科技创业服务中心
20	合肥高新技术产业开发区创业服务中心
21	江西赣昌高新技术创业服务中心
22	济南高新技术创业服务中心
23	威海高技术创业服务中心
24	洛阳高技术创业服务中心
25	成都高新区技术创新服务中心
26	贵阳高新技术产业开发区创业服务中心
27	昆明高新技术创业服务中心
28	宝鸡高科技创业服务中心

编 号	国家级创业服务中心
29	包头科技创业服务中心
30	吉林高新技术创业服务中心
31	上海张江高新技术发展促进中心
32	江苏省高新技术创业服务中心
33	无锡高新技术创业服务中心
34	常州市科技创业服务中心
35	济宁高新技术创业服务中心
36	郑州高新技术产业开发区创业服务中心
37	株洲高新技术产业开发区创业服务中心
38	沈阳高新技术创业服务中心

总附录 8

创业投资协会名录

北京创业投资协会

理事长：胡昭广
　　　　北京控股(集团)有限责任公司董事局主席
秘书长：王松奇
　　　　中国社会科学院金融研究中心副主任
地　址：北京市海淀区北三环中路31号凯奇大厦1011室
邮　编：100088
电　话：010-82001791　82001792
传　真：010-82003603
联系人：徐义国

上海市创业投资企业协会

理事长：华裕达
　　　　上海市创业投资有限公司总裁
秘书长：王品高
　　　　上海市创业投资有限公司副总裁
地　址：上海市淮海中路1634号2层
邮　编：200031
电　话：021-64311988
传　真：021-64336331
联系人：张亦春

深圳市创业投资同业公会

会　长：阚治东
　　　　深圳市创新科技投资有限公司副董事长兼总经理
秘书长：王守仁
　　　　深圳市创新科技投资有限公司研究策划总部负责人
地　址：深圳市福田中心区深南大道4009号投资大厦23层
邮　编：518026
电　话：0755-2712761
传　真：0755-2912816
联系人：王守仁

湖北省创业投资同业公会

理事长：岳　勇
　　　　湖北省科技厅副厅长
秘书长：郭胜伟
　　　　东湖新技术开发区管委会企业处处长
地　址：湖北省武汉市武昌武珞路586号江天大厦14楼
邮　编：430070
电　话：027-87657927
传　真：027-87655876
联系人：郭胜伟

广州风险投资促进会

理事长：郑德埕
　　　　广州证券有限责任公司副总经理兼研究中心总监
秘书长：王鸿茂
　　　　广州科技风险投资公司董事总经理
地　址：广州市天河北路138号大都会广场1106室
邮　编：510000
电　话：020-87553977
传　真：020-87553961
联系人：王鸿茂

江苏省创业投资协会

会　长：李中和
　　　　江苏省政府办公厅巡视员
秘书长：郭顺根
　　　　江苏省高新技术风险投资公司风险事业部总经理
地　址：中国南京汉中路185号鸿运大厦8F
邮　编：210029
电　话：025-6526528
传　真：025-6523614
联系人：郭顺根

成都创业投资协会

会　长：张景文
　　　　成都市科技风险开发事业中心董事长
秘书长：向　宏
地　址：成都市高新区创业路1号新高大厦5楼
邮　编：610041
电　话：028-85130597
传　真：028-85433951
联系人：向　宏

浙江省风险创业投资协会

会　长：俞志华
秘书长：徐高春
地　址：杭州市文二路212号高新大厦16层
邮　编：3310012
电　话：0571-88869543　88869556
传　真：0571-88869550
联系人：姜尚文

天津创业投资同业协会（筹）

秘书长：诸　为
　　　　天津市创业投资发展中心副主任
地　址：天津市河西区围堤道天信大厦1509
邮　编：300000
电　话：022-28408383
传　真：022-28408686
联系人：诸　为

襄樊高新区民营科技企业风险投资协会

理事长：陈意国
　　　　襄樊高新区管委会主任
秘书长：刘　明
地　址：襄樊市春园路火炬大厦5层
邮　编：441003
电　话：0710-3228416
传　真：0710-3241044
联系人：康士昌

珠海市风险投资促进会

会　长：陈洪斌
　　　　珠海市金声通讯发展有限公司董事长
秘书长：陈洪斌
地　址：珠海市拱北桂花北路桂花中心大厦10E座
邮　编：519020
电　话：0756-8158610
传　真：0756-8158061
联系人：夏　乐

总附录9

创业投资机构名录①

北京创业投资机构

北京安彩科技风险投资有限公司

Beijing An Cai Hi Tech Venture Capital Co.,Ltd.

地　址：北京市海淀区白石桥11号理工科技大厦1301号
邮　编：100081
董事长：李留思
总经理：蔡健德
联系人：孙　焱
电　话：010-68467066
传　真：010-68467061
电子邮件：ricsun@263.net
成立时间：2000年8月
注册资本：20000万元
管理资本：20000万元
投资规模：最低投资额 100万元
　　　　　最高投资额 2000万元
业务范围：创业投资、企业融资咨询
行业偏好：软件产业、通讯、信息产业、医药保健、环保工程、新材料工业、生物科技、农业
阶段偏好：起步阶段、成长阶段、扩张阶段
地区偏好：北京、上海、深圳

北大方正投资有限公司

Peking University Founder Investment Ltd.

地　址：北京市海淀区中关村南大街甲56号方圆大厦商务楼303室
邮　编：100044
董事长：魏　新
总经理：李元阳
联系人：何愿平
电　话：010-88026863
传　真：010-88026862
网　址：http：//www.founderinv.com
电子邮件：inbanker@founderinv.com
成立时间：2000年4月
注册资本：12000万元
管理资本：30000万元
投资规模：最低投资额　50万元
　　　　　最高投资额　5000万元
业务范围：创业投资、投资顾问、对方正集团的资本运作
行业偏好：软件产业、计算机硬件产业、通讯、信息产业、光电子与光机电一体化、新材料
阶段偏好：成长阶段、扩张阶段、成熟阶段
地区偏好：全国

北京百富川投资管理有限公司

地　址：北京市朝阳区新源西里中街18号渔阳饭店618室
电　话：010-64667317
传　真：010-64667319
网　址：http：//www.bifortune.com
电子邮件：cdm@netchina.com.cn
成立时间：1998年6月
管理资本：8300万元
投资规模：最低投资额　50万元
　　　　　最高投资额　500万元
行业偏好：信息技术、医药
阶段偏好：种子阶段

①本名录中部分机构未参加此次调查活动；同一地区的机构排序以汉语拼音字母为准。

北大科技园有限公司

地　址：北京市海淀区海淀路52号北大太平洋科技大厦17层
邮　编：100080
董事长：陈章良
总经理：叶丽宁
联系人：董　刚
电　话：010-82668020
传　真：010-82667840
电子邮件：dong-gang@163.com
成立时间：2000年9月
注册资本：10000万元
管理资本：10000万元
业务范围：创业投资
行业偏好：信息产业、医药保健、环保工程、生物科技、新材料工业、光电子与光机电一体化
阶段偏好：起步阶段、扩张阶段
地区偏好：全国

北控高科技发展有限公司

Beijing Holding Hi-Tech Develop Co.,Ltd.

地　址：北京市朝阳区安翔北里甲11号
电　话：010-64850345/46/47
电子邮件：bkgkj@95777.com
成立时间：1999年
管理资本：24900万元
行业偏好：工业、农业、电子信息、光机电一体化、新材料、新能源、节能工程、新医药、环境保护

霸菱投资

Baring capital (China) management Ltd.

地　址：北京市东三环北路8号亮马大厦1座1501室
邮　编：100004
总经理：关博仁
电　话：010-65900796
传　真：010-65906936
网　址：http://www.baringcapitalpatners.com
电子邮件：melaniewu@bpepasia.com
成立时间：1994年
管理资本：83000万元
投资规模：最低投资额 2490万元
　　　　　最高投资额 9130万元
业务范围：创业投资、基金管理、投资顾问、企业融资咨询
行业偏好：通讯、信息产业、生物科技
阶段偏好：扩张阶段、成熟阶段
地区偏好：北京、深圳

北京晨光创业投资有限公司

Beijing Chenguang Venture Capital Co., Ltd.

地　址：北京市昌平区科技园区超前路9号创业大厦408室
邮　编：102200
董事长：刘亮珍
总经理：孙　启
联系人：彭　津
电　话：010-69709488
传　真：010-69746845-802
成立时间：2000年12月
注册资本：2500万元
管理资本：2500万元
投资规模：最低投资额 120万元
　　　　　最高投资额 200万元
业务范围：创业投资、投资顾问
行业偏好：医药保健、生物科技、新材料工业、光电子与光机电一体化
阶段偏好：成长阶段
地区偏好：北京

北京创格科技集团

Beijing Trunk Technology Group

地　址：北京市海淀知春大厦128泛亚大厦201
邮　编：100086
总经理：胡　颖
电　话：010-62628859
传　真：010-82671631
网　址：http://www.vcu-china.com
电子邮件：startup@vc-china.com
成立时间：1993年12月
管理资本：49800万元
行业偏好：新技术、新材料、生物技术、信息技术
阶段偏好：种子阶段、成长阶段、扩张阶段、成熟阶段

北京创业板投资顾问有限公司

Beijing NewMarket Investment Consulting Group

地　址：北京市海淀区紫竹院路31号华澳中心公寓3号21层
邮　编：100089
董事长：张晓明
总经理：王学宗
联系人：洪　旭
电　话：010-68728858
传　真：010-68410981
网址：http://www.newmarket.com.cn

电子邮件：xuezongwang@sina.com
成立时间：1999 年 10 月
注册资本：300 万元
管理资本：5000 万元
投资规模：最低投资额 200 万元
　　　　　最高投资额 1000 万元
业务范围：投资管理、企业融资咨询、收购兼并顾问、期权设计
行业偏好：高科技企业、媒体
阶段偏好：成长阶段
地区偏好：北京、上海、广东

东圣投资有限公司（北京分公司）

Oriental Investment Co., Ltd.

地　址：北京市西城区金融街 35 号国企大厦 A 座 504-508 室
邮　编：100032
董事长：高　力
总经理：高　力
联系人：傅　毅
电　话：010-88091301/02
传　真：010-88091308
电子邮件：dstz@263.net
成立时间：1999 年 10 月
注册资本：8000 万元
管理资本：8000 万元
业务范围：创业投资、基金管理、投资顾问、企业融资咨询
行业偏好：软件产业、医药保健
阶段偏好：扩张阶段
地区偏好：北京

泛华投资集团

Global China Investments Group

地　址：北京市西城区阜成门外大街 2 号万通新世界广场 A1503
邮　编：100037
电　话：010-68588238
传　真：010-68578827

福能投资开发有限公司

地　址：北京市西城区南礼士路甲 3 号海通大厦
邮　编：100037
电　话：010-68022519/1610
传　真：010-68021771
董事长：廖国华
总经理：桑振宇
联系人：丁中刚
成立时间：1997 年 1 月
注册资本：4000 万元
管理资本：4000 万元
业务范围：创业投资

北京市丰台区综合投资公司

地　址：北京市丰台区丰北路 81 号乙
邮　编：100073
董事长：刘　宇
总经理：刘　宇
联系人：王　欢
电　话：010-63861490
传　真：010-63832277
电子邮件：snooopy.@elong.com
成立时间：1998 年 1 月
注册资本：15000 万元
管理资本：15000 万元
投资规模：最低投资额　500 万元
　　　　　最高投资额 不限
业务范围：创业投资、投资顾问、企业融资咨询
行业偏好：软件产业、信息、生物科技、新材料工业
阶段偏好：起步阶段
地区偏好：北京

国邦集团

Guobang Group

地　址：北京市海淀区白石桥路 3 号友谊宾馆苏园写字楼
电　话：010-68723873
董事长：丰　博
传　真：010-68723870
网　址：http://www.guobang.com.cn
电子邮件：guobang@public.bta.net.cn
成立时间：1995 年
管理资本：11205 万元

国富投资管理有限公司

Guofu Inuestment Co., Ltd.

地　址：北京市建外大街 1 号国贸大厦 2 座 29 层
邮　编：100004
电　话：010-65057179-38
传　真：010-65056808

北京硅谷兴业投资有限公司

Beijing Sim Investment Co., Ltd.

地　址：北京市清华大学学研大厦A座109室
邮　编：100084
董事长：张东明
总经理：张东明
联系人：刘　进
电　话：010-62770583
传　真：010-62780598
电子邮件：gimliu@sina.com
成立时间：2000年4月
注册资本：3000万元
管理资本：10000万元
投资规模：最低投资额100万元
　　　　　最高投资额　1000万元
业务范围：创业投资、基金管理、投资顾问、企业融资咨询
行业偏好：软件、信息、医药保健、环保工程、新材料工业、光电子与光机电一体化、核应用技术
阶段偏好：种子阶段、起步阶段
地区偏好：北京、东南亚及韩国

北京国恒科技集团股份有限公司

Beijing Guoheng Science and Technology Co., Ltd.

地　址：北京友谊宾馆40419室
邮　编：100873
董事长：高扬瑜
联系人：殷　宏
电　话：010-88417748
传　真：010-68498265
电子邮件：guohengjituan@sohu.com
成立时间：1994年9月
注册资本：7600万元
管理资本：7600万元
投资规模：最低投资额 100万元
　　　　　最高投资额 3000万元
业务范围：创业投资
行业偏好：软件、通讯、信息产业、医药保健、生物科技
阶段偏好：种子阶段、起步阶段、成长阶段、扩张阶段
地区偏好：北京、上海、重庆、四川、浙江、福建

北京国际电力开发投资公司

地　址：北京市西城区复兴门南大街甲2号天银大厦A西区
电　话：010-66411593
董事长：欧阳文安
总经理：邢焕楼
联系人：崔　硕
传　真：010-66411585
网　址：http://www.biti.com
成立时间：1993年9月
注册资本：100000万元
管理资本：5000万元
业务范围：创业投资
行业偏好：以电力为主、信息产业
阶段偏好：扩张阶段、成熟阶段
地区偏好：北京

北京国科新经济投资有限公司

地　址：北京市海淀区西三环北路100号金玉大厦1505
邮　编：100037
董事长：董力民
总经理：沈明宏
联系人：沈明宏
电　话：010-68429358
传　真：010-68722886
电子邮件：shen-mh@263.net
成立时间：2000年9月
注册资本：5000万元
管理资本：5000万元
投资规模：最低投资额　100万元
　　　　　最高投资额　2500万元
业务范围：创业投资、基金管理、投资顾问
行业偏好：通讯、信息、光电子与光机电一体化、新能源高效节能技术
阶段偏好：成长阶段
地区偏好：北京、陕西、黑龙江、深圳、湖北

工商亚太北京代表处

ICEA Finance Holding Ltd.

地　址：北京市金融街国企大厦B座5层
电　话：010-88091280
传　真：010-88091279
网　址：http://www.iceabjro.com
电子邮件：zb@iceabjro.com
管理资本：83000万元
行业偏好：信息技术、生物科技
阶段偏好：成熟阶段

高盛资产管理有限公司

地 址：北京市朝阳区新源南路6号京城大厦2101室
邮 编：100004
董事长：李文凯
总经理：李文凯
联系人：袁瑞雪
电 话：010-84512228
电子邮件：gaosheng@gs-bank.com
注册资本：3000万元
管理资本：3000万元
成立时间：1999年12月
业务范围：创业投资、基金管理、投资顾问、企业融资咨询
行业偏好：计算机硬件、信息、生物科技、光电子与光机电一体化、科技服务、其他重点科技、农业
阶段偏好：种子阶段、起步阶段
地区偏好：北京、上海、重庆、深圳、湖北、福建、湖南

北京高校创业股份有限公司

Beijing Institutions of Higher Education Pioneering Co., Ltd.

地 址：北京市密云县工业开发区
邮 编：101500
电 话：010-89099027
传 真：010-89099523
董事长：李永军
总经理：王晓军
联系人：杨小爱
网 址：http://www.gxcybj.com.cn
电子邮件：lyn2002@263.net
注册资本：6020万元
管理资本：6020万元
业务范围：创业投资
行业偏好：环保工程、新材料工业
阶段偏好：起步阶段
地区偏好：北京

北京高新技术创业投资股份有限公司

Beijing High Technology Venture Capital Co., Ltd.

地 址：北京市中关村南大街32号中关村科技发展大厦A座12层
邮 编：100081
董事长：商和顺
总经理：祁 榕
联系人：朱小荣
电 话：010-62140588
传 真：010-62142499
网 址：http://www.bhti.com.cn
电子邮件：zhuxr@bhti.com.cn
成立时间：1998年10月
注册资本：31000万元
管理资本：31000万元
投资规模：最低投资额 不限
最高投资额 1500万元
业务范围：创业投资、企业融资咨询
行业偏好：软件、通讯、信息、新材料工业、环保工程、新能源、高效节能
阶段偏好：种子阶段、起步阶段、成长阶段
地区偏好：北京

高阳科技投资公司

High Sun Technology Investment Co., Ltd.

地 址：北京市朝阳区惠新东街8号16层
电 话：010-84633360
传 真：010-84643299
管理资本：83000万元
成立时间：2000年4月
行业偏好：IT

汉鼎亚太公司

H&Q Asia Pacific

地 址：北京市西城区金融街国际企业大厦1112室
电 话：010-88091777
总 裁：萧永强
传 真：010-88091777
网 址：http://www.hqap.com
电子邮件：siewwwk@netvigator.com
成立时间：1985年
管理资本：149400万元
行业偏好：储备科技、半导体、消费性产品、电脑周边软体、通讯业

韩国技术金融株式会社北京办事处

KTB Network

地 址：北京国贸大厦1座516
邮 编：100004
董事长：裴汉石
电 话：010-65052583
传 真：010-65051334
网 址：http://www.ktb.co.kr

电子邮件：hsbae@ktb.co.kr
成立时间：2001年2月

北京火炬诚信投资有限公司

Torch Honesty Investment & Consultant Co., Ltd.

地　址：北京市西城区木樨地北里甲11号国宏大厦B座1902室
邮　编：100038
董事长：彭支援
总经理：彭支援
联系人：刘　伟
电　话：010-63908985
传　真：010-63908977
网　址：http://www.vci.com.cn
电子邮件：vci@vci.com.cn
成立时间：1997年
注册资本：2502万元
管理资本：10000万元
投资规模：最低投资额 10万元
　　　　　最高投资额 8000万元
业务范围：创业投资、基金管理、投资顾问、企业融资咨询、投资担保
行业偏好：生物科技、软件、通讯、信息、新医药、新材料工业、环保工程
阶段偏好：起步阶段、成长阶段
地区偏好：北京、上海、天津、深圳

花旗投资基金

Citicorp

地址：北京东城区建国门内大街7号光华长安大厦1座16层
邮编：100005
电话：010-65102933转7288
传真：010-65102987
电子邮件：eric.ming@citicorp.com
成立时间：2000年12月

红塔创新投资股份有限公司

China Hongta Venture Capital Investment Co., Ltd.

地　址：北京市复兴门内大街158号运洋大厦四层
邮　编：100031
电　话：010-66411166
传　真：010-66411166-695
网　址：http://www.capital.net.cn
电子邮件：sandyhill@sina.com
成立时间：2000年6月
注册资本：20000万元
管理资本：20000万元
业务范围：创业投资

北京汉世纪创业投资有限公司

Sino-Century Assets Management Co., Ltd.

地　址：北京市西长安街88号首都时代广场东翼512室
邮　编：100031
电　话：010-83915180　83915249
传　真：010-83915244
电子邮件：mamie@sino-century.com

华夏世纪创业投资有限公司

China Century Venture Capital Co., Ltd.

地　址：北京市东城区新中街68号1号楼
邮　编：100027
董事长：赵大建
总经理：杨广立
联系人：王志忠
电　话：64067841
传　真：64067834
成立时间：2000年11月
注册资本：17000万元
管理资本：20000万元
投资规模：最低投资额 200万元
　　　　　最高投资额 3000万元
业务范围：创业投资、投资顾问、企业融资咨询
行业偏好：软件、通讯、信息、环保工程、生物科技、新材料工业、光电子与光机电一体化、新能源、高效节能技术
阶段偏好：起步阶段、成熟阶段
地区偏好：北京、黑龙江、陕西

北京恒银投资管理有限公司

Beijing Headwin Investment Management Co., Ltd.

地　址：北京市西城区月坛北街2号月坛大厦1610
邮　编：100045
电　话：010-68083102-07
传　真：010-68083108
网　址：http://www.handwin.com
电子邮件：headwin@163bj.com

汇亚资金管理有限公司
Transact Capital Pet Co., Ltd.

地　址：北京市建国门外大街1号国贸1座620
邮　编：100004
董事长：梁家锵
总经理：王　谦
联系人：王　谦
电　话：010-65055208
传　真：010-65055219
网　址：http://www.transpac-capital.com
电子邮件：wq@transpac-capital.com
成立时间：1989年
投资规模：最低投资额 830万元
　　　　　最高投资额 41500万元
业务范围：创业投资、基金管理
行业偏好：软件、计算机硬件、通讯、信息、半导体、医药保健、环保工程、生物科技、新材料工业、光电子与光机电一体化、制造业
阶段偏好：起步阶段、成长阶段、扩张阶段、成熟阶段
地区偏好：北京、天津、上海、广州、深圳、香港、台湾、澳门、江苏、湖北、广东

IDG技术创业投资基金
IDG VC

地　址：北京建国门内大街8号中粮广场A座616
电　话：010-65262400
副总裁：李建光
传　真：010-65260700
网　址：http://www.idgvc.com.cn
电子邮件：idgvc@idgvc.com.cn
管理资本：830000万元
投资规模：最低投资额　415万元
　　　　　最高投资额　4150万元
行业偏好：互联网信息服务、软件、电子信息、生物工程

北京金昌投资咨询有限公司
Beijing Jinchang Investment & Consultation Co., Ltd.

地　址：北京东城朝阳门北大街8号富华大厦F座17层
邮　编：100027
董事长：齐凌峰
总经理：齐凌峰
联系人：刘占涛
电　话：010-65541306
传　真：010-65541678
电子邮件：zt-lin@263.net
成立时间：1994年
注册资本：2017万元
管理资本：3000万元
投资规模：最低投资额 60万元
　　　　　最高投资额 360万元
业务范围：创业投资、投资顾问、企业融资咨询
行业偏好：软件、通讯、医药保健
阶段偏好：起步阶段
地区偏好：北京、新疆、天津

北京金诚信投资有限公司
Beijing Golden Trust Innvestment Co., Ltd.

地　址：北京市复兴门外大街6号光大大厦1409室
邮　编：100045
电　话：010-68561799
传　真：010-68560479
电子邮件：chenjie2000@fm365.com

北京济丰兴业投资管理公司

地　址：北京建国门大街19号国际大厦601
邮　编：100004
董事长：谈理平
总经理：谈理平
联系人：王　茵
电　话：010-65254353
传　真：010-65007699
网　址：http://www.mcschina.com
电子邮件：Garce-wang@pacific-millennium.com
成立时间：2000年2月
注册资本：1000万元
管理资本：1000万元
业务范围：投资顾问、企业融资咨询
行业偏好：环保、通讯、纸制品业

北京金港创业投资顾问有限公司
Beijing Gold Harbor Investment Consulting Co., Ltd.

地　址：北京市海淀区花园路13号太华商务中心204
邮　编：100088
董事长：唐金龙
总经理：刘志勇
联系人：江　林

电　话：010-62073380
传　真：010-62073381
电子邮件：goldharber@263.net
成立时间：2000年3月
注册资本：100万元
管理资本：3000万元
投资规模：最低投资额　100万元
　　　　　最高投资额　1000万元
业务范围：创业投资、投资顾问、企业融资咨询
行业偏好：信息、医药保健、新材料工业、
阶段偏好：起步阶段、扩张阶段
地区偏好：北京、山西、内蒙古、山东

北京金冠投资有限公司

地　址：北京市东城区东中街58号美惠大厦3单元801号
邮　编：100027
董事长：毕明德
总经理：刘江海
联系人：吴应里
电　话：010-65542710
传　真：010-65542711
成立时间：2000年1月
注册资本：3000万元
管理资本：40000万元
投资规模：最低投资额 100万元
　　　　　最高投资额　2000万元
业务范围：创业投资、投资顾问、企业融资咨询
行业偏好：软件、通讯、信息、医药保健、生物科技、光电子与光机电一体化
阶段偏好：成长阶段、扩张阶段
地区偏好：北京、重庆、湖北、贵州

技孵全球投资公司

Global Internet Ventures

地　址：北京市建国门外大街1号国贸大厦B座
电　话：010-65052505
总经理：麦健陆 James McGregor
传　真：010-65052501
网　址：http://www.givinc.com
电子邮件：jim@givinv.com
成立时间：2000年
管理资本：11620万元
行业偏好：通讯、IT

金戈投资

Javelin Investments

地　址：北京市海淀区北太平庄路25号豪威大厦212
电　话：010-62381066
董事长：金永益
传　真：010-62381069
网　址：http://www.jinge.com.cn
电子邮件：client@jinge.com.cn
成立时间：1999年
投资规模：最低投资额　415万元
　　　　　最高投资额　830万元
行业偏好：电子信息、制造业、通讯
阶段偏好：扩张阶段

北京骏基投资管理有限公司

Beijing Junji Investment Consultants

地　址：北京市朝阳区安立路66号安立花园2号楼D座1001
邮　编：100101
董事长：任　伟
总经理：胡家武
联系人：胡家武
电　话：010-64906901/2/3
传　真：010-64906900
电子邮件：rw.jh@163.com
成立时间：1999年9月
注册资本：1600万元
管理资本：1600万元
投资规模：最低投资额　不限
　　　　　最高投资额 3000万元
业务范围：创业投资、投资顾问、企业融资咨询
行业偏好：软件、医药保健、环保工程、新材料工业、资源开发工业、光电子与光机电一体化、新能源、高效节能技术
阶段偏好：成长阶段、扩张阶段
地区偏好：北京、深圳

科创投资有限公司

TechFoster Technology Venture Ltd.

地　址：北京建国门外大街1号国贸大厦1座2728室
电　话：010-65050601
传　真：010-65052412
网　址：http://www.techfoster.com
电子邮件：david.zhang@techfoster.com
成立时间：2000年5月

管理资本：1660万元
阶段偏好：信息技术、互联网及通讯应用技术
投资阶段：种子阶段、扩张阶段

北京科技风险投资股份有限公司
Beijing Venture Capital Co., Ltd.

地　址：北京海淀区中关村南大街3号海淀科技大厦10层
邮　编：100081
董事长：杨　实
总经理：王晓龙
联系人：钱　辉
电　话：010-68943739
传　真：010-68943779
网　址：http://www.bvcc.com.cn
电子邮件：bvcc@bvcc.com.cn
成立时间：1998年10月
注册资本：50000万元
管理资本：100000万元
业务范围：创业投资
阶段偏好：种子阶段、成长阶段
地区偏好：北京

北京科技园项目评价公司
Beijing Science & Technology Park Project Evaluation Co.,Ltd.

地　址：北京海淀区倒座庙9号（乙），中关村管委会414室
邮　编：100080
董事长：牛近明
总经理：陈贵如
联系人：陈贵如
电　话：010-82690414
传　真：010-82690506
网　址：http://www.zgc.gov.cn
电子邮件：grchen@zgc.gov.cn
成立时间：1999年8月
注册资本：30万元
管理资本：500万元
投资规模：最低投资额 1万元
　　　　　最高投资额 不限
业务范围：基金管理
行业偏好：通讯、信息、半导体、医药保健、环保工程、生物科技、新材料工业、资源开发工业、光电子与光机电一体化、新能源、高效节能技术
阶段偏好：成长阶段、扩张阶段、成熟阶段
地区偏好：北京

康联马洪（中国）投资管理有限公司
CMG Mahon Investment Management

地　址：北京东城区东四十条港澳中心写字楼14层
邮　编：100004
电　话：010-65068908
传　真：010-65012526
电子邮件：simonh@cmgmahon.com
管理资本：83000万元

北京联办投资管理有限公司
Beijing SEEC Investment Management Co., Ltd.

地　址：北京市朝阳门外大街22号泛立大厦11层
邮　编：100020
总经理：周其仁
电　话：010-65885002
传　真：010-65885004 65880214
网　址：http://www.seecinvest.com.cn
成立时间：1989年
管理资本：20750万元
投资规模：最低投资额 830万元
　　　　　最高投资额 4150万元
行业偏好：信息技术、软件、电子信息、金融服务、通讯
阶段偏好：种子阶段、初创期、扩张期

利德投资有限公司
Leader Investment Co., Ltd.

地　址：北京市朝阳区亚运村汇园国际公寓F座20层
邮　编：100101
董事长：于　波
总经理：于　波
联系人：陈元生
电　话：010-84986699
传　真：010-84988876
网　址：http://www.leader-invest.com
电子邮件：yourfriend@leader-invest.com
成立时间：1998年5月
注册资本：30000万元
管理资本：30000万元
投资规模：最低投资额 1000万元
　　　　　最高投资额 不限
业务范围：创业投资
行业偏好：软件、计算机硬件产业、信息、医药保健、新材料工业、生物科技、传统型非科技企业
阶段偏好：扩张阶段

北京联和运通投资顾问有限公司
Genesis Capital Consulting& Management Ltd.

地　址：北京市朝阳区建国门外永安东里8号华彬国际大厦20层
邮　编：100022
董事长：张树新
总经理：张　朴
联系人：曹　蕾
电　话：010-85288998
传　真：010-85288890
网　址：http：//www.genesis-cap.com
电子邮件：webmaster@genesis-cap.com
成立时间：2000年5月
注册资本：2075万元
管理资本：41500万元
投资规模：最低投资额 200万元
　　　　　最高投资额 5000万元
业务范围：基金管理、投资顾问
行业偏好：软件、通讯、信息
阶段偏好：种子阶段
地区偏好：北京、上海、江苏、广东、山西、山东

龙科创业投资管理有限公司
Dragontech Ventures Co.,Ltd.

地　址：北京市建国门内大街8号中粮广场A座516室
邮　编：100005
总经理：邵　俊
联系人：肖　立
电　话：010-65244083
传　真：010-65137941
网　址：http：//www.dragontechventures.com
电子邮件：jessica.zhang@dragontechventures.com
成立时间：2000年4月
注册资本：1000万元
管理资本：60000万元
业务范围：创业投资、基金管理
行业偏好：软件、通讯、信息、半导体、环保工程、
　　　　　生物科技、科技服务
阶段偏好：起步阶段、成长阶段、扩张阶段
地区偏好：北京、上海、湖北

北京蓝血科技风险投资有限公司

地　址：北京西城区南礼士路66号建威大厦506室
邮　编：100045
董事长：李　明
总经理：李　明
联系人：姬兴慧
电　话：010-86821599
传　真：010-68018069
网　址：http：//www.blueblood.com.cn
电子邮件：johnx@public.east.com.cn
成立时间：2000年3月
注册资本：3500万元
管理资本：3500万元
业务范围：创业投资
行业偏好：生物科技
阶段偏好：起步阶段
地区偏好：重庆

联想投资有限公司
Legend Capital Ltd.

地　址：中关村科学院南路2号融科资讯中心A座
邮　编：100080
董事长：柳传志
总经理：朱立南
联系人：徐　杨
电　话：010-62508000
传　真：010-62509100
网　址：http：//www.legendcapital.com.cn
电子邮件：xuyang@legendcapital.com.cn
成立时间：2001年3月
注册资本：20000万元
管理资本：20000万元
业务范围：创业投资
行业偏好：IT、电信、网络设备、企业应用软件、IT服务、
　　　　　半导体芯片设计
阶段偏好：种子阶段、成长阶段
地区偏好：中国

美国康赛可全球投资有限公司（中国区）
Conseco Global Investments

地　址：北京市国贸九层1座1518室
邮　编：100004
总经理：蔡嘉桦
电　话：010-65055636
传　真：010-65055635
网址：http：//www.conseco.com
电子邮件：conseco@public.bta.net.cn
成立时间：1997年3月
管理资本：83500万元
业务范围：基金管理

美商中经合集团

WI Harper Group

地　址：北京市朝阳区工体北路甲 2 号盈科中心 IBM 大厦 806 室
邮　编：100021
董事长：Peter Liu
首席代表：Cynthia Qiu
联系人：Tina Li
电　话：010-65391365/6
传　真：010-65391367
网　址：http://www.wiharper.com
电子邮件：wih@wiharper.com.cn
成立时间：1996 年
管理资本：190000 万元
投资规模：最低投资额　400 万元
　　　　　最高投资额　4000 万元
业务范围：基金管理、企业融资咨询
行业偏好：软件、通讯、信息、半导体、医药保健、生物科技
阶段偏好：起步阶段、成长阶段、扩张阶段
地区偏好：　美国、台湾、北京、上海、香港等

毛里求斯英联投资有限公司

CGL-CDC China Capital Partners

地　址：北京市朝阳区国贸中心 2 座 2401
邮　编：100004
联系人：王良韬
电　话：010-65056655
传　真：010-65058111
电子邮件：twang@cdcgrup.com
成立时间：2000 年 9 月
注册资本：415 万元
管理资本：83000 万元
投资规模：最低投资额 2400 万元
　　　　　最高投资额 12000 万元
业务范围：基金管理
阶段偏好：扩张阶段、成熟阶段

美林集团

Meml Lynch

地　址：北京市建国门外大街 1 号国贸大厦 2 座 3616
邮　编：100004
电　话：010-65050215
传　真：010-65050278
网　址：http://www.merrillynch.com
电子邮件：lip_qiu@hk.ml.com
成立时间：1914 年

北京市能源投资公司

Beijing Energy Investment Company

地　址：北京市海淀区定慧北里 23 号五楼
邮　编：100036
总经理：黎　力
联系人：任启贵
电　话：010-88131066
传　真：010-88131069
网　址：http://www.beic.com.cn
电子邮件：nytz@public.yeeyoo.com.cn
成立时间：1993 年
注册资本：3000 万元
管理资本：4500 万元(用于创业投资的自有资金 1000 万元)
投资规模：最低投资额　300 万元
　　　　　最高投资额　400 万元
业务范围：创业投资
行业偏好：环保工程、新能源、高效节能技术
阶段偏好：起步阶段、成长阶段
地区偏好：北京

普讯创业投资股份有限公司

WK Technology Fund

地　址：北京市东城区东中街 58 号美惠大厦三单元五层
邮　编：100027
电　话：010-65543586 65543587
传　真：010-65543587
电子邮件：mkung@wktech.com.tw
成立时间：1989 年 12 月
管理资本：41500 万元

启峰基金管理有限公司

Aristech Ventures Ltd.

地　址：北京市燕莎中心写字楼 C311 房间
邮　编：100016
联系人：王　钧
电　话：010-64651303/4/5
传　真：010-64651802
网址：http://www.asiatechgroup.com
电子邮件：jwang@asiatechgroup.com
成立时间：1997 年 11 月 2 日
注册资本：4000 万元
管理资本：19000 万元
投资规模：最低投资额　500 万元
　　　　　最高投资额　3000 万元

业务范围：创业投资
行业偏好： 软件、通讯、信息、
阶段偏好：起步阶段
地区偏好： 北京、天津、上海、广州、深圳、广东、四川

清华科技创业投资有限公司

Tsinghua Venture Capital Co., Ltd.

地　址：北京市清华大学华业大厦 2608 室
邮　编：100084
董事长：何建坤
总经理：邓　华
联系人：张小蓓
电　话：010-62791195
传　真：010-62780287
网　址：http://www.tsinghuavc.com
电子邮件：thvc@tsinghuavc.com
成立时间：2000 年 4 月
注册资本：20000 万元
管理资本：20000 万元
投资规模：最低投资额 100 万元
　　　　　最高投资额 5000 万元
业务范围：创业投资
行业偏好： 软件、通讯、半导体、环境保护、生物科技、新材料工业、新能源
阶段偏好： 种子阶段、成长阶段
地区偏好： 北京、上海、深圳

清华科技园技术资产经营有限公司

Tsinghua Science Park Innovation Co., Ltd.

地　址：海淀区双清路清华大学学研大厦 B 座 1012 室
邮　编：100084
电　话：010-62776611
传　真：010-62776606
网　址：http://www.thsp.com.cn
电子邮件：caod@thsp.com.cn

清华兴业投资管理有限公司

Tsinghua Investment Management Co., Ltd.

地　址：清华大学学研大厦 B708
邮　编：100084
董事长：赵纯均
总经理：潘福祥
联系人：蒋水冰
电　话：010-62780147
传　真：010-62780159
网　址：http://www.etsinghua.com
电子邮件：jiangshb@imtsinghua.com.cn
成立时间：1999 年 9 月
注册资本：1000 万元
管理资本：1000 万元
业务范围： 创业投资、基金管理、投资顾问、企业融资咨询
行业偏好：医药保健、生物科技、新材料工业、新能源、高效节能技术、制造业
阶段偏好： 种子阶段、起步阶段
地区偏好：北京、深圳、四川、长江三角洲

清华紫光科技创新投资有限公司

Tsinghua Unisplendour Hi-Tech Venture Capital Inc.

地　址：北京市紫竹院路 29 号香格里拉写字楼 468 室
邮　编：100089
董事长：张本正
总经理：刘宏飞
联系人：张朝辉
电　话：010-68434878
传　真：010-68434877
网　址：http://www.thuvc.com.cn
电子邮件：thuvc@163.com
成立时间：2000 年 3 月
注册资本：25000 万元
管理资本：25000 万元
投资规模：最低投资额　300 万元
　　　　　最高投资额 3000 万元
业务范围：创业投资
行业偏好： 生物科技、新材料工业、IT
阶段偏好： 成长阶段、扩张阶段
地区偏好：中国

北京青年创业投资有限公司

Beijing Centek Venture Capital Co.,Ltd.

地　址：北京市海淀区清华大学学研大厦 B 座三层
邮　编：100084
董事长：张杰庭
总经理：高　斌
联系人：张艾伦
电　话：010-62770005/6
传　真：010-62770009
网址：http://www.bjcvc.com.cn
电子邮件：bjcvc@bjcvc.com.cn

成立时间：2000年4月
注册资本：8000万元
管理资本：8000万元
投资规模：最低投资额　50万元
　　　　　最高投资额　500万元
业务范围：创业投资、投资顾问、企业融资咨询
行业偏好：通讯、环保工程、光电子与光机电一体化
阶段偏好：种子阶段、起步阶段、
地区偏好：安徽

北京仁和投资管理有限公司

地　址：北京市友谊宾馆苏园公寓61142室
邮　编：100873
董事长：宋建元
联系人：张雨霞
电　话：010-68498490
传　真：010-68498492
成立时间：1998年5月
注册资本：3000万元
管理资本：3000万元
业务范围：创业投资
行业偏好：通讯、信息、其他重点科技
阶段偏好：起步阶段、成长阶段、
地区偏好：北京、深圳、江苏

荣知园国际投资有限公司
Technopark Tower Investment

地　址：北京市西城区金融街23号平安大厦910室
邮　编：100032
电　话：010-66214168/9
传　真：010-66214158
电子邮件：lixin_t@263.net
成立时间：1999年9月
行业偏好：传统行业触网、软件、通讯
管理资本：2490万元
阶段偏好：种子阶段、成长阶段

软银亚洲基础设施基金
Soft Bank Asia Infrastructure Fund

地　址：北京市东城区朝阳门北大街6号万泰北海大厦16层
邮　编：100027
电　话：010-85282666转8100
传　真：010-85282558
电子邮件：jzhou@sbcvc.com
管理资本：83000万元

软件中华基金
SoftBank China Venture Investment

地　址：北京市东城区朝阳门北大街6号万泰北海大厦11层
邮　编：100027
电　话：852-21552688 010-65542030转732
传　真：852-21559896 010-655420
网　址：http：//www.sbcvi.com.hk58
电子邮件：sbcvi@softbank.com.hk
管理资本：41500万元
投资规模：最低投资额 830万元
　　　　　最高投资额　4150万元
行业偏好：信息技术、通讯、软件、电子信息
阶段偏好：起步阶段、成长阶段、扩张阶段

北京赛迪创业投资有限公司
Beijing CCID Venture Capital Co.,Ltd.

地　址：北京市海淀区紫竹院路66号赛迪大厦16层
邮　编：100044
董事长：苟仲文
总　裁：陈大志
联系人：李　滨
电　话：010-88559682
传　真：010-88559680
网　址：http：//www.ccidvc.com
电子邮件：ciw_libin@ciw.com.cn
成立时间：2000年7月
注册资本：7000万元
管理资本：7000万元
投资规模：最低投资额 100万元
　　　　　最高投资额　3000万元
业务范围：创业投资、基金管理、投资顾问
行业偏好：软件、通讯、计算机硬件、信息、半导体、科技服务
阶段偏好：起步阶段、成长阶段、
地区偏好：北京、上海、重庆、西安、广州、深圳、吉林、黑龙江

三孚创业投资控股有限公司
Sun Full Pioneering Investment Holding Co., Ltd.

地　址：北京市复兴路9号军事博物馆东楼
邮　编：100038
董事长：盛骏飞
总经理：盛骏飞
联系人：苏志华
电　话：010-68574346

传　真: 010-68574350
网　址: http: //www.chinasunfull.com
电子邮件: sunfull@chinasunfull.com
成立时间: 1997年
注册资本: 2150万元
管理资本: 2150万元
投资规模: 最低投资额 不限
　　　　　最高投资额　1000万元
业务范围: 创业投资、基金管理、投资顾问、企业融资咨询、企业改制咨询
行业偏好: 生物科技、新材料工业、其他重点科技
阶段偏好: 起步阶段
地区偏好: 不限

世纪方舟投资有限公司

Millennium Ark Investment Co., Ltd.

地　址: 北京市海淀区中关村南大街乙56号方圆大厦13层
邮　编: 100044
董事长: 施　永
总经理: 宋欲鸣
联系人: 孙宇智
电　话: 010-88026547
传　真: 010-88026546
网　址: http: //www.millenniumark.com.cn
电子邮件: sunyz@millenniumark.com.cn
成立时间: 1999年10月
注册资本: 5000万元
管理资本: 30000万元
投资规模: 最低投资额 100万元
　　　　　最高投资额 2000万元
业务范围: 创业投资、投资顾问、管理咨询
行业偏好: 软件、新材料工业、光电子与光机电一体化、生物医药、精细化工
阶段偏好: 成长阶段、成熟阶段
地区偏好: 北京、陕西、浙江、辽宁、安徽

世纪兴业投资有限公司

Century Industrial Investment Co., Ltd.

地　址: 北京市安定路35号安华发展大厦9层
邮　编: 100029
董事长: 刘志远
总经理: 戴家宏
电　话: 010-64416600
传　真: 010-64426077
成立时间: 1998年6月
注册资本: 13600万元
管理资本: 13600万元
投资规模: 最低投资额 视项目而定
　　　　　最高投资额 视项目而定
业务范围: 创业投资、基金管理、投资顾问、企业融资咨询
行业偏好: 通讯、环保工程、生物科技、
阶段偏好: 起步阶段
地区偏好: 北京

SK中国(创业投资部)

SK CHINA

地　址: 北京市建国门外大街1号国贸大厦2座3101-3110
邮　编: 100004
董事长: 金相国
总经理: 韩文祺
联系人: 虞　斌
电　话: 010-65383388
传　真: 010-65057235
网　址: http: //www.SK.com.cn
电子邮件: yubin@SK.com.cn
成立时间: 1999年10月
注册资本: 10790万元
管理资本: 10790万元
投资规模: 最低投资额 200万元
　　　　　最高投资额 1200万元
业务范围: 创业投资、投资顾问
行业偏好: 软件、信息、生物科技
阶段偏好: 种子阶段、起步阶段
地区偏好: 北京、上海

神通集团联讯管理顾问股份有限公司

Harbinger Venture Management Co., Ltd.

地　址: 北京市建国门外大街1号国贸大厦二座706室
邮　编: 100004
董事长: 苗丰强
总经理: 周德虔
联系人: 王琦夏
电　话: 65059696-2005
传　真: 65059697
网　址: http: //www.harbingerVC.com
电子邮件: tracyw@synnex-china.com
成立时间: 1999年12月
注册资本: 250万元
管理资本: 84600万元
投资规模: 最低投资额 40万元
　　　　　最高投资额 2500万元

业务范围：创业投资、基金管理
行业偏好：通讯、网络、光电子与光机电一体化、半导体、软件、信息、新材料工业
阶段偏好：扩张阶段
地区偏好：北京、上海

三星中国投资公司
Esamsung China

地　址：北京市朝阳门东环南路2号招商局大厦28楼
邮　编：100022
电　话：010-65668100
传　真：010-65669389
网　址：http://www.esamsung.com
成立时间：2000年6月
管理资本：16600万元
行业偏好：信息产业

SuneVision Holding（北京代表处）

地　址：北京市东城区王府井大街138号新东安广场2座11楼1117室
邮　编：100006
电　话：010-65281822
传　真：010-65281823
网　址：http://www.sunevision.com
电子邮件：Beijingoffice@sunevision
成立时间：2000年
行业偏好：信息技术

特华投资控股有限公司
Tehua Investment Holding Co., Ltd.

地　址：北京市金融大街23号平安大厦1层
邮　编：100032
董事长：李光荣
总经理：李光荣
联系人：李伟群
电　话：010-66210787
传　真：010-66210788
网　址：http://www.tehua.com
电子邮件：info@tehua.com
成立时间：1998年6月
注册资本：5000万元
管理资本：5000万元
投资规模：最低投资额 500万元
最高投资额 5000万元

业务范围：创业投资、投资顾问、企业融资咨询
行业偏好：信息、医药保健、生物科技
阶段偏好：起步阶段、扩张阶段
地区偏好：北京、湖北

万年投资集团
Wannian Group

地　址：北京市朝阳区潘家园9号院濠景阁大厦二层
电　话：010-87701377
传　真：010-87701379
电子邮件：wannianvest@263.net

万通投资集团
Vantone Investment Group

地　址：北京市西城区阜成门外大街2号A_1701北京万通新世界A_701
电　话：010-68587845
传　真：010-68588266
网　址：http://www.vantone.com
电子邮件：guangminwang@yahoo.com
成立时间：1994年7月
注册资本：2490万元
行业偏好：软件、通讯、生物科技、新材料工业、新能源
阶段偏好：种子阶段

北京维欣时代科技发展有限公司
VC China

地　址：北京市海淀区知春路128号泛亚大厦1302室
邮　编：100086
董事长：刘曼红
总经理：胡　波
联系人：姚　旭
电　话：010-62529375
传　真：010-62529377
网　址：http://www.vcchina.com
电子邮件：xyao@vcchina.com
成立时间：1997年7月
注册资本：664万元
业务范围：创业投资中介及咨询服务
行业偏好：软件、通讯、医药保健、生物科技、新材料工业、新能源、高效节能技术
阶段偏好：种子阶段、起步阶段
地区偏好：上海、深圳

湘财证券创新发展总部

Xiang Securities Innovation Development Department

地　址：北京市朝阳区惠新东街2号
邮　编：100029
董事长：陈学英
总经理：谭文清
联系人：谭文清
电　话：010-64976813
传　真：010-64973632
网　址：http：//www.xcsc.com
电子邮件：Liujianping@263.net
成立时间：2000年5月
注册资本：100200万元
管理资本：100200万元
业务范围：创业投资、投资顾问、企业融资咨询
行业偏好：软件、计算机硬件、通讯、信息、半导体、医药保健、环保工程、生物科技、新材料工业、新能源、高效节能技术
阶段偏好：扩张阶段、成熟阶段
地区偏好：北京、天津、上海、重庆、西安、深圳、辽宁、四川、陕西、吉林、黑龙江、安徽、浙江、湖南、广西

北京新富投资有限公司

Beijing New Fortune Investment Co.,Ltd.

地　址：北京市东城区朝阳门北大街8号富华大厦F座9
邮　编：100027
电　话：010-65542713
传　真：010-65542711

新加坡政府投资（北京）有限公司

Government Of Singapore Investment Co., Ltd.

地　址：北京市建国外大街1号国贸大厦1座12层
电　话：010-65051653
副总裁：洪荣兴
传　真：010-650555914
网　址：http：//www.gic.com.sg
电子邮件：dannyho@gic.com.sg
成立时间：1998年
管理资本：830000万元
行业偏好：高科技
阶段偏好：扩张阶段

北京信中利投资有限公司

China Equity Investment Co., Ltd.

地　址：北京市建国门外大街1号国贸西楼509
邮　编：100004
董事长：汪潮涌
总经理：汪潮涌
联系人：魏　勤
电　话：010-65056504
传　真：010-65056110
网　址：http：//www.chinaequity.net
电子邮件：witla@chinaequity.net
成立时间：1999年5月
注册资本：2000万元
管理资本：2000万元
投资规模：最低投资额　830　万元
　　　　　最高投资额　1300万元
业务范围：创业投资、投资顾问、企业融资咨询、投资管理
行业偏好：软件、通讯、环保工程、高科技项目
阶段偏好：扩张阶段、成熟阶段
地区偏好：北京、深圳、湖北、上海

新闻集团

New Corp Digital Ventures

地　址：北京市朝阳区光华嘉里中心北楼1301室
电　话：010-85298668
传　真：010-85299169
管理资本：2490万元
行业偏好：信息技术、互联网
阶段偏好：种子阶段

元成基业有限公司（北京办事处）

Nuovo Assets Ltd.

地　址：北京市海淀区友谊宾馆迎宾楼B座04-05室
邮　编：100873
董事长：李国麟
联系人：刘　义
电　话：010-65882086
传　真：010-68946494
网　址：http：//www.vcdaddy.com
电子邮件：arthur.liu@vcdaddy.com
成立时间：2000年10月
管理资本：22000万元
投资规模：最低投资额 1200万元
　　　　　最高投资额 6000万元

业务范围：创业投资、基金管理、投资顾问、企业融资咨询
行业偏好：软件、计算机硬件、通讯、半导体、生物科技、光电子与光机电一体化
阶段偏好：种子阶段、起步阶段、成熟阶段
地区偏好：北京、上海、广州、深圳、香港、台湾

北京永丰国际信息园开发有限责任公司

Beijing International Information Garden Co., Ltd.

地　址：北京市西城区阜外大街9号
邮　编：100037
董事长：王天怡
联系人：朱　进
电　话：010-68001188-228
传　真：010-68001287
网　址：http://www.ciic-bj.com.cn
成立时间：1996年8月
注册资本：3000万元
管理资本：3000万元
投资规模：最低投资额 300万元
　　　　　最高投资额 3000万元
业务范围：创业投资
行业偏好：通讯、信息、半导体、医药保健、生物科技、新材料工业、科技服务
阶段偏好：扩张阶段、成熟阶段
地区偏好：北京

北京永晖投资有限公司

地　址：北京市朝阳区北京东路关东下别墅17号楼
邮　编：100101
董事长：王兴春
总经理：王雅旭
电　话：010-64921111
传　真：010-64938880
网　址：http://www.winsway.com
电子邮件：chifengtang@winswang.com
成立时间：1999年11月
注册资本：5100万元
管理资本：23000万元
投资规模：最低投资额 50万元
　　　　　最高投资额 5100万元
业务范围：创业投资
行业偏好：软件、信息、传统型非科技企业
阶段偏好：成长阶段
地区偏好：北京、天津、上海、重庆、澳门、广东、吉林、内蒙古、山东、浙江

亚科网创业资金管理有限公司

Techpacific Venture Capital Co., Ltd.

地　址：北京市朝阳区光华路一号9嘉里中心北楼2908室
电　话：010-85296170
传　真：010-85296163
网　址：http://www.techpacific.com
电子邮件：chang@techpacific.com
管理资本：54780万元
阶段偏好：种子阶段、成长阶段

英属开曼岛中国华登管理有限公司

China Waldenintl Management Co., Ltd

地　址：北京市东长安街1号东方广场W1座206室
邮　编：100738
电　话：010-85182176 85182190
传　真：010-85182179
网　址：http://www.waldenintl.com
电子邮件：vcbe@Waldenintlcom

北京运时投资管理公司

Beijing Yunshi Investment Management Co., Ltd.

地　址：北京市东城区朝阳门北大街6#万泰北海大厦616室
邮　编：100027
董事长：王健摄
总经理：王健摄
联系人：康小娟
电　话：010-85282669
传　真：010-85282677
成立时间：1999年12月
注册资本：7000万元
管理资本：7000万元
投资规模：最低投资额 100万元
　　　　　最高投资额 2000万元
业务范围．创业投资、基金管理、投资顾问、企业融资咨询、购并重组
行业偏好：软件、计算机硬件、通讯、信息、医药保健、环保工程、生物科技、新材料工业、资源开发工业
阶段偏好：成长阶段、扩张阶段
地区偏好：北京、上海、山东、沿海地区

亚洲数码联盟风险投资公司

Asia Cyber Republic Ltd.

总经理：苏绍文

联系人：苏绍文
电子邮件：vcracrventure@sina.com
成立时间：2000 年 3 月
注册资本：100 万元
投资规模：最低投资额 500 万元
　　　　　最高投资额 3000 万元
业务范围：创业投资
行业偏好：软件、通讯、信息、光电子与光机电一体化
阶段偏好：起步阶段、成长阶段
地区偏好：北京、上海、西安、深圳、香港、

亚洲战略投资管理公司

ASIMCO Co., Ltd.

地　址：北京市朝阳区将台路 2 号南侧丽园中心 4 层
电　话：010-64382750
传　真：010-64382735/6
成立时间：1994 年 2 月
管理资本：66400 万元
行业偏好：汽车零部件、工业产品、啤酒制造业、其他消费及服务业

中邦投资控股有限公司

地　址：北京市海淀区西三环北路 27 号北克大厦 10 层
邮　编：100089
董事长：于　军
总经理：于　军
联系人：闫文鸿
电　话：010-68425270
传　真：010-68425268
网　址：http://www.chinpon.com.cn
成立时间：1998 年 5 月
注册资本：1080 万元
管理资本：1080 万元
投资规模：最低投资额 50 万元
　　　　　最高投资额 不限
业务范围：创业投资、投资顾问、企业融资咨询
行业偏好：软件、信息、传统型非科技企业
阶段偏好：种子阶段
地区偏好：北京

中财国企投资有限公司

地　址：北京市平安里西大街 43 号官园国旅大厦
邮　编：100035
董事长：王　刚
总经理：姚文刚
联系人：王春生
电　话：010-66521538
传　真：010-66521536
电子邮件：cseic@public3.bat.net.cn
成立时间：1999 年 10 月
注册资本：8000 万元
管理资本：8000 万元
业务范围：创业投资、投资顾问
行业偏好：信息、医药保健、环保、生物科技、新材料工业
阶段偏好：起步阶段
地区偏好：北京、河北

北京中富投资管理有限公司

Beijing Zhongfu Investment & Management Co., Ltd.

地　址：北京市亚运村汇园公寓 N 座 1701
邮　编：100101
董事长：周　飞
总经理：周　翔
联系人：周　翔
电　话：010-84977364
传　真：010-64923176
网　址：http://www.zfinvest.com
电子邮件：zhouxiang@hotmail.com
成立时间：2000 年 3 月
注册资本：1000 万元
管理资本：8000 万元
投资规模：最低投资额 50 万元
　　　　　最高投资额 4000 万元
业务范围：创业投资、投资顾问、企业融资咨询
行业偏好：软件、通讯、信息、环保工程、新材料工程
阶段偏好：扩张阶段
地区偏好：北京、天津、西安、深圳、江苏、四川

北京中关村青年科技创业投资有限公司

Beijing Centek Venture Capital Co., Ltd.

地　址：北京市海淀区清华大学学研大厦 B 座三层 314 室
邮　编：100084
董事长：段永基
总经理：张金柱
联系人：李　斌
电　话：86-10-62770006
传　真：86-10-62770009
网　址：http://www.bjcvc.com.cn

电子邮件：bjcvc@bjcvc.com.cn
成立时间：2000年1月
注册资本：8000万元
管理资本：8000万元
投资规模：最低投资额 100万元
　　　　　最高投资额 单一项目投资额小于公司资产的10%
业务范围：创业投资、咨询服务
行业偏好：软件、通讯
阶段偏好：成长阶段
地区偏好：北京

中国创业投资有限公司

ChinaVest Ltd.

地　址：北京市建国门北大街8号华润大厦七层706
电　话：010-85191535
副总裁：赵　军
传　真：010-85191530
网　址：http://www.china.com
电子邮件：jzhao@chinavest.com.cn
成立时间：1983年
管理资本：24900万元
行业偏好：信息技术、软件、通讯、半导体、互联网及相关设施、电子信息
阶段偏好：起步阶段、成长阶段、上市筹备阶段

中国风险投资有限公司

China Venture Capital Co., Ltd.

地　址：北京市朝阳区朝外大街吉祥里208号
电　话：010-65510041
副总经理：王　虹
传　真：010-65510227
网　址：http://www.c-vc.com.cn
电子邮件：cvcm@sohu.com
成立时间：2000年3月
投资规模：最低投资额300万元
　　　　　最高投资额 996万元
行业偏好：通讯、微电子与电子信息、新生物医药、新能量与高效节能、新材料、光电子与光电子一体化、环境保护
阶段偏好：种子阶段、起步阶段、成长阶段

中国国际金融有限公司

CICC Investment Holding Company

地　址：北京复兴门外大街6号光大大厦23层
电　话：010-65051166
投资部经理：汪　洋
传　真：010-68561148（直接投资部）、65057589
网　址：http://www.cicc.com.cn
电子邮件：wangyang@cicc.com.cn
成立时间：1995年
管理资本：83000万元
行业偏好：建材、家电产品及主要零部件、食品及饮料、汽车零部件、通讯产品

中国火炬高新技术产业投资有限公司

China Torch New&High Tech Industrial Investment Co., Ltd.

地　址：北京市海淀区车公庄西路乙19号华通大厦B座北楼5层
邮　编：100044
董事长：储　忠
总经理：丁传宽
联系人：管小姐
电　话：010-88018293
传　真：010-88018058
网　址：http://www.trchvc.com.cn
电子邮件：info@torchvc.com.cn
成立时间：2000年9月
注册资本：10000万元
管理资本：10000万元
投资规模：最低投资额 300万元
　　　　　最高投资额 2000万元
业务范围：创业投资、投资顾问、企业融资咨询
行业偏好：软件、计算机硬件、通讯、信息、生物科技
阶段偏好：种子阶段、起步阶段、成长阶段
地区偏好：北京

中关金智科技风险投资有限公司

Beijing Zhongguanjinzhi Venture Capital Co., Ltd.

地　址：北京市海淀区西直门外大街168号腾达大厦29层H号
邮　编：100044
董事长：李三友
总经理：李三友
联系人：于　群
电　话：010-88576155/56/57
传　真：010-88576160
电子邮件：Jiangpeng@263.net
成立时间：2000年10月
注册资本：8000万元
管理资本：8000万元
业务范围：创业投资

行业偏好：软件、通讯、环保工程、生物科技、资源开发工业、新能源高效节能技术
阶段偏好：种子阶段
地区偏好：西安、湖北、陕西、山东

中国科招高技术有限公司
China KZ High Technology Co., Ltd.

地　址：北京市海淀区车公庄西路29号7层
邮　编：100044
董事长：顾立基
总经理：林　宁
联系人：胡永全
电　话：010-88415880/1/2
传　真：010-88415730
电子邮件：yqhoo@sina.com
成立时间：1989年6月
注册资本：8000万元
管理资本：12000万元
投资规模：最低投资额 100万元
　　　　　最高投资额 2000万元
业务范围：创业投资、基金管理、投资顾问、企业融资咨询
行业偏好：软件、信息、半导体、医药保健、生物科技、环保工程、新材料工业、光电子与光机电一体化
阶段偏好：种子阶段、起步阶段、成长阶段
地区偏好：北京、上海、广州、深圳、江苏、湖北、河南、山东、安徽、浙江、贵州、广西、欧洲

中金高科技资产管理有限公司
China Finance High Technology Asset Management Co., Ltd.

地　址：北京市西城区金融大街37号百盛大厦6005室
邮　编：100032
董事长：陆步青
总经理：陆步青
联系人：刘怡君
电　话：010-66083532/34
传　真：010-66083532
网　址：http://www.chinapioneer.com
电子邮件：Pioneerl@pub.xaonline.com
成立时间：2000年4月
注册资本：3000万元
管理资本：4800万元
投资规模：最低投资额 100万元
　　　　　最高投资额 500万元
业务范围：创业投资、基金管理、投资顾问、企业融资咨询
行业偏好：生物科技、环保工程、光电子与光机电一体化
阶段偏好：成长阶段、扩张阶段
地区偏好：北京、西安、陕西

北京知金科技投资有限公司
Beijing Zhijin Venture Capital Co., Ltd.

地　址：北京市西城区金融街27号投资广场B座11层
邮　编：100032
联系人：张小东
电　话：010-66212188
传　真：010-66211825
网　址：http://www.yongjin.com.cn
电子邮件：xdzhang@zhijin.com.cn
成立时间：1999年11月
注册资本：15000万元
管理资本：15000万元
业务范围：创业投资、投资顾问
行业偏好：软件、通讯、信息、生物科技、新材料工业、光电子与光机电一体化
阶段偏好：成长阶段、扩张阶段
地区偏好：北京、上海、深圳

深圳中科融创业投资公司北京分公司

地　址：北京市宣武区建功西里1号楼天缘公寓A3003
邮　编：100054
董事长：黎　洪
总经理：龚彦如
联系人：金万平
电　话：010-83574711/10
传　真：010-83522595
网　址：http://www.cstcs.com
成立时间：1999年3月
管理资本：3000万元
投资规模：最低投资额 200万元
　　　　　最高投资额 800万元
业务范围：创业投资、企业从组与并购、企业融资咨询
行业偏好：IT、生物医药、光机电一体化
地区偏好：以北方地区为主

北京中色高科创业投资有限公司
CNFC Hige-Tech Venture Capital Co., Ltd.

地　址：北京市海淀区复兴路戊12号
邮　编：100038
董事长：吴竹梅

总经理：陈百发
联系人：于 飞
电 话：010-63426318
传 真：010-63424990
电子邮件：Cytz@nfc.com.cn
成立时间：1997年9月
注册资本：1100万元
管理资本：1100万元
投资规模：最低投资额 100万元
最高投资额 500万元
业务范围：创业投资、基金管理、投资顾问、企业融资咨询、销售耐火材料，机械电器设备，有色冶金炉技术开发，技术转让，培训、咨询等等
行业偏好：通讯、医药保健、环保工程
阶段偏好：种子阶段
地区偏好：不限

中投创业投资有限公司
CAPI Venture Inc

地 址：北京市东城区后圆恩寺7号主楼（友好宾馆）
邮 编：100009
联系人：黄 凯
电 话：010-84016277/8/9
传 真：010-84016282
电子邮件：hk.capi@263.net
成立时间：1998年5月
注册资本：16000万元
管理资本：16000万元
业务范围：创业投资、企业融资咨询
行业偏好：通讯、医药保健、生物科技
地区偏好：不限

中祥投资有限公司
China Fortune Investment Co.,Ltd.

地 址：北京西城区阜外大街2号万通新世界广场A座715
邮 编：100037
董事长：童 增
电 话：010-86822266 68588125
传 真：010-68588126
网 址：http://www.ChianFortune.net
电子邮件：cfic@public3.bta.net.cn

中源投资
China Resources Investment Managment Co., Ltd.

地 址：北京市建国门内大街7号光华长安大厦办公楼1座712
电 话：010-65102718
传 真：010-65102722
网 址：http://www.crim.com.cn
电子邮件：cri@public.bta.net.cn
管理资本：41500万元
行业偏好：BtoB电子商务、无线信息服务、网络管理硬件、计算机软硬件、信心服务、电子商务、物流管理

天津创业投资机构

天津市创业投资发展中心
Tianjin Venture Capital Development Center

地 址：天津市和华路287号
邮 编：300041
董事长：杨旭才
总经理：杨旭才
电 话：022-27120433
传 真：022-27119398
成立时间：2000年12月
注册资本：143万元
管理资本：10000万元
投资规模：最低投资额 100万元
最高投资额 10000万元
业务范围：创业投资、基金管理、投资顾问、企业融资咨询、进行风险投资战略、政策研究、吸引境内外资金进入城市风险投资市场
行业偏好：软件、信息、医药保健、环保工程、生物科技、新材料工业、资源开发工业、光电子与光机电一体化、新能源、高效节能技术、科技服务
阶段偏好：成长阶段、扩张阶段
地区偏好：天津

天津创业投资有限公司
Tianjin Venture Capital Co., Ltd.

地 址：天津开发区第四大街109号
邮 编：300457
董事长：杨旭才
总经理：杨旭才
联系人：关春祥
电 话：022-28408282-8003
传 真：022-27119398
成立时间：2001年3月

注册资本：10000 万元
管理资本：10000 万元
投资规模：最低投资额 50 万元
最高投资额 5000 万元
业务范围：创业投资、投资顾问
行业偏好：信息、医药保健、环保工程、生物科技、新材料工业、新能源、高效节能技术
阶段偏好：种子阶段、起步阶段、成长阶段
地区偏好：天津

环渤海创业投资管理有限公司
Circum-Bohai Sea Venture Capital Management Co., Ltd.

地　址：天津市河西区卫津南路 13 号体北综合楼 7 楼
邮　编：300060
董事长：杨应敏
总经理：张仁亮
联系人：周洪海
电　话：022-23341562
传　真：022-23341533
成立时间：2000 年 5 月
注册资本：2300 万元
管理资本：4000 万元
业务范围：投资顾问、企业融资咨询、资产委托管理、企业财务咨询、经济信息服务
行业偏好：软件、医药保健、生物科技、新材料工业
阶段偏好：成长阶段
地区偏好：北京、天津、山西、河南、河北、内蒙古、山东

天津环球高新技术投资有限公司

地　址：天津市河西区友谊路 15 号商业银行大厦 10 层
邮　编：300201
董事长：朱振山
总经理：李根长
联系人：刘奇汎
电　话：022-28405314
传　真：022-28405322
成立时间：2000 年 3 月
注册资本：20000 万元
管理资本：40000 万元
投资规模：最低投资额 100 万元
最高投资额 3000 万元
业务范围：创业投资、投资顾问
行业偏好：医药保健、生物科技
阶段偏好：起步阶段、成长阶段
地区偏好：天津、河北

天津科创投资管理有限公司

地　址：天津市复康路延长线西康街大酒店 624
邮　编：300381
董事长：杜克荣
总经理：贺　明
联系人：刘霄峰
电　话：022-83711549
传　真：022-23792764
成立时间：2000 年 6 月
注册资本：500 万元
管理资本：5000 万元
投资规模：最低投资额 50 万元
最高投资额 500 万元
业务范围：创业投资、基金管理、投资顾问、企业融资咨询
行业偏好：软件、信息
阶段偏好：成长阶段、扩张阶段、成熟阶段
地区偏好：天津

天津科技发展投资总公司

地　址：天津市河西区友谊路 23 号 401
邮　编：300201
总经理：杨应敏
联系人：魏　政
电　话：022-28371748
传　真：022-28371746
成立时间：1997 年 11 月
注册资本：15948 万元
管理资本：25000 万元
业务范围：创业投资
行业偏好：信息、医药保健、生物科技
阶段偏好：成长阶段
地区偏好：北京、天津

天津泰达科技风险投资股份有限公司
Teda Venture Capital Corporation Ltd

地　址：天津市开发区泰华路 12 号创业中心大楼 9 层 912 室
邮　编：300457
董事长：张锐钢
总经理：赵　华
联系人：饶　鹏
电　话：022-66299990
传　真：022-66297288
网　址：http://www.tedavc.com.cn
电子邮件：public@tedavc.com.cn

成立时间：2000 年 8 月
注册资本：45000 万元
管理资本：45000 万元
业务范围：高新技术产业投资及投资管理；相关的投资咨询业务
行业偏好：软件、通讯、信息、医药保健、环保工程、生物科技、新材料工业、新能源、高效节能技术、其他重点科技
阶段偏好：种子阶段、成长阶段
地区偏好：北京、天津

天津新技术产业园区新纪元风险投资有限公司
New Era Venture Capital Co., Ltd.

地　址：天津市南开区华苑产业园区开华道 7 号
邮　编：300384
董事长：李　哲
总经理：兰宝石
联系人：仲向东
电　话：022-23013131
传　真：022-23013135
网　址：http://www.neweravc.com
电子邮件：vcinfo@neweravc.com
成立时间：1999 年 5 月
注册资本：12000 万元
管理资本：22000 万元
投资规模：最低投资额 50 万元
　　　　　最高投资额 5000 万元
业务范围：创业投资
行业偏好：软件、通讯、信息、生物科技
阶段偏好：种子阶段、成长阶段
地区偏好：北京、上海、天津、深圳

河北创业投资机构

河北科技风险投资有限公司
Hebei Technology Venture Capital Co.,Ltd.

地　址：河北省石家庄市东开发区昆仑大街 55 号创业基地
邮　编：050035
董事长：胡　满
总经理：杨振华
联系人：庄征宇
电　话：0311-5960982
传　真：0311-5960338
成立时间：2001 年 2 月
注册资本：13000 万元
管理资本：13000 万元
投资规模：最低投资额 20 万元
　　　　　最高投资额 1000 万元
业务范围：高科技项目投资、投资咨询、投资顾问、企业融资咨询、技术中介服务
行业偏好：医药、环境保护、信息工程、新材料
阶段偏好：种子阶段、成长阶段、成熟阶段
地区偏好：河北

秦皇岛科技投资公司
Qinhuang Technology Investment Inc.

地　址：秦皇岛市迎宾路 7 号
电　话：0335-3617941
传　真：0335-3067810
网　址：http://www.qhdkj.com
电子邮件：wangxiang@zgb.com.cn
管理资本：29880 万元
行业偏好：电子信息、生物科技、新材料工业、光电子与光机电一体化

山西创业投资机构

山西省高新技术创业投资公司
Advanced Technology VC Investment Firm of Shanxi Province

地　址：山西省太原市学府西街高新区省创业中心大楼
邮　编：030006
董事长：张圣恩
联系人：孙俊科
电　话：0351-7025454
传　真：0351-7025044
成立时间：1992 年 12 月
注册资本：500 万元
管理资本：2600 万元
投资规模：最低投资额 20 万元
　　　　　最高投资额 300 万元
业务范围：创业投资、基金管理、投资顾问、企业融资咨询
行业偏好：信息、环保工程、生物科技、新材料工业、光电子与光机电一体化
阶段偏好：成长阶段、扩张阶段
地区偏好：北京、辽宁、山西、浙江

山西省科技基金发展总公司
Shanxi Science & Tech. Fund Development Corp.

地　址：山西省太原市劲松路九号
邮　编：030001
总经理：郭江明
联系人：范建年
电　话：0351-4072065
传　真：0351-2026370
成立时间：1993年6月
注册资本：8000万元
管理资本：11000万元
投资规模：最低投资额 50万元
　　　　　最高投资额 800万元
业务范围：创业投资、投资顾问、企业融资咨询
行业偏好：通讯、信息、医药保健、生物科技、新材料工业、科技服务、新能源、高效节能技术、制造业
阶段偏好：成长阶段、扩张阶段
地区偏好：北京、上海、天津、山西

内蒙古创业投资机构

内蒙古科技创业投资有限公司
Inner Mongolia Science Venture Capital Co., Ltd.

地　址：内蒙古呼和浩特市新城西街141号科技大厦6楼
邮　编：010010
董事长：赵洪波
总经理：汪立勤
联系人：赵家栋
电　话：0471-6282131
传　真：0471-6282149
成立时间：2000年10月
注册资本：10000万元
管理资本：10000万元
投资规模：最低投资额 100万元
　　　　　最高投资额 1000万元
业务范围：创业投资、基金管理
行业偏好：信息、医药保健、生物科技、新材料工业、新能源、高效节能技术、农业
阶段偏好：成长阶段
地区偏好：内蒙古

内蒙古投资顾问有限公司

地　址：内蒙古包头市稀土高新技术开发区
邮　编：010021
董事长：苏文清
总经理：许柏年
电　话：0471-4916307
传　真：0471-49163047
成立时间：2000年12月
注册资本：150万元
管理资本：5000万元
投资规模：最低投资额 50万元
　　　　　最高投资额 500万元
业务范围：创业投资、基金管理、企业融资咨询、投资顾问
行业偏好：医药保健、环保工程、生物科技、信息产业、新材料工业、资源开发工业、
阶段偏好：成长阶段
地区偏好：江苏、内蒙

内蒙古昭信财经顾问有限公司
Inner Mongolia ZhaoXin Finance & Economics Consultant Co.,Ltd.

地　址：内蒙古呼和浩特市锡林南路40号内蒙古证券大厦
邮　编：010020
董事长：刘彩云
总经理：刘彩云
联系人：刘　克
电　话：0471-6292481
传　真：0471-6292497
成立时间：1999年7月
注册资本：200万元
管理资本：200万元
投资规模：最低投资额 10万元
　　　　　最高投资额 100万元
业务范围：创业投资、投资顾问、企业融资咨询、发行上市顾问、企业改制问题、政府财务顾问、管理咨询服务
行业偏好：医药保健、生物科技、新材料工业、新能源、高效节能技术、农业
阶段偏好：成长阶段
地区偏好：内蒙古

辽宁创业投资机构

辽宁科技创业投资有限责任公司
Liaoning Technology Venture Capital Co., Ltd.

地　址：辽宁省沈阳市和平区和平南大街39号嘉环大厦四层
邮　编：110003
董事长：魏文铎

总经理：崔沂涛
联系人：王永胜
电　话：024-23222100
传　真：024-23244922
成立时间：2000年2月
注册资本：10000万元
管理资本：20000万元
投资规模：最低投资额 50万元
　　　　　最高投资额 500万元
业务范围：创业投资
行业偏好：软件、环保工程、新材料工业、生物科技、新能源、高效节能技术
阶段偏好：成长阶段
地区偏好：辽宁

辽宁创新科技投资顾问有限责任公司

地　址：沈阳市沈河区青年大街274号
邮　编：110016
电　话：024-23938446
传　真：024-23930654
电子邮件：wxl@lninfo.gov.cn

辽宁东软创业投资有限公司

Neusoft Venture Capital Co.,Ltd.

地　址：辽宁省沈阳市浑南高新技术产业开发区东大软件园
邮　编：110179
董事长：刘积仁
总经理：赵　宏
联系人：王　齐
电　话：024-23783000
传　真：024-23783375
成立时间：2000年4月
注册资本：10000万元
管理资本：10000万元
投资规模：最低投资额 77万元
　　　　　最高投资额 600万元
业务范围：创业投资
行业偏好：软件、通讯、信息、光电子与光机电一体化
阶段偏好：种子阶段、起步阶段
地区偏好：北京、辽宁、海南

大连高新技术投资有限公司

Dalian High-Tech Investment Co.,Ltd.

地　址：大连市七贤岭礼贤街32号201室
邮　编：116023
电　话：0411-4753028
传　真：0411-4753028
网　址：http://www.dlgxt.com
电子邮件：linchangfeng@china.com

大连君信投资有限公司

Dalian Junxin Investment Co.,Ltd.

地　址：大连市中心区独立街19号远大大厦B座2102
电　话：0411-6520378
总经理：徐梦寒
传　真：0411-2630648
网　址：http://www.gesunteust.com.cn
电子邮件：xmh1288@163.net
成立时间：2001年1月

大连科技风险投资有限公司

Dalian Science&Technology Venture Capital Co.,Ltd.

地　址：大连西岗区黄河路219号外经贸大厦1606
邮　编：116011
董事长：范云波
电　话：0411-3780088-1651
传　真：0411-3780498
成立时间：2000年2月
注册资本：3160万元
管理资本：3160万元
投资规模：最低投资额 200万元
　　　　　最高投资额 1138万元
业务范围：创业投资、投资顾问
行业偏好：信息、生物科技、新材料工业
阶段偏好：成熟阶段
地区偏好：天津、辽宁

大连成大科技投资有限公司

Dalian Chengda Venture Capital Co., Ltd.

地　址：大连市中山区人民路71号成大大厦906室
邮　编：116001
董事长：李　宁
总经理：李　宁
联系人：王德权

电 话：0411-2657060
传 真：0411-2632037
成立时间：2000年9月
注册资本：6000万元
管理资本：6000万元
投资规模：最低投资额 100万元
最高投资额 1000万元
业务范围：创业投资、基金管理、投资顾问、企业融资咨询
行业偏好：通讯、信息、医药保健、环保工程、生物科技、新材料工业
阶段偏好：成长阶段
地区偏好：北京

吉林创业投资机构

长春科技风险投资有限公司
Changchun S&T Venture Captial Co., Ltd.

地 址：长春市前进大街95号高科技大厦1401室
邮 编：130012
电 话：0431-5188007
传 真：0431-5171583
董事长：吴德华
总经理：吴德华
联系人：王晓光
成立时间：2000年4月
注册资本：5000万元
管理资本：5000万元
投资规模：最低投资额 不限
最高投资额 500万元
业务范围：创业投资、投资顾问、企业融资咨询
行业偏好：软件、计算机硬件产业、通讯、信息、医药保健、生物科技、新材料工业、光电子与光机电一体化、新能源、高效节能技术
阶段偏好：起步阶段、成长阶段、扩张阶段
地区偏好：吉林

瑞光风险投资有限公司
Rikon Venture Capitals, Ltd.

地 址：沈阳市和平区和平南大街2号809室
邮 编：110001
总经理：黄 力
电 话：024-23255100
传 真：024-23258898
网 址：http://www.dongyu.com.cn
电子邮件：huangl@dongyu.com.cn

黑龙江创业投资机构

哈尔滨工大集团风险投资股份有限公司

管理资本：2988万元
行业偏好：微电子和信息技术、光电子科学和光机电一体化技术、生物工程技术、新材料技术、新能源

大庆开发区高科技风险投资有限公司
Daqing Development Zone High Tech VC Co., Ltd.

地 址：黑龙江省大庆市高科技新技术开发区火炬大厦
邮 编：163316
董事长：周海成
总经理：黄用良
联系人：宋金东
电 话：0459-6292690
传 真：0459-6292689
成立时间：1999年9月
注册资本：3800万元
管理资本：6000万元
投资规模：最低投资额 50万元
最高投资额 600万元
业务范围：创业投资、投资咨询
行业偏好：软件、信息、医药保健、环保工程、生物科技、新材料工业、资源开发工业、光电子与光机电一体化、科技服务、新能源、高效节能技术
阶段偏好：成长阶段、扩张阶段、成熟阶段
地区偏好：黑龙江

上海创业投资机构

上海宝来投资管理有限公司
Shanghai Baolai Investment&Management Co., Ltd.

地 址：上海银城东路139号华能联合大厦32层
电 话：021-68866001-229
传 真：021-68866056

网　址：http：//www.pola.com.cn
电子邮件：shbaolai@sh163.net
成立时间：2000年5月
管理资本：4980万元
行业偏好：新能源新材料、通讯、网络
阶段偏好：种子阶段

上海邦联投资有限公司

United Investment Co.,Ltd.Shanghai

地址：上海复兴中路1477号
电话：021-64338888
传真：021-64742071
网址：http：//www. uni.com.cn
电子邮件：uni@uni.com.cn
成立时间：1998年
管理资本：4980万元
投资规模：最低投资额 249万元
　　　　　最高投资额 1690万元
行业偏好：新能源新材料、通讯、网络、软件
阶段偏好：种子阶段

上海宝亿科技创业有限公司

地　址：上海浦东新金桥路1568号宝钢工贸大厦四楼
电　话：021-58341259
董事长：周　鹏
总经理：王格铭
联系人：倪耀祥
传　真：021-58542000
电子邮件：shbaoyi@online.sh.cn
成立时间：1999年7月
注册资本：1000万元
管理资本：4000万元
业务范围：创业投资、投资顾问
行业偏好：软件、信息、半导体、光电子与光机电一体化
阶段偏好：成长阶段、扩张阶段
地区偏好：上海

上海漕河泾新兴技术开发区科技创业中心

地　址：上海市桂平路680号创业中心大厦
邮　编：200233
董事长：杨福鑫
总经理：韩宝富
联系人：杨　斌
电　话：021-64950828
传　真：021-64951721
网　址：http：//www.scic.com.cn
电子邮件：scic@siit.intnet.com.cn
成立时间：1997年1月
注册资本：6000万元
管理资本：8000万元
业务范围：基金管理
行业偏好：软件、通讯、信息、半导体、生物科技、新材料工业、光电子与光机电一体化
阶段偏好：种子阶段、起步阶段、成长阶段
地区偏好：上海

上海创通投资管理有限公司

Shanghai Wings Venture Capital Co.,Ltd.

地　址：南京市汉中路185号
邮　编：210029
董事长：滕　伟
总经理：周小涛
联系人：郜　冲
电　话：025-6795580
传　真：025-6520249
网　址：http：//www.vctour.com
电子邮件：wings@vctour.com.cn
成立时间：2000年8月
注册资本：1000万元
管理资本：3000万元
投资规模：最低投资额 50万元
　　　　　最高投资额 1000万元
业务范围：创业投资、投资顾问、企业融资咨询
行业偏好：软件、计算机硬件产业、通讯、信息产业、医药保健、环保工程、新材料工业、资源开发工业、核应用技术
阶段偏好：起步阶段、成长阶段
地区偏好：江苏

上海创业投资有限公司

Shanghai Venture Capital Co.,Ltd.

地　址：上海淮海中路1634号二楼
邮　编：200031
董事长：华裕达
总经理：华裕达
联系人：张义春
电　话：021-64311988-228
传　真：021-64336311

网　址：http：//www.shvc.com.cn
电子邮件：info@ shvc.com.cn
成立时间：1999年8月
注册资本：40000万元
管理资本：60000万元
业务范围：创业投资、委托专业的管理公司进行风险投资
行业偏好：软件、通讯、信息、医药保健、生物科技、新材料工业
阶段偏好：种子阶段、起步阶段
地区偏好：北京、上海、内蒙古

上海复旦创业管理有限公司
Shanghai Fudan Vintuce Menagement Co., Ltd.

地　址：上海市邯郸路399号
邮　编：200433
董事长：蒋国兴
总经理：朱幼惠
联系人：易　阳
电　话：021-6338845
传　真：021-6346556
电子邮件：zhuyouhui@263.net
成立时间：2000年9月
注册资本：100万元
管理资本：61100万元
投资规模：最低投资额 1万元
最高投资额 100万元
业务范围：创业投资、基金管理、投资顾问、企业融资咨询
行业偏好：软件、医药保健、生物科技、新材料工业
阶段偏好：种子阶段、起步阶段
地区偏好：上海、内蒙古

上海复旦思德创业投资咨询有限公司

地　址：上海市邯郸路98号凌武大厦13楼B座
邮　编：200437
总经理：黄海涛
联系人：况志琼
电　话：021-55511916
传　真：021-65444190
电子邮件：keyeskuang@263.net
成立时间：2000年12月
注册资本：100万元
管理资本：3100万元
投资规模：最低投资额 20万元
最高投资额 500万元
业务范围：创业投资、基金管理、投资顾问、企业融资咨询
行业偏好：通讯、信息、环保工程、生物科技、新材料工业、资源开发工业、农业
阶段偏好：起步阶段、扩张阶段
地区偏好：上海、江苏、浙江

富国集团
Richina · Capital Partners Ltd.

地　址：New Hua Lian Building, West Block 775 Huai Hai Zhong Road, Suite 8B Shanghai
邮　编：200020
电　话：021-64739077
传　真：021-64664177
网　址：http：//www.richinacapital.com
电子邮件：shanghai@richina,com
成立时间：1993年
管理资本：83000万元
行业偏好：计算机及相关专业、医药保健、光电子与光机电一体化
阶段偏好：扩张阶段

上海国鑫投资发展有限公司
Shanghai Guoxin Investment Development Co., Ltd.

地　址：上海市中山东路27号5楼
邮　编：200002
董事长：陈绍昌
总经理：陈绍昌
联系人：柏　群
电　话：021-63215300
传　真：021-63212289
电子邮件：baiqau@sina.com
成立时间：2000年10月
注册资本：10000万元
管理资本：10000万元
投资规模：最低投资额 100万元
最高投资额 2000万元
业务范围：创业投资、投资顾问、企业融资咨询
行业偏好：信息、环保、生物科技、新材料工业、光电子与光机电一体化、新能源、高效节能技术
阶段偏好：成长阶段
地区偏好：上海

上海高科技成果转化有限公司

地　址：上海市北京东路668号东楼4F

邮　编：200001
董事长：蔡敏勇
总经理：李静华
联系人：张　伟
电　话：021-53082143
传　真：021-53082143
电子邮件：techvest@china.com
成立时间：1999年3月
注册资本：1000万元
管理资本：5000万元
投资规模：最低投资额 100万元
　　　　　最高投资额 1000万元
业务范围：创业投资、基金管理、投资顾问、企业融资咨询
行业偏好：软件、医药保健、环保工程、生物科技、
　　　　　新材料工业
阶段偏好：种子阶段、成长阶段
地区偏好：北京、上海、西安

华登太平洋创业投资管理有限公司（上海办事处）

Paeven VC Management Waldenintl (H.k) Co., Ltd.

地　址：上海南京西路1168号中信泰富广场35楼3546室
邮　编：200041
电　话：021-52524618 52925181
传　真：021-52925189
网　址：http://www.waldenintl.com
电子邮件：bchina@waldenintl.com

Shanghai Withub Venture Capital Management Co., Ltd.

地　址：上海市虹桥路333号209室
邮　编：200030
电　话：021-64699597
传　真：021-64394772
电子邮件：zhouyong@bi.withub.com.cn
成立时间：2000年4月

上海慧谷创业投资管理有限公司

Shanghai Withub Venture Capital Management Co., Ltd.

地　址：上海市虹桥路333号209室
邮　编：200030
董事长：许晓鸣
总经理：钱振英
联系人：周　勇
电　话：021-64699597
传　真：021-64394772
电子邮件：zhouyong@bi.withub.com.cn
成立时间：2000年4月
注册资本：5000万元
管理资本：15000万元
业务范围：创业投资、企业融资咨询
行业偏好：软件、通讯、信息
阶段偏好：扩张阶段、成熟阶段
地区偏好：上海

宏基技术投资亚太有限公司

Acer Technology Ventures Asia Pacific Ltd.

地　址：上海市肇嘉浜路777号青松城727室
电　话：021-64311731/20
传　真：021-64311732
网　址：http://www.acervc.com.cn
电子邮件：york_chen@acervc.com.cn
总经理：陈友忠
成立时间：2000年3月
管理资本：215800万元
投资规模：最低投资额 830万元
　　　　　最高投资额 4150万元
行业偏好：信息技术、软件、通讯、电子信息、互联网及相
　　　　　关设施、半导体
阶段偏好：成长阶段、扩张阶段、中后阶段

上海汉世纪创业投资管理有限公司

Sino-Century Assets Management Co., Ltd.

电　话：021-38713598
传　真：021-50372514
电子邮件：steven@sino-century
管理资本：415万元
行业偏好：信息产业、软件、电子

上海华盈创业投资基金管理有限公司

Venture TDF Shanghai Co., Ltd.

地　址：上海市浦东陆家嘴东路166号中国保险大厦2702-03室
邮　编：200120
董事长：Thomas
总经理：汝林琪
联系人：翟黎萍
电　话：021-68419188
传　真：021-68419068
网　址：http://www.venturetdf.com

电子邮件: liping@venturetdf.com
成立时间: 2000年10月
注册资本: 415万元
管理资本: 29050万元
投资规模: 最低投资额 415万元
最高投资额 29050万元
业务范围: 创业投资
行业偏好: 通讯、信息、医药保健、生物科技、科技服务
阶段偏好: 起步阶段、成长阶段、扩张阶段
地区偏好: 北京、上海、广州、深圳、江苏、湖北、浙江、山东、美国、港澳台、东南亚及韩国

上海交大创业投资有限公司
Shanghai JTU Venture Capital Co., Ltd.

地　址: 上海市淮海西路55号申通信息广场6楼E1座
邮　编: 200030
董事长: 华裕达
总经理: 陈思根
联系人: 陈思根
电　话: 021-52989038
传　真: 021-52989040
网　址: http: //www.sjtu-vc.com
电子邮件: chensg@sjtu-vc.com
成立时间: 2000年6月
注册资本: 3000万元
管理资本: 15000万元
投资规模: 最低投资额 100万元
最高投资额 500万元
业务范围: 创业投资、投资顾问、企业融资咨询
行业偏好: 软件产业、计算机硬件产业、通讯、信息产业、半导体、光电子与光机电一体化
阶段偏好: 种子阶段、起步阶段
地区偏好: 上海

上海交大顶峰科技创业经营管理有限公司
Shanghai Apex Venture Capital Management Co., Ltd.

地　址: 上海市淮海西路55号申通信息广场9楼B座
邮　编: 200030
董事长: 许晓鸣
总经理: 吴天新
联系人: 汤　澄
电　话: 021-52989014
传　真: 021-32260032
网址: http: //www.chinapex.com
电子邮件: tang-cheng@sina.com
成立时间: 1999年9月
注册资本: 3200万元
管理资本: 6500万元
投资规模: 最低投资额 20万元
最高投资额 200万元
业务范围: 创业投资、基金管理、投资顾问、企业融资咨询
行业偏好: 软件、信息、环保工程、新能源、高效节能技术、其他重点科技
阶段偏好: 起步阶段、成长阶段、扩张阶段
地区偏好: 北京、上海、江苏、浙江

上海杰姆实业公司

地　址: 上海市张江高科技园区李时珍路288号
邮　编: 201203
董事长: 朱正红
总经理: 朱正红
联系人: 陆　怡
电　话: 021-50800300-162
传　真: 021-50801966
电子邮件: scond@public2.sta.net.cn
成立时间: 1994年9月
注册资本: 2000万元
管理资本: 3500万元
业务范围: 基金管理
行业偏好: 生物科技
阶段偏好: 种子阶段
地区偏好: 上海

上海科技创业有限公司
Shanghai Technology Innovation Co., Ltd.

地　址: 上海市漕溪北路45号11楼
邮　编: 200030
董事长: 王　荣
总经理: 韩明远
联系人: 张　卓
电　话: 021-64810403
传　真: 021-54590673
成立时间: 1999年8月
注册资本: 1100万元
管理资本: 1100万元
投资规模: 最低投资额 不限
最高投资额 200万元
业务范围: 创业投资
行业偏好: 环保工程、新材料工业、科技服务、光电子与光机电一体化

阶段偏好：成长阶段、扩张阶段
地区偏好：上海

上海市科技创业中心

地　址：上海市钦州路168号
邮　编：200235
董事长：王　荣
联系人：朱友竺
电　话：021-64839007
传　真：021-64833567
网　址：http：//www.tic.stn.sh.cn
电子邮件：stic@stn.sh.cn
成立时间：1988年4月

上海市科技投资公司

地　址：上海市淮海中路1634号
电　话：021-64314423
总经理：陈伟丰
联系人：俞伊军
传　真：021-64312336
网　址：http：//www.sstinvest.com
成立时间：1992年
注册资本：55000万元
管理资本：83000万元
业务范围：创业投资
行业偏好：软件、通讯、信息、半导体、新材料、生物科技、环保工程、医药保健、光电子与光机电一体化、新能源、高效节能技术、核应用技术
阶段偏好：种子阶段、起步阶段、成长阶段
地区偏好：上海

上海科维思投资有限公司
Shanghai Keweisi Investment Co.,Ltd.

地　址：上海市浦东南路528号上海证券大厦南塔13层
邮　编：200120
电　话：021-68811313-128
传　真：021-68690064
网　址：http：//www.kvc.com.cn
电子邮件：keweisi@21cn.com
成立时间：2001年6月
注册资本：3000万元
管理资本：3000万元
投资规模：最低投资额 500万元
最高投资额 3000万元
业务范围：创业投资、投资顾问、企业融资咨询
行业偏好：软件、计算机硬件产业、医药保健、生物科技、新材料工业、光电子与光机电一体化
阶段偏好：起步阶段、种子阶段、扩张阶段

上海联创投资管理有限公司
New Margin Venture Capital Co.,Ltd.

地　址：2901 Shanghai Central Plaza Huaihai Zhong Rd. Shanghai,China
电　话：021-53832000
总　裁：冯　涛
传　真：021-53831000
网　址：http：//www.newmargin.com
电子邮件：info@newmargin.com
成立时间：1999年6月
管理资本：83000万元
行业偏好：信息技术、软件、互联网及相关设施、生物科技、半导体
阶段偏好：种子阶段、成长阶段

上海龙宇投资有限公司
Shanghai Longyu Investment Co.,Ltd.

地　址：上海浦东东方路710号汤臣金融大厦25楼
电　话：021-50812692
传　真：021-58301682
网　址：http：//www.lonyer.com
电子邮件：liuzhengguang@lonyer.com
成立时间：1999年12月
行业偏好：信息技术、软件、互联网及相关设施、生物科技、半导体

上海民创投资管理咨询有限公司

地　址：上海市淮海中路1634号
邮　编：200031
董事长：戴晓波
总经理：戴晓波
联系人：王　渭
电　话：021-64338890
传　真：021-64010548
网　址：http：//www.mcvcm.com
电子邮件：mcvcm@sina.com
成立时间：2000年8月
管理资本：6000万元

投资规模：最低投资额 30万元
最高投资额 400万元
业务范围：基金管理、投资顾问
行业偏好：软件、计算机硬件、通讯、信息、医药保健、新材料工业
阶段偏好：种子阶段、起步阶段、成长阶段
地区偏好：上海

美国梧桐投资
Sycamore Ventures

地 址：上海浦东大道1号中国船舶大厦1903A
电 话：021-68861561
传 真：021-68861562
网 址：http://www.sycamorevc.com
电子邮件：elin@sycamorevc.com
成立时间：1998年8月
管理资本：456500万元
投资规模：最低投资额 830万元
最高投资额 5810万元
行业偏好：信息技术、软件、通讯、互联网、应用生物、电子、新材料、半导体
阶段偏好：成长阶段、扩张阶段、上市筹备阶段

上海浦东创业投资有限公司
Shanghai Pudong Venture Investment Co., Ltd.

地 址：上海市浦东新区张江高科技园区春晓路350号
邮 编：201203
董事长：钱人杰
总经理：沈伟国
联系人：周热情
电 话：021-50800216 50801211
传 真：021-50801728
电子邮件：pdvc@sina.com
网 址：http://www.pdvc-sh.com
成立时间：1997年1月
注册资本：1000万元
管理资本：1000万元
投资规模：最低投资额 不限
最高投资额 500万元
业务范围：创业投资
行业偏好：软件、通讯、半导体、医药保健、生物科技
阶段偏好：起步阶段、成长阶段
地区偏好：上海

上海浦东科创投资管理有限公司
Shanghai Fortune Capital Co., Ltd.

地 址：上海市浦东陆家嘴东路161号34楼
邮 编：200120
董事长：柳志伟
总经理：柳志伟
联系人：龚 彬
电 话：021-68874688
传 真：021-58786965
网 址：http://www.shanghaifortume.com
电子邮件：cathygong@htech.com.cn .cn
成立时间：1999年11月
注册资本：3000万元
管理资本：3000万元
投资规模：最低投资额 100万元
最高投资额 2000万元
业务范围：创业投资、基金管理、投资顾问、企业融资咨询
行业偏好：软件、医药保健、生物科技、新材料工业、光电子与光机电一体化、其他重点科技
阶段偏好：种子阶段、起步阶段、成长阶段
地区偏好：北京、上海

软件银行中国风险投资
Soft Bank China Venture Capital

地 址：上海市江苏路369号兆丰世贸大厦
邮 编：200021
董事长：周 杰
总经理：张 伟
联系人：王 寅
电 话：021-32124666
传 真：021-52400700
网 址：http://ssvc.com.cn http://www.sbcvc.com
电子邮件：contact@sbcvc.com zhangw@siic.com
成立时间：2000年1月
注册资本：1000万元
管理资本：16630万元
业务范围：创业投资、基金管理、投资顾问
行业偏好：软件、通讯、信息、新材料工业、光电子与光机电一体化
阶段偏好：种子阶段、起步阶段、成长阶段
地区偏好：上海、深圳、广东、港澳台

上海世华科技投资有限公司
Shanghai Shihua Technology Investment Co.,Ltd.

地 址：上海市金陵东路2号光明大厦23楼

电 话: 021-63239887
传 真: 021-63239920
行业偏好: 生物环保、生物能源、生物农业

上海实业高科技基金
Shanghai Industrial High-Tech Fund

成立时间: 2000年3月
管理资本: 16600万元
行业偏好: 电子商贸基础设施、信息及通讯科技、生命科学、微电子业

上海太平洋技术创业有限公司
Shanghai Pacific Technology Venture Fund Co., Ltd.

地 址: 上海市建国西路285号12楼A座
邮 编: 200031
董事长: 刘振元
总经理: 章苏阳
联系人: 盛 洪
电 话: 021-64156627
传 真: 021-64676662
电子邮件: shsptv@sh163b.sta.net.cn
成立时间: 1993年5月
注册资本: 8300万元
管理资本: 8300万元
投资规模: 最低投资额 100万元
最高投资额 2500万元
业务范围: 创业投资
行业偏好: 通讯、信息
阶段偏好: 起步阶段、成长阶段
地区偏好: 上海、江苏

上海天强投资管理有限公司
Shanghai Talent Investment Managemet Co., Ltd.

地 址: 上海市浦东新区东方路778号24F
邮 编: 200122
董事长: 张继平
总经理: 祝波善
联系人: 莫海燕
电 话: 021-68868860
传 真: 021-68868878
网 址: http: //www.tianqiang.com.cn
电子邮件: tianqiang@tiamqiang.com.cn
成立时间: 1999年9月
注册资本: 1000万元
管理资本: 2000万元
投资规模: 最低投资额 50万元
最高投资额200万元
业务范围: 创业投资、投资顾问、企业融资咨询
行业偏好: 新材料工业
阶段偏好: 种子阶段、扩张阶段
地区偏好: 上海

天勤投资有限公司
Turb Investment Co., Ltd.

地 址: 上海市铜仁路258号九安广场金座7B
邮 编: 200040
电 话: 021-62476051
传 真: 021-62890966
电子邮件: infokiller@citiz.net

上海天融投资咨询有限公司
Sinocap Investment Consulting (shanghai) Inc

地 址: 上海市东方路428号505室
邮 编: 200120
董事长: 杨海斌
总经理: 杨海斌
联系人: 王亚东
传 真: 021-58882631
网 址: http: //www.sinocup.com.cn
成立时间: 2000年11月8日
注册资本: 500万元
管理资本: 10000万元
投资规模: 最低投资额 100万元
最高投资额 1000万元
业务范围: 基金管理、投资顾问
行业偏好: 通讯、环保工程. 科技服务
阶段偏好: 成长阶段、扩张阶段
地区偏好: 上海、浙江

台湾工银科技顾问股份有限公司（上海办事处）
IBT Management Corporation Shanghai Office

地 址: 上海市南京西路1168号中信泰富广场37楼3705-3707室
邮 编: 200041
首席代表: 吴文滨
电 话: 021-52925811 ext.116

传　真：021-52925822
电子邮件：vincentwu@pvp.com.cn

上海湘财贯通投资管理有限公司
Shanghai Xiangcai Sting Invectment Management Co.,Ltd.

地　址：上海市浦东银城东路139号华联合大厦13层
邮　编：200120
董事长：陈学荣
总经理：潭文清
联系人：刘　东
电　话：021-68634518-8315
传　真：021-68866198
网　址：http://www.xcsc.com
电子邮件：lindong0563@sina.com
成立时间：2001年11月8日
注册资本：2000万元
管理资本：18000万元
投资规模：最低投资额 100万元
　　　　　最高投资额 不限
业务范围：创业投资、基金管理、投资顾问、企业融资咨询
行业偏好：软件、计算机硬件产业、通讯、信息、半导体、医药保健、环保工程、生物科技、新材料工业、光电子与光机电一体化、新能源、高效节能技术
阶段偏好：成长阶段、扩张阶段、成熟阶段
地区偏好：北京、天津、上海、重庆、西安、广州、深圳、江苏、四川、陕西、广东、浙江、山东

上海信虹投资管理有限公司
Shanghai Xin Hong Investment Management,Ltd.

地　址：上海市瑞金二路118号瑞金宾馆G座
邮　编：200020
电　话：021-64670010
传　真：021-64670038
电子邮件：shxinhong@sh163.net lypfrank@sitico.com.cn

西尧投资有限公司
Shiyao Investment Ltd.

地　址：上海市四平路188号商贸大厦1905室
邮　编：200080
董事长：罗西尧
电　话：021-65088020
传　真：021-65078354
网　址：http://www.shiyaoinvestment.com
电子邮件：benrossi@shiyaoinvestment.com

上海市信息投资股份有限公司
Shanghai Information Investment Inc.

地　址：上海市北京西路1318号上海信投办公室
电　话：021-62077004
董事长：杨　雄
传　真：021-62077001
网　址：http://www.sii.com.cn
电子邮件：ychen@sii.com.cn
成立时间：1997年10月
管理资本：29880万元

中国创业投资有限公司
Chinavest Shanghai Renresative Office

地　址：上海市延安中路841号东方海外大厦2505室
邮　编：200040
联系人：戴月明
电　话：021-62895128
传　真：021-62895127
网　址：http://www.chinavest.com
电子邮件：jdai@chinavest.com.hk
成立时间：1983年
业务范围：创业投资
行业偏好：软件、通讯、信息、半导体、制造业、传统型非科技企业
地区偏好：北京、上海、广东、美国、港澳台地区

上海张江创业投资有限公司
Shanghai Zhangjiang Ventures Co., Ltd.

地　址：上海市春晓路350号创业中心南3楼
邮　编：201203
董事长：华裕达
总经理：戴燕玲
联系人：杨晓华
电　话：021-50800508
传　真：021-50800866
网　址：http://www.zj-vc.com
电子邮件：yangbohan@fm365.com
成立时间：2000年7月
注册资本：11000万元
管理资本：11000万元
投资规模：最低投资额 100万元
　　　　　最高投资额 1000万元
业务范围：创业投资、基金管理

行业偏好：软件、通讯、信息、医药保健、生物科技、新材料工业、光电子与光机电一体化
阶段偏好：起步阶段、成长阶段
地区偏好：上海

中金投资（集团）有限公司
China Capital Investment (G) Co.,Ltd.

地　址：上海市水城南路370号
邮　编：200336
董事长：韩　旭
总经理：周传有
联系人：薛　斌
电　话：021-62705198
传　真：021-62705108
电子邮件：bxue@ccig.com
成立时间：1995年
注册资本：20000万元
管理资本：20000万元
业务范围：创业投资、基金管理、投资顾问、企业融资咨询
行业偏好：软件、通讯、信息、医药保健、生物科技
阶段偏好：起步阶段、成长阶段
地区偏好：北京、上海、江苏、浙江

中企东方资产管理有限责任公司

地　址：上海市浦东达到720号国际航运大厦17楼
邮　编：200120
董事长：唐万新
总经理：唐万新
联系人：王建军
电　话：021-50368339-264
传　真：021-68671857
成立时间：2001年4月
注册资本：10000万元
管理资本：10000万元
投资规模：最低投资额 100万元
　　　　　最高投资额 1500万元
业务范围：创业投资、基金管理
行业偏好：软件、生物科技、农业
阶段偏好：种子阶段、成长阶段
地区偏好：上海

上海中新技术有限公司
Shanghai Zhongxin Technology Co., Ltd.

地　址：上海市淮海中路1634号
邮　编：200031
董事长：华裕达
总经理：李元春
联系人：熊成均
电　话：021-64311988-422
传　真：021-64318478
成立时间：1996年12月
注册资本：1000万元
管理资本：6000万元
投资规模：最低投资额 200万元
　　　　　最高投资额 2000万元
业务范围：创业投资、基金管理、投资顾问、企业融资咨询
行业偏好：软件、信息、医药保健、环保工程、生物科技
阶段偏好：成长阶段
地区偏好：上海

江苏创业投资机构

东大科技园股份有限公司

地　址：江苏省南京珠江路222号长发科技大厦14楼
邮　编：210018
董事长：邹采荣
总经理：于东海
联系人：肖　利
电　话：025-3194700
传　真：025 0000万元
管理资本：10000万元
投资规模：最低投资额 600万元
　　　　　最高投资额 1225万元
业务范围：创业投资、基金管理、投资顾问、企业融资咨询
行业偏好：软件、计算机硬件产业、通讯、医药保健、生物科技、新材料工业
阶段偏好：种子阶段、成熟阶段
地区偏好：江苏

江苏省高新技术风险投资公司

地　址：江苏省南京市汉中路185号8楼
邮　编：210029
总经理：沈捷尔
联系人：郭顺根
电　话：025-6526528
传　真：025-6526528
成立时间：1992年7月

注册资本: 30000 万元
管理资本: 65000 万元
业务范围: 创业投资

南京高新创业投资管理有限公司

Nanjing Hi-Tech Venture Capital Management Co., Ltd.

地　址: 南京市高新开发区软件园内南京 3209 信箱 22 分箱
电　话: 025-8844318
董事长: 施卫国
传　真: 025-8842606
网　址: http: //www.nhvc.com.cn
电子邮件: ziyeli@263.net
成立时间: 2001 年 5 月
投资规模: 最低投资额　100 万元
　　　　　最高投资额　830 万元
行业偏好: 系统及应用软件、电子商务、生物医药、生物工程
阶段偏好: 成长阶段

南京市高新技术风险投资股份有限公司

Nanjing Hi-Tech Venture Capital Co., Ltd.

地　址: 江苏省南京市成贤路 118 号科技中心 6 楼
邮　编: 210008
董事长: 严　肃
总经理: 董立新
联系人: 郭一颖
电　话: 025-3603959
传　真: 025-3603959
成立时间: 2001 年 2 月
注册资本: 10000 万元
管理资本: 10000 万元
业务范围: 创业投资
行业偏好: IT、通讯、新材料、新能源、生物医药、
　　　　　生物工程、光机电一体化
阶段偏好: 成长阶段、扩张阶段
地区偏好: 不限

无锡高新技术风险投资股份有限公司

Wuxi New&Hi-Tech Venture Investment Co., Ltd.

地　址: 江苏省无锡市新区长江路 34 号二区四楼
邮　编: 214028
董事长: 吴建选
总经理: 王日升
联系人: 王榕珊
电　话: 0510-5226693
传　真: 0510-5226431
网　址: http: //www.wxvc.com.cn
电子邮件: wrs@wxvc.com.cn
成立时间: 2000 年 8 月
注册资本: 8000 万元
管理资本: 8000 万元
投资规模: 最低投资额 100 万元
　　　　　最高投资额 1000 万元
业务范围: 创业投资
行业偏好: 软件、通讯
阶段偏好: 起步阶段、成长阶段
地区偏好: 江苏

常州高新技术风险投资有限公司

地　址: 江苏省常州新区科技园 15 号楼创业中心第二基地
邮　编: 213003
董事长: 张　跃
总经理: 朱龙林
电　话: 0519-8104753
传　真: 0519-8120967
联系人: 朱龙林
成立时间: 2000 年 12 月
注册资本: 7000 万元
管理资本: 7000 万元
投资规模: 最低投资额 100 万元
　　　　　最高投资额 700 万元
业务范围: 创业投资、投资顾问
行业偏好: 软件、通讯、环保工程、新材料工业、
　　　　　生物科技、农业
阶段偏好: 起步阶段、成长阶段
地区偏好: 江苏

江苏弘业国际集团投资管理有限公司

Jiangsu Hongye Int'l Group Investment&Management Co., Ltd.

地　址: 江苏省南京市中华路 50 号
邮　编: 210001
董事长: 刘绥芝
总经理: 周　勇
联系人: 陈海燕
电　话: 025-2304119
传　真: 025-2308148
成立时间: 1999 年
注册资本: 3000 万元

管理资本：3000万元
投资规模：最低投资额 50万元
最高投资额 3000万元
业务范围：创业投资、基金管理、投资顾问
行业偏好：软件、医药保健、环保工程、新材料工业、生物科技、光电子与光机电一体化
阶段偏好：起步阶段
地区偏好：江苏

江苏省苏高新风险投资股份有限公司

地　址：江苏省苏州市新区狮山路2号7楼
邮　编：215011
董事长：陈　华
总经理：卫　华
联系人：赵伟强
电　话：0512-8242192
传　真：0512-8243439
成立时间：2000年3月
注册资本：10000万元
管理资本：10000万元
投资规模：最低投资额 50万元
最高投资额 2000万元
业务范围：创业投资
行业偏好：软件、计算机硬件产业、通讯、医药保健、环保工程、新材料工业、光电子与光机电一体化
地区偏好：江苏

江苏现代资产投资管理顾问有限公司

地　址：江苏省南京市汉中路180号星汉大厦7楼D座
邮　编：210029
董事长：吉　晶
总经理：丁伯康
联系人：张利如
电　话：025-6799451
传　真：025-6799451-888
成立时间：2001年
注册资本：1000万元
管理资本：3000万元
投资规模：最低投资额 1万元
最高投资额 600万元
业务范围：创业投资、基金管理、投资顾问、企业融资咨询
行业偏好：软件、计算机硬件产业、通讯、信息
阶段偏好：起步阶段
地区偏好：江苏

上海中锐创业投资管理有限公司（江苏分公司）
Shanghai Chiway Venture Capital Co., Ltd.

地　址：江苏省南京市汉中路89号金鹰大酒店22层C4座
邮　编：200120
董事长：钱建蓉
联系人：瞿中伟
电　话：025-4714161
传　真：025-4780055
成立时间：2000年8月
注册资本：2000万元
管理资本：11000万元
业务范围：基金管理
行业偏好：通讯、软件、信息、环保工程、生物科技、医药保健、光电子与光机电一体化、新能源、高效节能技术
阶段偏好：扩张阶段
地区偏好：江苏、安徽

张家港市益鑫投资有限公司
Zhangjiagang City Yixin Investment Co.,Ltd.

地　址：张家港市河东北路1号
邮　编：215600
电　话：0520-8122887

浙江创业投资机构

宁波创业风险投资有限公司
Ningbo Venture Capital Company Ltd.

地　址：浙江省宁波市保税区大厦16楼
邮　编：201203
董事长：洪嘉祥
电　话：0574- 6820115
传　真：0574- 6820115
网　址：http://www.vcbit.com
电子邮件：master@vcbit.com
成立时间：2000年3月
注册资本：5000万元
管理资本：5000万元
投资规模：最低投资额 不限
最高投资额 300万元
业务范围：创业投资、基金管理
行业偏好：软件、通讯、半导体、环保工程、新材料工业

阶段偏好:起步阶段、成长阶段
地区偏好:上海、浙江

浙江省创业投资有限公司

地　址: 浙江省杭州市解放路99号金钱大厦15楼
邮　编: 310009
董事长: 于　强
总经理: 冯金龙
联系人: 胡永祥
电　话: 0571-87828268-501
传　真: 0571-87827889
网址: http://www.vconline.com.cn
电子邮件: huyongxiang@netease.com
成立时间: 2000年9月
注册资本: 10000万元
管理资本: 10000万元
投资规模: 最低投资额 10万元
最高投资额 1000万元
业务范围:创业投资、投资顾问、企业融资咨询
行业偏好:软件、计算机硬件产业、通讯、医药保健、环保工程、生物科技、新材料工业、光电子与光机电一体化、新能源、高效节能技术
阶段偏好: 种子阶段、扩张阶段
地区偏好:北京、陕西、浙江

浙江大学创业投资有限公司

地　址: 浙江省杭州市浙大路紫兰饭店
邮　编: 310013
董事长: 程家安
联系人: 朱国英
电　话: 0571-87952498
传　真: 0571-87961070
成立时间: 2001年1月
注册资本: 3300万元
管理资本: 3300万元
投资规模: 最低投资额 20万元
最高投资额 800万元
业务范围: 创业投资
行业偏好:软件、通讯、信息、医药保健、生物科技、光电子与光机电一体化、新能源、高效节能技术、农业
阶段偏好:起步阶段、成长阶段、扩张阶段
地区偏好:北京、上海、深圳、浙江

杭州市高科技投资有限公司

地　址: 浙江省杭州市惠兴路2号科技大厦5楼
邮　编: 310001
董事长: 陈定安
总经理: 陈长泉
联系人: 李　斌
电　话: 0571-88080705
传　真: 0571-87062201
网址: http://www.hzvc.com.cn
电子邮件: lbin@email.hz.zj.cn
成立时间: 1993年
注册资本: 3000万元
管理资本: 3000万元
投资规模: 最低投资额 50万元
最高投资额 500万元
业务范围: 创业投资
行业偏好:软件、生物科技、新能源、高效节能技术、其他重点科技、农业
阶段偏好: 种子阶段、起步阶段
地区偏好: 浙江

金华市高新技术投资有限公司

地　址: 浙江省金华市715号金华科技园内
邮　编: 321017
董事长: 葛　政
总经理: 葛　政
联系人: 傅晓贞
电　话: 0579-2391932
传　真: 0579-2379508
电子邮件: jhgxjs@mail.jhptt.zj.cn
成立时间: 1998年7月
注册资本: 3550万元
管理资本: 3550万元
业务范围: 创业投资
行业偏好:信息、生物科技
阶段偏好: 起步阶段
地区偏好:北京、浙江、美国

浙江国信投资管理有限公司
Zhejiang Godsend Investment Management Co., Ltd.

地　址: 浙江省杭州市延安路515号浙信大厦1210室
邮　编: 310006
董事长: 陈　帆
联系人: 马凌云
电　话: 0571-85069326
传　真: 0571-85069326
电子邮件: godsend@mail.hz.zj.cn

成立时间：1998年1月
注册资本：3500万元
管理资本：3500万元
投资规模：管理资产的25%
业务范围：资产管理、现代综合理财
行业偏好：医药保健、新材料、新能源
阶段偏好：成长阶段
地区偏好：内蒙古、浙江

浙江省杭嘉湖技术开发公司

地　址：浙江省杭州市玉古路117号6楼
邮　编：310013
董事长：叶润涛
总经理：叶润涛
联系人：俞可龙
电　话：0571-87993178
传　真：0571-87951483
成立时间：1988年7月
注册资本：5000万元
管理资本：5000万元
投资规模：最低投资额 100万元
　　　　　最高投资额 500万元
业务范围：创业投资
行业偏好：软件、信息、医药保健、科技服务
阶段偏好：起步阶段、成长阶段
地区偏好：浙江

杭州昊阳科技投资有限公司

地　址：浙江省杭州市湖滨路54号联谊大厦（中心）401室
邮　编：310003
董事长：黄峥嵘
总经理：黄峥嵘
联系人：黄　黎
电　话：0571-87895076
传　真：0571-87895675
电子邮件：headtiger@mail.hz.zj.cn
成立时间：2000年7月
注册资本：10000万元
管理资本：10000万元
投资规模：最低投资额 50万元
　　　　　最高投资额250万元
业务范围：创业投资
行业偏好：软件、通讯
阶段偏好：成长阶段、扩张阶段
地区偏好：浙江

浙江汇丰投资管理有限公司

地　址：浙江省杭州市解放路99号金钱大厦15楼
邮　编：310009
总经理：冯金龙
联系人：胡永祥
电　话：0571-87828268-818
传　真：0571-87827889
成立时间：2001年9月
注册资本：1000万元
管理资本：1000万元
投资规模：最低投资额 300万元
　　　　　最高投资额 500万元
业务范围：资产管理
行业偏好：新材料工业
阶段偏好：成长阶段
地区偏好：浙江、美国

浙江金科创业投资有限公司
Zhejiang Kingke Venture Capital Co.,Ltd.

地　址：浙江省杭州市庆春路11号
邮　编：310007
董事长：马　强
联系人：梁绍荣
电　话：0571-87998833-11229
传　真：0571-87968755
成立时间：2000年10月
注册资本：10000万元
管理资本：10000万元
投资规模：最低投资额 1000万元
　　　　　最高投资额 50000万元
业务范围：创业投资、基金管理
行业偏好：软件、环保工程、生物科技、新材料工业
阶段偏好：成长阶段、扩张阶段
地区偏好：上海、四川、江苏、浙江

浙江省科技风险投资公司
Zhejiang Technology Venture Capital Co.,Ltd.

地　址：浙江省杭州市文二路212号高新大厦16楼
邮　编：310012
董事长：俞志华
总经理：刘海宁
联系人：郝殿伦
电　话：0571-88869571
传　真：0571-88869550

网　址: http: //www.zvczj.com
电子邮件: zvczj@mail.hz.zj.cn
成立时间: 1993年6月
注册资本: 10000万元
管理资本: 12500万元
投资规模: 最低投资额 20万元
最高投资额 1000万元
业务范围: 创业投资、基金管理、投资顾问、企业融资咨询
行业偏好: 软件、通讯、信息、半导体、医药保健、生物科技、光电子与光机电一体化
阶段偏好: 成长阶段、扩张阶段
地区偏好: 浙江

天桥国际投资有限公司
Gateway International Investment Co., Ltd.

地　址: 浙江省杭州市风起路78号国际假日酒店群楼4层
邮　编: 310004
董事长: James
总经理: 张　文
联系人: 仇建峰
电　话: 0571-85271361
传　真: 0571-85271378
成立时间: 1997年12月
注册资本: 24900万元
管理资本: 166000万元
业务范围: 创业投资、投资顾问、企业融资咨询
行业偏好: 软件
阶段偏好: 起步阶段、成长阶段
地区偏好: 辽宁、浙江

杭州天松创业投资有限公司
Hangzhou Tiansong Venture Capital Co., Ltd.

地　址: 浙江省杭州市中山北路610号(中北苑)
邮　编: 310014
董事长: 施永强
总经理: 王　斌
联系人: 陈永明
电　话: 0571-85300405　63738888-9007
传　真: 0571-85391619
成立时间: 2000年11月
注册资本: 3000万元
管理资本: 3000万元
投资规模: 最低投资额 不限
最高投资额 1000万元
业务范围: 创业投资、投资顾问
行业偏好: 软件、计算机硬件产业、通讯、新材料工业
阶段偏好: 种子期
地区偏好: 浙江

万向创业投资股份有限公司
Wanxiang Venture Capital Co., Ltd.

地　址: 浙江省杭州市中山北路中大广场A座23楼
邮　编: 310003
总经理: 沈长寿
联系人: 韩　松
电　话: 0571-85727653
传　真: 0571-85777656
网　址: http: //www.wanxiang.com.cn
电子邮件: wanxiang@zgb.com.cn
成立时间: 2000年11月
注册资本: 30000万元
管理资本: 30000万元
投资规模: 最低投资额 806万元
最高投资额 2400万元
业务范围: 创业投资
行业偏好: 软件、通讯、信息、半导体、医药保健、环保工程、生物科技、新材料工业、光电子与光机电一体化、新能源、高效节能技术、其他重点科技
阶段偏好: 成长阶段、扩张阶段、成熟阶段
地区偏好: 北京、西安、浙江

杭州中融投资管理有限公司
Syno Capital Inc

地　址: 浙江省杭州市文三路398号东方通讯大厦18层
邮　编: 310013
董事长: 孙　黎
总经理: 梁　樵
联系人: 孙　黎
电　话: 0571-88865459
传　真: 0571-88865015
成立时间: 2001年6月
注册资本: 100万元
管理资本: 100万元
投资规模: 最低投资额 100万元
最高投资额 1000万元
行业偏好: 软件、计算机硬件产业、通讯、信息、半导体、生物科技、新能源、高效节能技术、光电子与光机电一体化
阶段偏好: 起步阶段、成长阶段
地区偏好: 浙江、港澳台地区

安徽创业投资机构

合肥科创投资管理公司

地　址：安徽省合肥市胜利路万事达广场 1-302
电　话：0551-2832323
董事长：宋欲鸣
总经理：夏　茂
联系人：丁　伟
传　真：0551-2832300
电子邮件：xiamaohfvc@sina.com
成立时间：2001 年 4 月
注册资本：600 万元
管理资本：22000 万元
投资规模：最低投资额 100 万元
　　　　　最高投资额 2000 万元
业务范围：创业投资、基金管理
行业偏好：新材料工业、光电子与光机电一体化
阶段偏好：成长阶段、扩张阶段
地区偏好：华东地区

合肥市高科技风险投资有限公司
Hefei Venture Capital Co., Ltd.

地　址：安徽省合肥市长江中路 436 金城大厦 1108 室
邮　编：230061
董事长：孔祥云
总经理：施　永
联系人：夏　茂
电　话：0551-2832327
传　真：0551-2832320
成立时间：2000 年 6 月
注册资本：10300 万元
管理资本：10300 万元
投资规模：最低投资额 100 万元
　　　　　最高投资额 1000 万元
业务范围：创业投资
行业偏好：医药保健、新材料工业、光电子与光机电一体化
阶段偏好：扩张阶段
地区偏好：上海、安徽、浙江

安徽省开发投资有限责任公司
Anhui Exploitation Investment Co., Ltd.

地　址：安徽省合肥市金寨路 327 号新鸿安大厦 8 层
邮　编：230061
董事长：吴　越
总经理：曾晓东
联系人：张宏云
电　话：0551-2840940
传　真：0551-2836317
成立时间：1998 年 9 月
注册资本：10000 万元
管理资本：10000 万元
投资规模：最低投资额 50 万元
　　　　　最高投资额 2000 万元
业务范围：创业投资、投资顾问、企业融资咨询
行业偏好：医药保健、信息、新材料工业、光电子与光机电一体化、农业
阶段偏好：起步阶段
地区偏好：上海、安徽

安徽省科技产业投资有限公司
Anhui High Technology Industry Investment Co., Ltd.

地　址：安徽省合肥市芜湖路 168 号同济大厦七楼
邮　编：230001
董事长：陈兰志
总经理：周志虹
联系人：朱婷红
电　话：0551-2888440
传　真：0551-2885534
成立时间：1999 年 7 月
注册资本：15000 万元
管理资本：30000 万元
投资规模：最低投资额 50 万元
　　　　　最高投资额 2000 万元
业务范围：创业投资、证券投资、融资担保
行业偏好：软件、通讯、信息、医药保健、环保工程、生物科技、新材料工业、资源开发工业、光电子与光机电一体化、新能源、高效节能技术
阶段偏好：种子阶段、起步阶段、成长阶段
地区偏好：安徽

安徽省经贸投资集团有限责任公司
Anhui Provincial Economical And Trade Investment (Group) Co., Ltd.

地　址：安徽省合肥市长江中路 57 号妇联大厦 13 层
邮　编：230001
董事长：蒋福亮
总经理：杨新潮
电　话：0551-2608443

传　真：0551-2608443
成立时间：1999年7月
注册资本：10000万元
管理资本：10000万元
投资规模：最低投资额 40万元
　　　　　最高投资额 1000万元
业务范围：政策性投资
阶段偏好：成长阶段
地区偏好：安徽

万德科技创业投资有限公司

地　址：安徽省蚌埠市长征路1381号
邮　编：233000
董事长：张家祥
总经理：张家祥
联系人：宋振铎
电　话：0552-2079808
传　真：0552-2078858
成立时间：2000年9月
注册资本：560万元
管理资本：560万元
投资规模：最低投资额 50万元
　　　　　最高投资额 300万元
业务范围：创业投资、投资顾问、企业融资咨询
行业偏好：通讯、信息、环保工程、生物科技、新材料工业、光电子与光机电一体化、新能源、高效节能技术
阶段偏好：成长阶段、扩张阶段
地区偏好：北京、天津、西安、吉林、安徽

福建创业投资机构

厦门东方伟业资本管理有限公司

Xiamen Oriental Capital Management Co.,Ltd.

地　址：厦门市厦禾路189号银行中心30楼3011室
邮　编：361003
总经理：李若青
电　话：0592-2680160
传　真：0592-2680819
电子邮件：capital@public.xm.fj.cn

福建华兴创业投资有限公司

Fujian Huaxing Venture Investment Co., Ltd.

地　址：福建省福州市华林路69号华兴中心二楼
邮　编：350003
董事长：梁永新
总经理：黄清良
联系人：陈基添
电　话：0591-7857096
传　真：0591-7858275
成立时间：2000年12月
注册资本：10100万元
管理资本：10100万元
投资规模：最低投资额 100万元
　　　　　最高投资额 2000万元
业务范围：创业投资、基金管理、投资顾问、企业融资咨询
行业偏好：通讯、医药保健、环保工程、生物科技、新材料工业、光电子与光机电一体化
阶段偏好：成长阶段、扩张阶段
地区偏好：福建

福建留学人员创业园投资有限公司

Fujian Overseas Students Pioneer Park Investment Co., Ltd.

地　址：福建省福州市工业路568号
邮　编：350002
董事长：骆烟良
总经理：高文辉
联系人：张百川
电　话：0591-3719088
传　真：0591-3719088
成立时间：2000年1月
注册资本：3000万元
管理资本：3000万元
投资规模：最低投资额 50万元
　　　　　最高投资额 1000万元
业务范围：创业投资、投资顾问
行业偏好：软件、信息、生物科技
阶段偏好：成长阶段、成熟阶段
地区偏好：福建

江西创业投资机构

南昌高科技创业投资有限公司

Nanchang High Tech Venture Capital Co., Ltd.

地　址：江西省南昌高新开发区火炬大街125号清华太豪大楼
邮　编：330029
董事长：李　华
总经理：杨轶群

电　话：0791-8102660
传　真：0791-8102660
成立时间：2000年10月
注册资本：3000万元
管理资本：3000万元
投资规模：最低投资额 100万元
　　　　　最高投资额 1000万元
业务范围：创业投资、投资顾问、企业融资咨询
行业偏好：软件、通讯、信息、医药保健、新材料工业、生物科技、光电子与光机电一体化
阶段偏好：成长阶段、扩张阶段、成熟阶段
地区偏好：北京、上海、深圳、湖北、江西

山东创业投资机构

山东省高新技术投资有限公司

Shandong High Tech Investment Ltd.

地　址：山东省济南市解放路166号
邮　编：250013
董事长：赵　奎
总经理：王绍东
联系人：王庆民
电　话：0531-6956565-2261
传　真：0531-6969598
成立时间：2000年6月
注册资本：60000万元
管理资本：60000万元
投资规模：最低投资额 300万元
　　　　　最高投资额 9600万元
业务范围：创业投资、投资顾问、企业融资咨询
行业偏好：通讯、信息、医药保健、环保工程、生物科技、新材料工业、资源开发工业、新能源、高效节能技术、农业
阶段偏好：成长阶段、扩张阶段
地区偏好：山东

山东济南科技风险投资有限公司

地　址：山东省济南市历下区黑虎泉北路5号
邮　编：250011
董事长：王常欣
总经理：徐小曼
联系人：徐小曼
电　话：0531-6423858
传　真：0531-6423859
成立时间：2001年4月
注册资本：7000万元
管理资本：7000万元
投资规模：最低投资额 100万元
　　　　　最高投资额 2000万元
业务范围：创业投资、投资顾问、企业融资咨询
行业偏好：软件、通讯、信息、医药保健、环保工程、生物科技、新材料工业、资源开发工业、新能源、高效节能技术、农业、光电子与光机电一体化
阶段偏好：起步阶段、成长阶段、扩张阶段、
地区偏好：山东

青岛创业投资有限公司

Qingdao Venture Capital Co., Ltd.

地　址：山东省青岛市市南区太平路33号
邮　编：266001
董事长：姜幼年
总经理：朱　滨
联系人：亢　恺
电　话：0532-2862065
传　真：0532-2091193
网　址：http：//www.qingdaovc.com
电子邮件：info@qingdaovc.com
成立时间：2000年9月
注册资本：2000万元
管理资本：2000万元
投资规模：最低投资额 不限
　　　　　最高投资额 400万元
业务范围：创业投资、基金管理、投资顾问、企业融资咨询
行业偏好：软件
阶段偏好：种子阶段、起步阶段
地区偏好：山东

青岛市科技风险投资公司

地　址：山东省青岛保税区五小区国人综合楼
邮　编：266071
董事长：马论业
总经理：张建博
电　话：0532-5881234
传　真：0532-5881234
成立时间：2000年8月
注册资本：10000万元
管理资本：10000万元
投资规模：最低投资额 600万元
　　　　　最高投资额 1800万元

业务范围：创业投资、基金管理、企业融资咨询、资产托管
行业偏好：软件、信息、医药保健、环保工程、新材料工业、新能源、高效节能技术
阶段偏好：成长阶段、成熟阶段
地区偏好：山东

泰安开发区泰山创业投资有限公司
Taishan Venture Capital Co., Ltd.

地　址：山东省泰安市高新技术产业开发区
邮　编：271000
董事长：唐福生
总经理：黄长苗
联系人：刘　妆
电　话：0538-8515635
传　真：0538-8515635
成立时间：2000年7月
注册资本：10000万元
管理资本：19000万元
投资规模：最低投资额 700万元
　　　　　最高投资额 2300万元
业务范围：创业投资、企业融资咨询、高等教育、科技开发
行业偏好：软件、医药保健、环保工程、生物科技、新材料工业、科技服务
阶段偏好：起步阶段、成长阶段、扩张阶段
地区偏好：北京、上海、山东

河南创业投资机构

河南博德投资有限公司

地　址：郑州市红旗路116号
邮　编：450008
电　话：0371-5966912
传　真：0371-6254757
网　址：http://www.hnboard.com
电子邮件：chtpe-hn@371.net

河南高科技创业投资股份有限公司
Henan Hi-Tech Venture Capital Co., Ltd.

地　址：河南省郑州市农业路28号报业大厦1601
邮　编：450008
董事长：李留恩
总经理：张震宇
联系人：叶卫华
电　话：0371-5796060
传　真：0371-5796069
成立时间：2000年4月
注册资本：16100万元
管理资本：16100万元
投资规模：最低投资额 100万元
　　　　　最高投资额 3000万元
业务范围：创业投资、投资顾问、企业融资咨询、财务咨询
行业偏好：软件、信息、环保工程、生物科技、新材料工业、光电子与光机电一体化、新能源、高效节能技术
阶段偏好：扩张阶段
地区偏好：河南

河南金犁风险投资管理有限公司
Henan Jinli Venture Capital Management Co., Ltd.

地　址：河南省郑州经济技术开发区航海东路1009号
邮　编：450047
董事长：王源海
联系人：薛小刚
电　话：0371-6781699
传　真：0371-6781068
成立时间：2000年2月
注册资本：2000万元
管理资本：5000万元
投资规模：最低投资额 不限
　　　　　最高投资额 500万元
业务范围：创业投资、基金管理、投资顾问、企业融资咨询
行业偏好：软件、医药保健、环保工程、生物科技、新材料工业、新能源、高效节能技术、农业
阶段偏好：起步阶段、成长阶段
地区偏好：河南

湖北创业投资机构

武汉东湖创新科技投资有限公司
Wuhan East Lake Venture Capital Co., Ltd.

地　址：武汉市武昌武珞路586号江天大厦14楼
邮　编：430070
董事长：李　勇
总经理：李年生
联系人：黄　彦
电　话：027-87655827
传　真：027-87655876

网 址: http: //www.whvcc.com
电子邮件: venture@whvcc.com
成立时间: 1999年12月27日
注册资本: 13300万元
管理资本: 13300万元
投资规模: 最低投资额 100万元
最高投资额 1000万元
业务范围: 创业投资、基金管理、企业融资咨询
行业偏好: 软件、通讯、信息、医药保健、环保工程、生物科技、新材料工业、光电子与光机电一体化
阶段偏好: 起步阶段、成长阶段
地区偏好: 湖北

光动力创业投资有限公司
Light Power Venture Capital Co., Ltd.

地 址: 武汉市洪山区鲁苍民院路6号
邮 编: 430074
董事长: 祝佳才
总经理: 过文俊
联系人: 孙 宁
电 话: 027-87452630/1
传 真: 027-87452625
成立时间: 2001年2月
注册资本: 2000万元
管理资本: 17500万元
投资规模: 最低投资额 50万元
最高投资额 1000万元
业务范围:创业投资、基金管理、投资顾问、企业融资咨询
行业偏好:信息、生物科技、新材料工业、光电子与光机电一体化、新能源、高效节能技术
阶段偏好: 起步阶段、成长阶段
地区偏好:北京、广州、湖北、湖南

武汉高新技术产业风险投资公司
Wuhan Hi-Tech Venrure Capital Company

地 址: 武汉市洪山区珞瑜路548号
邮 编: 430079
电 话: 027-87496396
传 真: 027-87497685
成立时间: 2000年5月
管理资本: 9960万元
行业偏好:电子信息、生物科技、新材料工业、光通讯技术
阶段偏好:起步阶段、扩张阶段

武汉华工创业投资有限责任公司
Wuhan Huagong Venture Capital Co.,Ltd.

地 址: 武汉市洪山区珞瑜路243号华工科技产业大厦13层
邮 编: 430074
董事长: 王延党
总经理: 李 娟
联系人: 李 昕
电 话: 027-87522618
传 真: 027-87522800
成立时间: 2000年9月
注册资本: 6000万元
管理资本: 6000万元
投资规模: 最低投资额 50万元
最高投资额 520万元
业务范围: 创业投资、基金管理、投资顾问、企业融资咨询
行业偏好:信息、生物科技、新材料工业、光电子与光机电一体化
阶段偏好: 种子阶段
地区偏好: 北京、深圳、河南

武汉华汉投资管理有限公司

地 址: 武汉市香港路183号
邮 编: 430014
董事长: 郝 健
总经理: 杨乐意
电 话: 027-85790069
传 真: 027-85790069
成立时间: 1998年4月
注册资本: 5800万元
管理资本: 5800万元
业务范围: 创业投资、投资顾问、企业融资咨询
行业偏好: 信息、医药保健、科技服务
阶段偏好: 成长阶段
地区偏好: 湖北

武汉经开投资有限公司
Wuhan E&D Investment Co., Ltd.

地 址: 武汉市经济技术开发区绿岛大厦五楼
邮 编: 430056
董事长: 张业高
总经理: 刘 琪
联系人: 季 柠
电 话: 027-84898272
传 真: 027-84470153
成立时间: 2000年12月

注册资本：65000 万元
管理资本：65000 万元
投资规模：最低投资额 12 万元
最高投资额 6089 万元
业务范围：创业投资、投资顾问、企业融资咨询、授权范围内国有资产的经营管理；财政委托投资和基本建设项目管理
行业偏好：信息、医药保健、环保工程、生物科技、新材料工业、光电子与光机电一体化、新能源、高效节能技术、制造业
阶段偏好：起步阶段
地区偏好：湖北

湖北科技风险投资有限责任公司

地　址：武汉市武昌民院路 6 号尖东花园九楼
邮　编：430074
董事长：王炳南
总经理：张志勇
联系人：李　艳
电　话：027-87780494
传　真：027-87780494
成立时间：2000 年 9 月
注册资本：6000 万元
管理资本：6000 万元
投资规模：最低投资额 300 万元
最高投资额 1000 万元
业务范围：创业投资、投资顾问、企业融资咨询
行业偏好：通讯、信息、医药保健、生物科技、光电子与光机电一体化
阶段偏好：成长阶段
地区偏好：湖北

武汉开元科技创业投资有限公司

Wuhan Keywin Venture Capital Co.,Ltd.

地　址：武汉市单洞路口武汉国际大厦 A 栋 15 楼
邮　编：430022
董事长：李群元
总经理：王昌文
电　话：027-85423662
传　真：027-85417459
联系人：罗　琴
成立时间：2000 年 5 月
注册资本：29582 万元
管理资本：29582 万元
业务范围：创业投资、投资顾问、企业融资咨询、网络信息服务、资本运作中介服务
行业偏好：软件、医药保健、信息、生物科技、新材料工业、光电子与光机电一体化
阶段偏好：起步阶段、成长阶段
地区偏好：湖北、深圳

武汉圣威德投资有限公司

地　址：武汉市武昌桂去路 84 号
邮　编：430079
电　话：13907172710
董事长：邓朝晖
总经理：邓朝晖
联系人：邓朝晖
成立时间：2000 年 9 月
注册资本：1200 万元
管理资本：1200 万元
投资规模：最低投资额 50 万元
业务范围：创业投资
行业偏好：生物科技、新材料工业
阶段偏好：起步阶段、成长阶段
地区偏好：湖北

武汉正信产业发展有限公司

Wuhan Zhengxin Industry and Development Co.,Ltd.

地　址：武汉市江岸区兰陵路 24 号
邮　编：430014
董事长：李方志
总经理：李方志
联系人：温世辉
电　话：027-82811362
传　真：027-82811362
成立时间：2000 年 4 月
注册资本：30000 万元
管理资本：30000 万元
业务范围：创业投资、投资顾问、企业融资咨询
行业偏好：通讯、信息、医药保健、环保工程、生物科技、新材料工业、光电子与光机电一体化
阶段偏好：成长阶段
地区偏好：湖北

湖南创业投资机构

长沙高新技术创业投资管理有限公司

Changsha High-Tech Venture Capital Co., Ltd.

地　址：长沙高新技术产业开发区万利大厦 10F

总经理：贺树云
电　话：0731-8902998
传　真：0731-8900185
成立时间：2000年9月
管理资本：9960万元
行业偏好：信息技术、软件、通讯、生物制药、互联网及相关设施、电子信息技术、新材料及新能源、半导体、环保工程、高效生态农业
阶段偏好：种子阶段、成长阶段、扩张阶段、成熟阶段

湖南高科技创业投资有限公司
Hunan High-Tech Venture Capital Co., Ltd.

地　址：湖南省长沙市芙蓉中路465号金源大酒店10楼
邮　编：410007
董事长：李静安
总经理：陈铁儒
联系人：樊一林
电　话：0731-5167227
传　真：0731-5167219
成立时间：2000年2月
注册资本：10000万元
管理资本：15000万元
业务范围：创业投资、投资顾问
行业偏好：医药保健、生物科技、新材料工业
阶段偏好：起步阶段、扩张阶段
地区偏好：北京、上海、深圳、湖南

湖南省宏升创业投资有限责任公司
Hunan Hongsheng Venture Capital Co., Ltd.

地　址：湖南省长沙市城南西路1号省财政厅办公楼附二楼
邮　编：410015
董事长：罗赤宏
总经理：雷　晟
联系人：柳　芳
电　话：0731-5165043
传　真：0731-5165002
成立时间：2001年1月
注册资本：5000万元
管理资本：18000万元
投资规模：最低投资额 100万元
最高投资额 2000万元
业务范围：创业投资、投资顾问、企业融资咨询
行业偏好：信息、新材料、生物医药
阶段偏好：种子阶段、成长阶段
地区偏好：湖南

广东创业投资机构

广州北融科技投资有限公司

地　址：广州市黄埔开发区
邮　编：510000
董事长：马世兵
总经理：陈文耀
电　话：020-82001246
传　真：020-82001246
成立时间：1999年10月
注册资本：1000万元
管理资本：1000万元
投资规模：最低投资额 500万元
业务范围：创业投资、投资顾问、企业融资咨询
行业偏好：软件、生物科技
阶段偏好：成长阶段、扩张阶段
地区偏好：深圳

广东省粤科风险投资集团有限公司

地　址：广州市先烈中路100号高中心大楼13楼
邮　编：510070
董事长：何国杰
电　话：020-87620388
传　真：020-87614955
网　址：http://www.gvcgc.com
电子邮件：hgj@gvcgc.com

广东省风险投资集团
Guangdong Technology Venture Capital Group Co., Ltd.

地　址：广东省先烈中路100号高中心大楼14-15楼
邮　编：510070
董事长：何国杰
总经理：何　荣
联系人：何　荣
电　话：020-87623098
传　真：020-87623098
成立时间：2000年12月
注册资本：65000万元
管理资本：120000
业务范围：创业投资、基金管理、投资顾问、企业融资咨询
行业偏好：新材料工业、光电子与光机电一体化、新能源、高效节能技术
阶段偏好：成长阶段、扩张阶段、成熟阶段
地区偏好：广东

广州科技风险投资有限公司

Canton Venture Capital Co., Ltd.

地　址：广东省广州市天河北路183号1101室
邮　编：510075
董事长：任永弼
总经理：王鸿茂
联系人：姚安安
电　话：020-87556020
传　真：020-87556023
成立时间：1999年12月
注册资本：30000万元
管理资本：60000万元
业务范围：创业投资、基金管理、投资顾问、企业融资咨询
行业偏好：通信、软件、生物、农业

珠海市功业控股有限公司

Zhuhai Gowin Holding Co.,Ltd.

地　址：广东省珠海市九州大道珠海大厦四楼
总经理：陈什登
电　话：0756-3321590
传　真：0756-3321889
成立时间：1998年
管理资本：12035万元
行业偏好：电子信息、通讯、生物工程

广东美的技术投资公司

地　址：广东省广州市天河北路
邮　编：510620
董事长：陈大江
电　话：020-38820122
传　真：021-38820123
成立时间：2001年3月
注册资本：2000万元
管理资本：2000万元
投资规模：最低投资额 1000万元
　　　　　最高投资额 10000万元
业务范围：创业投资、企业管理咨询
阶段偏好：成长阶段
地区偏好：广东

四川创业投资机构

成都高科技发展股份有限公司

Chengdu Hi-Tech Development Ltd. Inc

地　址：成都市高新区永丰路创业街1号6层
邮　编：610041
电　话：028-5179484
传　真：028-5184294

成都市科技风险开发事业中心

Chengdu Venture Technology Development Center

地　址：四川省成都市高新技术创业路16号火炬大厦
邮　编：610041
董事长：张景文
联系人：吴　勇
电　话：028-5133951
传　真：028-5130328
成立时间：1998年
注册资本：5700万元
管理资本：10000万元
行业偏好：信息、医药保健、生物科技
阶段偏好：成长阶段
地区偏好：四川

成都科银风险投资有限责任公司

Chengdu Keyin Venture Capital Co.,Ltd.

地　址：成都电子科技大学大学科技园
电　话：028-3274887
传　真：028-3284392
网　址：http://www.keyin-vc.com
电子邮件：serve@keyin-vc.com
成立时间：2000年12月
行业偏好：电子信息技术、生物医药、新材料及新能源

成都新兴创业投资股份有限公司/盈泰投资管理有限公司

Chengdu Sunrising Venture Capital Inc./Wintech Investment Management Co.,Ltd.

地　址：成都高新区高新大厦一楼
总经理助理：廖昌宏

电　话：028-5130333-203
传　真：028-5156741
网　址：http://www.cnwintech.com
电子邮件：ch_liao@sina.com
成立时间：2000年11月
管理资本：9960万元
行业偏好：信息技术、生物工程、新材料新能源产业、电子信息产业、新兴医药产业

四川省投资集团公司
Sichuan Investment Group Corporation

地　址：四川省成都市南府街53号
邮　编：610015
电　话：028-6679467/6650064
传　真：028-6659217
成立时间：1993年
管理资本：16600万元
行业偏好：信息技术、生物工程

重庆创业投资机构

重庆科技风险投资有限公司
Chongqing Venture Capital Co.,Ltd.

地　址：重庆市石桥铺渝州路33号西亚商务大厦15楼
邮　编：400039
董事长：邓　华
总经理：沈保林
联系人：赵锦春
电　话：023-68614638
传　真：023-68623554
成立时间：1992年12月
注册资本：22598万元
管理资本：26800万元
投资规模：最低投资额 13万元
　　　　　最高投资额 3000万元
业务范围：创业投资
行业偏好：信息、生物科技、新材料工业、新能源、高效节能技术、光电子与光机电一体化
阶段偏好：起步阶段、成长阶段、扩张阶段
地区偏好：北京、重庆

贵州创业投资机构

贵阳市科技风险投资有限公司
Guiyang Technology Venture Capital Co.,Ltd.

地　址：贵州省贵阳市神奇路8号经协大厦18楼
邮　编：550001
总经理：莫莉萍
联系人：付　宇
电　话：0851-5806600/11
传　真：0851-5806514
网　址：http://www.gypc.org
电子邮件：gzgytv@sina.com
成立时间：1998年12月
注册资本：15000万元
管理资本：15000万元
投资规模：最低投资额 30万元
　　　　　最高投资额 500万元
业务范围：创业投资、基金管理、投资顾问
行业偏好：软件、通讯、医药保健、新材料工业、资源开发工业、新能源、高效节能技术
阶段偏好：起步阶段、成长阶段、扩张阶段
地区偏好：贵州

云南创业投资机构

云南高新创业投资有限公司

地　址：云南省昆明市东风西路280号文贸大厦19楼
邮　编：650031
董事长：张亚光
总经理：张亚光
联系人：张　旭
电　话：0871-5375145
传　真：0871-5375152
成立时间：2000年8月
注册资本：8100万元
管理资本：8100万元
投资规模：最低投资额 10万元
　　　　　最高投资额 500万元
业务范围：创业投资、投资顾问
行业偏好：生物科技、新材料工业、光电子与光机电一体化
阶段偏好：起步阶段
地区偏好：北京、深圳、云南

陕西创业投资机构

陕西八大科技创业投资有限公司

地　址：西安市南关正街1号泛美大厦2501室
邮　编：710068
董事长：郑　瑜
总经理：郑　瑜
联系人：李　坚
电　话：029-7813586
传　真：029-7816915
电子邮件：bada2000@163.com
成立时间：2000年6月
注册资本：1000万元
管理资本：1000万元
业务范围：创业投资、企业融资咨询
行业偏好：医药保健、生物科技、新能源、高效节能技术
阶段偏好：种子阶段、起步阶段
地区偏好：西安

西安保德信投资发展有限责任公司
Xian Protection Invesment&Develpoment Co.,Ltd.

地　址：西安市和平路108号佳藤大厦11楼D座
电　话：029-7515671
传　真：029-7521513
电子邮件：romontan@163.com
成立时间：1998年
管理资本：4980万元
投资规模：最低投资额 100万元
　　　　　最高投资额 4980万元
行业偏好：新能源、高效节能技术、通讯
阶段偏好：种子阶段、成长阶段

西安长信投资有限公司

地　址：西安市含光路南段68号交通科技大厦
邮　编：710065
董事长：王启明
总经理：杨银智
联系人：周　勇
电　话：029-5254021-8126
传　真：029-8254347
电子邮件：xacxtz@163.com
成立时间：2001年9月
注册资本：3000万元
管理资本：3000万元
投资规模：最低投资额 50万元
　　　　　最高投资额 3000万元
业务范围：风险投资、证券投资、投资管理、投资咨询
行业偏好：医药保健、环保工程、生物科技、新材料工业、光电子与光机电一体化、农业、传统型非科技企业
阶段偏好：成长阶段
地区偏好：陕西

西安创世科技投资管理有限公司

地　址：西安市高新路蒋家寨小区11号楼3-2-202号
邮　编：710075
董事长：宋祥会
总经理：宋祥会
联系人：杨永红
电　话：029-8321995
传　真：029-8314793
电子邮件：zhangxi1119@china.com
成立时间：2000年6月
注册资本：300万元
管理资本：1200万元
业务范围：创业投资
行业偏好：通讯、环保工程、生物科技、新材料工业、光电子与光机电一体化、新能源、高效节能技术
阶段偏好：起步阶段、成长阶段
地区偏好：西安、陕西

西安创新投资有限公司

地　址：西安市高新一路创新大厦二层
邮　编：710075
董事长：陈　坚
总经理：梁海彬
联系人：梁海彬
电　话：029-8247198
传　真：029-8247198
电子邮件：slhb@sohu.com
成立时间：1999年12月
注册资本：1700万元
管理资本：3000万元
投资规模：最低投资额 不限
　　　　　最高投资额 100万元
业务范围：创业投资、基金管理、企业融资咨询
行业偏好：软件、通讯、半导体、生物科技、新材料工业、光电子与光机电一体化、新能源、高效节能技术

阶段偏好:种子阶段、起步阶段
地区偏好: 西安

西安高新技术产业风险投资有限责任公司

Xi'an Hitech Venture Capital Co., Ltd.

地　址: 西安市高新一路创新大厦二层
邮　编: 710075
董事长: 章东凡
总经理: 陈　坚
联系人: 杨　莉
电　话: 029-8314952
传　真: 029-8244115
网　址: http: //www.capitech.com.cn
电子邮件: tangc@capitech.com.cn
成立时间: 1996年5月
注册资本: 15000万元
管理资本: 25000万元
业务范围: 创业投资、企业融资咨询

西安高新技术产业开发区京汉风险投资有限公司

Xi'an High-Tech Industry Development Zone Jinghan Venture Capital Co.,Ltd.

地　址: 西安市新科技路39号亚美大厦聚祥阁1701室
邮　编: 710075
董事长: 蒋　刚
总经理: 蒋　刚
联系人: 李俊明
电　话: 029-8323590
传　真: 029-8323395
网　址: http: //www.jinghan.com
电子邮件: Jinghan@pub.xaonline.com
成立时间: 2000年5月
注册资本: 1000万元
管理资本. 1300万元
业务范围:创业投资、投资顾问、企业融资咨询
行业偏好:信息、资源开发工业、新能源、高效节能技术
阶段偏好:起步阶段、成长阶段、扩张阶段
地区偏好: 西安

陕西省高新技术产业投资有限公司

地　址: 陕西省西安市西一路41号电力投资大厦四层
总经理: 马陆霞
电　话: 029-7403949
传　真: 029-7403949
成立时间: 1999年9月
注册资本: 20488万元
管理资本: 20488万元
业务范围: 创业投资
行业偏好: 软件、通讯、信息、新材料、生物科技、环保工程、光电子与光机电一体化、农业、新能源、高效节能技术
阶段偏好: 种子阶段、成长阶段、扩张阶段
地区偏好: 陕西

西安国际信托投资有限公司

Xi'an International Trust&Investment Co., Ltd.

地　址: 西安市西大街23号
邮　编: 710001
董事长: 刘永强
总经理: 钱　国
联系人: 张　鹏
电　话: 029-7287100
传　真: 029-7284795
成立时间: 1999年12月
注册资本: 30000万元
管理资本: 30000万元
投资规模: 最低投资额 93万元
　　　　　最高投资额 1147万元
业务范围: 创业投资、基金管理、投资顾问、企业融资咨询
行业偏好: 软件、通讯、信息、医药保健、农业
阶段偏好: 扩张阶段
地区偏好: 陕西

陕西国投实业投资有限公司

地　址: 西安市高新区协同大厦3层B座
邮　编: 710005
董事长: 赵　东
总经理: 赵　东
联系人: 李　燕
电　话: 029-8386032
传　真: 029-8386223
成立时间: 2000年5月
注册资本: 17000万元
管理资本: 30000万元
投资规模: 最低投资额 100万元
　　　　　最高投资额 300万元
业务范围: 创业投资、投资顾问、资产管理
行业偏好: 信息、新材料工业、光电子与光机电一体化、新能源、高效节能技术

阶段偏好：起步阶段
地区偏好：西安

西安汉唐投资管理有限公司

地　址：西安市高新开发区高科大厦8层
邮　编：710075
董事长：任　勇
总经理：魏重航
联系人：魏重航
电　话：029-8323877
传　真：029-8320475
成立时间：2001年5月
注册资本：1000万元
管理资本：3200万元
投资规模：最低投资额 200万元
　　　　　最高投资额 500万元
业务范围：创业投资
行业偏好：软件、通讯、信息、生物科技、新材料工业
阶段偏好：种子阶段、起步阶段
地区偏好：西安

西安经济技术开发区资产投资有限公司

Xi'an Economic Development Zone Assets Investment

地　址：西安市凤城二路九号
邮　编：710016
董事长：王天庆
总经理：白伏波
联系人：陈　瑶
电　话：029-6520300
传　真：029-6521278
电子邮件：chenyao928@263.net
成立时间：1998年5月
注册资本：1500万元
管理资本：1500万元
投资规模：最低投资额 30万元
　　　　　最高投资额 500万元
业务范围：创业投资、投资顾问
行业偏好：信息、医药保健
阶段偏好：起步阶段
地区偏好：西安

西安经济技术投资担保有限公司

地　址：西安市太白北路3号
邮　编：710068
董事长：韩国华
总经理：韩国华
联系人：高成程
电　话：029-8489593
传　真：029-8489593
电子邮件：gaocc@xaonline.com
成立时间：2000年11月
注册资本：10300万元
管理资本：10300万元
投资规模：最低投资额 100万元
　　　　　最高投资额 2000万元
业务范围：创业投资、企业融资咨询
行业偏好：软件、信息、医药保健、生物科技、新材料工业、资源开发工业、新能源、高效节能技术
阶段偏好：成熟阶段
地区偏好：西安

西安科技投资有限公司

地　址：西安市开发区协同大厦
邮　编：710075
董事长：吴元明
总经理：高　珊
联系人：高　珊
电　话：029-8386085
传　真：029-8386085
成立时间：1998年5月
注册资本：6000万元
管理资本：9000万元
投资规模：最低投资额 30万元
　　　　　最高投资额 1200万元
业务范围：企业融资咨询
行业偏好：软件、信息
阶段偏好：起步阶段、成长阶段
地区偏好：西安

西安科为投资有限公司

邮　编：710075
董事长：冯金龙
总经理：冯金龙
联系人：桑　成
电　话：029-8386053
传　真：029-8386053
电子邮件：xkwt26c@sohu.com
成立时间：2001年9月

注册资本：1000万元
管理资本：1000万元
投资规模：最低投资额 50万元
　　　　　最高投资额 不限
业务范围：创业投资、企业融资咨询、投资顾问
行业偏好：软件、信息、生物科技、新材料工业
阶段偏好：种子阶段、起步阶段、成长阶段
地区偏好：西安、陕西

陕西维思新技术孵化有限责任公司

ShangXi Wisdom Technology Investment Co.,Ltd.

地　址：西安高新技术开发区高新5路2号数码时空B座210座
电　话：029-8323785
传　真：029-8323885
网　址：http://www.wisdomvc.com
电子邮件：luo@wisdomvc.com
管理资本：415万元
行业偏好：信息技术、软件技术、通讯
阶段偏好：种子阶段

陕西银河科技投资有限责任公司

Shanxi Galaxy Venture Capital Co., Ltd.

地　址：西安市高新光德路6号电力大厦
邮　编：710075
董事长：李长安
总经理：刘延生
联系人：苏　耕
电　话：029-8322397
传　真：029-8322770
网　址：http://www.gvcc.com.cn
电子邮件：sugeng@gvcc.com.cn
成立时间：2000年10月
注册资本：15000万元
管理资本：15000万元
地区偏好．陕西

西安盈讯投资有限公司

地　址：西安市高新区高新二路12号协同大厦10-3号
邮　编：710075
董事长：贺延光
总经理：张　鹏
联系人：李　晓
电　话：029-8386393
传　真：029-8386492
电子邮件：lxmorning@163.com
成立时间：2000年6月
注册资本：2000万元
管理资本：2000万元
业务范围：创业投资
行业偏好：半导体、光电子与光机电一体化
阶段偏好：种子阶段、起步阶段
地区偏好：西安

陕西裕丰投资管理公司

Shanxi Yufeng Investment Management Co., Ltd.

地　址：陕西省西安市南稍门泛美大厦6层
邮　编：710068
董事长：齐　敏
总经理：李海鹰
联系人：杨自勇
电　话：029-7803150
传　真：029-7803150
电子邮件：yufeng609@yahoo.com.cn
成立时间：2000年1月
注册资本：1000万元
管理资本：10000万元
投资规模：最低投资额 30万元
　　　　　最高投资额 300万元
业务范围：创业投资、投资顾问
行业偏好：软件、信息、生物科技、医药保健、光电子与光机电一体化
阶段偏好：种子阶段、起步阶段
地区偏好：西安

甘肃创业投资机构

甘肃省科技风险投资有限公司

Gansu Venture Capital Co., Ltd.

地　址：甘肃省兰州市酒泉路403号中匈国际友好大厦A座16层
邮　编：730030
董事长：刘长缨
总经理：朱世明
联系人：王　维
电　话：0931-4600008-800
传　真：0931-4600071
成立时间：2001年8月
注册资本：10000万元
管理资本：10000万元

业务范围：创业投资、基金管理、投资顾问、企业融资咨询
行业偏好：软件、信息、医药保健、环保工程、生物科技、新材料工业、光电子与光机电一体化、科技服务
阶段偏好：起步阶段、成长阶段

深圳创业投资机构

翱科半导体（深圳）有限公司
Authosis Semiconducton Holding.Inc

地　址：深圳市蛇口工业大道27号北科创业大厦1010-1013
邮　编：518067
董事长：高秉强
总经理：陈　凯
联系人：郑　强
电　话：0755-6833001
传　真：0755-6833006
网　址：http：//www.authosis.com
电子邮件：mandyzheng@authosis.com
成立时间：2001年
注册资本：100万元
管理资本：100万元
业务范围：创业投资
行业偏好：半导体
阶段偏好：种子阶段、起步阶段、成长阶段
地区偏好：北京、上海、重庆、西安、广州、深圳、香港、江苏、陕西、广东、山东、安徽、浙江、福建、美国

深圳市北大港科招商创业有限公司

地　址：深圳市蛇口工业大道27号
邮　编：518067
董事长：丁克义
总经理：张　琚
联系人：陶　欣
电　话：0755-6823156
传　真：0755-6821665
网　址：http：//www.bhiv.com
电子邮件：taoxin@21cn.com
成立时间：2000年8月
注册资本：2000万元
管理资本：2000万元
业务范围：创业投资、投资顾问、企业融资咨询
行业偏好：软件、通讯、医药保健、生物科技
阶段偏好：种子阶段、起步阶段

深圳市北大招商创业投资管理有限公司
Peking University&China Merchants VC Co.,Ltd.

地　址：深圳市蛇口太子路新时代广场27层
邮　编：518067
董事长：曹凤岐
总经理：单祥双
联系人：于小云
电　话：0755-6826475
传　真：0755-6826470
电子邮件：pcvc@sina.com
成立时间：2000年12月
注册资本：1000万元
管理资本：20000万元
投资规模：最低投资额 100万元
　　　　　最高投资额 5000万元
业务范围：创业投资、基金管理、投资顾问、企业融资咨询
行业偏好：软件、计算机硬件、通讯、信息产业、半导体、医药保健、环保工程、生物科技、新材料工业、资源开发工业、光电子与光机电一体化、科技服务、新能源、高效节能技术、核应用技术、制造业、其他重点科技、农业
阶段偏好：不限

深圳市百利宏科技投资有限公司
Bestgrnnd Science Technology Investments Co., Ltd.

地　址：深圳市深南大道6008号报业大厦23层B、C区
邮　编：518009
董事长：黄少康
总经理：黄少康
联系人：胡　萍
电　话：0755-3516828-301
传　真：0755-3516953
网　址：http：//www.bestgrand.com.cn
电子邮件：hpjqb@21cn.com
成立时间：2000年4月
注册资本：5000万元
管理资本：5000万元
投资规模：最低投资额 500万元
　　　　　最高投资额 不限
业务范围：创业投资
行业偏好：软件、信息、医药保健、环保工程、新能源、高效节能技术、其他重点科技
阶段偏好：起步阶段、成长阶段、扩张阶段
地区偏好：北京、深圳、广东、港、澳、台地区、东南亚及韩国

深圳市百山创业投资有限公司

地　址：深圳市福田区振兴路建艺大厦15楼
邮　编：518031
董事长：韩霄星
总经理：韩霄星
联系人：王　烨
电　话：0755-3788850
传　真：0755-3788457
电子邮件：clarkchen@21cn.com
成立时间：1998年1月
注册资本：3000万元
管理资本：18000万元
投资规模：最低投资额 100万元
　　　　　最高投资额 2000万元
业务范围：创业投资、基金管理、投资顾问、企业融资咨询
行业偏好：软件、通讯、信息、半导体、医药保健、光电子与光机电一体化、新能源、高效节能技术
阶段偏好：起步阶段、成长阶段、扩张阶段
地区偏好：北京、上海、广州、深圳

深圳市彩虹创业投资有限公司
Shenshen Rainbow Innovation Invest Co.,Ltd.

地　址：深圳市福田区彩田路彩虹大厦15楼
邮　编：518026
电　话：0755-2715460
传　真：0755-2714466
网　址：http://www.7cf.com

深圳市创新科技投资有限公司
Shenzhen Venture Capital Co., Ltd.

地　址：深圳市深南大道4009号投资大厦23层
邮　编：518026
董事长：李黑虎
总经理：阚治东
联系人：匡晓明
电　话：0755-2712888
传　真：0755-2712880
网　址：http://www.szvc.com.cn
电子邮件：master@szvc.com.cn
成立时间：1999年8月
注册资本：160000万元
管理资本：300000万元
投资规模：最低投资额 500万元
　　　　　最高投资额 5000万元
业务范围：创业投资、基金管理、投资顾问、企业融资咨询
行业偏好：软件、计算机硬件、通讯、医药保健、环保工程、生物科技、新材料工业、光电子与光机电一体化、新能源、高效节能技术
阶段偏好：成长阶段、扩张阶段
地区偏好：不限

深圳市长园盈佳投资有限公司
Shenzhen Chang Yuan Ying Jia Investment Co., Ltd.

地　址：深圳市南山区科技工业园科技路30-4栋六楼
邮　编：518031
董事长：许晓文
总经理：许晓文
联系人：张荣林
电　话：0755-6630924 6631160
传　真：0755-6630603
网　址：http://www.changyuan.com
电子邮件：richchang@cmmail.com
成立时间：2000年4月
注册资本：3000万元
管理资本：3000万元
投资规模：最低投资额 50万元
　　　　　最高投资额 3000万元
业务范围：创业投资、投资顾问、企业融资咨询、受托管理和经营
行业偏好：通讯、信息产业、环保工程、生物科技、新材料工业、光电子与光机电一体化
阶段偏好：成长阶段、扩张阶段、成熟阶段
地区偏好：上海、深圳

深圳市达晨创业投资有限公司
Shenzhen Fortune Venture Capital Co.,Ltd.

地　址：深圳市深南大街特区报业大厦31层C\F座
邮　编：518009
董事长：刘　昼
总经理：刘　昼
联系人：肖东华
电　话：0755-3515108 3515112
传　真：0755-3515115
网　址：http://www.sz-fortunevc.com
电子邮件：alan@xiao.com.cn
成立时间：2000年4月
注册资本：10000万元
管理资本：10000万元
投资规模：最低投资额 300万元
　　　　　最高投资额 3000万元

业务范围：创业投资
行业偏好：软件、通讯、信息产业、环保工程、生物科技、新材料工业、光电子与光机电一体化、新能源、高效节能技术、其他重点科技
阶段偏好：起步阶段、成长阶段、扩张阶段、成熟阶段
地区偏好：北京、上海、深圳、四川

深圳动量创业投资管理有限公司

Shenzhen Momentum Venture Capital Co., Ltd.

地　址：深圳市彩田南路华景大厦 7E
邮　编：518026
董事长：刘志强
总经理：刘志强
联系人：刘志强
电　话：0755-3383404 2714635
传　真：0755-3383404
网　址：http://www.szmvc.com
电子邮件：tfang755@sina.com
成立时间：2001 年
注册资本：100 万元
管理资本：600 万元
业务范围：创业投资、基金管理、投资顾问、企业融资咨询
行业偏好：环保、新材料、新能源、高效节能技术
阶段偏好：起步阶段
地区偏好：广东

大鹏创业投资有限责任公司

地　址：深圳市深南中路 30 号电子科技大厦 C 座 6 楼
总　裁：张永恒
网　址：http://www.chinaeaglevc.com
电子邮件：shaosl@chinaeaglevc.com
成立时间：2000 年 9 月
管理资本：4980 万元
行业偏好：通讯、网络、新材料、生物医药
阶段偏好：成长阶段、扩张阶段

深圳市东盛创业投资有限公司

地　址：深圳市罗湖区罗芳路 68 号中震大厦 1017 房
邮　编：518033
董事长：杨敬强
总经理：杨敬强
联系人：张　文
电　话：0755-5116466
传　真：0755-5116466
电子邮件：jqyang2000@sina.com
成立时间：2000 年 9 月
注册资本：3000 万元
管理资本：3000 万元
投资规模：最低投资额 200 万元
最高投资额 600 万元
业务范围：创业投资
行业偏好：生物科技、光电子与光机电一体化
阶段偏好：成熟阶段
地区偏好：广东

第一上海创业投资管理（深圳）有限公司

First Shanghai Venture Capital Management Ltd.

地　址：深圳市福田区商报路奥林匹克大厦 8 楼 KM 单元
邮　编：518034
董事长：劳元一
总经理：王俊彦
联系人：郭文辉
电　话：0755-3521829
传　真：0755-3521810
电子邮件：anthonyguo@firstshanghai.com.hk
成立时间：2001 年 3 月
注册资本：106 万元
业务范围：创业投资、投资顾问、香港创业板上市咨询
行业偏好：软件、通讯、半导体、医药保健、生物科技、新材料工业
阶段偏好：上市前融资
地区偏好：中国内地

二十一世纪科技投资有限责任公司

21st Century VC Investment Co., Ltd.

地　址：深南中路 2 号新闻大厦 1905 室
邮　编：518027
董事长：黄建威
总经理：于向东
联系人：高艳娟
电　话：0755-2091532
传　真：0755-2091510
电子邮件：vcggyj@163.net
网　址：http://www.21vc.net
成立时间：2000 年 6 月
注册资本：33500 万元
管理资本：33500 万元
投资规模：最低投资额　不限
最高投资额 2000 万元

业务范围：创业投资
行业偏好：软件、通讯、信息产业、医药保健、环保工程、生物科技、光电子与光机电一体化
阶段偏好：成长阶段、扩张阶段
地区偏好：北京、上海、深圳、浙江

深圳市福鸿达创业投资管理有限公司
Fuhongda Venture Investment Management Co., Ltd.

地　址：深圳市罗湖区笋岗东路1002号宝安广场C座13楼
邮　编：518020
董事长：俞兆利
总经理：王　莉
联系人：李江霞
电　话：0755-5170701
传　真：0755-5161066
网　址：http://www.fuhongda.com
电子邮件：fhd@fuhongda.com
成立时间：2001年5月
注册资本：7000万元
管理资本：7000万元
业务范围：创业投资、投资顾问、企业融资咨询、投资中介、托管经营、企业财务诊断
地区偏好：北京、天津、上海、广州、深圳、江苏、广东、浙江、山东

深圳市国成科技投资有限公司
Guocheng Venture Captial Co., Ltd.

地　址：深圳市深南大道6008号特区报业大厦21C
邮　编：518009
董事长：朱亚萍
总经理：蔡　凡
联系人：钟　蔚
电　话：0755-3516448
传　真：0755-3516944
网　址：http://www.szgcvc.com
电子邮件：info@szgcvc.com
成立时间：1997年12月
业务范围：创业投资
行业偏好：不限
阶段偏好：种子阶段、起步阶段、成长阶段、扩张阶段
地区偏好：辽宁、广东、广西

光大控股创业投资（深圳）有限公司
CEL Venture Capital (Shenzhen) Ltd.

地　址：深圳市福田区联合广场A座602
邮　编：518048
董事长：郭　友
总经理：贺　玲
联系人：雷大成
电　话：0755-2900853
传　真：0755-2900851
电子邮件：hope.lei@263.net
成立时间：2001年4月
注册资本：5000万元
管理资本：5000万元
投资规模：最低投资额 不限
　　　　　最高投资额 2000万元
业务范围：创业投资、投资顾问、企业融资咨询
行业偏好：软件、计算机硬件、通讯、信息、医药保健、环保工程、生物科技、新材料工业、光电子与光机电一体化、新能源、高效节能技术
阶段偏好：成长阶段

深圳贵明创业投资有限公司

地　址：深圳市罗湖区怡景路峰景台大厦135号
邮　编：518003
董事长：黄振汉
总经理：黄振汉
联系人：孙涌涛
电　话：0755-5414607
传　真：0755-5525903
电子邮件：da@sina.com
成立时间：2001年8月
注册资本：3000万元
管理资本：3000万元
业务范围：创业投资、基金管理、投资顾问、企业融资咨询
行业偏好：医药保健、光电子与光机电一体化、新能源、高效节能技术
阶段偏好：扩张阶段
地区偏好：上海、深圳

深圳市国融创业投资管理有限公司

地　址：深圳市福田区景田南路锦文阁1901号
邮　编：518034
董事长：张海波
总经理：许永东
电　话：0755-2525218
传　真：0755-3793995
成立时间：2001年1月
注册资本：212万元

投资规模：最低投资额 1000 万元
最高投资额 5000 万元
业务范围：创业投资、企业融资咨询
行业偏好：生物科技、光电子与光机电一体化
阶段偏好：成长阶段
地区偏好：北京、西安、深圳、陕西、河北、甘肃

深圳市高特佳创业投资有限责任公司

地　址：深圳市罗湖区春风路 2008 号联城证券大厦 5 楼东
邮　编：518002
董事长：陈　耿
总经理：蔡达建
联系人：于　岩
电　话：0755-2296666-4132
传　真：0755-2296128
电子邮件：yuyan_fxtz@ms.gtja.com
成立时间：2001 年 3 月
注册资本：23600 万元
管理资本：23600 万元
业务范围：创业投资、投资顾问、企业融资咨询
行业偏好：软件、计算机硬件产业、通讯、信息、医药保健、环保工程、生物科技、新材料工业、光电子与光机电一体化、新能源、高效节能技术

深圳市高新技术产业投资服务有限公司

地　址：深圳市深南中路新闻大厦一号楼三十层
邮　编：518027
董事长：王干梅
总经理：李佰泉
联系人：王欣胜
电　话：0755-2091183/87
传　真：0755-2091877
网　址：http://www.szhti.com.cn
电子邮件：master@szhti.com.cn
成立时间：1994 年 12 月
注册资本：10000 万元
管理资本：50000 万元
投资规模：最低投资额 100 万元
最高投资额 5000 万元
业务范围：创业投资、投资顾问、企业融资咨询、担保、投资咨询
行业偏好：软件、通讯、信息、医药保健、生物科技、新材料工业、光电子与光机电一体化、新能源、高效节能技术
阶段偏好：起步阶段、成长阶段、成熟阶段
地区偏好：深圳

深圳市汉德创业投资有限公司

地　址：深圳市福田区彩田南路中深花园 B2901
邮　编：518026
董事长：许汉辉
总经理：肖　宁
联系人：何学超
电　话：0755-2891151
传　真：0755-2891152
电子邮件：hexuechao@sina.com
注册资本：3000 万元
管理资本：3000 万元
投资规模：最低投资额 100 万元
最高投资额 1000 万元
业务范围：创业投资、投资顾问、企业融资咨询
行业偏好：信息、医药保健、环保工程、生物科技、新材料工业
阶段偏好：起步阶段、成长阶段、扩张阶段
地区偏好：北京、上海、西安、深圳、江苏

深圳市和君创业投资有限公司

地　址：深圳市福田区深南大道投资大厦 14 层 F 区
邮　编：518026
董事长：王明富
总经理：李　隶
联系人：许地长
传　真：0755-2712999
电子邮件：xdch1223@sina.com
成立时间：1999 年 10 月
注册资本：11073 万元
管理资本：18440 万元
投资规模：最低投资额 500 万元
最高投资额 5000 万元
业务范围：创业投资、投资顾问、企业融资咨询
行业偏好：生物科技、新材料工业、环保工程
阶段偏好：起步阶段
地区偏好：深圳

深圳市桓康创业投资股份有限公司
Shenzhen Huan Kang Capital Co., Ltd.

地　址：深圳市福田区香蜜路赛格景苑 B 栋 2509 室
邮　编：518034
总经理：刁隽桓
电　话：13600414790
成立时间：1999 年 8 月
注册资本：5000 万元

管理资本：30000 万元
业务范围：创业投资、基金管理、投资顾问、企业融资咨询
行业偏好：软件、新材料工业、光电子与光机电一体化
阶段偏好：不限
地区偏好：北京、上海、深圳

深圳市桓凯创业投资管理有限公司

地　址：深圳市福田区华强南路赛格景苑 B-1206
董事长：席承基
总经理：刁隽桓
联系人：刁海涛
电　话：0755-2075813
传　真：0755-3160019
电子邮件：hktzfz@public.szpit.net
成立时间：2001 年 1 月
注册资本：100 万元
管理资本：1000 万元
投资规模：最低投资额 100 万元
　　　　　最高投资额 400 万元
业务范围：创业投资、企业融资咨询
行业偏好：通讯、资源开发工业、新能源、高效节能技术
阶段偏好：成长阶段
地区偏好：北京、深圳、西藏

豪威科技创业投资（深圳）有限公司

地　址：深圳市科技园汇景花园海典阁 23A
邮　编：518057
董事长：许　生
总经理：胡元定
联系人：俞云飞
电　话：0755-6635800
传　真：0755-6631440
网　址：http://www.hivncgroup.com
电子邮件：sunny520@21cn.com
成立时间：2001 年 10 月
注册资本：3320 万元
管理资本：3320 万元
投资规模：最低投资额 100 万元
　　　　　最高投资额 3000 万元
业务范围：创业投资、投资顾问、企业融资咨询
行业偏好：信息产业、新材料工业、光电子与光机电一体化
阶段偏好：成长阶段、扩张阶段
地区偏好：深圳、河北、安徽

深圳市汇益创业投资管理有限公司

地　址：深圳市益田路江苏大厦 24 层西座
邮　编：518026
董事长：苗　剑
总经理：李继武
联系人：郑　丁
电　话：0755-2960598
传　真：0755-2960536
电子邮件：hy171@263.net
成立时间：2001 年 6 月
注册资本：1000 万元
管理资本：1000 万元
业务范围：创业投资、基金管理、投资顾问、企业融资咨询
行业偏好：通讯、信息、环保工程、生物科技、新材料工业
地区偏好：加拿大

深圳市君诚创业投资管理有限公司

地　址：深圳市福田区南园路 68 号上步大厦 15 楼
邮　编：518031
董事长：肖　烈
总经理：柳　强
联系人：李　勇
电　话：0755-3661590
传　真：0755-3660503
成立时间：2001 年 5 月
注册资本：1000 万元
管理资本：1000 万元
业务范围：基金管理、投资顾问

深圳市建恒信创业投资管理有限公司
Shenzhen J&H VC Management Firm

地　址：深圳市福田区深南路 6002 号人民大厦 501-504
邮　编：518009
董事长：张国福
总经理：张国福
联系人：张　宏
电　话：0755-3907452
传　真：0755-3907452
电子邮件：jhxzgf@public.szptt.net.cn
成立时间：2001 年 10 月
注册资本：1000 万元
管理资本：900 万元
投资规模：最低投资额 200 万元
　　　　　最高投资额 500 万元

业务范围:基金管理、投资顾问、企业融资咨询
行业偏好:新材料工业、科技服务、光电子与光机电一体化、农业
阶段偏好: 种子阶段
地区偏好:深圳、江西

深圳科鼎创业投资管理有限公司

Shenzhen Keding Venture Capital Management Ltd.

地　址: 深圳市深南中路3027号嘉汇新城汇商中心1306室
邮　编: 518033
董事长: 包　蔚
总经理: 赖广麟
联系人: 李　莹
电　话: 0755-2901361
传　真: 0755-3289865
网　址: http: //www.vc21cn.com
电子邮件: seacity@vc21cn.com
成立时间: 2001年3月
注册资本: 106万元
管理资本: 318万元
投资规模: 最低投资额 100万元
　　　　　最高投资额 8000万元
业务范围:企业融资咨询、投资顾问
行业偏好: 软件、通讯、信息产业、生物科技、光电子与光机电一体化、科技服务、新能源、高效节能技术
阶段偏好: 成长阶段、扩张阶段
地区偏好: 北京、上海、重庆、深圳、香港、四川、广东、浙江、福建、江西、云南、广西

深圳市量科创业投资有限公司

Shenzhen Link Venture Capital Co., Ltd.

地　址: 深圳市福田区投资大厦12楼F区
邮　编: 518026
董事长: 晏梓桂
总经理: 晏梓桂
联系人: 舒　建
电　话: 0755-2712802
传　真: 0755-2712802
电子邮件: 2712802@sina.com
成立时间: 2000年12月
注册资本: 6000万元
管理资本: 6000万元
投资规模: 最低投资额 200万元
　　　　　最高投资额 5000万元
业务范围:创业投资、投资顾问、企业融资咨询
行业偏好: 医药保健、环保工程、新材料工业
阶段偏好: 起步阶段
地区偏好: 浙江

深圳市联众创业投资有限公司

Shenzhen Lianzhong Venture Capital Co., Ltd.

地　址: 深圳市福田区深南大道人民大厦14楼
邮　编: 518034
董事长: 于会丰
联系人: 冯桂霞
电　话: 0755-3067512
传　真: 0755-3088593
电子邮件: fgx@0335.net
成立时间: 2001年7月
注册资本: 10000万元
管理资本: 10000万元
投资规模: 最低投资额 200万元
　　　　　最高投资额 800万元
业务范围:创业投资、投资顾问
行业偏好: 软件、信息、生物科技、新材料工业、光电子与光机电一体化、农业
阶段偏好:成长阶段、扩张阶段
地区偏好: 深圳

美国赛博投资基金

地　址: 深圳市南山区南油大道海王大厦A座17层
电　话: 0755-6522129 6522756
传　真: 0755-6054253

深圳市南方国际技术交易市场有限公司

地　址: 深圳市罗湖区宝安北路国际商贸交易大厦3-4楼
邮　编: 518023
董事长: 常进勇
总经理: 常进勇
联系人: 肖振国
电　话: 0755-2122959
传　真: 0755-2400534
网　址: http: //www.hx863.com
成立时间: 1997年
注册资本: 3000万元
管理资本: 4500万元
投资规模: 最低投资额 150万元
　　　　　最高投资额 1000万元
业务范围: 创业投资、基金管理

行业偏好：生物科技、新材料工业、光电子与光机电一体化
阶段偏好：起步阶段、成长阶段
地区偏好：深圳

深圳市清华创业投资有限公司

地　址：深圳市高新技术产业园深圳清华大学研究院楼 B307
邮　编：518057
董事长：冯冠平
总经理：冯冠平
联系人：张洛雅
电　话：0755-6551392
传　真：0755-6551372
网　址：http：//www.tsinghua-sz.edu.cn
电子邮件：szvc@tsinghua-sz.edu.cn
成立时间：1999 年 8 月
注册资本：10000 万元
管理资本：25000 万元
投资规模：最低投资额 50 万元
　　　　　最高投资额 8000 万元
业务范围：创业投资
行业偏好：信息、医药保健、软件、生物科技、新材料工业、光电子与光机电一体化
阶段偏好：起步阶段、成长阶段
地区偏好：北京、深圳、江西

深圳市启之杰创业投资管理有限公司
ShenZhen QiZhiJie Venture Capital Consulting Co.,Ltd.

地　址：深圳市南山区麒麟路1号南山科技创业服务中心大楼1楼
邮　编：518053
董事长：王　鸣
总经理：王　鸣
联系人：刘　峥
电　话：0755-6978313
传　真：0755-6978664
电子邮件：yorklz@163.net
成立时间：2001 年 11 月
注册资本：100 万元
管理资本：6000 万元
投资规模：最低投资额 100 万元
　　　　　最高投资额 不限
业务范围：创业投资、基金管理、投资顾问、企业融资咨询
行业偏好：软件、通讯、信息、医药保健、光电子与光机电一体化
阶段偏好：成长阶段、扩张阶段
地区偏好：不限

深圳市深港产学研创业投资有限公司
IER Venture Capital Co.,Ltd.

地　址：深圳市福田区深南中路 3039 号国际文化大厦 2805 室
邮　编：518033
董事长：陈章良
总经理：厉　伟
联系人：李竹安
电　话：0755-3290633
传　真：0755-3290622
网　址：http：//www.iervc.com.cn
电子邮件：iervc@21cn.com
成立时间：2000 年 9 月
注册资本：15000 万元
管理资本：15000 万元
业务范围：创业投资
行业偏好：软件、计算机硬件产业、通讯、信息、半导体、医药保健、生物科技、新材料工业、光电子与光机电一体化
阶段偏好：起步阶段、成长阶段
地区偏好：北京、上海、重庆、西安、广州、深圳、香港、辽宁、江苏、湖北、黑龙江、浙江、湖南

深圳市深投科技创业投资有限公司
SIHC Venture Capital Co., Ltd.

地　址：深圳市福田区投资大厦 10F
邮　编：518026
董事长：吴雪芳
总经理：史正林
联系人：王文杰
电　话：0755-2909998
传　真：0755-2904193
网　址：http：//www.sihvc.com
电子邮件：master@sihcvc.com
成立时间：2001 年 1 月
注册资本：10000 万元
管理资本：10000 万元
投资规模：最低投资额 不限
　　　　　最高投资额 1000 万元
业务范围：创业投资、投资顾问、企业融资咨询
行业偏好：通讯、信息、环保工程、生物科技、新材料工业、传统型非科技企业
阶段偏好：成长阶段
地区偏好：广东

深圳市深信创业投资有限公司

地　址：深圳深南中路 5002 号信兴广场地王大厦 4501、4516

邮　编：518008
董事长：黄燕雄
总经理：李宁钢
联系人：于林伟
电　话：0755-2460380
传　真：0755-2462567
电子邮件：szylw@sina.com.cn
成立时间：2001年8月
注册资本：4500万元
管理资本：6750万元
投资规模：最低投资额 500万元
　　　　　最高投资额 10000万元
业务范围：创业投资、投资顾问、企业融资咨询
行业偏好：软件、通讯、环保工程
阶段偏好：成长阶段
地区偏好：北京、上海、深圳

深圳市天成投资有限公司

地　址：深圳市深南中路1019号万德大厦909室
电　话：0755-2137703
传　真：0755-2137701
电子邮件：hjlmba@1563.com
成立时间：2001年5月
管理资本：6640万元
行业偏好： 新材料、生物医药
阶段偏好：成长阶段

深圳市天富锦创业投资有限责任公司

地　址：深圳市深南中路2号新闻大厦3202室
邮　编：518027
董事长：黄绍文
总经理：严四清
联系人：余　笛
电　话：0755-2096666
传　真：0755-2091348
电子邮件：yud@chinatelling.com
成立时间：2001年11月
注册资本：5000万元
管理资本：5000万元
业务范围：创业投资
行业偏好：软件、通讯、信息
阶段偏好：种子阶段
地区偏好：全国

深圳市时脉创业投资管理有限公司
Shenzhen Smart Venture Capital CO.,Ltd.

地　址：深圳市福田区闻路景宛大厦A座1404室
电　话：0755-3904637
传　真：0755-3066464
网　址：http://www.chinasmartvc.com
电子邮件：smartvc@sina.com
成立时间：2001年4月

深圳市兆钜投资发展有限公司
Shenzhen Zhaoju Investment&Development Co.,Ltd.

地　址：深圳市福田区彩田路中深花园A座28层
电　话：0755-2893757
传　真：0755-2891149
网　址：http://www.zhaoju.com
管理资本：13695万元
行业偏好：软件、计算机硬件、通讯、信息

深圳市特发投资有限公司

地　址：深圳市振华路海外装饰大厦A-1205
邮　编：518031
董事长：周　波
总经理：杨志良
联系人：赵全民
电　话：0755-3260012
传　真：0755-3260055
电子邮件：szsdi@szonline.net
成立时间：1996年8月
注册资本：5000万元
管理资本：10000万元
投资规模：最低投资额 100万元
　　　　　最高投资额 500万元
业务范围： 创业投资、投资顾问
行业偏好：软件、计算机硬件、通讯、信息
阶段偏好： 扩张阶段、成熟阶段
地区偏好：深圳

深圳市威豹银安创业投资管理有限公司

地　址：深圳市福田区车公庙工业区H6-8栋威豹押运大楼
邮　编：518040
董事长：刘玉明
总经理：简　明
联系人：张军民
电　话：0755-3306156

传　真：0755-3305456
电子邮件：vpyinan@21cn.com
成立时间：2001年6月
注册资本：300万元
管理资本：300万元
业务范围：投资顾问
行业偏好：金融行业安全技防技术、新材料、通讯。

深圳市巍峨创业投资有限公司

地　址：深圳市南山区高新技术产业园W1--A3
邮　编：518057
董事长：刘绮玲
总经理：刘绮玲
联系人：刘绮玲
电　话：0755-6525555
传　真：0755-6637459
成立时间：2001年1月
注册资本：3000万元
管理资本：3000万元
投资规模：最低投资额 1000万元
　　　　　最高投资额 不限
业务范围：创业投资
行业偏好：软件、计算机硬件、信息
阶段偏好：成长阶段
地区偏好：深圳

深圳维西创业投资管理有限公司

Shenzhen VC Management And Consulting Co., Ltd.

地　址：深圳市振华路迪富大厦553室
邮　编：518031
董事长：余荣根
总经理：余荣根
联系人：余荣根
电　话：0755-3260201
传　真：0755-3260203
网　址：http://www.vcmc.com.cn
电子邮件：yrg@szmail.com
成立时间：2001年3月
注册资本：100万元
投资规模：最低投资额 100万元
　　　　　最高投资额 1000万元
业务范围：创业投资、投资顾问、企业融资咨询
行业偏好：环保工程、医药保健、生物科技
阶段偏好：成长阶段
地区偏好：广东、江西

深圳信科创业投资管理有限公司

Shenzhen Scinfo Venture Capital Management Co.,Ltd.

地　址：深圳市福田区新洲路人民大厦五楼
邮　编：518034
董事长：郑海滨
总经理：郑海滨
联系人：吴建辉
电　话：0755-3066610
传　真：0755-3187067
网　址：http://www.sicd.com.cn
电子邮件：sicdco@163.net
成立时间：1994年
注册资本：530万元
管理资本：5300万元
投资规模：最低投资额 200万元
　　　　　最高投资额 1000万元
业务范围：基金管理、投资顾问
行业偏好：软件、通讯、环保工程、新材料工业、新能源、
　　　　　高效节能技术
阶段偏好：起步阶段、成长阶段
地区偏好：深圳

亿邦创业投资有限责任公司

Shenzhen Yibang VC Co., Ltd.

地　址：深圳市深南东路发展银行大厦22楼
邮　编：518001
董事长：吴　军
电　话：0755-2080550
传　真：0755-2080645
电子邮件：sz_wujun@sina.com

亚洲控股有限公司

Asia Holding Co.,Ltd.

地　址：深圳市深南中路1019号万德大厦
邮　编：518046
董事长：鲍志强
总经理：鲍志强
联系人：许学礼
电　话：0755-2137500
传　真：0755-2137514
电子邮件：yzkg@public.szptt.net.cn
成立时间：1998年6月
注册资本：16900万元
管理资本：16900万元

投资规模：最低投资额 100万元
　　　　　最高投资额 1200万元
业务范围：创业投资、投资顾问、企业融资咨询
行业偏好：软件、通讯、信息、医药保健、环保工程、生物科技、新材料工业、光电子与光机电一体化
阶段偏好：成长阶段
地区偏好：上海、重庆、广州、深圳、江苏

中海创业投资（深圳）有限公司
Zhonghai Venture Capital Co.,Ltd.

地　址：深圳市福田区福华路399号中海大厦10层
邮　编：518026
董事长：靳新中
总经理：靳新中
联系人：张　一
电　话：0755-2550718
传　真：0755-2550009
网　址：http://www.cohl.com
电子邮件：zhangri@cohl.net
成立时间：2001年6月
注册资本：30180万元
管理资本：30180万元
投资规模：最低投资额 500万元
　　　　　最高投资额 2000万元
业务范围：创业投资、基金管理、投资顾问、企业融资咨询
行业偏好：软件、通讯、信息、医药保健、新能源、高效节能技术
阶段偏好：成长阶段
地区偏好：北京、黑龙江、港澳台

深圳市中科融创业投资有限公司
China S&T Venture Capital Co.,Ltd.

地　址：深圳市罗湖庄人民南路嘉里中心2803-04室
邮　编：518001
董事长：黎　洪
总经理：黎　洪
联系人：张一菲
电　话：0755-2364727
传　真：0755-2364723
网　址：http://www.cstcs.com
电子邮件：office@cstcs.com
成立时间：1997年11月
注册资本：15000万元
管理资本：15000万元
业务范围：创业投资、基金管理、投资顾问、企业融资咨询、承担高科技风险投资市场环境、行业现状等软课题的调研工作
行业偏好：软件、通讯、信息、医药保健、生物科技
阶段偏好：成长阶段、扩张阶段、成熟阶段
地区偏好：北京、深圳、广东

深圳市中关村创业投资管理有限公司
Shenzhen Centergate VC Management Co., Ltd.

地　址：深圳市福田区商投路奥林匹克大厦8层H、G
邮　编：518034
董事长：段永基
总经理：邓大凯
联系人：任顺标
电　话：0755-3521869
传　真：0755-3522204
电子邮件：scvc@china.com
成立时间：2001年6月
注册资本：1000万元
管理资本：50000万元
投资规模：最低投资额 300万元
　　　　　最高投资额 2000万元
业务范围：创业投资、基金管理、投资顾问、企业融资咨询
行业偏好：软件、计算机硬件、通讯、信息、半导体、医药保健、生物科技、新材料工业、光电子与光机电一体化、科技服务、新能源、高效节能技术
阶段偏好：起步阶段、成长阶段、扩张阶段
地区偏好：北京、广州、深圳

中国高新技术产业投资管理有限公司
China High-Tech Investment Management Co.,Ltd.

地　址：中国深圳深南中路5045号深业中心大厦30楼3002
邮　编：518010
董事长：孙煜扬
总经理：孙煜扬
联系人：商菱果
电　话：0755-2110078
传　真：0755-2110081
网　址：http://www.chtim.com
电子邮件：chtim@public.szptt.net.cn
成立时间：1999年
注册资本：530万元
管理资本：18260万元
投资规模：最低投资额 83万元
　　　　　最高投资额 2490万元

业务范围：创业投资
行业偏好：生物科技
阶段偏好：起步阶段、成长阶段、扩张阶段
地区偏好：深圳

深圳市中建科创业投资有限公司

地　址：深圳市福田区深南中路2号新闻大厦1001室
邮　编：518027
董事长：郑玉清
总经理：陈　征
联系人：苗振国
电　话：0755-2090583
传　真：0755-2091523
电子邮件：zgmiao@china.com
成立时间：2001年3月
注册资本：3000万元
管理资本：3000万元
投资规模：最低投资额 200万元
　　　　　最高投资额 不限
业务范围：创业投资
行业偏好：通讯、信息、环保工程
阶段偏好：起步阶段、扩张阶段
地区偏好：北京、上海、深圳

深圳市招商局科技投资有限公司

地　址：深圳市蛇口太子路1号30楼
邮　编：518067
董事长：顾立基
总经理：洪小源
联系人：吕克俭
电　话：0755-6888600
传　真：0755-6888628
网　址：http://www.cmtech.net
电子邮件：kejianlv@163.net
成立时间：1995年12月
注册资本：1500万元
管理资本：60000万元
业务范围：创业投资
行业偏好：软件、计算机硬件、通讯、信息、半导体、生物科技、光电子与光机电一体化、新能源、高效节能技术、其他重点科技
阶段偏好：成长阶段、扩张阶段
地区偏好：北京、上海、深圳、港澳台

中星泰科技创业投资股份有限公司
Shenzhen Zhongxingtai Venture Capital Co.,Ltd.

地　址：深圳市深南中路5047号深圳发展银行大厦15B
邮　编：518001
董事长：刘晓明
总经理：武继兵
联系人：李　莉
电　话：0755-2080719
传　真：0755-2080737
网　址：http://www.zxtvc.com
电子邮件：webmaster@zxtvc.com
成立时间：1995年3月
注册资本：4180万元
管理资本：20000万元
投资规模：最低投资额 100万元
　　　　　最高投资额 1000万元
业务范围：创业投资、基金管理、投资顾问
行业偏好：软件、信息
阶段偏好：起步阶段、成长阶段
地区偏好：深圳